Wolfgang Ludwig-Mayerhofer | Uta Liebeskind | Ferdinand Geißler
Statistik

Grundlagentexte Soziologie

Herausgegeben von
Martin Diewald | Klaus Hurrelmann

Der Juventa Verlag hat eine lange Tradition in der Publikation sozialwissenschaftlicher Texte. Bereits in den 1960er Jahren wurden mit der Reihe „Grundfragen der Soziologie" (hrsg. von Dieter Claessens) programmatische Akzente gesetzt. Die Reihe hatte einen prägenden Einfluss auf die damals noch in den Anfängen stehende Disziplin Soziologie.
Die Reihe „Grundlagentexte Soziologie" knüpft an diese Tradition an. Die Soziologie hat sich seitdem in Deutschland als theoretisch und empirisch reichhaltiges wissenschaftliches Fach etabliert. Es fehlt ihr aber an Einführungstexten und Übersichtsbänden für den Lehrbetrieb in Universitäten, Fachhochschulen, Fachschulen und anderen Bildungseinrichtungen.
Dieser Herausforderung stellt sich die Reihe „Grundlagentexte Soziologie". Von fachlich gut ausgewiesenen Wissenschaftlerinnen und Wissenschaftlern werden Texte vorgelegt, die die wichtigsten theoretischen Ansätze des Faches, methodische Zugänge und gesellschaftswissenschaftliche Analysen präsentieren. Die Bände sind so zugeschnitten, dass sie sich als Basislektüre für Vorlesungen, Seminare und andere Lehrveranstaltungen mit einführendem Charakter eignen, dabei aber gleichzeitig auf der Höhe der aktuellen Entwicklung des Faches sind.
Die Reihe „Grundlagentexte Soziologie" wird gemeinsam herausgegeben von Martin Diewald (Universität Bielefeld, Fakultät für Soziologie) und Klaus Hurrelmann (Hertie School of Governance, Berlin).

Wolfgang Ludwig-Mayerhofer |
Uta Liebeskind | Ferdinand Geißler

Statistik

Eine Einführung für Sozialwissenschaftler

BELTZ JUVENTA

Die Autorin / die Autoren

Wolfgang Ludwig-Mayerhofer, Jg. 1954, Dr. phil., ist Professor an der Philosophischen Fakultät, Seminar für Sozialwissenschaften, der Universität Siegen. Seine Arbeitsschwerpunkte sind Bildungsforschung, soziale Ungleichheit, Sozialpolitik sowie sozialwissenschaftliche Forschungsmethoden.

Uta Liebeskind, Jg. 1978, Dr. phil., ist wissenschaftliche Mitarbeiterin am Deutschen Zentrum für Hochschul- und Wissenschaftsforschung GmbH (DZHW) Hannover. Ihre Arbeitsschwerpunkte sind Bildungs- und Arbeitsmarktforschung, Hochschulforschung und Methoden der empirischen Sozialforschung.

Ferdinand Geißler, Jg. 1985, Dipl.-Soz., ist wissenschaftlicher Mitarbeiter am Institut für Sozialwissenschaften an der Humboldt-Universität zu Berlin. Seine Arbeitsschwerpunkte sind Methoden der empirischen Sozialforschung, Bildungsforschung sowie intergenerationale Beziehungen.

Umfangreiche Materialien zum Buch finden Sie als kostenlosen Download unter: www.beltz.de.

MIX
Papier | Fördert gute Waldnutzung
FSC® C089473

Bibliografische Information der Deutschen Nationalbibliothek

Die Deutsche Nationalbibliothek verzeichnet diese Publikation in der Deutschen Nationalbibliografie; detaillierte bibliografische Daten sind im Internet über http://dnb.d-nb.de abrufbar.

www.beltz.de · www.juventa.de
Druck und Bindung: Beltz Bad Langensalza GmbH, Bad Langensalza
Druck nach Typoskript
Printed in Germany

ISBN 978-3-7799-2613-9

Vorwort

Die Befassung mit Statistik ist heute fester Bestandteil jeglichen sozialwissenschaftlichen Studiums. Mit diesem Buch unternehmen wir den Versuch einer Einführung in die Statistik, die auf allzu tiefe mathematische Grundlagen verzichtet, ohne deshalb vereinfachend zu sein. Wir können und wollen Ihnen, liebe LeserInnen, also die intensive Auseinandersetzung mit der Statistik nicht ersparen, sondern Ihnen den Weg dorthin eröffnen. Zusätzlich zum Verständnis der wichtigsten Kenngrößen und Verfahren wollen wir auch deren Umsetzung mit Hilfe gängiger Statistik-Software vermitteln, nämlich Stata und IBM SPSS Statistics. Da die meisten Einführungsbücher entweder das eine (Vermittlung von statistischem Wissen) oder das andere (Umsetzung mit Software) zum Gegenstand haben, sei vorsichtshalber darauf hingewiesen, dass der Schwerpunkt dieses Buchs eindeutig auf dem ersten Aspekt liegt. Was die Anwendung der Software angeht, so setzen wir voraus, dass Sie sich hierüber irgendwo (in der Regel im Rahmen Ihres Studiums) erste Grundfertigkeiten verschafft haben; wir zeigen dann vorrangig die Umsetzung der konkreten Verfahren, die wir vorstellen.

Der Umfang des Stoffes dürfte in etwa dem entsprechen, was heute in einem sozialwissenschaftlichen Bachelor-Studium vermittelt wird. Konkret heißt das, dass wir uns ausführlich mit der univariaten und bivariaten Statistik befassen und das Buch mit einem ersten Einblick in die lineare Regression als Verfahren der Modellierung von Zusammenhängen beschließen. Dazwischengeschaltet ist eine Einführung in die wichtigsten Prinzipien und Verfahren des statistischen Schließens. Der in den Sozialwissenschaften so wichtige Bereich der multivariaten Modellierung wird also nur sehr rudimentär abgehandelt; hierzu müssen weiterführende Werke herangezogen werden.

Da ein Schwerpunkt des Buches auf der Anwendung bzw. Umsetzung der Verfahren anhand konkreter und fast durchgängig echter Beispiele liegt, stellen wir im Internet die verwendeten Datensätze und weitere Informationen bereit. Gehen Sie dazu auf die Webseite des Verlages *www.beltz.de* und geben Sie bei der Suche *Ludwig-Mayerhofer Statistik* ein. Auf diese Weise dürfte die passende Seite auch dann gefunden werden, wenn Webmaster ihrer Lieblingsbeschäftigung, der Änderung von URLs, nachgegangen sind. Auf dieser Webseite finden Sie alle relevanten Informationen zu Daten und sonstigen Materialien.

Wie alle mittleren und größeren Projekte im Leben hätte auch dieses nicht ohne die Hilfe zahlreicher Personen und Institutionen zu einem guten Ende gebracht werden können. In der Vorbereitungsphase half uns Alexandra

Wicht bei der Materialsammlung; darüber hinaus danken wir ihr für die Erstellung von Abbildung 5.7 sowie für hilfreiche Kommentare zu einzelnen Kapiteln und allerlei Rat in typographischen oder anderen Fragen. In einem sehr frühen Stadium der Entstehung dieses Buches hat Lena Ellenberger die Recherche nach geeigneten Daten unterstützt. Ganz grundlegend war die Hilfe von Frank Doepper, der die Umsetzung von Layout-Vorgaben mit LaTeX einrichtete, eine Aufgabe, die uns bei aller Liebe zu diesem famosen Satzprogramm überfordert hätte.

Dem DIW bzw. der dort angesiedelten SOEP-Arbeitsgruppe sind wir für die Überlassung eines absolut anonymisierten Datenauszugs aus dem SOEP zu Dank verpflichtet. Namentlich Jan Goebel danken wir für seine Langmut im sich über viele Monate hinziehenden Prozess der Absprachen zur Datenüberlassung. In gleicher Weise danken wir Karl Ulrich Mayer für seine Unterstützung der Idee, die GLHS-Daten für unser Buch zu verwenden, und Christian Brzinsky-Fay (WZB) für die effiziente Hilfe bei der Erstellung des Datensatzes. Dank geht außerdem an Stephanie Schneider für die Zusammenstellung der OECD-Daten.

Eva Geiger unterstützte uns bei der Erarbeitung der Software-Beispiele in SPSS. Mark Felker, Anna Frese, Carina Leser, Justyna Stasizs, Linda Schwarz und André Schulze lasen einzelne oder alle Kapitel und gaben detaillierte und hilfreiche Rückmeldungen. Nico Stawarz und Robert Paul Stephan testeten viele der Software-Beispiele. Frank Seiß achtete darauf, dass wir die Regeln der Rechtschreibung, der Grammatik und des Schriftsatzes einhielten (einige dezente Abweichungen gehen auf unsere eigene Kappe) und rupfte auch sonst einige sprachliche Unkräuter aus. Ihnen allen gebührt hierfür herzlicher Dank, den wir durch den Hinweis ergänzen, dass wir für mögliche Fehler in jedem Fall selbst geradestehen.

Dankbar notieren wir auch die finanzielle Unterstützung, die wir von der Universität Siegen (Bereitstellung von SHK-Mitteln) sowie vom DZHW Hannover (für das Lektorat des Textes) erhielten.

Frank Engelhardt danken wir für die stete Unterstützung im Entstehungsprozess des Buches und für seine Geduld mit der Autorengemeinschaft, die nicht wenige Deadlines zur Fertigstellung des Buches verstreichen lassen musste, weil das Leben es so wollte.

Nun sind wir gespannt auf die Rückmeldungen der Leserinnen und Leser!

Siegen, Hannover und Berlin im Mai 2014

Wolfgang Ludwig-Mayerhofer, Uta Liebeskind und Ferdinand Geißler

Inhaltsverzeichnis

1. Einleitung

1.1 Worum es in diesem Buch geht

1.1.1 Was ist Statistik?

Erste Orientierung gibt ein Lexikon. Der „Große Brockhaus“ von 1984 (Bd. 21, S. 29) sagt Folgendes: Statistik sei „...im materiellen Sinn die geordnete Menge von Informationen in Form empir. Zahlen (‚Statistiken‘); im instrumentalen Sinn (Stat. Methoden) der Inbegriff der Verfahren, nach denen empir. Zahlen gewonnen, dargestellt, verarbeitet, analysiert und für Schlußfolgerungen, Prognosen und Entscheidungen verwendet werden.“

Hier wird eine wichtige Unterscheidung angesprochen: Statistik im *materiellen* Sinn ist die „geordnete Menge von Informationen“, die aus amtlichen Statistiken und vielen anderen Datenquellen als gesellschaftliche Selbstbeschreibung bekannt ist: die Arbeitslosenquote, die Bruttoverdienste aus Erwerbstätigkeit, die hergestellte Menge Bier und deren Wert oder auch die Freiland-Anbaufläche für zum Verkauf bestimmten Brokkoli im Saarland im Jahr 2009.[1]

Das vorliegende Buch handelt hingegen (wie die meisten Bücher zur sozialwissenschaftlichen Statistik) von der Statistik im *instrumentalen* Sinn. Es geht also um Statistik im Sinne von Verfahren, mit denen man „empir[ische] Zahlen“ gewinnt, darstellt, verarbeitet, analysiert und zu bestimmten Zwecken verwendet. Mit empirischen Zahlen ist kein Gegensatz zu (unseres Wissens nicht existenten) theoretischen Zahlen gemeint; vielmehr soll damit zum Ausdruck gebracht werden, dass die Zahlen sich auf empirische, also in der Erfahrungswelt gegebene Phänomene beziehen. Ein in der Wissenschaft weitaus geläufigerer Ausdruck hierfür ist: *Daten.* Diese Daten kommen freilich meist in Form von Zahlen daher, was den Brockhaus wohl zu seinem Begriff der empirischen Zahlen geführt hat. Diese oft große Menge von Zahlen gilt es nun, in geeigneter Weise so zu analysieren, dass die darin enthaltene *wesentliche* Information zum Vorschein kommt. Dies geschieht durch Visualisierungen, vor allem aber mittels der Gewinnung zusammenfassender Kenngrößen. Es geht also darum, mit den Daten zu arbeiten, sie zu prüfen, zu erkunden, zusammenzufassen und schließlich so weiterzuverarbeiten, dass die relevante Information möglichst klar herausgearbeitet und

---

1 Die Zahlen finden Sie beispielsweise im Statistischen Jahrbuch für die Bundesrepublik 2010 auf den Seiten 74, 532, 386 sowie 350. Übrigens: Die Brokkoli-Anbaufläche im Saarland beträgt nur zwei Hektar. Zum Glück gibt es Mecklenburg-Vorpommern, dort ist die Anbaufläche ca. 240-mal so groß.

dargestellt werden kann. All dies geschieht, um aus den Daten Schlussfolgerungen über die soziale Wirklichkeit zu ziehen.

Etwas genauer gesprochen geht die Statistik im instrumentalen Sinn von folgender Ausgangslage aus:

Erstens: Wir haben es mit standardisiert erhobenen Daten zu tun. Ein anderer Ausdruck hierfür ist: Es wird gemessen. Oft führt das Messen direkt zu Zahlen, etwa bei der Angabe des Haushaltseinkommens. In anderen Fällen werden die Daten erst in Zahlen ‚übersetzt'. Beispielsweise wird in der bekannten „Sonntagsfrage" bei Umfragen danach gefragt, welche Partei man wählen würde, wenn am nächsten Sonntag Bundestagswahl wäre. Auch hier gibt es aber feste Vorgaben, eben die verschiedenen Parteien, die zur Wahl stehen, und für die Datenanalyse wird die Parteipräferenz meist in Form von Zahlen erfasst, etwa CDU = 1, SPD = 2 usw. Mehr dazu finden Sie in den Abschnitten 2.1.1 und 2.3.2.

Die Daten liegen *zweitens* für eine gewisse Anzahl von Untersuchungsobjekten vor; in sozialwissenschaftlichen Umfragen sind es oft Tausende von Befragten, andere Datensätze können sogar in die Zehn- oder gar Hunderttausende gehen. Aber auch kleine Datensätze von ein paar Dutzend Fällen können in der Forschungspraxis vorkommen.[2] In der Regel werden pro Untersuchungseinheit mehrere, oft sogar recht viele Merkmale erhoben (z. B. Meinungen zu bestimmten Themen, das Einkommen, Alter, Geschlecht, die Haushaltszusammensetzung usw.). Diese Merkmale werden in der Statistik meist als Variablen bezeichnet, da sie unterschiedliche Ausprägungen oder Werte annehmen können (eben z. B. die unterschiedlichen Parteien, die man nennen kann), also variieren. In der statistischen Analyse ist man letztendlich nicht an den einzelnen Zahlenwerten als solchen interessiert, sondern will die darin enthaltene Information zusammenfassend verdichten.

Drittens handelt es sich bei der vorliegenden Menge von Untersuchungseinheiten häufig, aber durchaus nicht immer, um eine Stichprobe, die durch Zufallsverfahren aus der Gesamtheit aller relevanten Fälle gezogen wurde.

Statistik hat nun im wesentlichen zwei Aufgaben, die sich auch als entsprechende Teilgebiete der Statistik wiederfinden lassen.

- Die *beschreibende* (oder deskriptive) Statistik hat zum Ziel, die in den Daten enthaltene Information in geeigneter Weise zusammenzufassen. Dies geschieht durch Kennzahlen, die entweder ein einzelnes Merkmal (etwa das Einkommen) oder den Zusammenhang von zwei oder mehr Merkmalen charakterisieren. Hiermit befassen sich vor allem die Kapitel 3, 5 und 6. Übrigens: Manche Autoren bzw. Lehrbücher

---

2 In bestimmten Fällen können auch Daten für ein einzelnes Objekt vorliegen, dann allerdings typischerweise zahlreiche Messwerte, die sich auf die Entwicklung in der Zeit beziehen, wie etwa Daten über Aktienkurse, das Wetter und Ähnliches mehr. Solche Daten werden meist mit Verfahren der sogenannten Zeitreihenanalyse untersucht, auf die wir hier nicht eingehen können.

kennen ein weiteres Teilgebiet der Statistik, die explorative Datenanalyse, die sich besonders mit der genauen Erkundung von Daten befasst. Wir stellen dieses Teilgebiet nicht gesondert vor, sondern integrieren einige Elemente (die wichtigsten sind das Stamm-Blatt-Diagramm und der Box-and-Whisker-Plot) in die deskriptive Statistik.

- Wenn es sich bei den Daten um eine Stichprobe handelt – und nur dann –, stellt sich auch die Frage, wie man anhand der Stichprobe Aussagen über die Grundgesamtheit machen kann. Ist es nicht riskant, etwa anhand einer Umfrage unter 1 000 Erwachsenen eine Aussage über die mehr als 60 Millionen Wahlberechtigten in Deutschland zu machen? Ja, es ist riskant – aber man kann das Risiko (nämlich das Risiko, sich bei der Aussage über die Grundgesamtheit zu irren) berechnen. Dies ist das Thema der *schließenden* Statistik, auch *Inferenzstatistik* genannt, die vor allem in Kapitel 4 vorgestellt, aber auch in den nachfolgenden Kapiteln immer wieder angesprochen wird.

1.1.2 Besonderheiten dieses Buches

Was erwartet Sie in diesem Buch? Welche Gründe könnte es geben, gerade dieses und nicht irgendein anderes einführendes Lehrbuch der Statistik zu lesen?

Eine *erste* Besonderheit: Wir erklären Ihnen wichtige Elemente der Statistik so, dass Sie sie selbst nachrechnen können – und zeigen Ihnen gleichzeitig, wie man die gleichen Ergebnisse mit Hilfe geeigneter Statistik-Programme erzielen kann. Dort, wo die Grenzen des Selbstnachrechnens erreicht oder überschritten werden, beschränken wir uns sogar auf den Nachvollzug mit Hilfe von Software und versuchen lieber, die Grundidee mit Worten und mit Bildern zu erklären. Allerdings bietet unser Buch keine ausführliche Einführung in die Handhabung von Statistik-Software. Aber keine Sorge: Die bekommen Sie ohnehin im Rahmen Ihres Studiums vermittelt. In diesem Buch können Sie dann aber recht schnell die Verbindung zwischen Inhalten und Umsetzung herstellen. Das ist mit den meisten anderen Büchern nicht möglich.

Hinter dieser Idee steht eine *zweite*: Wenn wir davon ausgehen, dass man komplizierte Dinge nicht wirklich selbst ausrechnen können muss, sondern sie nur so weit verstehen sollte, dass man sie mit Sinn und Verstand umsetzen kann – dann können wir auch die Konsequenz ziehen, ein paar komplizierte Dinge in dieses Buch hineinzupacken, die andere Bücher vermeiden. Wir machen das natürlich nicht, um Sie mit unnötigem Ballast zu quälen. Vielmehr geht es um Themen, die für die sozialwissenschaftliche Forschungspraxis von größter Bedeutung sind. Das wichtigste dieser Themen ist das Stichprobendesign; warten Sie dazu, bis Sie bei den Abschnitten 2.2 und vor allem 4.4 angelangt sind. In den meisten Statistik-Lehrbüchern lernen Sie ausschließlich die Grundlagen des Schließens von der Stichprobe auf die

Grundgesamtheit, für die in der Forschungspraxis jedoch häufig gar nicht die Voraussetzungen vorliegen. Nur sehr selten wird Ihnen dies dann in einer Fußnote mitgeteilt. Nun, Sie werden auch in unserem Buch diese Grundlagen lernen, weil sie eben essenziell sind. Wir werden Ihnen aber auch sagen, wo (und wie) Sie diese Grundlagen modifizieren müssen. Aus Platzgründen kann das alles nur in den Grundzügen behandelt werden; aber ganz auf diese für die Forschungspraxis so wichtigen Aspekte verzichten kann man heute nicht mehr.

In der Summe bedeutet das: Unsere Darstellung ist ziemlich stark darauf bezogen, immer direkt die praktische Relevanz der statistischen Verfahren herauszustellen – wobei „praktisch" hier heißt: Was kann man mit den Verfahren aus Daten herausholen? Wie viele, aber doch längst nicht alle, modernen Bücher zur statistischen Datenanalyse arbeiten wir also durchgängig mit Datensätzen, die wir auch eigens für Sie aufbereitet haben und im Internet zur Verfügung stellen (genauere Angaben in Abschnitt 1.2.2).

1.2 Statistik selbst- und mitgemacht: Die Beispiele nachvollziehen

Dieses Buch lässt sich als Lehrbuch und Nachschlagewerk nutzen, es soll aber gleichzeitig auch ein Arbeitsbuch sein, mit dessen Hilfe Sie die angeführten Beispiele selbst nachvollziehen können. Unser Anspruch ist es, Ihnen zunächst jeweils die statistischen Verfahren transparent zu machen. Darüber hinaus wollen wir Ihnen auch aufzeigen, wie Sie die besprochenen Verfahren mit Statistik-Programmen praktisch anwenden können. Aus diesem Grund schließt jedes Kapitel mit einem Abschnitt zur Software-gestützten Berechnung. In diesem Abschnitt werden jeweils zentrale Beispiele des Kapitels in SPSS und Stata umgesetzt. Auf der *Webseite zum Buch* (siehe Vorwort) stellen wir Ihnen alle Datensätze zum freien Download zur Verfügung, so dass Sie jedes Beispiel aus dem Buch selbst nachvollziehen können. Sie finden dort neben den Daten auch die Umsetzung aller im Buch genutzten Beispiele, teilweise in ausführlicherer Form als hier gezeigt, für beide Software-Pakete.

1.2.1 Rechnen und rechnen lassen

Nach wie vor sind Stift und Papier (und Kopf!) die besten Utensilien, um eine Einführung in die Statistik praktisch nachzuvollziehen. Einsteiger sollten höchstens einen Taschenrechner (gern auch einfach die Handy-Taschenrechner-Funktion) zu Hilfe nehmen, und zwar dann, wenn Rechenoperationen vorzunehmen sind, die die meisten Menschen für komplexere Zahlenbeispiele nicht im Kopf lösen können (etwa das Quadrieren und Wurzelziehen). Die Beispiele zur Einführung eines Verfahrens sind sämtlich so gewählt, dass Sie sie im Kopf bzw. mit Stift, Papier und Taschenrechner selbst nachrechnen können.[3] Auch wir sind häufig so vorgegangen. Lassen Sie sich nicht von rundungsbedingten Abweichungen von den per Statistik-Software erhaltenen Ergebnissen irritieren!

Jenseits der Lernsituation wird aber niemand mehr von Ihnen verlangen, statistische Ergebnisse mit Kopf, Stift und Papier zu ermitteln. Die Datensätze, mit denen Sie in Lehre und Forschung konfrontiert werden, sind meistens sehr groß. Dies und die gebotene Genauigkeit bei der Anwendung statistischer Rechenprozeduren (auch bei kleineren Datensätzen) macht die Verwendung von Statistik-Programmen unverzichtbar. Deswegen zeigen wir für viele Auswertungsbeispiele des Buches auch, wie sie mit Hilfe von Statistik-Software zu berechnen sind. Natürlich wollen wir Sie dadurch anregen, weitere Auswertungen selbst vorzunehmen.

Zu den hier verwendeten Statistik-Programmen

Wir arbeiten in diesem Lehrbuch mit zwei der gängigsten Statistik-Pakete: Stata[4] und IBM SPSS Statistics[5], kurz SPSS. Damit sind zwei Programme gewählt, die in der sozialwissenschaftlichen Statistik-Ausbildung derzeit am stärksten präsent sind. SPSS war lange Zeit *das* Auswertungsprogramm schlechthin, weil es alle gängigen Verfahren zur Verfügung stellte, die in der empirischen Sozialforschung benötigt wurden. In Forschungsprojekten werden Sie mittlerweile aber häufiger Stata antreffen. Stata hat sehr schnell neuere Verfahren und komplexe Schätzverfahren aufgegriffen, die in der sozialwissenschaftlichen Forschungspraxis mehr und mehr zur Anwendung kommen. SPSS zieht bei der Implementation aktueller Analyseverfahren nach, hat aber in der sozialwissenschaftlichen Grundlagenforschung stark an Bedeutung verloren.

In der Lehre und so auch in den Computer-Pools der Universitäten ist SPSS allerdings noch recht präsent. Ein wichtiger Grund dafür ist sicherlich, dass viele Auftragsforschungsinstitute mit SPSS arbeiten. SPSS hat sich in

---

3 „Qualifiziertes" Kopfrechnen ermöglichen Tabellenkalkulationsprogramme wie Calc (aus LibreOffice, Apache OpenOffice oder Ähnlichem) oder auch Microsoft Excel; die Programme lassen sich gut zum Nachvollziehen von Rechenschritten nutzen, die an allen Elementen einer Stichprobe wiederholt werden müssen. Zudem enthalten sie einige Funktionen für einfache statistische Verfahren (für eine Einführung in die statistische Datenanalyse mit Excel siehe Monka et al. 2008). Für die Auswertung großer Datensätze und die Anwendung komplizierterer Auswertungsverfahren sind diese Programme allerdings nicht geeignet, zumal da Excel einige gravierende Fehler enthält (die sich teilweise auch in den Calc-Varianten finden).

4 Wir verwenden für das Lehrbuch Stata 13. Die vorgestellten Prozeduren funktionieren aber in der Regel auch in weit zurückliegenden Vorgängerversionen.

5 Wir arbeiten mit Version 20, mittlerweile ist bereits 22 auf dem Markt. In den Jahren 2009 und 2010 wurde SPSS im Zuge einer Firmenumstellung unter dem Namen „PASW/SPSS" vertrieben. In der offiziellen Bezeichnung der aktuellen SPSS-Version ist man von diesem neuen Produktnamen wieder abgerückt; der offizielle Name ist IBM SPSS Statistics. Die vorgestellten SPSS-Prozeduren funktionieren auch in den mit „PASW/SPSS" betitelten Vorgängerversionen von IBM SPSS Statistics.

den letzten Jahren klar in Richtung Marktforschung spezialisiert. Mit SPSS umgehen zu können, heißt also auch, sich auf das Berufsleben jenseits der Grundlagenforschung vorzubereiten. Die Grundzüge des Arbeitens sind aber ohnehin bei beiden Programmen gleich, so dass man schnell von dem einen auf das andere umsteigen kann.

Arbeiten mit dem Lehrbuch und Statistik-Software

Wie schon im Vorwort erwähnt: Dieses Buch ist keine Einführung in das Arbeiten mit Statistik-Software. Wir setzen voraus, dass Sie zumindest die groben Abläufe des Umgangs mit SPSS oder Stata bereits beherrschen oder die entsprechenden Fähigkeiten parallel zum Durcharbeiten der Beispiele erwerben. Die Handhabung der Software ist nicht schwer. Man kann sie sich so vorstellen: Sie haben einen Datensatz und wollen ihn auswerten, also z. B. den Durchschnitt eines Merkmals berechnen. Dazu übermitteln Sie an die Software einen Befehl (gewissermaßen einen schriftlichen Auftrag), und die Software antwortet Ihnen, wiederum schriftlich, indem sie das gewünschte Ergebnis übermittelt. Dies geschieht in einem eigenen Fenster am PC.

Nun gibt es zwei Arten, wie man an Statistik-Software Befehle übermitteln kann:

„Klick-Modus“: Dieser entspricht dem heute dominierenden Umgang mit Software: Befehle werden durch Anklicken von Menü-Elementen, Pop-up-Fenstern usw. erzeugt. Wir wissen nicht, wie häufig dieser Modus in der sozialwissenschaftlichen Lehre vermittelt wird; die Dominanz entsprechender Bücher für SPSS lässt befürchten, dass das nicht ganz selten geschieht. Dennoch ist dieser Modus für seriöses wissenschaftliches Arbeiten gänzlich ungeeignet und außerdem außerordentlich umständlich und zeitraubend, jedenfalls dann, wenn man nicht nur mal kurz in einen Datensatz hineinschnuppern, sondern die Daten zumindest teilweise richtig auswerten möchte. Daher spielt er in diesem Buch keine Rolle.

„Befehl-Modus“: Hier benötigen Sie neben Daten- und Ausgabefenster ein drittes Fenster, in welches Sie die Befehle explizit, sozusagen im Klartext, hineinschreiben. Das geht im Grunde ganz einfach; die Befehlssprache ist geradezu militärisch knapp. Nehmen wir an, ein Lehrer möchte die Durchschnittsnote seiner Klasse in Mathematik haben. Er ruft einfach „Durchschnitt Mathenote“ – und schon liefert sein braver Diener das Ergebnis! Bei Statistik-Software rufen wir nicht, sondern schreiben, und die Software versteht nur Englisch. Daher schreiben wir etwa „mean mathenote“ (die Mathematik-Note darf einen deutschen Namen haben, nur der Befehl muss englisch sein, und zwar genau der Befehl, den die Software versteht).

Das Fenster, in das man die Befehle hineinschreibt, ist eine eigene Datei, die man speichern und wiederverwenden kann (das ist der entscheidende Unterschied zum Klick-Modus!). Diese Datei heißt in SPSS „Syntax-Datei“ oder „Syntax-File“, in Stata „Do-File“.

Für das konkrete Arbeiten mit Daten und Software raten wir zu folgendem Vorgehen:

1. Legen Sie auf Ihrem Rechner ein eigenes Verzeichnis zum Arbeiten mit dem Lehrbuch an. Wo dieses Verzeichnis liegt, ist gleichgültig.

2. Gehen Sie auf die Website *www.beltz.de* und geben Sie bei der Suche *Ludwig-Mayerhofer Statistik* ein. Dann werden Sie zu einer Webseite geführt, auf der Sie weitere Angaben zu den Daten finden. Eventuell müssen Sie zum Download aller Dateien noch ein oder zwei weitere Webseiten aufsuchen, die auf der Webseite beim Verlag verlinkt sind.

   Laden Sie nun Daten sowie gegebenenfalls weitere Materialien in das Arbeitsverzeichnis, das Sie im vorherigen Schritt angelegt hatten.

3. Schreiben Sie in Ihre Syntax-Datei bzw. Ihr Do-File einen Befehl, der auf das Arbeitsverzeichnis verweist. Ein Beispiel: Nehmen wir an, Ihr Verzeichnis heißt: `C:\Users\Sibel\Documents\StatLehrbuch` (so könnte ein typischer Verzeichnispfad unter *Windows* aussehen). Dann schreiben Sie einfach folgenden Befehl, der das Verzeichnis zum Arbeitsverzeichnis macht:

   In SPSS: `cd "C:\Users\Sibel\Documents\StatLehrbuch".`

   In Stata: `cd "C:\Users\Sibel\Documents\StatLehrbuch"`

   Bei *Mac-UserInnen* taucht am Anfang des Verzeichnispfades üblicherweise kein Laufwerkbuchstabe auf; auch verwenden sie statt des Backslashs den normalen Schrägstrich. Das gleiche gilt unter *Unix*.

   Falls Sie noch zu den EinsteigerInnen gehören: Dass der SPSS-Befehl mit einem Punkt endet und der Stata-Befehl nicht, hat System: SPSS erkennt das Ende des Befehls am Punkt, Stata daran, dass die Zeile zu Ende ist. Sie können (und sollen) also alle Befehle genau so eingeben, wie Sie sie bei uns sehen.

4. *Nach* diesen Befehl schreiben Sie nun den Befehl, mit dem Sie die Daten holen. Wenn Sie z. B. mit den Daten der GLHS arbeiten wollen (mehr dazu gleich im nächsten Abschnitt), schreiben Sie

   In SPSS: `GET FILE "glhsteach.sav".`

   In Stata: `use "glhsteach.dta"`

5. Nun können Sie für die Analyse direkt die Befehle verwenden, die Sie jeweils am Ende der folgenden Kapitel finden, die Sie aber auch auf der oder den Webseiten zum Buch herunterladen können.

Noch ein Hinweis zu Stata: Für manche Analysen werden Befehle benötigt, die standardmäßig nicht in Stata vorhanden sind. Hierzu werden sogenannte *user-written Ado-Files* benötigt. Dabei handelt es sich um Do-Files, welche von anderen Anwendern geschrieben worden sind, und die online kostenlos zur Verfügung stehen. Wenn für eine Analyse in diesem Buch ein solches zusätzliches Ado-File benötigt wird, werden wir Sie jeweils darauf aufmerksam machen und erklären, wie und/oder wo das Ado-File heruntergeladen werden kann.

Zur weiteren Beschäftigung mit Stata empfehlen wir das Buch von Kohler und Kreuter (2012), das mittlerweile als das Standardeinführungswerk in Stata gilt. Das Buch führt Schritt für Schritt und anschaulich in die Datenanalyse mit Stata ein, ohne dass dabei besondere statistische Vorkenntnisse vorausgesetzt werden. Darüber hinaus finden sich im Internet sehr gute Quellen. Darunter ist zum einen der empfehlenswerte Stata-Bereich auf der Webseite der University of California, Los Angeles (UCLA) zu nennen (`http://www.ats.ucla.edu/stat/stata/`). Zum anderen finden Sie einen Stata-Guide von Wolfgang Ludwig-Mayerhofer unter `http://wlm.userweb.mwn.de/wlmstata.htm`.

Zur weiterführenden Beschäftigung mit SPSS können Sie das Buch von Akremi et al. (2011) verwenden. Zwar sind einige Elemente wirklich „für Fortgeschrittene“ (wie es im Titel heißt), aber auch Einsteiger in die statistische Datenanalyse werden von diesem Buch mehr profitieren als von den vielen teuren Büchern, die nur den weitgehend sinnlosen „Klick-Modus“ erklären. Zur statistischen Datenanalyse mit SPSS (unter Verwendung der Syntax) können Sie mit Gewinn den SPSS-Guide von Wolfgang Ludwig-Mayerhofer im Internet nutzen (`http://wlm.userweb.mwn.de/wlmspss.htm`). Die bereits oben erwähnte Webseite der University of California, Los Angeles (UCLA) enthält auch einen umfassenden Bereich zur Arbeit mit SPSS (`http://www.ats.ucla.edu/stat/spss/`).

1.2.2 Zu den verwendeten Daten

Wir arbeiten im Buch mit drei verschiedenen Datensätzen, die Ihnen über die Website zum Buch zugänglich sind. Diese Datensätze (bzw. weitere Datensätze aus diesen Quellen) finden sämtlich in der sozialwissenschaftlichen Forschungspraxis häufig Verwendung, so dass Sie ganz nebenbei auch mit der Datenstruktur einiger wichtiger Datenquellen für Sozialwissenschaftlerinnen vertraut werden.

Der SOEP-Datensatz: Der Datensatz `soep_llg` (der Nachsatz steht für die Namen von Autorin und Autoren dieses Buches) ist ein kleiner Auszug aus Daten des Sozio-oekonomischen Panels (kurz: SOEP), eines sehr wichtigen Sekundärdatensatzes in der deutschsprachigen empirischen Sozialforschung. Im SOEP werden im Längsschnitt, genauer: als Panel-Befragung, Daten zur sozialen und ökonomischen Lebenssituation von Personen und Haushalten erhoben, aber auch Einstellungen und Wertvorstellungen erfragt. Im Buch arbeiten wir vor allem mit personenbezogenen Daten. Wir haben die Daten aus Datenschutzgründen leicht verfremdet; die Variablennamen entsprechen aber bis auf zentrale Merkmale wie Geschlecht und Alter denen des *Scientific Use Files*, also des SOEP-Datensatzes, der auch der Forschergemeinschaft zur Verfügung steht. Daher können Sie SOEPinfo[6], das Informationssystem zum SOEP benutzen, um weiterführende Informationen zu den im Datensatz befindlichen Merkmalen zu recherchieren. Wir arbeiten mit Daten der Welle U des SOEP, also mit Daten, die im Jahr 2004 erhoben wurden. Die Datenstruktur des Gesamtdatensatzes ist recht komplex, was unserem fertig präparierten Lehrbuch-Datensatz nicht mehr anzusehen ist. Auf den Seiten der Arbeitsgruppe SOEP des DIW in Berlin (siehe Fußnote 6) finden Sie die vollständige Dokumentation zum SOEP.

Daten der deutschen Lebensverlaufsstudie (GLHS): Diese Studie, aus der wir den Datensatz `glhsteach` erstellt haben, wurde in der Zeit von den frühen 1980er Jahren bis in die 2000er Jahre hinein am Max-Planck-Institut für Bildungsforschung unter der Leitung von Prof. Karl Ulrich Mayer durchgeführt. Im Unterschied zum SOEP, wo die Längsschnittinformation nach und nach aus den jährlichen Erhebungen zusammengesetzt wird, beruht die Lebensverlaufsstudie oder German Life History Study (GLHS) auf retrospektiven Befragungen, in denen die Untersuchungspersonen möglichst genaue Angaben über ihre Bildungs-, Erwerbs- und Familiengeschichten machten. Befragt wurden etwa 8 500 Personen in West- und fast 3 000 Personen in Ostdeutschland, die Letzteren vor allem mit Blick auf ihr Leben in der DDR. Wir verwenden nur die Daten aus Westdeutschland, da die Informationen aus der DDR nicht immer unmittelbar vergleichbar sind. Die westdeutschen Daten beziehen sich auf insgesamt acht Geburtskohorten, anhand derer die Entwicklung der Lebenschancen von Menschen im historischen Verlauf nachvollzogen werden kann. Wurden in den frühen Erhebungen immer drei beisammen liegende Geburtsjahrgänge zusammengefasst (z. B. Menschen der Jahrgänge 1919–1921 oder 1929–1931), wurden später nur Personen eines einzigen Jahrgangs (z. B. 1964 oder 1971) ausgewählt. Wir haben aus dem reichhaltigen Schatz der Daten einige wenige Variablen konstruiert, die das eigentliche Ziel der Daten, Verläufe zu analysieren, zwar nicht angemessen berücksichtigen, aber doch größtenteils auf den Lebensverlauf der Menschen bezogen bleiben (z. B.: Was hat man bis zu einem bestimmten Zeitpunkt im Leben erreicht?). Zur Anonymisierung für unser Lehrbuch wurde außerdem eine 50-Prozent-Stichprobe aus der Gesamtstichprobe der Westdeutschen gezogen. Eine Veröffentlichung zu den ersten drei Kohorten stammt von Blossfeld (1987); hiervon haben wir eine Definition von „Bildungsjahren" (Jahren, die man typischerweise für bestimmte Bildungsabschlüsse benötigt) übernommen, allerdings noch etwas verfeinert. Mehr Informationen zu den Daten findet man im Internet.[7]

---

6 `http://www.diw.de/de/diw_02.c.222725.de/soepinfo.html`

7 `http://www.mpib-berlin.mpg.de/de/forschung/beendete-bereiche/bildung-arbeit-und-gesellschaftliche-entwicklung/deutsche-lebensverlaufsstudie`

Daten der OECD: Die OECD (Organization for Economic Co-operation and Development) sammelt seit langer Zeit verschiedenste Daten, die sie in Zeitreihen über ihre Webseite zur Verfügung stellt. Die Daten beziehen sich immer auf Länder, nicht auf Individuen. Aus dem großen Datenfundus haben wir den sehr kleinen Datensatz `oecd_llg` zusammengestellt, den wir häufig heranziehen, um Ihnen Rechenwege direkt vor Augen zu führen. Klein ist der Datensatz zum einen, weil wir nur 21 Länder der westlichen Welt ausgewählt haben, zum anderen wegen der recht kleinen Zahl von Variablen, die sich etwa auf Frauenerwerbstätigkeit oder auf Kinderbetreuung beziehen. Man muss bei diesen Daten beachten, dass die OECD manchmal nachträglich noch Korrekturen durchführt, so dass es sein kann, dass die von uns zusammengestellten Daten, die sich hauptsächlich auf 2006 und 2007 beziehen, heute vereinzelt etwas andere Werte annehmen. Unsere Daten enthalten auch einige Lücken (fehlende Werte, siehe Abschnitt 2.3.3), die auf den OECD-Seiten längst geschlossen sind, die wir aber absichtlich belassen haben, um Merkmale mit unterschiedlichen Fallzahlen zur Verfügung zu haben – ein Phänomen, das ständig vorkommt, wenn man Daten auswertet. Zugang zu den Daten bekommt man auf den Internetseiten der OECD[8]; einzelne Daten zu finden, erfordert allerdings einige Geduld.

1.3 Zum Geheimnis der Formeln

Statistik hat viel mit Formeln zu tun, und das ist einer der Gründe, warum viele Studierende Vorbehalte gegen die Statistik haben. Wir verraten Ihnen hier aber gleich zu Beginn das Geheimnis der Formeln: Es gibt gar keines. Wer den grundsätzlichen Aufbau von Formeln kennt, wird Formeln lesen und verstehen können wie eine Musikerin Noten. In diesem Abschnitt wollen wir Ihnen den Aufbau von Formeln transparent machen.

Statistik ließe sich salopp auch als Wissenschaft des gekonnten Zusammenfassens bezeichnen. Um Rechenoperationen zusammenzufassen, die für alle Stichprobenelemente wiederholt werden sollen, werden griechische Großbuchstaben als Symbole benutzt. Im Rahmen dieses Lehrbuchs brauchen wir eigentlich nur das Summenzeichen $\sum$ (das Symbol ist das große Sigma des griechischen Alphabets). Es sagt, wenn es ohne Erweiterungen benutzt wird, aus: „Summiere alles, was hinter mir steht, und zwar für alle Stichprobenelemente."

Beispiel 1.1: Für eine Variable X, die bei drei Personen jeweils unterschiedliche Werte aufweist, nämlich den Wert 4 bei Person 1, 12 bei Person 2 und 7 bei Person 3, bedeutet

$$\sum x_i \cdot 2 \tag{1.1}$$

8 `http://stats.oecd.org/index.aspx`

nichts anderes, als dass der x-Wert jeder Person mit 2 zu multiplizieren ist, und diese Produkte dann aufsummiert werden über alle drei Personen. Schreibt man diese Rechnung explizit auf, so würde man notieren:

$$x_{\text{Person 1}} \cdot 2 + x_{\text{Person 2}} \cdot 2 + x_{\text{Person 3}} \cdot 2 = 4 \cdot 2 + 12 \cdot 2 + 7 \cdot 2 = 46$$

Für drei Personen mag diese Schreibweise noch ausreichend übersichtlich sein. Wenn aber der Stichprobenumfang 10 übersteigt, ist die extensive Schreibweise ungeeignet, weswegen wir (in Übereinstimmung mit fast allen weiteren Statistik-Lehrbüchern) mit dem abkürzenden Summen-Symbol arbeiten.

Sie haben gesehen, dass beim Notieren der Rechnung ohne das Summensymbol kleine Subskripte aufgetaucht sind. Der Ausdruck $x_{\text{Person 3}}$ bedeutet nichts anderes als den x-Wert, den Person 3 aufweist. Die Personen, oder allgemeiner: die Merkmalsträger (Stichprobenelemente), erhalten in Formeln Indices. Der Index steht stellvertretend für die Zahl, die das Stichprobenelement erhielte, wenn man die Stichprobenelemente einmal abzählte. Der Ausdruck x_i steht also für den x-Wert des i-ten Elements in der Stichprobe.

Oft wird das Summenzeichen auch um diesen Index ergänzt. Man nennt ihn Laufindex, denn er zeigt an, über welche Stichprobenelemente die Summenbildung laufen soll. Unter dem Summensymbol wird festgehalten, bei welchem Element die Summenbildung starten soll, darüber steht, bis zu welchem Stichprobenelement der Index laufen soll, bei welchem Element also die Summenbildung beendet werden soll. Wenn wir die oben genannte Summe tatsächlich aus allen auftretenden x-Werten bilden wollen, also beginnend vom ersten Stichprobenelement bis zum letzten, kann man auch explizit notieren

$$\sum_{i=1}^{n} x_i \cdot 2 \tag{1.2}$$

Der Laufindex i läuft hier also von 1 bis n, also bis zum letzten Stichprobenelement, dessen Indexwert i dem Stichprobenumfang n entspricht. Möchte man hingegen die Summe im oben genannten Beispiel erst von der zweiten Person an bilden, dann notiert man

$$\sum_{i=2}^{n} x_i \cdot 2 \tag{1.3}$$

Nun werden, bliebe man beim Beispiel von oben, in dem für drei Personen Messwerte vorliegen, nur die x-Werte von Person 2 und 3 jeweils mit 2 multipliziert und dann addiert. Im Lehrbuch wird dieser Fall nicht auftreten, wir summieren hier immer über alle Elemente einer (Sub-)Stichprobe auf und notieren deswegen nicht immer explizit den Laufindex am Summensymbol.

Wichtig ist die Sache mit dem Laufindex aber doch, denn: Nicht nur Merkmalsträger können mit einem stellvertretenden Index adressiert werden, sondern alle in der Mehrzahl auftretenden Bestandteile statistischer Maßzahlen. So werden z. B. dort, wo es nötig ist, auch die unterschiedlichen Merkmalsausprägungen einer gruppierenden Variablen mit einem Index bezeichnet.

Beispiel 1.2: Hier sehen Sie einen Teil der Formel 5.14, die in Abschnitt 5.4.1 vorgestellt wird:

$$\sum_{i=1}^{r}\sum_{j=1}^{m}(y_{ij}-\bar{y})^2 \tag{1.4}$$

Was diese Formel genau besagt, ist momentan nicht wichtig. Wir achten nur auf die Laufindizes i und j: Sie stehen hier für Gruppen von Stichprobenelementen (i) und für einzelne Stichprobenelemente (j); die Indices laufen jeweils von 1 bis r bzw. m, also von der ersten Gruppe bis zur letzten (wegen r = Gesamtzahl der Gruppen) und vom jeweils ersten bis zum jeweils letzten Stichprobenelement pro Gruppe (wegen m = Gesamtzahl der Stichprobenelemente pro Gruppe). Der Ausdruck $\sum_{i=1}^{r}\sum_{j=1}^{m}$ bedeutet damit: „Summiere alles, was hinter mir steht, auf für alle Stichprobenelemente pro Gruppe, und zwar von der ersten bis zur letzten Gruppe." Die Summenbildung läuft also wie auch in Formel 1.2 über alle Stichprobenelemente, es wird aber durch das doppelte und mit Indices versehene Summenzeichen darauf hingewiesen, dass sich die n Stichprobenelemente aufteilen in m Gruppen, wobei jede Gruppe r Stichprobenelemente enthält.

Sie sehen: i und j sind beliebte Indexbuchstaben. Sie stehen mal für Stichprobenelemente, mal für Gruppen, mal für Merkmalsausprägungen, mitunter auch für Spalten und Zeilen in einer Tabelle (siehe z. B. Abschnitt 5.1). Wofür genau sie stehen, ist immer im Kontext der Formel anzugeben.

Ein Letztes noch zum Innenleben der Formeln: Statistische Formeln sind „mehrsprachig", wie Sie gesehen haben. In Formeln tauchen große und kleine Buchstaben des griechischen und des lateinischen Alphabets auf. Hinter der Wahl der Buchstaben verbergen sich Konventionen der statistischen Notationsweise: Meistens werden Parameter der Grundgesamtheit – das sind statistische Kennzahlen in der Grundgesamtheit – mit griechischen Kleinbuchstaben bezeichnet. Wenn man diese Kennzahlen nicht direkt errechnet, sondern schätzt – und das ist ein prominentes Unterfangen in der Statistik, siehe Kapitel 4 –, dann versieht man den griechischen Buchstaben mit einem Dach, also etwa $\hat{\mu}$ (gesprochen: „mü Dach") als Schätzwert für den Mittelwert in der Grundgesamtheit. Als Symbole für Rechenoperationen werden griechische Großbuchstaben gewählt. Für Variablen- und Indexbezeichnungen nutzt man meist lateinische Klein- und Großbuchstaben.

2. Daten, Forschungsdesigns und Stichproben

Bevor es nun tatsächlich losgeht, sind wichtige Begriffe rund um die Eigenschaften von Daten und Merkmalen zu klaren, die statistisch auszuwerten sind. Von der Art und Weise, wie statistische Daten zustandegekommen sind, hängt es nämlich ganz entscheidend ab, auf welche Weise sie ausgewertet werden können.

Dafür werden wir zunächst diejenigen Begriffe aus der grundständigen Methodenausbildung kurz wiederholen (und einige weitere einführen), die mit der statistischen Datenauswertung in direktem Zusammenhang stehen. Zunächst wird es um das Messen und Klassifizieren von Eigenschaften, später um Forschungsdesigns und ihren Einfluss auf die statistischen Auswertungsmöglichkeiten gehen.

2.1 Daten

2.1.1 Skalen- oder Messniveaus

Daten werden erhoben, um bestimmte theoretische Konzepte abzubilden: Um etwa das Konzept „sozioökonomische Situation eines Haushaltes" zu bestimmen, wird man neben anderen auch das Merkmal (die Variable) „Haushaltseinkommen" erfassen. Kurzum: Konzepte, z. B. „individuelle Gesundheit" oder „Bildungsniveau", werden anhand bestimmter beobachtbarer Merkmale oder Indikatoren empirisch greifbar gemacht.

Es gibt meist mehrere Möglichkeiten, ein Konzept empirisch abzubilden: Man kann das Konzept „Körper" u. a. über den Indikator „Körpergröße" erfassen. Die Körpergröße lässt sich abbilden, indem man Menschen in „kleine Menschen", „mittelgroße Menschen" und „große Menschen" einteilt. Man kann Körpergröße aber auch ziemlich genau in „Körpergröße, gemessen in cm" abbilden. Wie Merkmale empirisch erfasst sind, drückt sich aus im Skalenniveau eines Merkmals. Das Skalenniveau, oft auch als Messniveau bezeichnet, legt fest, welche Aussagen über unterschiedliche Ausprägungen eines Merkmals zulässig sind. Dabei gilt, dass auf höherem Skalenniveau auch die Aussagen zulässig sind, die man über unterschiedliche Merkmalsausprägungen auf niedrigerem Skalennivau machen kann. Umgekehrt ist das nicht möglich. Das heißt etwa im Beispiel der Körpergröße: Wenn zwei paarweise Messungen zur Körpergröße vorliegen – Person A_1 ist „klein", Person A_2 ist „mittelgroß", Person B_1 ist 164 cm groß, Person B_2 ist 185 cm groß –, dann lässt sich zwar jeweils sagen: Die zweite Person ist größer als die erste, allerdings lässt sich nur für B_1 und B_2 zusätzlich angeben, *um wie viel* die zweite Person größer ist als die erste.

Das Skalenniveau eines Merkmals ist unmittelbar relevant für statistische Auswertung: Von ihm hängt ab, welche statistischen Kennzahlen sich für das Merkmal bzw. die Merkmale bestimmen lassen und welche Analyseverfahren man einsetzen darf. Deswegen werden die Skalenniveaus im Folgenden kurz eingeführt.

Nominalskalierte Merkmale: Merkmale, die auf Nominalskalenniveau gemessen wurden, lassen nur Aussagen über die Unterschiedlichkeit von Merkmalsträgern zu. Weist Person A die Merkmalsausprägung „kroatisch“ auf, Person B „griechisch“, dann wissen wir, dass beide sich im Merkmal „Staatsangehörigkeit“ unterscheiden. Um ein „Mehr“ oder „Weniger“ kann es hier nicht gehen; das Merkmal „Staatsangehörigkeit“ lässt sich weder in eine Rangordnung bringen noch gar quantifizieren.

Ordinalskalierte Merkmale: Das Wort „ordinal“ verweist auf den Begriff der Ordnung; Messung auf Ordinalskalenniveau ermöglicht es also, die Messwerte nach der Stärke einer bestimmten Eigenschaft zu ordnen, erlaubt aber keine Aussage über den genauen Abstand zwischen den Messwerten. Der Idealfall von Ordinalskalen sind Rangskalen, die eine mehr oder weniger eindeutige Reihung aller Merkmalsträger erlauben. Das klassische Beispiel sind Ranglisten im Sport; vereinzelt kommt es hier vor, dass zwei Personen oder Mannschaften genau gleich gut sind und daher auch den gleichen Rangplatz zugesprochen bekommen, aber das ist die Ausnahme.

Viel häufiger sind allerdings ordinalskalierte Merkmale, bei denen die Untersuchungseinheiten (meist Personen) sich selbst auf einer Skala mit mehreren, meist zwischen vier und elf, Ausprägungen einstufen. Das Merkmal „Zufriedenheit mit dem Haushaltseinkommen“, das im SOEP in elf Schritten zwischen „niedrig“ und „hoch“ gemessen ist, ist ein Beispiel. Jemand, der in der Befragung einen Wert am linken Ende der Skala, also in der Nähe von „niedrig“ ankreuzt, ist weniger zufrieden mit seinem Haushaltseinkommen als jemand, der eine Antwortmöglichkeit weiter rechts, also näher an „hoch“ wählt. Um *wie viel* mehr jemand zufrieden ist, der statt des Punktes in der Mitte der Skala den Punkt rechts neben der Skalenmitte ankreuzt, lässt sich allerdings auf Basis dieser Messung nicht sagen.

Intervallskalierte Merkmale: Bei intervallskalierten Merkmalen sind die Abstände zwischen zwei Ausprägungen sinnvoll zu interpretieren, nicht aber ihr Verhältnis zueinander. Letzteres liegt daran, dass der Wert 0 bei diesen Merkmalen nicht identisch ist mit dem kleinsten möglichen Wert. Das bekannteste Beispiel ist die Temperatur in Grad Celsius: Man kann nicht sagen, dass es an Tagen mit einer Temperatur von 20° doppelt so warm ist wie an Tagen mit 10°. Wohl aber kann man sagen, dass die Differenz zwischen 10° und 20° genauso groß ist wie die zwischen 20° und 30°.

Beispiel 2.1: Ein Beispiel für ein intervallskaliertes Merkmal ist das Berufsprestige nach Treiman, das in den GLHS-Daten verwendet wird. Der niedrigste Wert, den es hier laut Treiman (1977: 172) gibt, ist −2. Man kann also nicht sagen, dass ein Prestigewert von 60 doppelt so groß ist wie ein Wert von 30.

Ratio- oder verhältnisskalierte Merkmale: Hier sind nicht nur die Unterschiede zwischen Messwerten inhaltlich interpretierbar, sondern auch Verhältnisse. Die Bedingung hierfür ist einfach: Die Skala muss einen absoluten Nullpunkt haben, unterhalb dessen kein Messwert liegen kann. Ein typischer Fall ist das Einkommen: Menschen können kein Einkommen erzielen und weisen dann beim Einkommen einen Wert von 0 auf; weniger gibt es nicht. Ein Kind, das monatlich 30 € Taschengeld erhält, erhält eineinhalbmal so viel wie ein Kind, das 20 € Taschengeld bekommt.

Intervallskalierte + verhältnisskalierte Merkmale = metrische Merkmale: Für die angewandte Statistik ist die Unterscheidung zwischen intervall- und ratioskalierten Merkmalen meist irrelevant. Beide werden unter dem Begriff *metrische Merkmale* zusammengefasst. Viele statistische Verfahren wurden zuerst für solche Merkmale entwickelt; ganz zentrale Konzepte wie etwa das arithmetische Mittel oder die Varianz (die im nächsten Kapitel erläutert werden) setzen voraus, dass die Merkmale auf metrischem Niveau vorliegen. Der entscheidende „Graben“, wenn man so will, verläuft also zwischen metrischen Variablen und Variablen niedrigeren Skalenniveaus.

Ordinale und metrische Merkmale in der Forschungspraxis: Da in den Sozialwissenschaften Merkmale, die bei strenger Betrachtung nur ordinalskaliert sind, recht häufig vorkommen, gibt es lange Debatten und unterschiedliche Auffassungen darüber, wo genau die Grenze zwischen ordinalen und metrischen Merkmalen verläuft. Likert-skalierte Merkmale[1], die formal betrachtet ordinalskaliert sind, werden in der Analyse oft wie metrische Merkmale behandelt. Meist wird dabei argumentiert, dass die Abstände zwischen den Merkmalsausprägungen als gleich groß (äquidistant) betrachtet werden können. Infolgedessen werden für solche Merkmale z. B. Mittelwerte berechnet,

---

1 Als likert-skalierte Merkmale werden polytome Merkmale (siehe S. 27) mit mindestens fünf, oft auch sieben oder mehr Ausprägungen bezeichnet, die Intensitäten von Zustimmung zu einer vorgegebenen Aussage messen (z. B. „stimme gar nicht zu“ bis „stimme völlig zu“, oder „trifft gar nicht zu“ bis „trifft voll und ganz zu“). Genau genommen ist die Likert-Skala die *Summe* von Zustimmungswerten zu mehreren solcher Items, die sämtlich ein und dasselbe theoretische Konstrukt messen. Zu Likert-Skalen siehe Schnell et al. (2011: 178 ff.).

auch wenn das für ordinale Merkmale eigentlich nicht zulässig ist. Ein Freibrief zur metrischen Verwendung eigentlich ordinaler Merkmale ist das jedoch nicht: Nicht jedes auf einer fünfteiligen ordinalen Skala klassifizierte Merkmal kann als metrisch betrachtet bzw. wie ein metrisches Merkmal behandelt werden. Ob ein ordinales Merkmal wie ein metrisches Merkmal verwendet werden kann, ist also von Fall zu Fall genau abzuwägen. Manche Sozialwissenschaftler halten dies grundsätzlich für eine Todsünde; wir gehören nicht zu diesen.

Beispiel 2.2: Das Merkmal „Ausgeglichen in den letzten vier Wochen" im SOEP-Datensatz erfasst, wie oft sich eine befragte Person in letzter Zeit ausgeglichen fühlte. Die Merkmalsausprägungen lauten „immer" (1), „oft" (2), „manchmal" (3), „fast nie" (4) und „nie" (5); für diese Ausprägungen stehen im Datensatz die in Klammern genannten Zahlen. Dieses Merkmal (das man auf den ersten Blick leicht mit einem likert-skalierten Merkmal verwechseln könnte) wie ein metrisches Merkmal zu behandeln, wäre fatal, denn: Um wie viel häufiger genau sich jemand ausgeglichen fühlte, der die Frage mit „oft" beantwortet hat, im Vergleich zu jemandem, der die Frage mit „manchmal" beantwortet hat, ist völlig unklar. Und anzunehmen, dass der Unterschied von „manchmal" zu „oft" ungefähr die gleiche Steigerung an empfundener Ausgeglichenheit bedeutet wie von „oft" zu „immer", ist auch nicht plausibel. Damit hat z. B. die Bestimmung eines Durchschnittswerts für dieses Merkmal in der Stichprobe keinen Sinn.

2.1.2 Weitere Einteilungen von Merkmalen

Im Folgenden werden einige übliche Unterscheidungen von Merkmalen eingeführt. Dies geschieht allerdings eher zu nomenklatorischen Zwecken, damit Sie wissen, wovon die Rede ist, wenn diese (häufig verwendeten) Begriffe an anderer Stelle auftauchen. Die Verfahren, die in diesem Buch behandelt werden, werden vor allem durch die bereits eingeführten Skalenniveaus voneinander unterschieden.[2]

Metrische Merkmale: Stetig oder diskret? Metrische Merkmale werden unterteilt in stetige und diskrete Merkmale. Stetige Merkmale werden auf einem Kontinuum gemessen und können dort (u. U. innerhalb bestimmter Grenzen) unendlich viele Werte aufweisen. Das Merkmal „Körpergröße" ist ein stetiges Merkmal: Es kann auf einem Kontinuum von ca. 45 bis 251 cm theoretisch jeden denkbaren Wert annehmen.[3]

---

2 Für multivariate Analyseverfahren, die nur ausblickartig Gegenstand dieses Buches sind (siehe Kap. 6), sind die folgenden Unterscheidungen jedoch häufig relevant.

3 Der größte derzeit lebende Mensch ist laut Guinness World Records 251 cm groß (siehe `http://www.guinnessworldrecords.com/tallest-man-living/`, Zugriff am 18. 04. 2014).

Diskrete Merkmale hingegen können innerhalb ihres Wertebereichs nur bestimmte Werte annehmen. Das trifft auf alle Zähldaten zu, Daten, die sich eben aus dem Abzählen von Gegenständen, Ereignissen usw. ergeben. Die Zahl der Kinder unter 16 Jahren im Haushalt ist ein Beispiel: Es können nur 0, 1, 2 etc. Kinder im Haushalt leben, nicht aber 2,333 oder 1,7 Kinder.

Zwischen der Natur eines Merkmals und seiner Messung ist zu unterscheiden. Durch den Vorgang des Messens werden alle Merkmale mehr oder weniger diskret, da Messungen immer nur in einem bestimmten Genauigkeitsgrad stattfinden. Die Körpergröße etwa wird meist nur in ganzen Zentimetern angegeben. Zwei Personen mit der Merkmalsausprägung „164 cm" für Körpergröße sind der Messung nach gleich groß, faktisch ließen sich durch eine noch genauere Messung wahrscheinlich kleine, aber irrelevante Unterschiede feststellen. In der Regel werden Variablen, die „ihrer Natur nach" stetig sind und für die eine ausreichend große Menge verschiedener Messwerte vorliegt, auch in der Datenanalyse als stetig behandelt.

Dichotome und polytome Merkmale: In der Gruppe der nominalen und ordinalen Merkmale wird unterschieden zwischen dichotomen und polytomen Merkmalen. Dichotome Merkmale sind Merkmale, deren Merkmalsraum in zwei Ausprägungen erschöpft ist. Das Geschlecht wird in den meisten Datensätzen nur dichotom erfasst. Oder: In vielen breit zugänglichen Datensätzen wird die Staatsangehörigkeit aus Datenschutzgründen nur als „deutsch" oder „nicht deutsch" ausgewiesen.

Polytome Merkmale haben – das ist denen, die ein wenig Griechisch können, jetzt schon klar – mehr als zwei Merkmalsausprägungen. Die auf einer zehnteiligen Skala klassifizierte allgemeine Lebenszufriedenheit ist ein polytomes Merkmal.

2.1.3 Begrenzte Daten

Manchmal haben Variablen weitere Eigenschaften, deren Bedeutung man gerade am Anfang u. U. noch nicht erkennen kann (meist werden sie auch erst in komplexen Analysen relevant). Auf einige dieser Eigenschaften wollen wir Sie aber schon hier hinweisen.

Das Problem kann man auf den allgemeinen Begriff der „begrenzten Daten" bringen. „Unbegrenzt" sind nur *stetige Daten* ohne (relevante) Begrenzung des Wertebereichs nach oben oder unten. In Lehrbüchern über begrenzte Daten (klassisch ist Maddala 1983) spielen dann beispielsweise nominal- und ordinalskalierte Merkmale eine zentrale Rolle, auch wenn sie oft (so auch bei Maddala) als „qualitative" Variablen einen (auch begrifflichen) Sonderstatus haben. Aber auch metrische Daten können in ihrem Wertebereich begrenzt sein. Einige dieser Beschränkungen seien hier zunächst kurz genannt:

- Daten weisen oftmals eine Grenze auf, oberhalb oder unterhalb derer keine Werte liegen *können*. Denken wir an ratioskalierte Variablen: Diese können keine Werte annehmen, die kleiner als 0 sind. Die möglichen Prozentwerte in unserem OECD-Datensatz sind außerdem (wie Prozentwerte überhaupt) nach oben begrenzt. Viele statistische Verfahren setzen aber voraus, dass zumindest der „abhängigen Variablen" (der Variablen, deren Werte erklärt werden sollen; siehe Kasten 5.1 auf S. 202) keine Grenzen nach oben oder unten gesetzt sind.
- Datenwerte können auch (gegebenenfalls zusätzlich zum gerade genannten Problem) „intern" beschränkt sein, indem sie nur bestimmte Werte annehmen können. Beispielsweise ist die Zahl der Kinder, die Frauen gebären können, relativ gering; vor allem kann die Kinderzahl nur ganzzahlige Werte annehmen. Die schon erwähnten „Zähldaten", also Daten, die sich auf die Anzahl von Dingen oder Vorkommnissen (z. B. Zahl der Unfälle, die jemand erleidet, Zahl der Patente, die einer Firma in einem Jahr erteilt wurden) beziehen, spielen hier eine besondere Rolle, weil sie oft charakteristische Verteilungen aufweisen (so sind sie fast nie normalverteilt, ein Begriff, den wir in Abschnitt 3.4 kennenlernen werden). In den GLHS-Daten ist beispielsweise das Merkmal „Zahl der Geschwister" enthalten.

Wie schon gesagt sind diese Eigenschaften, denen man in der Forschungsliteratur immer wieder begegnet, für eine Einführung in die Statistik noch nicht wichtig. Anders ist das mit einer dritten Beschränkung, die wir unter dem etablierten Begriff *Zensierung* diskutieren (was aber nichts mit „Zensur" im üblichen Sinn zu tun hat).

Zensierte Daten

Beginnen wir gleich mit zwei in der Forschungspraxis wichtigen Beispielen:

Erstens: In den letzten Jahrzehnten ist in den Sozialwissenschaften das Interesse an Prozessen oder Abläufen, generell: an zeitlichen Verläufen enorm angestiegen. Eine Möglichkeit, Prozesse zu untersuchen, ist diese: Man untersucht, wie lange Personen oder andere Untersuchungseinheiten in einem bestimmten Zustand verbleiben, oder anders formuliert: wie lange es dauert, bis ein bestimmtes Ereignis eintritt, das einen Zustand beendet. Man fragt also beispielsweise, wie lange es dauert, bis Ehen geschieden werden (Eintritt des Ereignisses „Scheidung") oder bis Arbeitslose wieder eine Beschäftigung aufnehmen.

Zunächst scheint es so, als handelte es sich hier um ganz „normale" metrische Daten. In der Praxis ist man aber oft mit dem Problem konfrontiert, dass nicht für alle Personen die Dauer bis zum Eintritt des den Ausgangszustand beendenden Ereignisses bekannt ist. Beispielsweise werden längst nicht alle Ehen geschieden, nicht alle Arbeitslosen nehmen eine Beschäftigung auf. Oft reicht auch die zur Verfügung stehende Beobachtungsdauer nicht aus, um abzuwarten, bis alle Ereignisse eingetreten sind.

Zwei Messwerte von beispielsweise 20 Jahren können jedoch nicht gleich behandelt werden, wenn dieser Wert in einem Fall bedeutet, dass jemand nach 20 Jahren geschieden wurde, und in einem anderen Fall, dass der Befragte nach 20 Jahren noch nicht geschieden war (aber vielleicht irgendwann in der Zukunft noch geschieden wird). Noch schlimmer wäre freilich, die Fälle, bei denen das Ereignis nicht beobachtet wurde, ganz wegzulassen.

Zweitens: Das Institut für Arbeitsmarkt- und Berufsforschung in Nürnberg stellt große Stichproben von sozialversicherungspflichtig Beschäftigten für wissenschaftliche Analysen zur Verfügung.[4] Unter anderem sind darin Angaben zum (Brutto-)Lohn der Personen enthalten. Allerdings tritt folgendes Problem auf: Bei allen Personen, deren Löhne über der Sozialversicherungsgrenze liegen, ist der exakte Lohn nicht bekannt; in diesen Fällen enthält die Variable „Lohn" genau den Wert der Sozialversicherungsgrenze. Ähnliche Probleme treten aber häufig in Untersuchungen von Einkommen oder Vermögen auf. Auf Englisch bezeichnet man solche Daten, wenn sie oben abgeschnitten sind, als „top-coded data".

Allgemein haben wir es also mit Daten zu tun, bei denen dann, wenn ein bestimmter Schwellenwert überschritten wird (bei zeitbezogenen Daten: die Beobachtungsdauer, bei Einkommensdaten: ein bestimmter Höchstwert), nur dieser Schwellenwert angegeben ist. Solche Daten bezeichnet man als *zensierte* Daten.[5] Diese Art von Daten kann man mit den gängigen statistischen Verfahren, wie sie in diesem Band vorgestellt werden, praktisch nicht auswerten. Wie soll man beispielsweise ein Durchschnittseinkommen berechnen, wenn für die Personen mit hohen Einkommen nur bekannt ist, dass sie 5 000 Euro *oder mehr* verdienen?

Kasten 2.1: Nicht alle metrischen Daten sind gleich!

- Der Wertebereich metrischer Variablen kann unten und/oder oben begrenzt sein. Auch können Variablen speziellen Verteilungen entsprechen; dies ist vor allem bei Zähldaten der Fall. Diese Eigenschaften sind bei einfachen (uni-, evtl. bivariaten) Auswertungen nicht unbedingt wichtig, wohl aber bei komplexeren Analysen.
- Daten können zensiert sein; das heißt, dass nur bekannt ist, dass der wahre Wert *größer* ist als ein bestimmter Schwellenwert, der genaue Wert ist jedoch unbekannt. (Vereinzelt sind Daten am unteren Ende zensiert – dann weiß man, dass der Wert *kleiner* ist als der gemessene Wert.) Solche Daten müssen grundsätzlich mit speziellen Verfahren ausgewertet werden.

---

4 siehe `http://fdz.iab.de/de/FDZ_Individual_Data/integrated_labour_market_biographies.aspx`

5 Manche Autoren sprechen auch von trunkierten Daten; doch wird dieser Begriff häufig in einem anderen Sinn gebraucht.

2.1.4 Übersicht zu Merkmalsarten

Wir fassen hier die wichtigsten Aussagen dieses Abschnitts übersichtlich zusammen. Die Skalen- oder Messniveaus müssen bei jeder Auswertung berücksichtigt werden. Die übrigen Begriffe sind von Fall zu Fall wichtig und dienen vor allem der Verständigung.

Messniveau	*mögliche Aussagen über Merkmalsausprägungen*	*Beispiel*
nominal	gleich oder verschieden	Geschlecht
ordinal	wie nominal, zusätzlich: mehr oder weniger	Bildungsniveau, gemessen als höchster Schulabschluss
	Sonderfall: Rangskalen	Tennis-Weltrangliste
metrisch	wie nominal und ordinal, zusätzlich:	
intervallskaliert	*wie viel* mehr oder weniger, und	Berufsprestige
ratioskaliert	*um welches Vielfache* mehr oder weniger	Einkommen in €

Metrische Merkmale (auch „quantitative Merkmale") können sein:

- stetig – theoretisch ist jeder beliebige Wert in einem bestimmten Kontinuum denkbar, *oder*
- diskret – in einem bestimmten Intervall können nur bestimmte Werte vorkommen.

Nominal- und ordinalskalierte Merkmale (auch „qualitative Merkmale") können sein:

- dichotom – es gibt insgesamt nur zwei Merkmalsausprägungen, *oder*
- polytom – der Merkmalsraum besteht aus mehr als zwei Ausprägungen.

Merkmale können schließlich sein:

- unbegrenzt – sie können jeden denkbaren Wert annehmen – *oder*
- begrenzt – sie können nur bestimmte Werte annehmen (siehe stetige vs. diskrete Merkmale) und/oder ihr Wertebereich ist nach oben und/oder unten hin beschränkt; *oder zuletzt*
- zensiert – Sonderfall von Daten, bei denen nur bekannt ist, dass die wahren Werte *mindestens* dem gemessenen Wert entsprechen.

2.2 Forschungsdesigns und Datenauswertung

Mit dem Begriff Forschungsdesign (auch Untersuchungsanlage oder -anordnung) bezeichnet man grundsätzliche Rahmenbedingungen, nach denen man die Datenerhebung gestaltet; diese Bedingungen stellen wichtige Restriktionen hinsichtlich der Schlussfolgerungen dar, die man aus den Daten ziehen kann. Forschungsdesigns sind eigentlich Gegenstand der Methodenlehre; sie werden in allen wichtigen Einführungsbüchern zu den Methoden der empirischen Sozialforschung abgehandelt. Wir gebrauchen den Begriff hier in einem relativ weiten Sinn, beziehen uns aber gleichzeitig nur auf einige wenige Facetten von Forschungsdesigns, auf die man bei der Datenauswertung besonders achten muss.[6]

Unser Ausgangspunkt ist die bereits einleitend erläuterte Tatsache, dass sozialwissenschaftliche Daten meist an *Stichproben* gewonnen werden. Die Verfahren der Inferenzstatistik, die dem Schluss von der Stichprobe auf die Grundgesamtheit dienen, setzen nun im einfachsten Fall voraus, dass die einzelnen Beobachtungen oder Fälle in einer Stichprobe *unabhängig voneinander* gezogen wurden. Dieses Grundmodell der Stichprobenziehung ist vergleichbar einer Lostrommel, aus der zufällig einzelne Kugeln entnommen werden; ob eine Kugel in die Stichprobe gelangt oder nicht, hat nichts damit zu tun, welche Kugeln bereits für die Stichprobe gezogen wurden (oder noch gezogen werden). Man spricht hier von einer *einfachen Zufallsstichprobe*. Details dazu findet man in allen Lehrbüchern der empirischen Sozialforschung (auch wir werden uns in Abschnitten 4.1 bis 4.3 ganz intensiv auf dieses Modell stützen).

Wichtig ist nun folgende Feststellung: *In der Praxis der Sozialforschung ist die Bedingung der Unabhängigkeit der einzelnen Stichprobenelemente bzw. der einzelnen Messungen nicht immer gegeben.* Gerade in anspruchsvollen Untersuchungen ist diese Bedingung oft verletzt.

Die genaue Bedeutung und die Konsequenzen dieser Feststellung werden uns erst ab Kapitel 4 beschäftigen. Wir müssen das Thema aber bereits an dieser Stelle kurz ansprechen, um Sie schon jetzt darauf hinzuweisen, dass man *vor jeglicher Datenauswertung* Informationen über das Forschungsdesign haben (oder einholen) muss, namentlich mit Blick auf die Ziehung der Stichprobe, aber auch andere relevante Aspekte. Wir möchten hier zwei häufig auftretende Designs ansprechen, bei denen man nicht von der Unabhängigkeit der einzelnen Beobachtungen ausgehen kann.

„Gemeinsame" Ziehung von Fällen für die Stichprobe: Ob die einzelnen Elemente der Stichprobe unabhängig voneinander sind oder nicht, hängt

---

6 Beispielsweise sprechen wir hier *nicht* die grundsätzliche Frage „Experiment" vs. „Beobachtungsstudie" an, bei der es darum geht, inwieweit nicht-experimentell gewonnene Daten überhaupt Schlüsse auf Kausalbeziehungen zulassen.

von Entscheidungen ab, die Forschende aus verschiedenen Gründen treffen können. Häufig werden etwa aus pragmatischen Gründen (z. B. Erreichbarkeit durch Interviewer) Stichprobenverfahren eingesetzt, in denen zunächst zufällig eine Reihe von Gemeinden oder von Kreisen oder anderen größeren Einheiten und anschließend in jeder dieser Einheiten eine Reihe von Fällen (Individuen, Haushalte usw.) ausgewählt wird. Zumindest in einigen Aspekten werden die Fälle innerhalb einer Einheit untereinander ähnlicher sein als den übrigen Fällen (sie können beispielsweise aus einer Region mit besonders guter oder besonders schlechter Arbeitsmarktlage kommen) und sind insofern nicht unabhängig voneinander. Abhängigkeit von Fällen untereinander kann aber sogar ein wesentlicher Aspekt des Forschungsdesigns sein. So werden Daten nicht selten an ganzen Schulklassen erhoben, oder Befragungen richten sich auf mehrere, wenn nicht gar alle Personen pro Haushalt. Auf diese Weise kann man gezielt Informationen nicht über Individuen, sondern ihre sozialen Kontexte erlangen, doch sind die Individuen in diesen Kontexten dann natürlich nicht unabhängig voneinander ausgewählte Einheiten.

Grundsätzlich gilt: Wenn die einzelnen Fälle aufgrund solcher oder anderer Forschungsdesigns nicht unabhängig voneinander gezogen wurden, ist Vorsicht bei der Anwendung der als Standard angebotenen statistischen Verfahren angebracht. Kleinere Abweichungen vom Ideal der einfachen Zufallsstichprobe können als einigermaßen unproblematisch betrachtet werden (jedenfalls solange man nicht glaubt, die Ergebnisse entsprächen umstandslos ‚der Wahrheit'). Liegt der Stichprobe aber ein Design zugrunde, das deutlich von der einfachen Zufallsstichprobe abweicht, so liefern die Standardverfahren falsche Ergebnisse; dies gilt auf jeden Fall für die inferenzstatistische Seite der Datenauswertung. Mehr dazu finden Sie später in Abschnitt 4.4.

Das SOEP ist ein sehr gutes Beispiel für eine Studie, in der die einzelnen befragten Personen nicht unabhängig voneinander sind, da ja in jedem Haushalt möglichst alle Personen ab 16 befragt werden sollen. Wir werden daher in den einleitenden Kapiteln, in denen wir mangels entsprechender Kenntnisse noch nicht die Komplexität der Stichprobendesigns berücksichtigen können, die SOEP-Daten nur verwenden, um die Stichprobe besser kennenzulernen; die Ergebnisse dürfen aber nicht als Aussagen über die Grundgesamtheit verstanden werden.

Längsschnittdaten bzw. wiederholte Messungen: Wie Erhebungen von Individuen-in-Kontexten sind auch Längsschnittuntersuchungen in den vergangenen Dekaden immer wichtiger geworden. Denn es ist offensichtlich, dass das Leben von Menschen nicht nur in (räumlichen und sozialen) Kontexten, sondern auch in der Zeit stattfindet; Weichenstellungen in Kindheit und Jugend oder frühem Erwachsenenalter können den weiteren Lebensverlauf prägen (vgl. aus soziologischer Perspektive Mayer 1990 oder Blossfeld und Huinink 2001).

Wieder ist zu konstatieren: Die Berücksichtigung von Zeitlichkeit und Verläufen ist ein komplexes Unterfangen, dessen Diskussion im Rahmen einer Einführung wie der vorliegenden nicht adäquat geleistet werden kann (zusammenfassend siehe etwa Baur 2005). Hier wollen wir unser Augenmerk vor allem auf den Fall von *Messwiederholungen* richten, auf den Fall also, dass Daten im Zeitverlauf mehrfach bei denselben Individuen erhoben werden. In vielen Statistik-Lehrbüchern finden Sie diesen Fall unter der Überschrift „abhängige Stichproben", und dies hilft recht gut, den Unterschied zum Thema des vorhergehenden Abschnittes zu verdeutlichen: Ging es dort darum, dass die *Individuen bzw. Fälle* innerhalb einer Stichprobe nicht voneinander unabhängig waren, so geht es jetzt darum, dass eine *Stichprobe* immer wieder eingesetzt wird; die Messung zum Zeitpunkt 2 (3, 4, 5 ...) wird an denselben Untersuchungseinheiten (befragten Personen, oder welchen Einheiten auch immer) vorgenommen wie die Messung zum Zeitpunkt 1.

Es dürfte einleuchten, dass auch in diesem Fall die Unabhängigkeit der Beobachtungen voneinander nicht gegeben ist. Daher gilt auch hier: Man kann Datensätze, die durch wiederholte Messung an denselben Individuen gewonnen wurden, nicht einfach zusammenfügen und so behandeln, als stammten die Daten aus einer einfachen Zufallsstichprobe. Gleichzeitig bieten Daten mit Messwiederholungen enormes Analysepotenzial. In diesem Buch werden sie jedoch – wie in den meisten Einführungsbüchern – nur kurz angesprochen, nämlich am Ende von Abschnitt 4.3.2 ab S. 152.

2.3 Datensätze

2.3.1 Struktur von Datensätzen

Weiter oben haben wir Ihnen bereits die Datensätze vorgestellt, mit denen wir im Buch arbeiten wollen. An dieser Stelle werden wir zunächst einmal die wichtigsten Begriffe einführen, die im Zusammenhang mit der Auswertung von Datensätzen auftauchen.

Datensätze können sich in mehrere Teile untergliedern, wenn etwa Informationen zu verschiedenen Themenbereichen in Teildatensätzen gespeichert werden. Das trifft auf alle Datenquellen zu, denen unsere Beispieldatensätze entnommen sind: Die OECD stellt eine Vielzahl von Informationen über ihre Mitgliedsländer bereit, allerdings in verschiedenen Einzeldatensätzen je nach Thema und abzubildendem Zeitraum. Der vorliegende Beispieldatensatz wurde aus verschiedenen Datensätzen der OECD zusammengefügt. Auch das SOEP und die GLHS sind modulartig organisiert. Im SOEP liegen pro Erhebungswelle immer mehrere Datensätze vor. In der Forschungspraxis müssen daher vor den eigentlichen statistischen Analysen die Teildatensätze zusammengefügt werden, die die interessierenden Informationen enthalten. Die Datensätze, die wir im Lehrbuch verwenden, sind fertig aufbereitet, so dass Sie pro Datenquelle (SOEP, OECD, GLHS-Daten) jeweils nur einen (mitunter aus zwei Teildatensätzen fusionierten) Teildatensatz vorfinden.

Datensätze sind matrixartig organisiert: Jede Zeile repräsentiert einen Fall. Was ein „Fall" ist, hängt davon ab, was als Untersuchungseinheit definiert ist. Im OECD-Datensatz sind die Untersuchungseinheiten Länder, in unserem Beispieldatensatz aus dem SOEP sind die Untersuchungseinheiten Personen. Allerdings sind in komplexen Datenerhebungsprojekten, wie das SOEP eines ist, nicht immer nur einzelne Personen Untersuchungseinheiten, sondern es werden auch Informationen über Haushalte gesammelt, in denen die befragten Personen leben. So gibt es im SOEP pro Welle Teildatensätze sowohl auf Personen- als auch auf Haushaltsebene. „Auf Haushaltsebene" heißt, dass nun Haushalte die Untersuchungseinheiten sind, im Datensatz also *pro Haushalt* eine Zeile vorhanden ist und nicht pro Person (im jeweiligen Haushalt). Neben Ländern, Haushalten und Personen sind viele weitere Untersuchungseinheiten denkbar: Paare, Schulklassen, Städte oder andere administrative Einheiten, Wohnungen, Krankenhäuser und vieles mehr.[7]

Die Spalten in der Datenmatrix repräsentieren einzelne Merkmale. Die Merkmale, die wir statistisch auswerten wollen, spannen jeweils einen Wertebereich auf: Mit „Wertebereich" meinen wir den Bereich der Werte, die Stichprobenelemente in diesem Merkmal theoretisch aufweisen können. Der Wertebereich umfasst mindestens zwei Ausprägungen.

Man unterscheidet den theoretischen vom empirischen Wertebereich: Das Merkmal „Allgemeine Lebenszufriedenheit heute", das im SOEP erhoben wird, umfasst die Werte 0 bis 10. Theoretisch ist es also möglich, Zufriedenheitswerte von 0 bis 10 zu messen. Empirisch kann der Wertebereich mitunter kleiner sein: In einigen Merkmalen weicht der theoretisch mögliche Wertebereich vom empirisch realisierten Wertebereich ab. So ist es etwa im Fall der Erwerbsbeteiligungsquote von Frauen, die als Variable `lfp08` in unserem OECD-Datensatz abgelegt ist. Theoretisch denkbar ist ein Wertebereich von 0 bis 100 Prozent, das heißt: Es ist theoretisch ein Land denkbar, in dem keine Frau bezahlter Arbeit nachgeht, umgekehrt ist auch ein Land denkbar, in dem ausnahmslos alle Frauen erwerbstätig sind. Die Wahrheit liegt dazwischen, nämlich in den Grenzen des empirischen Wertebereichs (52,1 bis 79,4 Prozent).

---

7 In der Forschungspraxis liegen die Dinge noch etwas komplizierter, und zwar dann, wenn *Zeit* als interessierendes Merkmal ins Spiel kommt (siehe S. 28). In Datensätzen, mit denen sich Prozesse und Dauern analysieren lassen, repräsentieren einzelne Zeilen nicht mehr Personen, sondern zeitliche Episoden. Zu jeder Person existieren dann mehrere Zeilen im Datensatz (sogenannte *spells*), die darüber informieren, wie lange Personen in bestimmten „Zuständen", beispielsweise im Zustand „arbeitslos", „verheiratet", „kinderlos" verblieben. Die Untersuchungseinheiten bleiben hier einzelne Personen, aber die Faustregel „pro Untersuchungseinheit eine Zeile im Datensatz" gilt nicht mehr. Die Auswertung von *spell*-Daten ist allerdings nicht Gegenstand dieses Lehrbuchs.

Beispiel 2.3: Abbildung 2.1 zeigt einen Auszug aus dem OECD-Datensatz zur Frauenerwerbstätigkeit, und zwar so, wie er von Stata dargestellt wird, wenn Sie die Daten betrachten wollen.

Data Editor (Edit) - [oecd_llg.dta]

File Edit View Data Tools

enrol_cc[7] 42.9

	country	lfp08	enrol_cc	lfp07_a~2549	lfp07_moms	fertrate08	pubexp_ch~05
1	Australia	71.11348	24.8	69.6	63.1	1.97	.181956
2	Austria	69.562268	10.5	76.1	72.3	1.41	.303181
3	Belgium	61.094306	41.7	74.1	72.7	1.82	.231174
4	Canada	75.762921	24	76.9	70.5	1.66	.
5	Denmark	77.868931	63	79.4	76.5	1.89	.663015
6	Finland	74.614065	26.3	78.7	76	1.85	.737161
7	France	65.517327	42.9	75.1	72.8	2	.355282
8	Germany	70.607731	13.6	73.3	68.1	1.38	.071166
9	Greece	55.71968	18.2	61.6	58.7	1.51	.129979
10	Ireland	64.08605	25.2	69.5	57.5	2.1	.25899
11	Italy	52.083928	28.6	58.9	55.6	1.41	.152691
12	Japan	67.349927	28.3	64.3	52.5	1.37	.228277
13	Netherlands	73.157316	53.9	78.2	75.7	1.77	.111992
14	New Zealand	73.922071	37.9	71.8	64.8	2.18	.07662
15	Norway	78.871603	42.3	.	.	1.96	.485962
16	Portugal	72.960244	43.6	76.5	76.4	1.37	.003353
17	Spain	64.533675	33.9	65.7	61.9	1.46	.440237
18	Sweden	79.430749	45.3	79.8	82.5	1.91	.582568
19	Switzerland	78.460164	.	77	69.7	1.48	.089546
20	UK	71.504073	39.7	72.1	67.9	1.96	.373718
21	US	.	31.4	71.2	66.7	2.09	.076953

Abbildung 2.1: Datensatz, Merkmal, Fall (Beispiel: OECD-Daten)

Die mit `enrol_cc` überschriebene Spalte zeigt alle Realisierungen des Merkmals „Anteil der unter 6-Jährigen in Kinderbetreuungseinrichtungen im Jahr 2006“. Als Merkmalsausprägungen kommen theoretisch alle Werte zwischen 0 und 100 in Frage, der Wertebereich umfasst also den Bereich „0 bis 100 Prozent“. Weil der Datensatz nur sehr wenige Fälle umfasst, können Sie rasch erkennen, dass die empirischen Realisierungen der Variablen diesen Wertebereich nicht vollständig abdecken: Alle Länder, für die das Merkmal vorliegt, weisen zweistellige Betreuungsquoten auf, und nirgends finden wir Betreuungsquoten über 70 Prozent.

Die Realisierung der Variablen `country` des 7. Falles ist „France“, Frankreich. Frankreich bildet einen Fall im Datensatz; es existiert genau eine Zeile für Frankreich im Datensatz. Die Untersuchungseinheiten im OECD-Datensatz sind also Länder. Frankreich weist im Merkmal `enrol_cc` den Wert „42,9“ auf. In Frankreich gehen also 42,9 Prozent aller Kinder unter sechs Jahren in öffentliche Betreuungseinrichtungen. Oder anders: Die im Fall „Frankreich“ beobachtbare Realisierung des Merkmals „Anteil der unter 6-Jährigen in Kinderbetreuungseinrichtungen im Jahr 2006“ ist 42,9 Prozent.

2.3.2 Codierung

Es ist üblich, sogenannte qualitative Merkmale (ordinale und nominale Merkmale), also etwa die Staatsangehörigkeit oder die Zugehörigkeit zu bestimmten Wohlfahrtsstaatstypen, zu *codieren*: Man versieht qualitative Merkmalsausprägungen mit Zahlen, anstatt die Merkmalsausprägungen als Text in den Datensatz hineinzuschreiben. (Wirklich notwendig ist das eigentlich nicht; Zahlen sind allerdings im alltäglichen Umgang mit Statistik-Programmen leichter zu handhaben.) Das Merkmal `EA1990` im OECD-Datensatz liefert ein Beispiel: Wenn Sie das Merkmal einmal über den `browse`-Befehl in Stata betrachten (`browse EA1990, nolabel`), dann sehen Sie im Datensatz nur Nullen, Einsen und Zweien. Diese Zahlen sind numerische Codes für die Merkmalsausprägungen „liberal", „konservativ" und „sozialdemokratisch".

Die Zahlen selbst sind bei der Codierung nominaler Merkmale inhaltlich nicht von Belang. Ob man die Zahlen also in umgekehrter Reihenfolge vergeben oder gänzlich andere Zahlen zur Bezeichnung der einzelnen Merkmalsausprägungen verwendet hätte, etwa −5, −23 und 876, ist völlig gleichgültig. Entscheidend ist nur, dass die Zahlen für jede Merkmalsausprägung unterschiedlich sind und somit die Kategorien eindeutig voneinander trennen. (Natürlich geht man bei der Vergabe von Zahlen als Codes für qualitative Merkmalsausprägungen insofern sparsam vor, als man so wenige Zeichen wie möglich verwendet und die einzelnen Merkmalsausprägungen einfach von 0 bzw. von 1 beginnend durchzählt.) EinsteigerInnen sind von dieser Praxis oft dazu verführt, die entsprechenden Merkmale als metrische Merkmale zu behandeln, was natürlich unzulässig ist: Zahlen in Datensätzen vorzufinden heißt nicht automatisch, dass Messdaten vorliegen und Verfahren angewandt werden können, die der statistischen Auswertung metrischer Merkmale dienen. Zahlen dienen im Falle nominaler und ordinaler Merkmale nur der bloßen Unterscheidung der Merkmalsausprägungen bzw. – im Fall ordinaler Merkmale – der Abbildung der Rangordnung der Merkmalsausprägungen. Das Skalenniveau des Merkmals und damit die statistischen Möglichkeiten der Auswertung sind davon nicht berührt!

2.3.3 Fehlende Datenwerte

Ein wichtiges Problem in sozialwissenschaftlichen Daten sind „fehlende Werte", die im Jargon von Menschen, die häufig Daten auswerten, auch mit der englischen Bezeichung „Missing Values" oder (fast häufiger) einfach „Missings" belegt werden. Auch hier können wir nur knappe Hinweise geben, die Sie auf das Problem aufmerksam machen und Ihnen hoffentlich helfen, allergröbste Fehler zu vermeiden.

„Fehlende Werte" kann zweierlei bedeuten: Ein erster wichtiger Fall liegt vor, wenn von einer oder mehreren Untersuchungseinheiten *überhaupt keine Messwerte* vorliegen und die entsprechenden Einheiten deshalb nicht im Datensatz vertreten sind. Dies geschieht entweder, weil bestimmte Personengruppen durch das Untersuchungsdesign ausgeschlossen wurden[8] oder weil sie zwar im Prinzip „dazugehören", aber keine Datenwerte von ihnen erhoben werden konnten (Menschen verweigern die Teilnahme an der Befragung, Gemeinden, Länder oder Staaten liefern keine statistischen Kennwerte). Man spricht in diesem Fall oft von *Unit-Nonresponse*, also fehlenden Daten für ganze Untersuchungseinheiten (*Units*). Eine Möglichkeit, mit dem Problem umzugehen, besteht in der Gewichtung (siehe S. 188 ff.). Als Einsteiger hat man allerdings manchmal keine andere Möglichkeit, als die Unit-Nonresponse zu ignorieren. In diesem Fall muss man nichts weiter machen, denn die entsprechenden Fälle sind ohnehin nicht im Datensatz vorhanden. Man rechnet also einfach mit dem, was man hat.

Mit sehr großer Wahrscheinlichkeit sind aber alle, die sich an die Analyse von Daten machen, mit einem anderen Problem konfrontiert: Üblicherweise weisen die meisten derjenigen Untersuchungseinheiten, die im Datensatz enthalten sind, in einem oder mehreren Merkmalen fehlende Messwerte auf. Man spricht hier von *Item-Nonresponse*, also fehlenden Daten für einzelne „Items", womit in diesem Zusammenhang Merkmale (Variablen) jeglicher Art gemeint sind. „Fehlende" Daten heißt, dass es eigentlich Daten geben sollte; davon kann man Daten unterscheiden, die deswegen nicht vorhanden sind, weil etwa eine Frage auf bestimmte Personen nicht zutrifft (z. B. können Personen ohne Kinder die Frage, wer ihre Kinder betreut, nicht beantworten; daher wird in Befragungen für solche Fälle ein Filter eingebaut, so dass die Frage nach der Kinderbetreuung in diesen Fällen übersprungen wird). Nicht vorhandene Werte vom Typ „trifft nicht zu" bedürfen zwar der Aufmerksamkeit, stellen aber kein statistisches Problem dar. Mit „echten" fehlenden Daten ist das anders: Wenn man beispielsweise Durchschnittseinkommen berechnet, aber von einigen Einkommensbeziehern gar keine Daten zum Einkommen vorliegen, besteht die Gefahr, dass das Ergebnis verzerrt ist.

Fehlende Werte kann es aus verschiedenen Gründen geben: Entweder können die Befragten einige Angaben aus Unwissenheit oder Unsicherheit nicht machen. Oder sie wollen die Informationen nicht preisgeben (Angaben zum Einkommen werden nicht ganz selten verweigert). Oder sie haben den Fragebogen so undeutlich ausgefüllt, dass man nicht entziffern kann, welches Kästchen sie angekreuzt oder welches Wort sie hingeschrieben haben.

---

8 Ein Beispiel sind die Beschäftigtenstichproben des IAB, zu denen man auf der Seite `fdz.iab.de/de/FDZ_Individual_Data.aspx` nähere Informationen findet. Alle Personen, die im Beobachtungszeitraum keiner Beschäftigung nachgegangen sind, sind in den Stichproben nicht enthalten. Das kann zu Problemen bei der Untersuchung der finanziellen Erträge von Bildung, also des Einflusses von Bildung auf Einkommen, führen, da bei nicht Erwerbstätigen diese Erträge nicht geschätzt werden können. Möglicherweise sind diese Personen aber genau deshalb nicht erwerbstätig, weil sie (aus welchen Gründen auch immer) nur geringe Einkommen erzielen würden. Die Stichprobe wäre dann selektiv und würde die Bildungserträge überschätzen.

Woran erkennt man fehlende Werte in Datensätzen?

Die einfachste Form, wie Ihnen fehlende Werte begegnen können, können Sie in Abbildung 2.1 sehen: In einigen Zellen der Datenmatrix stehen keine Zahlen, sondern nur Punkte. Der Grund: Für einige Variablen waren zu dem Zeitpunkt, als wir die Datei erstellt haben, die aktuellsten Informationen noch nicht vorhanden – dementsprechend sind hier einfach keine Zahlen eingetragen.[9]

Tatsächlich ist die hier eingesetzte einfachste Möglichkeit, fehlende Werte in den Datensatz aufzunehmen, auch die schlechteste. Denn als Nutzer der Daten können Sie nicht wissen: Gibt es die betreffenden Daten wirklich nicht? Oder wurden sie nur bei der Dateneingabe vergessen? Oder: Hat vielleicht jemand die eigentlich vorhandenen Daten aus Versehen gelöscht? In der Forschungspraxis verwendet man daher üblicherweise für fehlende Werte eigene Codes, häufig Zahlen.

In der Regel wählt man eine aus zwei Möglichkeiten:

- Die fehlenden Werte werden durch Zahlen repräsentiert, die deutlich größer sind als der größtmögliche gültige Wert. Häufig wählt man dann Zahlen, die am Ende der jeweiligen Skala stehen. Hat eine Variable nur gültige Werte von 1 bis 5, kann man fehlende Werte durch die Zahl 9 darstellen, oder durch die Zahlen 7, 8 und 9, wenn man mehrere Arten von fehlenden Werten unterscheiden möchte. Oder: Fehlende Angaben zum Alter werden in vielen Datensätzen durch die Zahl „999“ repräsentiert (99 kann ein gültiger Wert sein!).

- Die fehlenden Werte werden durch negative Zahlen wiedergegeben. Da in den Sozialwissenschaften negative Zahlen fast nie als gültige Werte vorkommen, kann man so auf Anhieb sehen, dass es sich bei den negativen Zahlen wohl um fehlende Werte handelt.

Welche Möglichkeit gewählt wurde, sollte natürlich in den Informationen zu den Daten immer angegeben werden. Die Statistik-Programme, die wir hier einsetzen, erlauben es auch, die Datenwerte mit Labels zu versehen, so dass man zu jedem fehlenden Wert auch die entsprechende Information erhalten kann.

Wichtig ist allerdings zu beachten: Einem Datenwert von beispielsweise „9“ das Label „weiß nicht“ zu geben, heißt noch nicht, dass die Statistik-Software bei den Auswertungen die 9 als fehlenden Wert berücksichtigt. Dafür bedarf es vielmehr expliziter Befehle für die Software; diese werden in jedem einschlägigen Buch vermittelt bzw. in den Einführungskursen in Hochschulen gelehrt. Aus diesem Grund ist die Verwendung von Zahlen zur Kennzeichnung fehlender Werte eigentlich nicht optimal, denn wie leicht

9 Inzwischen sind die Informationen sicherlich verfügbar; wir haben sie absichtlich nicht nachgetragen, um den Umgang mit fehlenden Werten thematisieren zu können.

kann man vergessen, dass man die Definition der Missing Values für die Software noch nicht durchgeführt hat! Stata geht aus diesem Grund einen anderen Weg: Als Missing Values werden neben dem Punkt nur die Zeichenfolgen .a bis .z (also ein Punkt gefolgt von einem Kleinbuchstaben) zugelassen. Auf diese Weise kann man sicher sein: Alles, was als Zahl im Datensatz steht, geht in die Analyse ein, alles andere nicht.

In den Datensätzen, die wir in diesem Buch verwenden und für Sie zum Download bereitstellen, werden fehlende Werte in unterschiedlicher Weise dargestellt; wir geben Ihnen entsprechende Hinweise, soweit diese erforderlich sind. Wir verwenden relativ häufig den Punkt (den Sie sich, wie gesagt, für die eigene Praxis nicht angewöhnen sollten). Dieser wird von der Statistik-Software automatisch als fehlender Wert behandelt (wie soll man mit einem Punkt auch rechnen?).

Was tun mit fehlenden Werten?

Zur Behandlung fehlender Werte wurden viele verschiedene Vorschläge entwickelt. Man kann ziemlich sicher sagen: Alle einfachen Vorschläge sind schlecht; unter den komplizierten Vorschlägen gibt es einige, die Beachtung verdienen. Das heißt aber auch: Eine adäquate Behandlung des Umgangs mit fehlenden Werten ist in einem einführenden Buch nicht möglich; für erste Zugänge sei auf Allison (2002) oder McKnight et al. (2007) verwiesen.

Für Einsteiger in die Datenanalyse können wir nur folgende Empfehlungen aussprechen:

Kasten 2.2: Achtung: Fehlende Werte

Sie werden bei der Datenanalyse immer wieder feststellen, dass eine oder mehrere Variablen bei einigen oder vielen Untersuchungseinheiten keine gültigen Messwerte aufweisen. Auch als Einsteiger muss man zumindest Folgendes tun:

- Prüfen Sie zunächst, warum Datenwerte fehlen. Es kann sich um Werte handeln, die gar nicht vorliegen *können*, also fehlende Werte vom Typ „trifft nicht zu“, aber auch um Werte, die eigentlich vorhanden sein sollten, aber eben trotzdem fehlen. (Natürlich wird in der Praxis oft beides vorkommen.)
- Soweit Sie es mit echten fehlenden Werten zu tun haben (also Werten, die eigentlich vorliegen sollten, aber trotzdem nicht vorhanden sind), achten Sie vor allem auf die Zahl bzw. den Anteil der fehlenden Werte: Handelt es sich nur um einen sehr kleinen Prozentsatz der Stichprobe, kann es sein, dass Ihre Ergebnisse nicht oder nur unwesentlich beeinflusst werden; das ist dann der Fall, wenn hinter den fehlenden Werten keine systematischen Tendenzen stehen (wenn also nicht beispielsweise bestimmte Personengruppen besonders dazu neigen, fehlende Werte zu produzieren). Haben Sie es jedoch mit einem substanziellen Anteil fehlender Werte (im nicht ganz niedrigen zweistelligen Prozentbereich) zu tun, so ist die Aussagekraft Ihrer Analyse möglicherweise sehr eingeschränkt.

- Achten Sie in diesem Zusammenhang auch auf die Kumulation fehlender Werte. Es kann sein, dass jede einzelne Variable nur wenige fehlende Werte aufweist. Wenn Sie aber mehrere Variablen gleichzeitig analysieren, können sich die fehlenden Werte zu beträchtlichen Ausfällen kumulieren. Verfahren, in denen viele Variablen gleichzeitig analysiert werden, werden in diesem Buch zwar erst gegen Ende angedeutet, sie spielen aber in der Forschungspraxis eine große Rolle.

Als Hinweis für die Praxis der Auswertung vorliegender Datensätze sei nun aber auch vor möglichen *„scheinbaren Missing Values"* gewarnt. Es gibt nicht wenige Datensätze, in denen wie folgt verfahren wird: In Umfragen wird beispielsweise erhoben, ob Personen das Internet nutzen. Diejenigen, die das Internet nutzen, werden dann gefragt, wie viele Stunden sie das Internet insgesamt bzw. für bestimmte Zwecke nutzen. Die Nicht-Nutzer des Internets werden dann aber keineswegs mit „0 Stunden" kodiert, sondern mit einem Missing Value für „trifft nicht zu". Das ist auch völlig legitim, solange man nur die Daten von Internet-Nutzern analysieren möchte. Wenn man aber beispielsweise anhand der Frage nach der Nutzungsdauer das Verhalten von jüngeren und älteren Menschen insgesamt vergleichen möchte, könnte es ratsam sein, die Werte von „trifft nicht zu" auf „0" zu ändern. Das gleiche gilt beispielsweise auch für das Rauchen. Anhand des ALLBUS[10] 2004 etwa kann man bei den voreingestellten Werten zu dem Schluss kommen: Je älter eine Person ist, desto mehr Zigaretten am Tag raucht sie! Dieser verblüffende Befund (raucht man nicht häufig als junger Mensch und gewöhnt sich es später, wenn man leidlich zur Vernunft gekommen ist, wieder ab? Und müssten die Menschen, die ihr Leben lang so viel rauchen, nicht schon tot sein?) kommt dadurch zustande, dass alle, die das Rauchen aufgegeben haben, mit einem Missing Value für „trifft nicht zu" versehen sind; auch hier wurden die Befragten also zunächst um Angaben gebeten, ob sie überhaupt Zigaretten rauchen, und nur diejenigen, die dies bejahten, wurden nach der Zahl der Zigaretten gefragt. Die Personen, die nicht mehr rauchen, fallen aus den Analysen heraus – und die hartnäckigen Raucher im höheren Alter rauchen mehr als die jüngeren.[11] Wie gesagt: Eine solche Analyse ist völlig legitim, solange man berücksichtigt, dass man nur die Raucher untersucht, sie ist aber nicht sinnvoll für Aussagen, die sich auf die gesamte Bevölkerung beziehen sollen. Für diesen Zweck muss man die Missing Values für „Trifft nicht zu" in Nullen verwandeln.

---

10 Der ALLBUS ist eine Bevölkerungsumfrage, die alle zwei Jahre zu wechselnden Themen durchgeführt wird; siehe `http://www.gesis.org/allbus`.

11 Tatsächlich ist der Zusammenhang eher kurvilinear; ab 60 Jahren geht die Zahl der gerauchten Zigaretten wieder zurück. Die wenigen Befragten, die in diesem Alter überhaupt noch rauchen (oder als Raucher überlebt haben), fallen aber statistisch kaum mehr ins Gewicht.

3. Univariate Analyse

Univariat zu analysieren heißt, ein einzelnes Merkmal statistisch zu erschließen: Wo im Wertebereich des Merkmals gibt es viele Messwerte? Gibt es also z. B. viele Fälle mit kleinen Werten des interessierenden Merkmals? Oder liegen die meisten Fälle in der Mitte des Wertebereichs? Gibt es viele Werte, die weit von der Mitte der Verteilung entfernt liegen?

Das Ziel univariater Analyse ist, die *Verteilung* eines Merkmals in der Stichprobe zu beschreiben, seine *typischen* Werte zu erkennen und herauszufinden, wie breit der Bereich ist, in dem die (meisten) Messwerte liegen, wie weit also das Merkmal *streut*.

3.1 Verteilung eines Merkmals

Wenn wir nach der Verteilung eines Merkmals fragen, dann wollen wir wissen, wo im Wertebereich eines Merkmals besonders viele Fälle liegen und wo nur wenige. Auf welche Weise man diese Frage beantwortet, hängt davon ab, mit welcher Art Merkmal man es zu tun hat. Wichtige Kriterien zur Wahl des angemessenen Verfahrens sind das Skalenniveau des Merkmals, die Frage, ob das Merkmal viele oder wenige Ausprägungen hat, und schließlich die Frage, ob – wenn es sich um ein metrisches Merkmal handelt – das Merkmal stetig oder diskret ist.

Die Verfahren, die wir vorstellen werden, beziehen sich überwiegend auf metrische (oder wie metrisch behandelte ordinale) Merkmale mit vielen[1] Ausprägungen. Meistens handelt es sich dabei um *graphische* Verfahren zur Analyse der Verteilungsform. Bei einigen dieser Verfahren ist die Frage wichtig, ob das Merkmal stetig ist oder nicht. Beginnen werden wir aber mit Verfahren, die für nominale, ordinale und metrische Merkmale mit *wenigen* Ausprägungen geeignet sind.

3.1.1 Häufigkeitstabellen

Häufigkeitstabellen eignen sich zur Darstellung von (nominalen, ordinalen oder metrischen) Merkmalen mit einer geringen Zahl von Ausprägungen. Sie zeigen auf einen Blick, welche Ausprägungen eines Merkmals in der Stichprobe auftreten und wie häufig jede einzelne Ausprägung vorkommt.

1 Damit sind Merkmale ab ca. zehn Ausprägungen gemeint.

Häufigkeitstabellen zeigen zunächst absolute Häufigkeiten an; es wird einfach *gezählt*, wie viele Stichprobenelemente jeweils die gleiche Merkmalsausprägung aufweisen. Zunächst wird eine sortierte Liste des Merkmals erstellt.[2] Diese Liste enthält also jedes Element der Stichprobe einmal, und zwar aufsteigend angeordnet nach den vorhandenen Merkmalsausprägungen. Die absoluten Häufigkeiten pro Merkmalsausprägung können nun einfach in dieser Liste abgezählt werden.

Beispiel 3.1: Im OECD-Datensatz zur Frauenerwerbstätigkeit gibt es das Merkmal `EA1990`, das darüber informiert, zu welchem Wohlfahrtsstaatstyp jedes der 21 Länder im Datensatz gehört. Die Einteilung der Wohlfahrtsstaaten stammt von Esping-Andersen (1990); er unterschied drei „Regimes" von Wohlfahrtsstaaten: den liberalen, den konservativen und den sozialdemokratischen Wohlfahrtsstaat.

Um Platz zu sparen, benutzen wir für die geordnete Liste die Codes, die im Datensatz für jeden der drei Wohlfahrtsstaatstypen vergeben sind (0 = „liberal", 1 = „konservativ", 2 = „sozialdemokratisch"). Drei Länder in unserem OECD-Datensatz sind von Esping-Andersen nicht typisiert worden;[3] sie haben im Datensatz fehlende Werte. In der Liste tauchen die fehlenden Werte mit auf; wir benutzen zur Kennzeichnung einfache Punkte. Die Liste sieht nun so aus:[4] 0, 0, 0, 0, 0, 0, 1, 1, 1, 1, 1, 1, 1, 1, 2, 2, 2, 2, ·, ·, ·

In der Liste kann man nun einfach abzählen, wie häufig jeder der drei Typen im Datensatz vorkommt bzw. wie viele Länder im Merkmal „Wohlfahrtstaatstyp nach Esping-Andersen" fehlende Werte aufweisen. Das Ergebnis wird jeweils hinter der entsprechenden Merkmalsausprägung in der zweiten Spalte der Häufigkeitstabelle als absolute Häufigkeit h_j abgetragen (siehe Tabelle 3.1).

In der Regel interessiert man sich nicht nur für die absoluten Häufigkeiten, sondern für die Frage, wie groß der *Anteil* der Stichprobenelemente mit einer bestimmten Merkmalsausprägung an der Gesamtstichprobe ist. Die Anzahl pro Merkmalsausprägung wird zur Anzahl aller Fälle ins Verhältnis gesetzt, man spricht von relativen Häufigkeiten f_j. Dabei ist entscheidend, was man unter der „Anzahl aller Fälle" verstehen möchte: Sollen die Fälle mit fehlenden Werten mitgezählt werden oder nicht? Statistik-Programme geben deswegen relative Häufigkeiten aus, die wirklich die Gesamtzahl aller

2 Streng genommen muss die Liste nicht sortiert sein, aber wie oft jede Merkmalsausprägung in der Stichprobe vorkommt, zählt sich bei sortierter Liste leichter ab.

3 Später ist die Typologie von verschiedenen Autoren (zuerst Leibfried 1992) erweitert worden: Die südeuropäischen Staaten wurden einem eigenen Typus von Wohlfahrtsstaatsregimen zugeordnet.

4 Bei der Erstellung der geordneten Liste eines Merkmals geht es nicht um die Reihung der Länder innerhalb einer Gruppe von Merkmalsausprägungen – ob also die erste „0" für Australien oder für Neuseeland oder für einen anderen Staat mit dieser Merkmalsausprägung steht, ist ohne Belang. Wir interessieren uns bei der Erstellung der Liste tatsächlich nur dafür, wie viele Stichprobenelemente die gleiche Merkmalsausprägung aufweisen.

Fälle der Prozentuierung zugrunde legen (siehe dritte Spalte in Tabelle 3.1), und relative Häufigkeiten, in denen die Anzahl pro Merkmalsausprägung nur zur Gesamtzahl aller Fälle *mit gültigen Werten* ins Verhältnis gesetzt wird (siehe letzte Spalte in Tabelle 3.1).[5]

Tabelle 3.1: Wohlfahrtsstaatsregimes nach Esping-Andersen

	h_j	f_j (in %) (alle)	f_j (in %) (nur gültige)	cf_j (in %)
liberal	6	29	33	33
konservativ	8	38	44	78
sozialdemokratisch	4	19	22	100
Gesamt	18	86	100	
Fehlend	3	14		
Gesamt	21	100		

Datenbasis: OECD-Daten, eigene Berechnungen

In unserem Datensatz sind die meisten Länder dem kontinentaleuropäisch-konservativen Wohlfahrtsstaatstypus zuzuordnen ($h_j = 8$). Dies entspricht, wenn man zur Bildung der relativen Häufigkeiten alle 21 Länder als Basis heranzieht, 38 Prozent der Fälle (dritte Spalte). Lässt man zur Prozentuierung die Länder außen vor, die keinem der Esping-Andersenschen Regimes zuzuordnen sind (vierte Spalte), dann ist der Anteil der kontinentaleuropäisch-konservativen Wohlfahrtsstaaten an allen betrachteten Ländern natürlich größer ($h_j = 44$ Prozent).

Tabelle 3.1 bildet genau das ab, was die computergestützte Häufigkeitsauszählung des Merkmals ausgibt. In der letzten Tabellenspalte werden vom Statistik-Programm die relativen Häufigkeiten (nur gültige Fälle) sukzessive über die Merkmalsausprägungen hinweg zu kumulierten Häufigkeiten cf_j aufaddiert. So erfährt man, wie groß der Anteil all derjenigen Stichprobenelemente an der Gesamtstichprobe ist, die die gerade betrachtete Merkmalsausprägung *oder* eine der vorstehenden Merkmalsausprägungen aufweisen (siehe vierte Spalte in Tabelle 3.1). Aber ist das eine sinnvolle Information? Für nominale Merkmale, zu denen auch das in Tabelle 3.1 dargestellte gehört, ist die Antwort klar: „Nein." Was fangen wir damit an, dass 78 Prozent aller Länder (hier nur: der Länder mit gültigen Werten) dem konservativen *oder* dem liberalen Typus zuzuordnen sind und nicht dem sozialdemokratischen? Die kumulierten Häufigkeiten sind hier völlig arbiträr: Sie verändern sich je nachdem, in welcher Reihenfolge die einzelnen

---

5 Weil wir nur wenige Fälle haben, werden die relativen und kumulierten Häufigkeiten auch ohne Nachkommastelle angegeben – diese Werte mit Dezimalstellen anzugeben würde „Pseudogenauigkeit" vortäuschen. Nachkommastellen anzugeben ist nur dann sinnvoll, wenn sich hinter den angegebenen Dezimalstellen auch eine nennenswerte Anzahl von Fällen verbirgt, siehe Beispiel 3.2.

Kategorien in der Häufigkeitstabelle angeordnet sind. Das ist anders bei der Häufigkeitszählung ordinaler und metrischer Merkmale.

Beispiel 3.2: Betrachten wir also einmal ein metrisches Merkmal mit wenigen Ausprägungen. Das Beispiel entstammt den GLHS-Daten. Tabelle 3.2 informiert darüber, wie viele Bildungsjahre die Befragten der jüngsten Kohorte der GLHS durchlaufen haben. Es sind hier ebenfalls absolute, relative (als Anteil an allen und als Anteil an den Fällen mit gültigen Werten) und kumulierte Häufigkeiten abgebildet.

Tabelle 3.2: Bildungsniveau in Bildungsjahren (Kohorte 1971)

Bildungsjahre	h_j	f_j in % (alle)	f_j in % (nur gültige)	cf_j in %
8	11	1,5	1,7	1,7
9	17	2,4	2,7	4,4
10	12	1,7	1,9	6,2
11	129	17,9	20,1	26,4
12	241	33,5	37,6	64,0
13	3	0,4	0,5	64,4
14	60	8,3	9,4	73,8
15	98	13,6	15,3	89,1
17	20	2,8	3,1	92,2
19	50	7,0	7,8	100,0
Gültig	641	89,2	100,0	
Fehlend	78	10,8		
Gesamt	719	100,0		

Datenbasis: GLHS-Daten, eigene Berechnungen

Auch hier können wir auf einen Blick erkennen, dass die Merkmalsausprägung „zwölf Bildungsjahre“, also in der Regel Haupt- oder Realschulabschluss mit anschließender Berufsausbildung, mit 241 Befragten am stärksten besetzt ist. Das entspricht einem Anteil von 37,6 Prozent, wenn man nur die Personen mit gültigen Angaben berücksichtigt. Die kumulierte Häufigkeit der Merkmalsausprägung „zwölf Bildungsjahre“ sagt aus, dass knapp zwei Drittel ($cf_j = 64,0$ Prozent) aller Befragten zwölf *oder weniger* Bildungsjahre durchlaufen haben. Umgekehrt kann man dieser Angabe entnehmen, dass ein gutes Drittel mehr als zwölf Jahre im Bildungssystem verbracht hat.

Die kumulierte Häufigkeit vermittelt im Fall von ordinalen und metrischen Merkmalen also eine sehr sinnvolle Information, weil wir so bereits erkennen können, ob der Schwerpunkt der Verteilung der Bildungsjahre eher am unteren oder eher am oberen Ende des Wertebereichs liegt, ob also – im Beispiel – die meisten Befragten ein eher niedriges oder ein eher hohes Bildungsniveau aufweisen.

Relative und kumulierte relative Häufigkeiten

Formal werden relative Häufigkeiten f_j für jede einzelne Merkmalsausprägung j wie folgt bezeichnet:

$$f_j = \frac{h_j}{n} \text{ bzw. } = \frac{h_j}{n} \cdot 100 \text{ (für Angaben in Prozent)} \tag{3.1}$$

mit h_j = absolute Häufigkeit in der j-ten Merkmalsausprägung
n = Stichprobenumfang

Für die kumulierten relativen Häufigkeiten cf_j gilt:

$$cf_j = \sum_1^j = f_1 + f_2 + \cdots + f_j \tag{3.2}$$

3.1.2 *Graphische Darstellung von Merkmalsverteilungen*

Alternativ zur tabellarischen Darstellung von Verteilungen kann man Graphiken zur Verteilungsbeschreibung einsetzen. Die Aussage über die Verteilung von Merkmalen lässt sich, wenn die graphische Darstellungsform gut gewählt ist, intuitiver, meint hier: ohne „Umweg" über die Interpretation von Zahlen, erfassen. Der Nachteil graphischer Darstellung besteht in ihrer oft falschen Verwendung: Erstens sind sie tabellarischen Darstellungen keineswegs grundsätzlich überlegen. Zweitens werden sie allzuoft mit Informationen versehen, die von der eigentlich zu vermittelnden Aussage ablenken.

Säulen- und Balkendiagramme

Merkmale mit wenigen Ausprägungen lassen sich gut in Balken- oder Säulendiagrammen darstellen.[6] Säulen- und Balkendiagramme unterscheiden sich nicht in ihrem jeweiligen Aussagepotenzial: Die (horizontalen) Balken bzw. (vertikalen) Säulen repräsentieren die absoluten oder die relativen Häufigkeiten aller dargestellten Merkmalsausprägungen. Je mehr Stichprobenelemente eine bestimmte Merkmalsausprägung aufweisen, desto größer ist der Balken bzw. die Säule. In diesen Diagrammen tritt vor allen Dingen die Information zu relativen Häufigkeiten in den Vordergrund, weil

6 Einige Autoren sind darüber anderer Ansicht, siehe z. B. Kohler und Kreuter (2012: 166 f.). Die dort vertretene Auffassung, dass Säulen- und Balkendiagramme nicht zur Darstellung eines Merkmals mit wenigen Ausprägungen, sondern nur zur Darstellung deskriptiver Statistiken mehrerer Merkmale verwendet werden sollten, teilen wir in der Schärfe nicht.

gut erkennbar ist, welche Merkmalsausprägungen im Vergleich zu anderen Ausprägungen besonders häufig vorkommen.

Beispiel 3.3: In Abbildung 3.1 ist zu sehen, auf welche Weise die TeilnehmerInnen der SOEP-Studie im Jahr 2006 befragt worden sind. Es lässt sich auf einen Blick erkennen, dass mit nahezu gleichen Anteilen das mündliche Interview, das Ausfüllen des Fragebogens ohne Anwesenheit eines Interviewers und das computergestützte mündliche Interview (CAPI) die wichtigsten Befragungsformen waren.

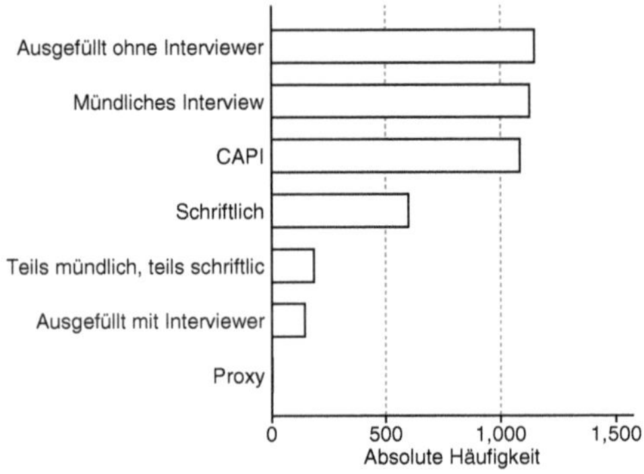

Abbildung 3.1: Art der Datenerhebung im SOEP 2004 ($n = 4\,292$), SOEP-Daten

In Balken- und Säulendiagrammen muss immer die Gesamtzahl der Fälle mit angegeben werden (hier $n = 4\,292$). Insbesondere dann, wenn statt der absoluten die relativen Häufigkeiten im Diagramm abgetragen sind, ist die Angabe unverzichtbar: Ohne die Information zur Gesamtzahl ließe sich auch nicht annähernd bestimmen, wie viele Stichprobenelemente durch jeden Balken repräsentiert sind.

Goodbye, pie ...

Oft werden neben Balken- und Säulendiagrammen auch sogenannte Torten- bzw. Kuchendiagramme benutzt, um die Verteilung von nominalen Merkmalen mit wenigen Ausprägungen darzustellen. Davon raten wir allerdings in Übereinstimmung mit vielen weiteren AutorInnen (etwa Tufte 2001: 178, auch Kohler und Kreuter 2012: 167) generell ab: Tortendiagramme sind anderen Darstellungsformen immer unterlegen.

Man kann bei der Betrachtung der Tortenstücke nicht genau einschätzen, wie groß die Anteile der jeweiligen Merkmalsausprägung sind, geschweige denn, wie sich die Anteile zueinander verhalten. Das liegt daran, dass statt Längen im Tortendiagramm Winkel interpretiert werden müssen, was der optischen Wahrnehmung nicht geläufig ist. Das Problem trifft insbesondere auf annähernd gleich große Anteile zu, wie sie in Abbildung 3.1 zu sehen waren. Noch viel weniger ist aus dem genannten Grund die vergleichende Betrachtung zweier Verteilungen möglich. Jede andere der bisher diskutierten Darstellungsformen für Merkmale mit wenigen Ausprägungen – Häufigkeitstabellen oder Säulen- bzw. Balkendiagramme – lässt sich einfacher und vor allem schneller erfassen als ein Tortendiagramm.

Nicht zuletzt vermitteln Tabellen und Balken- bzw. Säulendiagramme die darzustellende Information auf viel weniger Raum;[7] sie sind dem Tortendiagramm aus diesem und allen anderen genannten Gründen immer vorzuziehen.

Histogramm

Histogramme dienen dazu, auf einen Blick die Verteilungsform eines metrischen, genauer: eines stetigen metrischen Merkmals zu verdeutlichen: Wo im gesamten Wertebereich häufen sich Messwerte, wo liegt also der Schwerpunkt der Verteilung? Und wie breit ist der Bereich, in dem die Messwerte typischerweise liegen, wie weit streut also das Merkmal? Die Darstellung der Verteilungsform im Histogramm basiert allerdings auf einem Kompromiss: Um die Form zeigen zu können, wird der Wertebereich künstlich und willkürlich zergliedert. Dadurch erhält die Konstruktion von Histogrammen einen wichtigen subjektiven Aspekt, der weiter unten noch diskutiert wird.

Um ein Histogramm zu konstruieren, wird der gesamte Wertebereich lückenlos in überschneidungsfreie Klassen eingeteilt. Für jede Klasse sind dann die Häufigkeiten pro Klasse (absolut oder als relative Häufigkeiten) im Diagramm abzutragen.

Ähnlich wie im Säulendiagramm werden im Histogramm Häufigkeiten als Rechtecke abgetragen: Die Höhe des Rechtecks entspricht der Häufigkeit. Anders als im Säulendiagramm trägt allerdings auch die Breite des Rechtecks eine Information, nämlich die, wie breit der Teil des Wertebereichs ist, den die Klasse repräsentiert. Weil Breite und Höhe des Rechtecks von Bedeutung sind, vermittelt auch sein Flächeninhalt eine Information: Die Flächeninhalte der einzelnen Rechtecke verhalten sich proportional genauso zueinander wie die absoluten Häufigkeiten der gebildeten Klassen.[8] Im Histogramm gilt also das Prinzip der *Flächentreue*.

Weil die Klassen lückenlos gebildet wurden, also direkt aneinander anschließen – immerhin: wir haben es mit einem stetigen Merkmal zu tun –, gibt es im Histogramm keinen Zwischenraum zwischen den einzelnen Recht-

7 Tufte (2001: 93) spricht in dem Zusammenhang von der „data-ink-ratio", also vom Verhältnis von auf quantitative Information verwendeter Tinte zu der auf das graphische „Drumherum" verwendeten Tinte – im Fall von Tortendiagrammen ist dieses Verhältnis ganz besonders ungünstig.

8 Das gilt auch für Histogramme mit variablen Klassenbreiten. In solchen, hier nicht weiter behandelten Histogrammen sind die einzelnen Säulen unterschiedlich breit, je nachdem, wie die Klassenbreite jeweils definiert worden ist.

ecken. Das ist ein weiterer wichtiger Unterschied zum zuvor behandelten Säulendiagramm.

Bei der Konstruktion von Histogrammen wird in der Regel folgende Konvention angewandt: Die untere Klassengrenze ist in der Klasse enthalten, die obere Klassengrenze nicht. Das heißt: Hat ein Stichprobenelement genau den Wert der unteren Klassengrenze, fällt das Stichprobenelement in diese Klasse, hat es aber den Wert der oberen Klassengrenze, fällt es in die Folgeklasse.

Beispiel 3.4: In Abbildung 3.2 ist die Verteilung eines Merkmals aus dem OECD-Datensatz abgebildet. Wir betrachten hier die Erwerbsbeteiligung von Frauen zwischen 25 und 49 Jahren, in einem Alterszeitraum also, in dem viele Menschen mit Kindern zusammenleben. Das Merkmal ist in Prozent angegeben. Man erkennt deutlich den Wertebereich und die Form der Verteilung: In keinem der 20 Länder[9] liegt die Erwerbsbeteiligung von Frauen „im Elternalter" unter 55 Prozent, nirgends ist sie höher als 80 Prozent. Man erkennt hier gut, wo der Schwerpunkt der Verteilung liegt: Die Mehrzahl der Länder weist Merkmalsausprägungen im oberen Wertebereich auf. In den meisten der betrachteten Länder finden wir Erwerbsbeteiligungsquoten von über 70 Prozent vor. Zieht man gedanklich einen Vergleich zu einer Verteilung, bei der die meisten Werte in der Mitte des Wertebereichs liegen und die weiter von der Mitte entfernten Fälle symmetrisch um die Mitte des Wertebereichs verteilt sind (zur Bedeutung solcher Verteilungen später mehr), dann sieht man, dass im Vergleich zu einer solchen symmetrischen Verteilung die vorliegende Verteilung auf der linken Seite „schief" ist und auf der rechten „steil".

Kasten 3.1: Steile und schiefe Verteilungen

Man bezeichnet Verteilungen mit dem Schwerpunkt im oberen Wertebereich als „rechtssteil" bzw. „linksschief". Analog sind Verteilungen mit dem Schwerpunkt im unteren Wertebereich „linkssteil" bzw. „rechtsschief".

Im Datensatz kommen Werte zwischen 59 Prozent und 80 Prozent vor. Zur Darstellung im Histogramm eignet sich die Einteilung des Merkmals in fünf Klassen. Als Startpunkt wird der Wert „55 Prozent" gewählt. Jede Klasse umfasst somit fünf Prozentpunkte. Eine Klasse schließt dabei ihre Untergrenze mit ein und reicht bis an ihre Obergrenze heran, ohne sie einzuschließen. Das heißt: Ein Land mit einer Frauenerwerbsbeteiligung von genau 70 Prozent trüge zur vierten Säule (von links) bei, die die Häufigkeit in der Klasse von 70 bis unter 75 Prozent Erwerbsbeteiligung darstellt.

---

9 In einem Land, nämlich Norwegen, ist dieses Merkmal für 2007 nicht verfügbar, weswegen hier $n = 20$.

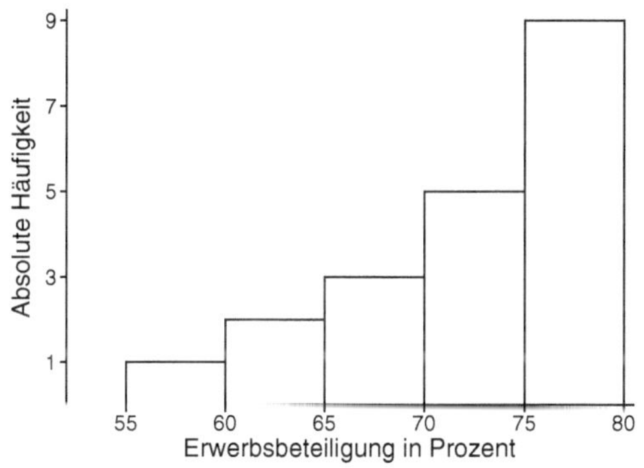

Abbildung 3.2: Erwerbsbeteiligung von Frauen im Alter zwischen 25 und 49 Jahren (n = 20), OECD-Daten

Startpunkt und Klassenbreite wurden also *gewählt*, beides steht nicht automatisch fest. Hätte man Startpunkt und Klassenbreite anders gewählt, beispielsweise „58 Prozent" und „drei Prozentpunkte", dann ergäbe sich ein anderes, differenzierteres Bild. (Konstruieren Sie einmal von Hand nach den genannten Regeln das Histogramm, dann können Sie sehen, was gemeint ist. Die Werte der Variablen `lfp07_age2549` können Sie auch in Abb. 2.1 ablesen.)

Es ist bei der Erstellung von Histogrammen also wichtig, zwischen Detailtreue und dem Ziel, einen informativen Überblick über die Verteilung zu verschaffen, abzuwägen:[10] Wählt man die Klassenbreite zu weit, geht zu viel Information verloren, weil das Merkmal dann in zu wenigen Säulen dargestellt wird. Wählt man sie zu schmal, lassen sich in der Vielzahl der Säulen die Charakteristika der Verteilung schlecht ausmachen.

Beispiel 3.5: Was damit gemeint ist, können Sie sehen, wenn Sie einmal die Verteilung der Körpergröße im SOEP betrachten (siehe Abbildung 3.3). Sie sehen hier die Verteilung der Körpergröße von Männern (n = 2066). In der linken Abbildung stellt sich die Form der Verteilung unregelmäßiger dar als in der rechten. Dafür sind die merkwürdigen Einbrüche und auch einige Ausschläge nach oben in bestimmten Klassen der Körpergröße verantwortlich, die wir im Zusammenhang mit dem Stamm-Blatt-Diagramm (siehe gleich folgender Abschnitt) noch etwas näher erkunden wollen.

An dieser Stelle ist lediglich dieses festzuhalten: Die feine Klasseneinteilung in Abbildung 3.3a lenkt in diesem Fall von der eigentlichen Form der Verteilung, nämlich einer leicht linkssteilen Verteilung der Körpergröße,

10 Stata und SPSS wenden bewährte Faustregeln an, um den Startpunkt festzulegen und die Klassenanzahl zu optimieren. In beiden Programmen kann man Startpunkt und Klassenbreite manipulieren.

etwas ab. Gleichzeitig zeigt sie deutlicher als Abbildung 3.3b, dass wir das Merkmal „Körpergröße“ noch etwas genauer betrachten sollten: Eigentlich würden wir für die Körpergröße von Männern ja erwarten, dass die Werte einer *symmetrischen* Verteilung mit vielen Werten in der Nähe des Mittelwerts und wenigen Werten an den Extremen des Wertebereichs folgen.[11] Die Einbrüche und Ausschläge an einzelnen Stellen des Wertebereichs in Abbildung 3.3a weisen deutlicher auf die etwas kontraintuitive Verteilung der Körpergröße hin als die Abbildung rechts daneben.

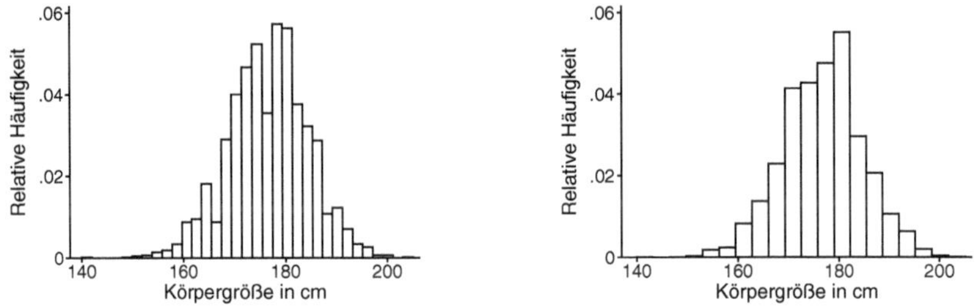

(a) 32 Klassen (b) 20 Klassen

Abbildung 3.3: Körpergröße von Männern – Histogramme mit verschiedenen Klassenbreiten, SOEP-Daten

Stamm-Blatt-Diagramm

Das Stamm-Blatt-Diagramm[12] (englisch: *stem-and-leaf display*), die zweite hier einzuführende Darstellungsform für metrische Merkmale mit vielen Ausprägungen, ist dem Histogramm sehr ähnlich. Es vermittelt alle Informationen, die auch das Histogramm bereitstellt, und zeigt darüber hinaus noch die Verteilung innerhalb einer Klasse an. Das, was im Histogramm als „Klasse“ bezeichnet wird, heißt hier „Stamm“. Innerhalb eines jeden Stammes ist noch die Verteilung von „Blättern“ abgetragen. Wir wollen uns die Konstruktion von Stamm-Blatt-Diagrammen gleich im Beispiel ansehen.

Beispiel 3.6: Wir ziehen das eben schon betrachtete Merkmal der Erwerbsbeteiligung von Frauen zwischen 25 und 49 Jahren in den OECD-Ländern heran (Abbildung 3.4). Die Werte sind auf ganze Zahlen gerundet worden.[13]

---

11 Kurz gesagt: Wir würden bei diesem Merkmal eine Normalverteilung erwarten (siehe Abschnitt 4.5).

12 Mitunter wird das Stamm-Blatt-Diagramm auch als Stängel-Blatt-Diagramm bezeichnet.

13 Aus diesem Grund taucht hier ein Wert von 80 auf. Beachten Sie bitte, dass SPSS die Werte bei der Erstellung eines Stamm-Blatt-Diagramms einfach trunkiert, also am Komma abschneidet. Es ergibt sich also unter Verwendung von SPSS ein etwas anderes,

```
Stamm | Blatt
  5   | 9
  6   | 24
  6   | 6
  7   | 001234
  7   | 56777899
  8   | 0
```

Abbildung 3.4: Erwerbsbeteiligung von Frauen zwischen 25 und 49 Jahren, OECD-Daten

Der am stärksten besetzte „Stamm" ist hier im Diagramm die vorletzte Zeile. Er reicht von „75 Prozent" bis einschließlich „79 Prozent". Die Klassenbreite jedes Stammes wird von den „Blättern" angezeigt, also von den Zahlen innerhalb jedes Stammes. In diesem kleinen Datensatz repräsentiert jedes Blatt genau einen Fall. Jeder Stamm steht für die Zehnerstelle der Merkmalsausprägung, jedes Blatt für die Einerstelle. Die 7 in der Spalte „Stamm" bedeutet also „70 Prozent", die 5 im am stärksten besetzten Stamm bedeutet „5 Prozent". Durch die Addition von Stamm und Blatt ergibt sich jede einzelne Merkmalsausprägung ($70 + 5$ für das Beispiel aus dem am stärksten besetzten Stamm). Wir sehen also: Es gibt genau ein Land, in dem die Erwerbsquote der 25- bis 49-jährigen Frauen rund 75 Prozent beträgt.

Das Stamm-Blatt-Diagramm bringt dank der Blätter mehr Genauigkeit als die Darstellung der Verteilung im Histogramm: Wir können in unserem Beispiel genau den Minimal- und Maximalwert der Verteilung ablesen, zudem sehen wir, wie die Verteilung innerhalb eines Stammes aussieht, was im Histogramm nicht möglich war. Dennoch gilt auch hier, dass der Wertebereich in Stämme zu gliedern ist und die Wahl der Stammbreite eine subjektive Wahl ist.

In größeren Datensätzen sind einige Modifikationen zu beachten: Hier steht nicht mehr jedes Blatt für einen Fall. Betrachten wir das Beispiel „Körpergröße" aus dem SOEP-Datensatz erneut.

Beispiel 3.7: Abbildung 3.5 zeigt die Körpergröße der Männer in der SOEP-Stichprobe im Jahr 2004.

Ganz links im Diagramm finden Sie hier für jeden Stamm Häufigkeiten („Frequency"). Sie sehen also, wie viele Fälle zu jedem Stamm gehören. Der erste und der letzte Stamm des Diagramms ist für „Extremes", also für sehr kleine bzw. sehr große Werte reserviert. Der erste Stamm umfasst 18 Fälle, der zweite drei, der dritte 14 usw. Jeder Stamm steht für die jeweils angegebene Zahl multipliziert mit zehn („Stem width: 10"). Das heißt: Die

---

die Merkmalsausprägungen systematisch unterschätzendes Bild. Stata berücksichtigt die Dezimalstellen exakt, dafür ist die Darstellung unübersichtlicher.

```
Body Height in cm Stem-and-Leaf Plot for
geschl= Mann

 Frequency    Stem &  Leaf

    18,00 Extremes    (=<156)
     3,00       15 .  7
    14,00       15 .  88889
    36,00       16 .  000000000001
    39,00       16 .  2222222333333
    74,00       16 .  4444444555555555555555555
    36,00       16 .  666777777777
   118,00       16 .  888888888888888888888888888899999999999
   163,00       17 .  000000000000000000000000000000000000000000000011111111
   190,00       17 .  222222222222222222222222222222222222222222333333333333333333333
   213,00       17 .  44444444444444444444444444444555555555555555555555555555555555555555555
   144,00       17 .  666666666666666666666666666666666666667777777777
   233,00       17 .  888888888888888888888888888888888888888888888888888888888888899999999999999999
   229,00       18 .  0000000000000000000000000000000000000000000000000000000000000000011111111111
   153,00       18 .  222222222222222222222222222233333333333333333333333
   131,00       18 .  44444444444444444444555555555555555555555555
   117,00       18 .  666666666666666666666666777777777777777
    44,00       18 .  88888889999999
    50,00       19 .  0000000000000011
    29,00       19 .  2222233333
    14,00       19 .  44555
    11,00       19 .  6667
     7,00 Extremes    (>=198)

 Stem width:   10
 Each leaf:        3 case(s)
```

Abbildung 3.5: Verteilung der Körpergröße von Männern, SOEP-Daten

15 beim zweiten und dritten Stamm steht jeweils für 150 cm Körpergröße; der Wert des Blattes muss zum Stamm hinzuaddiert werden, um die Merkmalsausprägung zu erhalten, für die jedes Blatt steht. Im Gegensatz zum einfachen Stamm-Blatt-Diagramm in Abbildung 3.4 steht nun jedes Blatt nicht mehr nur für einen Fall, sondern gleich für drei („Each leaf: 3 case(s)"). Es gibt also drei Männer in der Stichprobe, die eine Körpergröße von 157 cm angeben, $3 \cdot 4$, also 12 Männer, die 158 cm groß sind, drei, die 159 cm groß sind usw.[14]

Das Stamm-Blatt-Diagramm verrät nun auch etwas mehr zu der merkwürdig unregelmäßigen Verteilung der Körpergröße, die bereits in der Betrachtung der Histogramme zu diesem Merkmal aufgefallen war (siehe Abb. 3.3 bzw. Beispiel 3.5). Es fällt auf, dass einige Körpergröße-Werte sehr häufig bzw. sehr selten angegeben werden: Sehr häufig tauchen neben den „runden Werten" 170, 180 und 190 cm auch einige Werte „zwischendrin" wie z. B. 178 cm auf, gleichzeitig kommen einige andere Werte im Vergleich zu ihren Nachbarwerten merkwürdig selten vor, wie etwa der Wert „177 cm". Ein Grund dafür, dass die Verteilung der Körpergröße nicht streng symmetrisch

14 Aufmerksame Betrachterinnen haben bemerkt, dass $12 + 3 \neq 14$ ist, wie am linken Rand unter „Frequency" angegeben. Das ergibt sich daraus, dass nicht alle Häufigkeiten pro Merkmalsausprägung durch drei teilbar sind. Wir erinnern uns: Jedes Blatt soll für drei Fälle stehen. Wenn jedes Blatt für mehrere Fälle steht, kann die entsprechende Angabe also nur eine Ungefähr-Angabe sein. Das Statistik-Programm (in diesem Fall SPSS) glättet hier die Häufigkeiten, damit die Darstellung im Stamm-Blatt-Diagramm überhaupt ermöglicht wird. Mitunter finden Sie in Stamm-Blatt-Diagrammen statt der konkreten Merkmalsausprägung das Zeichen & für „fractional leaf", also „Teilblatt".

ist, ist sicherlich, dass viele Menschen ihre Körpergröße *gerundet* angeben, wenn sie um die Angabe gebeten werden. Die anderen Prozesse, die (neben Effekten des Zufalls der Stichprobenzusammensetzung!, siehe dazu Kapitel 4) dazu führen, dass die Körpergröße nicht ganz der erwarteten Verteilungsform folgt, können nicht allein anhand des Stamm-Blatt-Diagramms dechiffriert werden. Das Stamm-Blatt-Diagramm zeigt aber, dass Grund zum Aufmerken besteht.

Der Kerndichteschätzer

Bislang konnten wir die Verteilung eines stetigen Merkmals nur über die Hilfskonstruktion der Klassen- bzw. Stammeinteilung graphisch darstellen. Das Problem an beiden Diagrammformen ist, dass ein an sich stetiges Merkmal wie ein diskretes Merkmal behandelt wird: Unendlich viele theoretisch denkbare Datenpunkte werden einer endlichen Zahl von Klassen zugeordnet. Der stetige Wertebereich wird in diskrete Datenpunkte (erste, zweite, dritte Klasse usw.) eingeteilt. Dass sich das Aussehen des Histogramms ändert, wenn Klassenbreite und Anfangspunkt anders gewählt werden, haben wir diskutiert.

Es gibt Darstellungsformen, die die Stetigkeit von Merkmalen berücksichtigen können. Eine davon ist die graphische Darstellung des Kerndichteschätzers.[15] Die Grundidee der Kerndichteschätzung ist folgende: Die Messwerte auf der x-Achse werden nicht als Punkte, sondern als kleine Verteilungen aufgefasst, und die Verteilungen in der näheren Umgebung eines jeden Punktes werden überlagert.

Das, was als „nähere Umgebung" gelten soll, muss vorab festgelegt werden. Diese Bestimmung der sogenannten Bandbreite erinnert an die Bestimmung der Klassenbreite im Histogramm. Im Unterschied zum Histogramm ist aber zugelassen, dass sich die „näheren Umgebungen" einzelner Punkte im Wertebereich überlappen. Auf diese Weise wird der Stetigkeit des Merkmals Rechnung getragen. Die überlagerten Kerndichten werden im Diagramm abgetragen und durch eine Linie verbunden. Man erhält so anstatt sprunghafter Übergänge von Säule zu Säule eine geglättete Kurve. Die Wahl der Bandbreite beeinflusst das Aussehen des Kerndichteschätzer-Diagramms. Ist sie sehr groß, wird die Darstellung der Verteilung (irreführend) regelmäßig. Ist das Intervall zu klein, wird die Darstellung „verbeult", die resultierende Kurve hat also viele kleine Hügel und Täler.

Neben der Bandbreite muss ferner bestimmt werden, nach welcher Regel die lokale Dichte, also die Dichte um die jeweiligen Datenpunkte innerhalb des Wertebereichs herum, bestimmt werden soll. Diese Regel wird als „Kern" bezeichnet. Am häufigsten wird in den Sozialwissenschaften der Kern

---

15 Wir können an dieser Stelle nicht darauf eingehen, warum diese Darstellungsform so heißt. Hinweise darauf finden Sie in Kapitel 4, wo die Begriffe des Schätzens und der Wahrscheinlichkeitsdichte eingeführt werden.

verwendet, den der Statistiker V. A. Epanechnikov entwickelte. Das Aussehen des Kerndichteschätzer-Diagramms wird viel stärker von der gewählten Bandbreite bestimmt als vom verwendeten Kern, weswegen wir im Beispiel vor allem auf die Wahl der Bandbreite eingehen wollen.

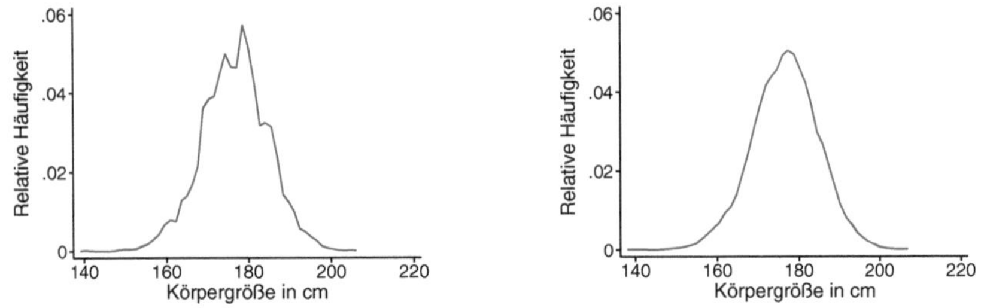

(a) Bandbreite $h = 2$ (b) Bandbreite $h = 4$

Abbildung 3.6: Körpergröße von Männern, Kerndichte-Diagramme mit verschiedenen Bandbreiten, SOEP-Daten

Beispiel 3.8: Abbildung 3.6 zeigt zwei Kerndichteschätzungen (unter Verwendung des Epanechnikov-Kerns) zu ein und demselben Merkmal, und zwar erneut zur Verteilung der Körpergröße bei Männern im SOEP-Datensatz. In beiden Diagrammen kann man die Verteilung des Merkmals gut erkennen: Sie ist fast symmetrisch, aber eben nur fast. Auch hier lässt sich die in den Beispielen 3.5 und 3.7 diskutierte leichte Verlagerung der Verteilung nach links erkennen, die durch die Häufung der Werte an Rundungswerten zustande kommt. Die beiden Darstellungen unterscheiden sich nur in der festgelegten Bandbreite. In Abbildung 3.6a ist als nähere Umgebung um die betrachteten Datenpunkte herum „2 cm" definiert, in Abbildung 3.6b „4 cm". Die linke Abbildung ist wegen der geringeren Bandbreite zerklüfteter als die rechte, weil hier jeweils weniger Fälle zur Bestimmung der lokalen Dichte herangezogen werden.

Empirische Verteilungsfunktion

Zuletzt wollen wir nun noch empirische Verteilungsfunktionen vorstellen. Die Information, die hier insbesondere interessiert, ist, auf welche Weise die Stichprobe den Wertebereich „durchläuft". Anders gesagt: Wir wollen wissen, wie sich über den gesamten Wertebereich hinweg der Anteil an Fällen mit Werten entwickelt, die kleiner oder gleich dem gerade betrachteten Wert des Wertebereichs sind.

Empirische Verteilungsfunktionen können für metrische oder ordinale Merkmale mit relativ vielen Ausprägungen betrachtet werden. Als Beispiel wählen wir bewusst erneut ein Merkmal, das wir bereits zur Einführung von Häufigkeitstabellen, genauer: zur Einführung kumulierter Häufigkeiten benutzt haben (Beispiel 3.2 auf S. 44). Empirische Verteilungsfunktionen entsprechen nämlich genau den kumulierten relativen Häufigkeiten.

Beispiel 3.9: In Abbildung 3.7 sehen Sie also noch einmal die Verteilung der Bildungsjahre (nur formale Schul- und Berufsbildung) der 1971 Geborenen aus den GLHS-Daten, nun in Form einer empirischen Verteilungsfunktion.

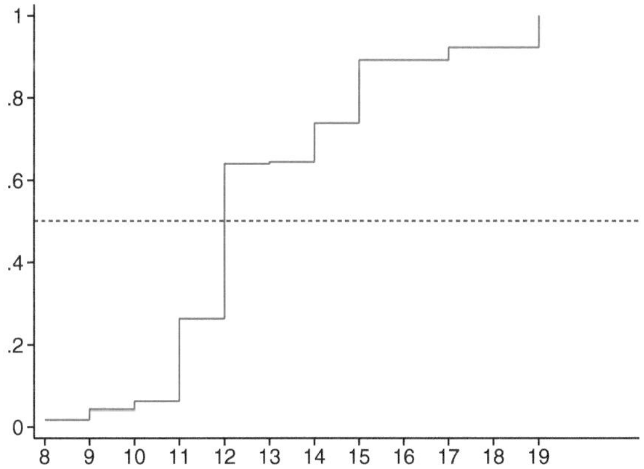

Abbildung 3.7: Verteilung der Bildungsjahre (Kohorte 1971), GLHS-Daten

Abgebildet ist, wie groß der Anteil an StudienteilnehmerInnen ist, die einen bestimmten *oder niedrigeren* Wert im Merkmal „Bildungsjahre" aufweisen. An jeder Merkmalsausprägung, zu der es Messwerte gibt, macht die Treppe einen Sprung nach oben. Für den Wert „10 Bildungsjahre" können wir so ablesen, dass weniger als 10 Prozent der 1971 Geborenen 10 oder weniger Jahre im Bildungssystem verbracht haben.

Interessant ist bei der Interpretation empirischer Verteilungsfunktionen aber vor allem die *umgekehrte* Ableserichtung: An der Kurve lässt sich auf einen Blick ablesen, welchen Wert ein bestimmter Teil aller Fälle, z. B. die Hälfte aller Fälle höchstens aufweist. Für den Anteilswert von 0,5 (also 50 Prozent aller Fälle) ist in Abbildung 3.7 die gestrichelte Linie eingezogen. Diese Ablesehilfe zeigt auf einen Blick, dass der Anteilswert 0,5 beim Sprung von 11 auf 12 Bildungsjahre überschritten wird. Das heißt: Die Hälfte aller 1971 Geborenen hat 12 oder weniger Bildungsjahre absolviert.

Empirische Verteilungsfunktionen zeigen also kumulierte Häufigkeiten von Merkmalsverteilungen an (siehe Abschnitt 3.1.1), und dies auch dann noch in einer sinnvollen Form, wenn das Merkmal sehr viele Ausprägungen hat und somit die Darstellung in einer Häufigkeitstabelle nicht in Frage kommt. Diese Eigenschaft lässt sich vor allem für den *Vergleich* zweier oder mehrerer Verteilungen gut einsetzen, wie das folgende Beispiel zeigt.

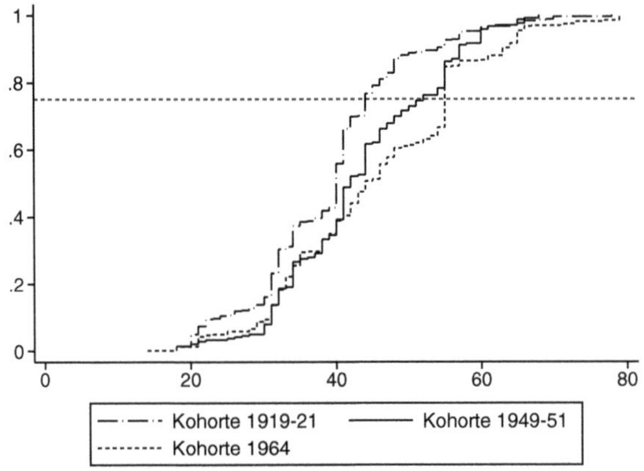

Abbildung 3.8: Verteilung des Berufsprestiges nach Treiman (Kohorten 1919–21, 1949–51, 1964), GLHS-Daten

Beispiel 3.10: In Abbildung 3.8 ist ein weiteres Merkmal aus dem GLHS-Datensatz abgebildet: Wir sehen für drei verschiedene Geburtskohorten das Berufsprestige, das die TeilnehmerInnen der Studie im Alter von 30 Jahren erreicht hatten. Die Verteilung des Berufsprestiges verschiebt sich über die drei Geburtskohorten hinweg. Wieder haben wir eine horizontale Linie ins Diagramm eingefügt, dieses Mal für einen Anteilswert von 0,75 (also 75 Prozent aller Fälle). In der Kohorte der 1919–21 Geborenen wird der Wertebereich des Berufsprestiges schneller ‚durchlaufen': Drei Viertel aller Fälle haben im Alter von 30 Jahren maximal einen Prestigewert von ungefähr 45 erreicht. In den jüngeren Kohorten liegt dieser Wert höher: Drei Viertel aller 1964 Geborenen arbeiteten im Alter von 30 Jahren in einem Beruf mit einem um 10 Skalenpunkte höheren Berufsprestige! Der Anteil für die mittlere Kohorte liegt dazwischen. Man kann in dieser Abbildung also sehr schnell am horizontal verlagerten Verlauf der Verteilungsfunktionen für jede Geburtskohorte einen Beleg für das sogenannte *occupational upgrading*, hier: die Steigerung des durchschnittlichen Prestiges der Berufe, sehen.

Übersicht zu Verteilungsformen

Die vorgestellten Verfahren zur Analyse der Verteilung zeigen auf einen Blick die Verteilungsform. Wir sehen also direkt, wo Schwerpunkte der Verteilung liegen und wie breit der Bereich der Werte ist, den die Stichprobenelemente aufweisen. Die graphische Analyse der Verteilungsform sagt also bereits viel über ein Merkmal aus. Abb. 3.9 zeigt einige typische Verteilungsformen.

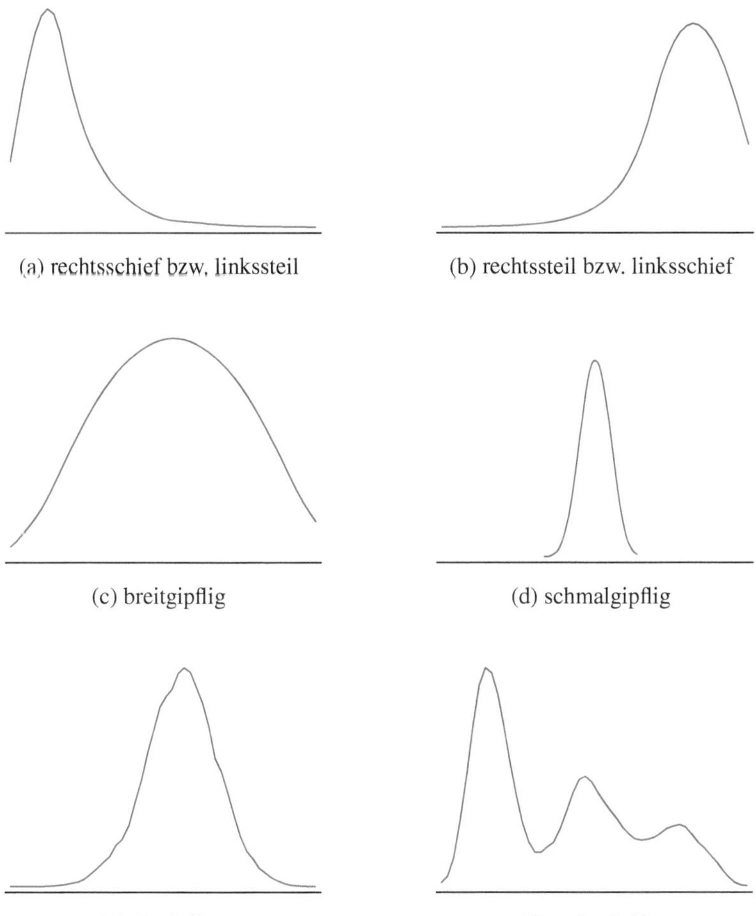

(a) rechtsschief bzw. linkssteil
(b) rechtssteil bzw. linksschief
(c) breitgipflig
(d) schmalgipflig
(e) eingipflig
(f) mehrgipflig

Abbildung 3.9: Verteilungsformen

Graphische Darstellungen lassen z. B. Häufungen an den Extremen des Wertebereichs gut erkennen: Solche Häufungen zeigen sich durch Asymmetrie bzw. Schiefe der Verteilung (siehe Abbildungen 3.9a und 3.9b, aber auch Abb. 3.2 auf S. 49). Zähldaten, wie etwa die Anzahl der Kinder im Haushalt oder die Anzahl von Arbeitslosigkeitsphasen im Erwerbsverlauf, sind in der Regel linkssteil: Die meisten Merkmalsträger ballen sich am unteren Ende der entsprechenden Verteilungen, und nur sehr wenige weisen größere Ausprägungen des Merkmals auf. Auch Erwerbseinkommenswerte sind oft linkssteil verteilt, da niedrige und moderate Einkommen viel häufiger vorkommen als hohe und sehr hohe.

Auch andere Eigenheiten von Verteilungen metrischer Daten werden graphisch gut sichtbar. So zeigt sich z. B., ob in einer Stichprobe das Gros der

Werte in der Nähe des Verteilungsschwerpunkts liegt, ob also die Verteilung schmalgipflig ist (Abb. 3.9d) oder ob vielmehr viele Werte weit weg vom Verteilungsschwerpunkt zu finden sind – der Gipfel der Verteilung ist dann breit (Abb. 3.9c). Weiterhin lassen graphische Verfahren gut erkennen, ob es *mehrere* (lokale) Verteilungsschwerpunkte gibt, wie Sie es in Abb. 3.9f sehen können. Mehrgipfligkeit (auch Multimodalität genannt) zeigt meistens an, dass die Verteilung aus zwei oder mehr verschiedenen Stichproben kommt. Ein ähnliches Bild wie Abb. 3.9f könnte sich z. B. aus der Verteilung der Körpergröße ergeben, wenn in einer Stichprobe drei verschiedene Altersklassen vereint sind.

3.2 Maße der zentralen Tendenz

Maße der zentralen Tendenz sollen, wie der Name andeutet, Auskunft darüber geben, wo das Zentrum oder der Schwerpunkt der Daten liegt; man könnte auch sagen: was das „mittlere Niveau" der Daten ist (so bei Toutenburg und Heumann 2006). Der Begriff „Maße der zentralen Tendenz" wird in deutschen Lehrbüchern gelegentlich mit dem Begriff „Lagemaße" gleichgesetzt. Das ist, freundlich gesagt, missverständlich, denn die Quantile, die wir im nächsten Abschnitt kennenlernen, geben ebenfalls Auskunft darüber, wo Teile der Daten liegen, und sie werden auch überall zu Recht als Lagemaße vorgestellt. Sie treffen aber mit einer Ausnahme keine Aussage über das Zentrum der Daten, und mehrere Quantile zusammengenommen werden oft zur Charakterisierung der Verteilung oder Streuung der Daten herangezogen. „Lagemaße" ist also der allgemeinere Begriff (vgl. Agresti und Finlay 2009: 51); „Maße der zentralen Tendenz" sind nur eine Teilmenge der Lagemaße, eben jene, die tatsächlich etwas über das Zentrum der Daten aussagen sollen.

3.2.1 Das arithmetische Mittel

Das arithmetische Mittel ist sicher das bekannteste der hier vorzustellenden Maße. Jedermann geläufig ist es unter dem Namen „Durchschnitt" – der Notendurchschnitt von Tests bzw. Klausuren in Schulen ist eine Größe, die alle Schülerinnen und Schüler kennen. Häufig wird das arithmetische Mittel auch einfach als *Mittelwert* bezeichnet. Das heißt umgekehrt: Immer wenn in diesem Buch vom Mittelwert die Rede ist, meinen wir das arithmetische Mittel. In Formeln werden Mittelwerte durch einen Querstrich über dem jeweiligen Symbol bezeichnet. Der Mittelwert einer mit X bezeichneten Variablen wird also mit $\bar{x}$ symbolisiert.

Den Mittelwert berechnet man bekanntlich, indem man die einzelnen Datenwerte zusammenzählt und durch die Zahl der in die Berechnung eingehenden Beobachtungen dividiert – woraus übrigens folgt, dass die Berechnung des arithmetischen Mittels *nur bei metrischen Variablen* (bzw. bei Variablen, die man für metrisch hält) erlaubt ist:

Das arithmetische Mittel

Das arithmetische Mittel einer Variablen X wird berechnet als:

$$\bar{x} = \frac{1}{n} \sum_{i=1}^{n} x_i \tag{3.3}$$

Beispiel 3.11: Das arithmetische Mittel der Erwerbsquoten von Frauen im Alter von 25 bis unter 50 Jahren in den untersuchten OECD-Ländern errechnet sich wie folgt (man beachte, dass dieses Merkmal nur 20 gültige Werte aufweist; dementsprechend gilt für diese Berechnung $n = 20$):

$$\bar{x} = \frac{1}{20}(69{,}6 + 76{,}1 + \ldots + 72{,}1 + 71{,}2) = 72{,}49$$

Beispiel 3.12: Als nächstes betrachten wir für die unterschiedlichen Geburtskohorten der GLHS das durchschnittliche Berufsprestige, und zwar für den Beruf im Alter von 30 Jahren (Tabelle 3.3; wegen des je nach Kohorte unterschiedlichen Anteils der Frauen, die in diesem Alter überhaupt berufstätig sind, haben wir uns auf die Männer beschränkt).[16] Die ab der Kohorte der 1929–1931 Geborenen stetig steigenden Mittelwerte zeigen, wie die Berufsstruktur allmählich einem *upgrading* unterliegt; einfache Berufe werden weniger, solche mit höheren Anforderungen und entsprechendem Prestige werden häufiger (siehe schon Beispiel 3.10 auf S. 56).

Tabelle 3.3: Arithmetisches Mittel des beruflichen Prestiges im Alter von 30 Jahren (nur Männer), ausgewählte Geburtskohorten

Kohorte	$\bar{x}$	Kohorte	$\bar{x}$
1919–21	40,11	1949–51	42,54
1929–31	38,97	1954–56	43,12
1939–41	39,82	1964	44,59

Datenbasis: GLHS-Daten

Beispiel 3.13: Nicht selten tritt der Fall auf, dass das arithmetische Mittel einen Wert annimmt, der als Datenwert gar nicht sinnvoll ist. Gerade bei Zähldaten (vgl. Abschnitt 2.1.2) wird das meist zutreffen. Betrachten wir dazu die Zahl der Geschwister in den GLHS-Daten, hier exemplarisch für zwei Geburtskohorten. Für die älteste Kohorte beträgt der Mittelwert 2,89, für die jüngste dagegen 1,67. Auch diese Zahlen zeigen sozialen Wandel an,

16 Die Kohorten 1959–1961 und 1971 fehlen, weil sie zu wenig bzw. gar keine Fälle im Alter von 30 Jahren aufweisen.

nämlich den demographischen Wandel in Form abnehmender Kinderzahlen.[17] Es ist klar, dass kein einzelner Mensch 2,89 oder 1,67 Geschwister haben kann. Aber das arithmetische Mittel soll ja das Aggregat, die gesamte Stichprobe, kennzeichnen und nicht einzelne Werte. Daher sind solche Mittelwerte keineswegs unsinnig.

Wir haben oben darauf hingewiesen, dass das arithmetische Mittel nur bei metrischen Variablen sinnvoll ist. Gelegentlich kann man sehen, dass eine Ausnahme von dieser Regel gemacht wird, und zwar bei dichotomen Merkmalen – etwa dem Geschlecht, sofern man es wie üblich als zweiwertiges Merkmal betrachtet –, deren Ausprägungen mit den Werten 0 und 1 kodiert wurden. In diesem Fall erhält man durch die Berechnungsvorschrift für das arithmetische Mittel den Anteilswert für die Kategorie 1 (wenn also 60 Prozent in die Kategorie 0 und 40 Prozent in die Kategorie 1 fallen, erhält man ein arithmetisches Mittel von 0,4). Üblicher ist es allerdings in diesem Fall, gleich den Anteilswert oder den Prozentwert anzugeben.

Eigenschaften des arithmetischen Mittels

Eine oft genannte Eigenschaft des arithmetischen Mittels ist seine Empfindlichkeit gegen Extremwerte (sogenannte Ausreißer). Im ALLBUS 2010 (siehe S. 40) wurden beispielsweise die Befragten gebeten, die monatlichen Einkommen bestimmter Berufsgruppen zu schätzen. In Ostdeutschland ergab sich als geschätzter Mittelwert für das Einkommen eines praktischen Arztes ein Wert von 6 263 Euro. Allerdings zeigt eine Häufigkeitsauszählung, dass ein Befragter ein geschätztes Einkommen von 400 023 Euro angegeben hat. Berechnet man das arithmetische Mittel ohne diesen Wert, so liegt es mit 5 261 Euro etwa 1 000 Euro unter dem Wert, der sich bei Einschluss aller Fälle ergibt. Das ist schon ein recht beachtlicher Unterschied – und das bei einer Stichprobe von mehr als 1 200 Fällen![18]

Die „Empfindlichkeit" des arithmetischen Mittels besagt natürlich nicht, dass es sich bei ihm um ein untaugliches Maß handelt, sondern nur, dass man Kennwerte nicht blindlings berechnen, sondern sich immer die Daten so genau wie möglich betrachten soll. Ingesamt gehört das arithmetische Mittel zu den wichtigsten Größen der Statistik, und einige seiner Eigenschaften müssen noch näher betrachtet werden. Zunächst: Zieht man von jedem

17 Natürlich ist die Zahl der Geschwister nicht identisch mit der Zahl der Geburten pro Frau, da nicht wenige Frauen gar keine Kinder bekommen, und Informationen über diese Frauen können auf dem Weg einer Frage nach Geschwistern gar nicht ermittelt werden.

18 Es finden sich daher in der Literatur auch Vorschläge, das Problem möglicher Ausreißer einzudämmen, indem man sogenannte *getrimmte Mittelwerte* berechnet. Diese beruhen darauf, dass man einen kleinen (und zwar jeweils den gleichen) Prozentsatz, beispielsweise fünf oder zehn Prozent, der niedrigsten und der höchsten Werte ausschließt und dann das arithmetische Mittel aus den verbleibenden Fällen berechnet.

einzelnen Datenwert das arithmetische Mittel ab, so ist die Summe dieser Abweichungen gleich null. In einer Formel ausgedrückt:

$$\sum_{i=1}^{n} (x_i - \bar{x}) = 0$$

Man bezeichnet dies auch als die *Schwerpunkteigenschaft* des arithmetischen Mittels.

Damit verwandt ist eine weitere Eigenschaft: Die Summe der *quadrierten* Abweichungen der einzelnen Datenwerte vom Mittelwert, also $\sum_{i=1}^{n} (x_i - \bar{x})^2$, ist geringer als die Summe der quadrierten Abweichungen der Einzelwerte von jedem anderen Wert. Diesem Sachverhalt – er wird als *Optimalitätseigenschaft* des arithmetischen Mittels bezeichnet – kann man folgende Interpretation zugrunde legen: Nehmen wir an, Sie hätten keine Information über ein Merkmal außer dem Wert des arithmetischen Mittels und sollten nun die Werte schätzen (oder vorhersagen), die das Merkmal bei den einzelnen Fällen annimmt. Sie könnten dabei wild raten und würden dabei zufällig mal mehr, mal weniger daneben liegen. Eine *systematische* Strategie der Schätzung sollte allerdings nicht einfach auf bloßem Raten basieren, sondern die vorhandene Information nutzen. Nun liegt als Information nur der Mittelwert vor. Soll man also einfach für jeden Einzelfall den Mittelwert vorhersagen? Zumindest in einer Hinsicht ist das die beste Strategie: Sie können sicher sein, dass Sie so die Fehler Ihrer Vorhersage minimieren, wenn man als Fehler die Summe der quadrierten Abweichungen von den wahren Werten definiert. Jede andere systematische Vorhersage würde zu einem größeren Fehler führen. Diese Aussage wird an späterer Stelle noch sehr wichtig werden.

Kasten 3.2: Einsatz und Grenzen des arithmetischen Mittels

Das arithmetische Mittel soll das „Zentrum“ einer metrischen Variablen (oder einer Variablen, die man als metrisch auffassen kann) charakterisieren.

Es ist *nicht* geeignet,

1. bei zensierten Daten (hier kann *möglicherweise* der Median herangezogen werden, siehe nächster Abschnitt);
2. wenn die Messwerte Änderungen darstellen. Handelt es sich bei den Messwerten um Wachstumsraten, muss das *geometrische Mittel*, handelt es sich um Geschwindigkeiten, muss das *harmonische Mittel* verwendet werden.

Die Formeln zu den beiden letztgenannten Mittelwerten, die nur selten benötigt werden, finden sich etwa bei Fahrmeir et al. (1997).

3.2.2 Der Median

Der Median ist eine intuitiv leicht nachzuvollziehende Größe. Wörtlich ist er „der Wert in der Mitte"; gemeint ist die Mitte der der Größe nach sortierten Datenwerte. Anders gesagt: Es ist der Wert, der die Messreihe in zwei Hälften teilt; in der einen Hälfte liegen die Datenwerte, die kleiner als oder höchstens gleich groß wie der Median sind, und in der anderen jene, die mindestens genauso groß wie dieser oder größer sind. Insofern wird er berechtigterweise manchmal auch als Zentralwert bezeichnet.

Da der Median nur voraussetzt, dass die Datenwerte der Größe nach geordnet werden können, ist er nicht nur bei metrischen Variablen, sondern auch schon bei ordinalskalierten Merkmalen sinnvoll einsetzbar, nicht jedoch bei nominalskalierten Merkmalen.

Allerdings ist die Sache mit dem Wert „genau in der Mitte" nicht ganz banal: Bei einer geraden Zahl von Messwerten für eine Variable gibt es nämlich gar keinen Fall, der genau in der Mitte liegt. Im Beispiel der Erwerbsquoten bei Frauen im Alter von 25 bis unter 50 haben wir es mit 20 Messwerten zu tun; so besteht die eine Hälfte der Daten aus den zehn niedrigeren und die andere aus den zehn höheren Datenwerten, die Mitte ist dagegen gewissermaßen leer. Üblicherweise wählt man in diesem Fall als „Wert in der Mitte" das arithmetische Mittel aus dem Wert, der unterhalb, und demjenigen, der oberhalb der (‚leeren') Mitte liegt. Im einzelnen wird der Median also nach folgenden Formeln gefunden:

Der Median

Der Median einer Variablen X wird bei einer *ungeraden Zahl von Datenwerten* nach folgender Regel ermittelt:

$$\tilde{x} = x_{((n+1)/2)} \qquad (3.4)$$

Dabei ist $x_{((n+1)/2)}$ der Wert mit der Ordnungszahl $(n+1)/2$ in der der Größe nach geordneten Datenreihe.

Bei einer *geraden Zahl von Datenwerten* wird der Median durch folgende Größe bestimmt:

$$\tilde{x} = \frac{1}{2}\left(x_{(\frac{n}{2})} + x_{(\frac{n}{2}+1)}\right) \qquad (3.5)$$

Bei der Festlegung des Medians als arithmetisches Mittel aus den zwei genannten Messwerten handelt es sich nur um eine – zweifelsohne einleuchtende – Konvention. Genau genommen erfüllt jeder beliebige Wert zwischen den beiden genannten Werten das Definitionskriterium des Medians.

Beispiel 3.14: Im OECD-Datensatz finden sich für die Fertilitätsrate 21 Beobachtungen, also eine ungerade Zahl. Ordnet man diese der Größe nach, so ist der Median der Wert mit der Ordnungszahl $(21+1)/2 = 11$, also der 11. Wert, der 1,82 (für Belgien) beträgt.

Das Beispiel zeigt auch, dass man die Formulierung, dass eine Hälfte der Daten kleiner oder gleich und die andere Hälfte größer oder gleich dem Median ist, präzisieren muss. Richtiger ist: *Mindestens* die Hälfte der Datenwerte ist kleiner oder gleich und *mindestens* die Hälfte der Datenwerte ist größer oder gleich dem Median, denn es sind ja jeweils 11 Fälle, also mehr als die Hälfte, kleiner oder gleich und größer oder gleich dem Median.

Beispiel 3.15: Bei 20 Fällen, wie sie im OECD-Datensatz für die Erwerbsquoten vorliegen, ist der Wert mit der Ordnungszahl $n/2$, also $20/2$, der 10. Wert, und der Wert mit der Ordnungszahl $n/2+1$ entsprechend der 11. Wert. Der 10. Wert in der geordneten Datenreihe ist Deutschland mit 73,3, der 11. Wert gehört zu Belgien mit 74,1. Als Median ergibt sich damit $(73{,}3+74{,}1)/2 = 73{,}7$.

Beispiel 3.16: Liegt die Verteilung eines Merkmals wie etwa der in Abschnitt 3.1 dargestellten Bildung in Form einer Häufigkeitstabelle vor, so lässt sich der Median leicht anhand der kumulierten Anteils- oder Prozentwerte ermitteln: Es ist derjenige Wert, bei dem die kumulierten Anteilswerte den Betrag von 0,5 bzw. die kumulierten Prozentwerte den Betrag von 50 erreichen oder übersteigen. Am Beispiel der Tabelle 3.2 auf Seite 44 erläutert: Wir sehen, dass der kumulierte Prozentwert von 50 bei der Ausprägung „12 Jahre" überschritten wird. Also beträgt der Median 12. Auch hier können wir uns leicht überzeugen, dass die Regel für den Median gilt: Mindestens die Hälfte der Fälle ist kleiner oder gleich 12 (insgesamt 64,4 Prozent), es ist aber auch mindestens die Hälfte der Fälle größer oder gleich 12 ($100-26{,}4 = 73{,}6$ Prozent). Auch aus empirischen Verteilungsfunktionen (siehe S. 54 ff.) kann man den Median gut ablesen.

An dieser Stelle lässt sich aber auch gleich verdeutlichen, dass der Median keineswegs immer eine ideale Größe ist. Dazu ein Beispiel aus dem ISSP 2002, einer internationalen sozialwissenschaftlichen Umfrage – im Jahr 2002 in über 30 Ländern – , die jährlich mit wechselnden Themen, die in gewissen Abständen jedoch wiederholt werden, durchgeführt wird. Im Jahr 2002 war das zentrale Thema der Umfrage „Familie", und wir präsentieren hier die Ergebnisse zu zwei Einstellungsfragen (siehe Tabelle 3.4). Die erste lautet (in der deutschen Variante des Fragebogens): „Der Mann und die Frau sollten beide zum Haushaltseinkommen beitragen", die zweite: „Menschen, die Kinder wollen, sollten heiraten". Die Befragten konnten ihre Zustimmung oder Nicht-Zustimmung zu diesen (und vielen anderen) Fragen auf einer Fünfer-Skala angeben.

Wie man sieht, ist der Median in beiden Fällen die Kategorie „Stimme zu", und man kann daraus ablesen, dass mindestens die Hälfte der Befragten

Tabelle 3.4: Häufigkeitsverteilung von zwei Einstellungsfragen zu Familie

	Einkommen		Heiraten	
	%	kum.%	%	kum.%
Stimme voll und ganz zu	33,6	33,6	20,3	20,3
Stimme zu	42,3	75,8	32,2	52,5
Weder noch	14,4	90,2	14,5	67,0
Stimme nicht zu	7,9	98,1	21,2	88,2
Stimme überhaupt nicht zu	1,9	100,0	11,8	100,0
Gesamt	45 550		45 105	

Quelle: ISSP 2002, eigene Auswertung

Wortlaut Frage „Einkommen“: Der Mann und die Frau sollten beide zum Haushaltseinkommen beitragen.

Wortlaut Frage „Heiraten“: Menschen, die Kinder wollen, sollten heiraten.

der jeweiligen Aussage zustimmt – der Median liegt also in beiden Fällen bei „Stimme zu“. Aber muss man bei genauem Hinsehen nicht konstatieren, dass hiermit wesentliche Unterschiede in den Ergebnissen verdeckt werden? Bei der ersten Frage stimmen drei Viertel der Befragten „voll und ganz zu“ oder „zu“, und nur ein Zehntel stimmt „nicht zu“ oder „überhaupt nicht zu“. Bei der zweiten Frage sind es nur wenig über 50 Prozent, die „voll und ganz zustimmen“ oder „zustimmen“, während immerhin 33 Prozent „nicht zustimmen“ oder „überhaupt nicht zustimmen“. Die Zustimmung ist also insgesamt bei der ersten Frage viel höher. Das streng genommen nicht zulässige arithmetische Mittel zeigt dies auch deutlich: Es beträgt bei der ersten Frage 2,02, bei der zweiten 2,72. Diese gelegentlich zu beobachtende „Unsensibilität“ des Medians für gravierende Unterschiede in der Verteilung von Merkmalen ist es unter anderem, die dazu führt, dass in der Forschungspraxis immer wieder das arithmetische Mittel auch bei ordinalskalierten Merkmalen verwendet wird.

Auch der Median hat eine *Optimalitätseigenschaft*: Die Summe der absoluten Abweichungen der einzelnen Datenwerte ist beim Median im Vergleich zu allen anderen denkbaren Werten am geringsten.

Eine wichtige Eigenschaft des Medians ist, dass er unempfindlich gegen Extremwerte ist, also gegen besonders kleine oder besonders große Werte an den Enden der Verteilung. Wir haben oben in Zusammenhang mit dem arithmetischen Mittel einige Beispiele gebracht, wie dieses durch solche Werte erheblich beeinflusst werden kann. Der Median wäre davon jedoch völlig unberührt. Allerdings kann man in der Eigenschaft, nur der Wert „in der Mitte“ zu sein, auch einen Nachteil des Medians sehen: Kommen wir noch einmal auf das Beispiel der Erwerbsquoten zurück und nehmen an, dass sämtliche Werte unterhalb des Medians nur 5 Prozent betragen würden – auch unter dieser Bedingung bliebe der Median unverändert. Das arithmetische

Mittel berücksichtigt dagegen immer alle Fälle (man spricht daher von einer suffizienten Statistik) und würde in einem solchen Fall natürlich auch seinen Wert deutlich nach unten verlagern. Alles in allem wird man bei metrischen Variablen oft den Median zusammen mit dem arithmetischen Mittel betrachten; wenn beide stark voneinander abweichen, so heißt das, dass die Verteilung nicht sonderlich symmetrisch ist (vgl. Abschnitt 3.2.4).

3.2.3 Der Modus

Der Modus (manchmal auch: Modalwert) ist diejenige Ausprägung einer Variablen, die am häufigsten vorkommt. Er kann direkt aus einer Häufigkeitsverteilung abgelesen werden. In Tabelle 3.1 auf S. 43 ist der Modalwert also „konservativ", in Tabelle 3.2 ist es der Wert 12. Bei einem Säulendiagramm entspricht der Modus dem Wert, über dem die höchste Säule zu finden ist. Grundsätzlich kann der Modus bei jedem Messniveau angegeben werden. Besonders zweckmäßig ist er allerdings bei nominalskalierten Merkmalen, weil die bisher dargestellten Lagemaße bei solchen Merkmalen nicht angemessen sind.

Obwohl der Modus also ein sehr einfaches Maß ist, hat er seine Tücken. Erstens kann es vorkommen, dass ein Merkmal zwei oder mehr Modalwerte aufweist. Der Modus ist also nicht immer eindeutig. Zweitens kann es sein, dass der Modus relativ wenig aussagekräftig ist; das gilt vor allem dann, wenn ein Merkmal ziemlich viele Ausprägungen hat. Der Modus steht dann vielleicht für eine Ausprägung, auf die nur wenige Prozent der Daten entfallen, weil die anderen Ausprägungen eben noch seltener vorkommen. Er sagt dann aber wenig über die Verteilung insgesamt. Zwar haben wir oben schon diskutiert, dass es auch beim Mittelwert oder beim Median vorkommen kann, dass sie die Verteilung nicht besonders gut charakterisieren. Aber die Schwerpunkteigenschaft des Mittelwerts bzw. die Eigenschaft des Medians, genau in der Mitte zu liegen, schützen vor allzu großer Willkür.

In sozialwissenschaftlichen Veröffentlichungen wird der Modus dementsprechend relativ selten ins Zentrum gestellt; wenn es sich um ein wichtiges kategoriales Merkmal mit nicht zu vielen Ausprägungen handelt, wird man lieber gleich die Häufigkeitsverteilung berichten.

3.2.4 Lageregeln

In vielen Lehrbüchern wird erläutert, dass die Lage von arithmetischem Mittel und Median einer Variablen Schlüsse auf die Form der Verteilung der Datenwerte erlaubt. In vielen Fällen ist das auch richtig, aber um eine generell gültige Regel handelt es sich nicht. Bringen wir aber zunächst ein paar Beispiele, die der Regel entsprechen und zu ihrer Erläuterung beitragen können.

Bei einer *symmetrischen* Verteilung fallen arithmetisches Mittel und Median zusammen: Beide liegen genau in der Mitte der Verteilung (und entsprechen bei unimodalen Verteilungen auch dem Modus), links und rechts davon nimmt die Zahl der Datenwerte immer mehr ab. Abb. 3.9c und 3.9d auf S. 57 zeigen solche perfekt symmetrischen Verteilungen. Aber auch die Körpergröße von Menschen ist annähernd symmetrisch verteilt, wie wir in Abb. 3.5 auf S. 52 sehen. Tatsächlich erhalten wir für die Körpergröße von Männern im SOEP 2004 ein arithmetisches Mittel von 176,7, für den Median ergibt sich 177. Die beiden Werte fallen also nahezu zusammen.

Bei *linksschiefen (rechtssteilen)* Verteilungen liegt das Zentrum der Verteilung eher im höheren Bereich der Werte; anders gesagt: Die Abweichungen vom Zentrum nach unten sind (wenigstens teilweise) größer als die nach oben. Die Frauenerwerbsquoten liefern ein Beispiel für eine solche Verteilung, wie man in Abb. 3.2, S. 49 und 3.4, S. 51 gut erkennen kann. Die stärkeren Abweichungen nach unten sollten gemäß der Regel auch das arithmetische Mittel im Vergleich zum Median nach unten ziehen. Das arithmetische Mittel haben wir bereits berechnet (S. 59); es betrug gerundet 72,5. Es liegt zwar nicht sehr weit, aber doch etwas weiter als im Beispiel der Körpergröße (vor allem bezogen auf die unterschiedliche Messskala) unter dem Median, der 73,7 beträgt.

Umgekehrt gibt es bei *rechtsschiefen (linkssteilen)* Verteilungen mehr Werte, die deutlich nach oben vom Zentrum der Daten abweichen. Bei solchen Verteilungen, so sagt die Regel, ist also das arithmetische Mittel größer als der Median. Die Bildung, gemessen in Bildungsjahren (siehe Tabelle 3.2 auf S. 44), ist ein Beispiel für diesen Fall.

Leider funktioniert diese Regel aber nicht immer. Nehmen wir als Beispiel die Zahl der Geschwister. Die Verteilung ist sehr linkssteil: Die meisten Menschen haben ja nur wenige, nämlich ein oder zwei Geschwister; Abweichungen nach unten sind aber deutlich begrenzt (auf 0), während Fälle im Bereich von acht oder zehn Geschwistern sicherlich selten, aber jedenfalls möglich sind und auch faktisch vorkommen. Das bestätigt sich auch in den Daten der GLHS: Der Median beträgt insgesamt 2, und das gilt auch für jede einzelne Kohorte mit Ausnahme der jüngsten, bei der der Median bei 1 liegt; das Minimum ist erwartungsgemäß 0, während es durchaus vereinzelt Werte im zweistelligen Bereich gibt und fünf oder sechs Geschwister auch in der jüngsten Kohorte noch gelegentlich vorkommen. In der jüngsten Kohorte liegt das arithmetische Mittel tatsächlich mit 1,67 deutlich über dem Median von 1. In den älteren Kohorten finden wir aber teilweise arithmetische Mittel, die mehr oder weniger mit dem Median zusammenfallen ($\bar{x} = 2{,}01$ in der Kohorte 1949–51, $\bar{x} = 2{,}05$ in der Kohorte 1959–51). Wenn man solche geringen Unterschiede als Hinweis auf eine beinahe symmetrische Verteilung interpretiert, wird man bei Betrachtung der Verteilungen enttäuscht werden: Selbstverständlich sehen auch diese Verteilungen sehr linkssteil aus.

3.3 Quantile und einfache Kennzahlen für die Streuung von Daten

Mit der Angabe eines oder auch mehrerer Maße für die zentrale Tendenz sind Verteilungen unzulänglich gekennzeichnet. Wie im Rahmen der visuellen Darstellung von Verteilungen bereits klar wurde, interessieren wir uns auch dafür, ob die Datenwerte sich eng um das Zentrum gruppieren oder ob sie weit verstreut sind, und dafür, ob die Verteilung einigermaßen symmetrisch ist oder nicht. Auch hierfür haben Statistiker Maßzahlen entwickelt. Doch bevor wir uns Größen zuwenden, die solche oder andere Eigenschaften in einer einzigen Zahl auszudrücken versuchen, erläutern wir zunächst das Konzept der Quantile. Quantile sind für sich genommen Lagemaße und spielen auch als solche oft eine wichtige Rolle. Doch in der sozialwissenschaftlichen Statistik wird häufig eine gewisse, meist kleine, Zahl von Quantilen verwendet, um Aussagen über die Verteilung von Datenwerten zu machen.

3.3.1 Quantile

Quantile stellen die Verallgemeinerung eines Konzepts dar, das wir schon kennengelernt haben: Beim *Median* handelt sich um jenen Wert, der genau in der Mitte der Verteilung liegt – dergestalt, dass (mindestens) eine Hälfte der (der Größe nach geordneten) Werte kleiner oder gleich und die andere Hälfte größer oder gleich dem Median ist. Verallgemeinert kann man beliebige Werte so bestimmen, dass (mindestens) ein Anteil p ($0 < p < 1$) kleiner oder gleich diesem Wert ist und gleichzeitig (mindestens) ein Anteil $1 - p$ größer oder gleich diesem Wert. Solche Werte bezeichnet man als Quantile. Gelegentlich wird auch von Perzentilen gesprochen, aber das ist nur eine terminologische Frage: Quantile beziehen sich streng genommen auf Anteilswerte (also Werte zwischen 0 und 1) und Perzentile auf Prozentwerte (also die mit 100 multiplizierten Anteilswerte).

Kasten 3.3: Was meint die Bezeichnung „Quantil“?

Die Rede von Quantilen ist etwas missverständlich. Ein Quantil kann man verstehen als den „soundsovielten“ Teil einer Menge von Messwerten. In der Statistik meint man aber den Messwert, der an der Grenze zwischen dem soundsovielten Teil des (der Größe nach geordneten) Datenbündels und allen höheren Werten liegt.

Um dies ganz klar zu machen, sprechen wir (und andere) häufig nicht einfach vom „Quantil“, sondern vom „Wert des Quantils“.

Man kann nun neben einem Maß der zentralen Tendenz einige solcher Quantile angeben, um eine Verteilung ausführlicher zu charakterisieren. Welche Werte man für p einsetzt, hängt vom Forschungsinteresse, aber u. U. auch von den Daten selbst ab. Führen wir einige wichtige Beispiele an:

- Wenn man die geordnete Reihe der Datenwerte in zehn gleich große Teile einteilt, so heißen die Werte, die diese Teile voneinander trennen, *Dezile*, die man manchmal mit den Buchstaben D_1 bis D_9 (erstes bis neuntes Dezil) bezeichnet.
- Teilt man die Datenwerte in vier gleich große Teile ein, so heißen die Werte, die diese Teile voneinander trennen, *Quartile*. Es ergeben sich drei Quartile, $Q_{0,25}$, $Q_{0,5}$ und $Q_{0,75}$. $Q_{0,5}$ entspricht dem Median, $Q_{0,25}$ wird auch als unteres, $Q_{0,75}$ als oberes Quartil bezeichnet. $Q_{0,25}$ heißt, dass ein Anteilswert von 0,25 oder 25 Prozent aller Fälle kleiner oder gleich dem betreffenden Wert sind, die übrigen Fälle hingegen größer oder mindestens gleich groß.
- Seltener findet man Einteilungen der Daten in fünf (Quintile), sechs (Sextile) oder eine andere Zahl von Gruppen.

Bestimmung von Quantilen

Bezeichnen wir mit x_p das p-Quantil, also den Wert, der in einer der Größe nach geordneten Datenreihe des Umfangs n so liegt, dass (mindestens) ein Anteil p $(0 < p < 1)$ kleiner oder gleich diesem Wert ist und (mindestens) ein Anteil $1 - p$ größer oder gleich diesem Wert, so lassen sich beliebige x_p wie folgt ermitteln:

$$x_p = x_{(np+1)} \tag{3.6}$$

wenn np keine ganze Zahl ergibt. np ist die (ganze) Zahl, die man erhält, wenn man von der Größe np die Nachkommastellen weglässt. $(np + 1)$ gibt die Ordnungsnummer des betreffenden Werts in der Datenreihe an; das Quantil selbst entspricht dem Datenwert mit dieser Ordnungsnummer.

Ergibt np dagegen eine ganze Zahl, so gilt:

$$x_p \text{ liegt zwischen } x_{(np)} \text{ und } x_{(np+1)} \tag{3.7}$$

In diesem Fall berechnet man meist den Wert von x_p als das arithmetische Mittel aus $x_{(np)}$ und $x_{(np+1)}$, doch sind auch andere Lösungen denkbar.

Bei der Ermittlung von Quantilen können ähnliche Probleme auftreten wie beim Median: Je nach Gesamtzahl der Fälle gibt es möglicherweise an der betreffenden Stelle keinen Datenwert. Bei 100 Datenwerten etwa sind 25 Fälle kleiner oder gleich und 75 Fälle größer oder gleich $Q_{0,25}$. $Q_{0,25}$ liegt also zwischen dem 25. und dem 26. Datenwert.

Angemerkt sei noch, dass man keineswegs darauf beschränkt ist, nur solche Quantile zu berechnen, die einer Einteilung der Daten in gleich große Gruppen entsprechen. Quantile sollten vielmehr jeweils dem Untersuchungszweck entsprechend berechnet werden. Wenn man Grund hat zu glauben, dass vor allem die Enden einer Verteilung (also die niedrigsten und die höchsten Werte) interessant sind, kann man sich hier die Quantile recht dicht ausgeben lassen (etwa $Q_{0,01}$, $Q_{0,02}$, $Q_{0,05}$ und $Q_{0,1}$ sowie $Q_{0,9}$, $Q_{0,95}$, $Q_{0,98}$ und $Q_{0,99}$) und im übrigen nur noch $Q_{0,25}$, $Q_{0,5}$ und $Q_{0,75}$ ermitteln lassen.

Im Folgenden befassen wir uns vor allem mit den *Quartilen*, da diese häufig zur Kennzeichnung von Verteilungen verwendet werden. Dazu gleich ein Beispiel.

Beispiel 3.17: Erwerbstätigkeit von Frauen. Den Median, also $Q_{0,5}$, haben wir bereits bestimmt; er beträgt 73,7. Zur Bestimmung von $Q_{0,25}$ und $Q_{0,75}$ errechnen wir zunächst jeweils np; da diese Variable 20 Fälle aufweist, lauten die Ergebnisse 5 bzw. 15. $Q_{0,25}$ liegt also zwischen dem 5. und dem 6. Wert, $Q_{0,75}$ zwischen dem 15. und dem 16. Wert. Das ist auch intuitiv plausibel: Auf diese Weise sind 25 Prozent der Datenwerte, nämlich 5, kleiner, und 75 Prozent, oder 15, größer als $Q_{0,25}$; Analoges gilt für $Q_{0,75}$.

In der sortierten Datenreihe der Erwerbsquoten hat der fünfte Messwert den Betrag von 69,5, der sechste von 69,6. $Q_{0,25}$ beträgt also (arithmetisches Mittel aus beiden Größen) 69,55. Ähnlich ergibt sich für $Q_{0,75}$ der Wert 76,95 aus $(76,9+77)/2$.

Kasten 3.4: Die Berechnung von Quantilen mit Statistik-Software

SPSS verwendet für die Berechnung von Quantilen eine Formel, die in vielen Fällen zu etwas anderen Ergebnissen als die Formeln 3.6 und 3.7 führt. Bei großen Fallzahlen sind die Abweichungen unbedeutend bis nicht vorhanden, bei kleinen Fallzahlen können sie unter Umständen etwas größere Ausmaße annehmen. In Einzelfällen kann es vorkommen, dass SPSS extreme Perzentile am oberen Rand gar nicht ermittelt.

In Beispiel 3.17 sind die Abweichungen von SPSS minimal, weil die beiden Werte, aus denen $Q_{0,25}$ bzw. $Q_{0,75}$ ermittelt werden, jeweils sehr nah beisammen liegen.

Eine Größe, die man aus dem ersten und dritten Quartil konstruiert, ist der *Quartilabstand*, den man auch unter den Bezeichnungen Quartilsabstand oder Interquartil(s)abstand finden kann. Er ist einfach die Differenz zwischen $Q_{0,75}$ und $Q_{0,25}$. Als Abkürzung wird häufig das Kürzel IQR nach dem englischen Namen *interquartile range* verwendet.

Der IQR kann gleichsam als eine „gemäßigte Spannweite" betrachtet werden. Als *Spannweite* (englisch *range*) im eigentlichen Sinn des Begriffs fungiert in der Statistik dagegen die Differenz zwischen dem größten und dem kleinsten Wert im Datensatz, also dem Maximum und dem Minimum. Da aber gerade diese Werte gelegentlich sehr weit vom Gros der Daten entfernt liegen, also Ausreißer darstellen können, ist die Spannweite möglicherweise wenig charakteristisch für eine Datenreihe. (Trotzdem sollte jede/r beim Auswerten von Daten wissen, was der kleinste und der größte Wert jeder Variablen ist, um Fehler bei der Datenaufbereitung etc. bemerken zu können.)

Nach Tukey (1977) kann aber eine sogenannte *Fünf-Punkte-Zusammenfassung* erste Hinweise auf die Form einer Verteilung geben. Diese besteht aus den Werten Minimum, $Q_{0,25}$, Median, $Q_{0,75}$ und Maximum.

Beispiel 3.18: Im Falle der Frauenerwerbsquoten lautet die Fünf-Punkte-Zusammenfassung: 58,9 – 69,55 – 73,7 – 76,95 – 79,8. Betrachtet man diese Werte, sieht man, dass die beiden Quartile leidlich symmetrisch um den Median angeordnet sind. Der Abstand zwischen $Q_{0,75}$ und dem Maximum ist eher gering. Hingegen liegt zwischen $Q_{0,25}$ und dem Minimum ein ziemlich großer Abstand. Man kann also sagen, dass die oberen 75 Prozent der Datenwerte relativ nah beisammen liegen und sich das zweite, das dritte und das vierte Viertel der Datenwerte in ihrem Wertebereich jedenfalls nicht sehr stark unterscheiden. Anders ist das am unteren Ende der Datenreihe; das Minimum liegt relativ weit entfernt. Allerdings kann aufgrund der Fünf-Punkte-Zusammenfassung alleine nicht gesagt werden, ob das Minimum von 58,9 einen isolierten Ausreißer darstellt und die übrigen Werte schon sehr nahe an $Q_{0,25}$ liegen oder ob die niedrigsten fünf Werte im Datensatz sich gleichmäßig verteilen. Das Stamm-Blatt-Diagramm (siehe S. 51) ist hier informativer.

Charakterisierung der Streuung einer Variablen durch Quartile

Der **Quartilabstand** ist definiert als

$$IQR = Q_{0,75} - Q_{0,25} \tag{3.8}$$

Die **Spannweite** (*range*) ist die Differenz zwischen dem Maximum und dem Minimum eines Datenbündels.

Die **Fünf-Punkte-Zusammenfassung** besteht aus Minimum, $Q_{0,25}$, Median, $Q_{0,75}$ und Maximum eines Datenbündels.

Alle diese Größen haben sowohl bei ordinalskalierten als auch metrischen Merkmalen eine sinnvolle Interpretation. Bei ordinalskalierten Merkmalen mit wenigen Ausprägungen sind sie allerdings oft nur beschränkt aussagekräftig.

3.3.2 Der Box-and-Whisker-Plot (Boxplot)

Der Box-and-Whisker-Plot, meist kurz als Boxplot bezeichnet, ist eine graphische Darstellung, die zeigen soll, in welchem Bereich das „Gros der Daten" liegt, aber auch auf Ausreißer (weitab vom Zentrum der Daten liegende Werte) aufmerksam macht. Im günstigsten Fall, wenn nämlich keine Ausreißer in den Daten vorliegen, handelt es sich einfach um eine Visualisierung der Fünf-Punkte-Zusammenfassung. Sind jedoch Ausreißer vorhanden, trifft das nicht mehr zu. Doch betrachten wir zunächst einen einfachen Fall.

Beispiel 3.19: Im schon bekannten Beispiel der Erwerbsquoten von Frauen enthält die Box die mittleren 50 Prozent der Daten, also diejenigen Werte, die zwischen $Q_{0,25}$ und $Q_{0,75}$ liegen; die übrigen Datenwerte liegen unter- bzw. oberhalb der Box. Bei einer Datenreihe ohne Ausreißer zeigt die Länge der Whisker, in welchen Bereichen die übrigen 50 Prozent der Daten (jeweils unterhalb von $Q_{0,25}$ bzw. oberhalb von $Q_{0,75}$) liegen (siehe Abbildung 3.10a und 3.10b).

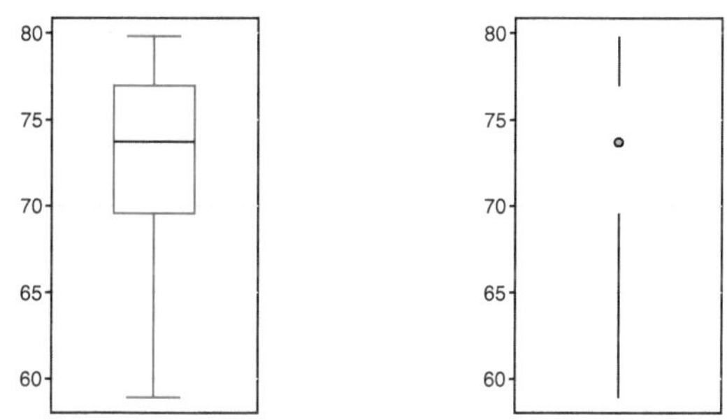

(a) Standard (b) Maximal reduziert

Abbildung 3.10: Frauenerwerbsquoten (Boxplot, zwei Varianten), OECD-Daten

Im Beispiel zeigt sich also, dass die obere Hälfte der Messwerte relativ dicht zusammengedrängt liegt (das haben wir ja auch schon in Abb. 3.2 auf S. 49 und 3.4 auf S. 51 gesehen): Der obere Whisker ist ziemlich kurz, ebenso ist der Teil der Box oberhalb des Medians kürzer als der Teil unterhalb des Medians. Der lange untere Whisker zeigt an, dass sich die Werte unterhalb von $Q_{0,25}$ relativ weit erstrecken. Doch wie bei der Fünf-Punkte-Zusammenfassung muss offenbleiben, ob das Minimum ein relativ weitab von allen anderen Werten liegender Punkt ist oder ob sich das untere Viertel der Datenwerte gleichmäßig über die Strecke zwischen $Q_{0,25}$ und Minimunm verteilt. Tatsächlich präsentiert der Boxplot dieser Daten ja nichts anderes als die Fünf-Punkte-Zusammenfassung. Durch die Visualisierung ermöglicht er aber viel schneller einen Eindruck von der Verteilung. Trotzdem wird man gerade bei kleinen Fallzahlen ein Stamm-Blatt-Diagramm vorziehen.

Abb. 3.10 zeigt exemplarisch, dass man sich nicht immer an die vorgegebenen Gestaltungsvarianten halten muss. Abb. 3.10a entspricht der Form, in der man Boxplots wohl am häufigsten zu Gesicht bekommt. Tufte (2001) hat darauf aufmerksam gemacht, dass auch die Box selbst keinerlei Information trägt, und die reduzierte Variante des Boxplots gemäß Abb. 3.10b vorgeschlagen; allerdings ist er damit möglicherweise etwas über sein Ziel hinausgeschossen (siehe dazu Lewandowsky und Spence 1989). Das Beispiel soll als Ermunterung dienen, nicht alles, was Ihnen Software als Voreinstellung vorsetzt, einfach zu übernehmen, sondern gelegentlich zu prüfen, ob man die Dinge nicht auch anders gestalten könnte.

Die folgende Übersicht zeigt nun die Regeln, nach denen allgemein Box-and-Whisker-Plots konstruiert werden.

Konstruktion eines Box-and-Whisker-Plots

Ein Box-and-Whisker-Plot besteht aus folgenden Elementen:

- Das untere und das obere Ende der Box entsprechen $Q_{0,25}$ und $Q_{0,75}$.
- Innerhalb der Box wird die Lage des Medians markiert.
- Unter- und oberhalb der Box erstrecken sich die Whisker. Für diese werden meist folgende Regeln angewendet:
  - Die Länge eines Whiskers beträgt maximal das 1,5-Fache des Quartilabstandes (IQR).
  - Die faktische Länge der Whiskers reicht bis zum größten Wert, der jeweils innerhalb dieses Maximalbereichs liegt (ein Whisker ist also kürzer, wenn kein empirischer Wert $1,5 \cdot IQR$ entspricht).
- Datenwerte, die mehr als $1,5 \cdot IQR$ vom unteren bzw. oberen Ende der Box entfernt liegen, gelten als Ausreißer und werden einzeln gekennzeichnet.

Beispiel 3.20: Boxplots eignen sich auch gut, um Gruppen zu vergleichen. Dazu greifen wir auf das Berufsprestige zurück, für das wir in Tabelle 3.3 auf S. 59 bereits die Mittelwerte dargestellt haben. Die Boxplots der Verteilungen zeigen nun viele wichtige Informationen (siehe Abb. 3.11): Erstens sehen wir auch anhand des Medians die Entwicklung zu steigendem Berufsprestige in den drei jüngeren Kohorten. Der Anstieg bei den Mittelwerten geht also nicht etwa nur auf eine Zunahme besonders hoher Werte in diesen Kohorten zurück – auch wenn man bei diesen zusätzlich beobachtet, dass die obere Hälfte der Box höher ist als die untere, $Q_{0,75}$ also weiter vom Median entfernt liegt als $Q_{0,25}$. Dadurch wirkt in den jüngeren Kohorten die Box, also die Streuung

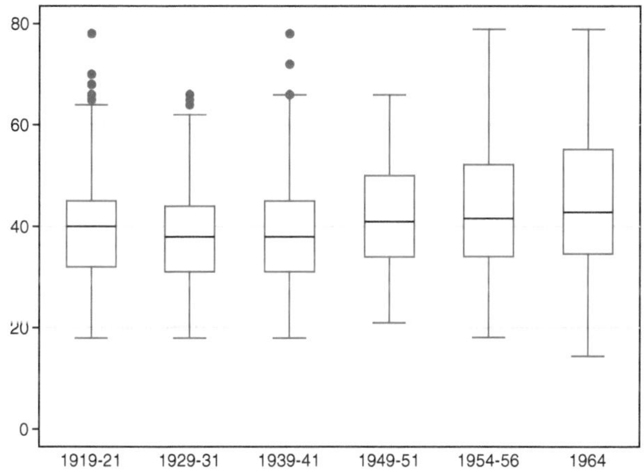

Abbildung 3.11: Prestigewerte des Berufs (Männer, ausgewählte Kohorten), GLHS-Daten

der mittleren Werte, insgesamt größer. Auch die Enden der Whisker zeigen, dass die Werte in der oberen Hälfte etwas weiter streuen als in der unteren. Die kleinere Streuung in den älteren Kohorten ist auch der Grund dafür, dass dort einige sehr hohe Werte als Ausreißer oberhalb des Endes des oberen Whiskers abgebildet sind. Man sieht: Was ein Ausreißer ist, definiert sich immer in Bezug zu den übrigen Daten. Ein Ausreißer ist nicht unbedingt in absoluten Werten auffällig; er ist dies, weil er weit weg von der großen Masse der Daten liegt. Wenn diese Masse relativ eng zusammengeballt ist, dann sind auch Werte, die deutlich unter dem maximal möglichen Wert liegen, Ausreißer. Umgekehrt kann auch das mögliche Maximum noch in den „üblichen" Bereich fallen, wie die jüngeren Kohorten zeigen.

3.4 Maße für Streuung und Form metrischer Variablen

In diesem Abschnitt werden einige numerische Größen vorgestellt, anhand derer man Verteilungen charakterisieren kann. Ziel der zunächst, in den Abschnitten 3.4.1 und 3.4.2, vorgestellten Maßzahlen ist es, das Ausmaß der Streuung der Messwerte um das arithmetische Mittel zu kennzeichnen, und zwar in einem einzigen Zahlenwert. Die Bedeutung dieser Größen reicht jedoch weit über die deskriptive Statistik hinaus. Das Konzept der *Varianz* (und das daraus abgeleitete Konzept der Standardabweichung) spielt in der Statistik an vielen Stellen eine herausragende Rolle. Jede/r, der oder die sich mit Statistik befasst, muss dieses Konzept bzw. die nötigen Rechenschritte kennen. Das ist auch gar nicht schwer – so wichtig Varianz und Standardabweichung sind, so einfach sind sie zu berechnen und zu verstehen. Abschnitt

3.4.3 schließlich behandelt weitere Kennzahlen, mit denen sich Aspekte der Form von Verteilungen charakterisieren lassen.

3.4.1 Varianz

Für eine Maßzahl, die die Streuung von Messwerten um einen bestimmten Einzelwert (hier: das arithmetische Mittel) kennzeichnen soll, also die Nähe oder Ferne der einzelnen Messwerte zum Mittelwert, liegt nahe: Man berechnet als „Nähe/Ferne" für jeden einzelnen Messwert die Differenz zum arithmetischen Mittel, die man meist als Abweichung bezeichnet. Nun, wie geht es weiter? Die Abweichungen werden quadriert und die Summe dieser quadrierten Abweichungen wird – wie bei der Berechnung des arithmetischen Mittels – durch die Fallzahl dividiert, um anhand unterschiedlicher Stichprobengrößen ermittelte Werte miteinander vergleichen zu können. Das Ergebnis ist die *Varianz*.

Die Varianz eines gegebenen Datenbündels

Die Varianz s_x^2 einer gegebenen Reihe von Messwerten wird nach folgender Formel berechnet:

$$s_x^2 = \frac{1}{n}\sum_{i=1}^{n}(x_i - \bar{x})^2 \qquad (3.9)$$

Beispiel 3.21: Berechnen wir nun die Varianz für die Erwerbsquoten von Frauen anhand der OECD-Daten, so erhalten wir folgenden Wert:

$$s_x^2 = \frac{1}{20}\left((69{,}6 - 72{,}49)^2 + \ldots + (71{,}2 - 72{,}49)^2\right) = 34{,}3679$$

Sie werden sich vielleicht gefragt haben: Warum müssen die Abweichungen überhaupt quadriert werden? Nun, wir haben bereits die Schwerpunkteigenschaft des arithmetischen Mittels kennengelernt, die besagt, dass die Summe der Abweichungen der einzelnen Messwerte 0 beträgt! Die einfachen Abweichungen können also nicht verwendet werden. Dieses Problem ließe sich zwar leicht umgehen, indem man einfach die Absolutbeträge der Abweichungen heranzieht, doch ist aus verschiedenen Gründen (die hier nicht zu erörtern sind) die Varianz, so wie wir sie hier definiert haben, besser geeignet.

Bevor wir aber weiter auf die Bedeutung dieser Größe eingehen, ist ein mögliches Problem anzusprechen. Wer dieses Beispiel bereits mit Hilfe einer Statistik-Software nachvollzogen hat, wird feststellen, dass er bzw. sie einen anderen Wert für die Varianz erhält, nämlich (gerundet) 36,18. Dahinter steckt folgendes Problem: Wie wir einleitend angesprochen haben, aber erst in den nächsten Kapiteln genauer herausarbeiten können, ist ein zentrales

Thema der Schluss von einer Stichprobe auf die Grundgesamtheit, aus der die Stichprobe entnommen wurde. Nun gilt für viele statistische Größen, dass der Wert, den man aus einer Stichprobe errechnet, gleichzeitig der beste Schätzwert für die entsprechende Größe in der Grundgesamtheit ist. Anders jedoch verhält es sich (unter anderem) bei der Varianz. Die Varianzen, die man aus Stichproben errechnet, sind keine guten Schätzwerte für die Varianz der Grundgesamtheit, und gerade bei kleinen Stichproben macht sich der Unterschied durchaus bemerkbar. Die Statistik-Pakete berechnen nun durchgängig die Varianz als Schätzwert für die Grundgesamtheit. Dabei wird folgende Formel herangezogen:

Die Varianz als Schätzwert für die Grundgesamtheit

Will man anhand einer Stichprobe den Schätzwert $\hat{\sigma}^2$ für die Varianz der Grundgesamtheit berechnen, so ist folgende Formel heranzuziehen:

$$\hat{\sigma}_x^2 = \frac{1}{n-1} \sum_{i=1}^{n} (x_i - \bar{x})^2 \qquad (3.10)$$

Die Formel für die Varianz als Schätzwert für die Grundgesamttheit, $\hat{\sigma}_x^2$ (gesprochen: Sigma-Dach-Quadrat), unterscheidet sich also von Formel 3.9 nur dadurch, dass die Summe der quadrierten Abweichungen nicht durch n, sondern durch $n - 1$ dividiert wird. Das zeigt: Die Varianz, die man in einer gegebenen Stichprobe findet, unterschätzt tendenziell die Varianz der Grundgesamtheit. (Übrigens: Das Dach oder „Hütchen" über dem σ zeigt an, dass es sich um eine aus einer Stichprobe *geschätzte* Größe handelt.)

Im obigen Beispiel haben wir es jedoch mit Daten zu tun, die gar keine (Zufalls-)Stichprobe darstellen. Daher ist hier die Berechnung eines Schätzwertes für die Grundgesamtheit nicht angemessen.

Die beiden Größen s^2 und $\hat{\sigma}^2$ lassen sich leicht ineinander umrechnen:

$$s^2 = \frac{n-1}{n} \cdot \hat{\sigma}^2$$

$$\hat{\sigma}^2 = \frac{n}{n-1} \cdot s^2$$

Beispiel 3.22: Bei den metrischen Merkmalen der GLHS wie Bildung oder Prestige ist es angemessen, die Varianz gleich als Schätzwert für die Grundgesamtheit zu berechnen, da es sich hier um Stichprobendaten handelt. Für die Bildungswerte aus Tabelle 3.2 (Seite 44) ergibt sich ein arithmetisches Mittel von gerundet 13,0 bzw. genau 12,96568. Ausgehend von diesem genauen Wert könnten Sie sogar mit wenig Mühe (mit Hilfe eines Taschenrechners

Tabelle 3.5: Varianz des beruflichen Prestiges im Alter von 30 Jahren (nur Männer), nach Kohorte

Kohorte	$\hat{\sigma}_x^2$	Kohorte	$\hat{\sigma}_x^2$
1919–21	115,60	1949–51	95,58
1929–31	107,18	1954–56	149,88
1939–41	118,06	1964	163,95

Datenbasis: GLHS-Daten

oder eines Tabellenkalkulationsprogramms) selbst die Varianz errechnen. Sie beträgt 6,22 (oder, weniger stark gerundet, 6,22382).

Als zweites wollen wir noch kurz die Varianzen für das Berufsprestige (im Alter von 30 Jahren) der Männer in den GLHS-Daten betrachten (Tabelle 3.5). Die geringste Varianz weist die Kohorte 1949–51 auf, gefolgt von der Kohorte 1929–31; in Abb. 3.11 auf Seite 73 können wir erkennen, dass in diesen beiden Kohorten das Maximum von (beinahe) 80 nicht auftritt, sondern die größten Werte bei etwa 65 liegen. Die größte Varianz findet sich dagegen in den beiden jüngsten Kohorten. Dies entspricht auch den Schlussfolgerungen, die man aus den Boxplots ziehen kann: Offensichtlich klumpen hier die Werte nicht so stark wie bei den übrigen Kohorten um den Mittelwert, sondern weichen vor allem nach oben (in der jüngsten Kohorte allerdings auch nach unten) etwas stärker ab.

3.4.2 Standardabweichung

Die Varianz ist, wie schon gesagt, ein Grundkonzept der Statistik, dessen Bedeutung später noch deutlich werden wird. Für die Charakterisierung von Daten hat sie jedoch einen Nachteil: Infolge der Quadrierung der Abweichungen vom Mittelwert hat sie eine andere Dimension als das zugrunde liegende Merkmal selbst. Es liegt also nahe, diese Dimensionsänderung anschließend rückgängig zu machen, indem man die Wurzel aus der Varianz zieht. Die so erhaltene Größe wird als *Standardabweichung* bezeichnet.

Beispiel 3.23: Die Standardabweichung der Frauenerwerbsquoten in den OECD-Daten beträgt $s_x = \sqrt{34{,}3679} = 5{,}86$. (Statistik-Software würde nicht s_x, sondern $\hat{\sigma}_x = \sqrt{36{,}177} = 6{,}01$ berechnen.)

Weitere Standardabweichungen lassen sich leicht als Quadratwurzel aus der Varianz berechnen.

Die Standardabweichung

Die Standardabweichung ist die Wurzel aus der Varianz. Dementsprechend verwendet man die Formel

$$s_x = \sqrt{\frac{1}{n}\sum_{i=1}^{n}(x_i - \bar{x})^2} \tag{3.11}$$

um die Standardabweichung eines gegebenen Datenbündels zu kennzeichnen. Soll die Standardabweichung als Schätzwert für die Grundgesamtheit berechnet werden, lautet die Formel:

$$\hat{\sigma}_x = \sqrt{\frac{1}{n-1}\sum_{i=1}^{n}(x_i - \bar{x})^2} \tag{3.12}$$

Bedeutung der Standardabweichung in der deskriptiven Statistik

Die Standardabweichung hat gegenüber der Varianz den Vorzug, dass sie in der gleichen Dimension gemessen wird wie das betreffende Merkmal. Was besagt aber nun beispielsweise eine Standardabweichung von 5,86, wie wir sie für die Frauenerwerbsquoten errechnet haben? Auch dieser Wert ist für sich genommen noch wenig aussagekräftig, nicht zuletzt deshalb, weil er auch von der verwendeten Messskala abhängig ist. Hätten wir die Frauenerwerbsquoten statt in Prozentwerten in Anteilswerten gemessen (also z. B. 0,679 statt 67,9), dann betrüge die Standardabweichung 0,0586. Unter bestimmten Bedingungen kann hier der Variationskoeffizient (S. 81) weiterhelfen. Auch wenn man es mit Variablen zu tun hat, die im gleichen Maßstab gemessen wurden, lassen sich Standardabweichungen vergleichen.

Manchmal können wir aber auch über den reinen Vergleich von Standardabweichungen im Sinne eines „größer oder kleiner" hinausgehen. Dafür müssen wir ein wichtiges Thema einführen, das uns auch später immer wieder begegnen wird. Das Thema heißt: Normalverteilung, manchmal auch nach dem deutschen Mathematiker als Gaußsche Normalverteilung bezeichnet. Hier wollen wir diese Verteilung erst einmal intuitiv und direkt bezogen auf der Problem der Charakterisierung empirischer Daten, einführen. Abb. 3.12 zeigt die Dichteverteilung einer normalverteilten Variablen. Da es sich um eine idealisierte Verteilung handelt, haben wir der y-Achse keinen Maßstab gegeben; die x-Achse wird sogleich erläutert.

Was besagt diese Graphik? Sie bezieht sich auf eine stetige Variable, also eine Variable, die beliebig viele Werte annehmen kann. Die y-Achse gibt an, wie viele oder wenige Werte in einem bestimmten Wertebereich liegen; der Wertebereich selbst wird durch die x-Achse definiert. Die Höhe der Kurve über der x-Achse zeigt also an, in welchen Bereichen mehr (Kurve verläuft

Abbildung 3.12: Dichte einer Normalverteilung

höher) oder weniger (Kurve verläuft niedriger) Werte liegen. In der Mitte – diese entspricht dem arithmetischen Mittel – liegen also die meisten Werte; links und rechts vom Mittelwert nimmt die Häufigkeit von Datenwerten ab, und zwar umso mehr, je weiter die Datenwerte sich vom Mittelwert entfernen. Genauer gesagt ist die Verteilung symmetrisch um den Mittelwert, die Häufigkeiten der Werte nehmen also in gleicher Weise ab, wenn wir vom Mittelwert nach unten und wenn wir nach oben gehen.

Der Maßstab der x-Achse bedarf noch der Erläuterung: Als Einheiten sind dort „sd" angegeben – „sd" oder auch „s. d." ist eine Abkürzung für das englische Wort *standard deviation*, also Standardabweichung (man findet diese Abkürzung immer wieder in sozialwissenschaftlichen Veröffentlichungen). Hiermit kommen wir zu einer äußerst wichtigen Eigenschaft normalverteilter Merkmale.

Kasten 3.5: Die Verteilung normalverteilter Merkmale

Ist eine Variable normalverteilt, so gilt:

- Etwa 68 Prozent der Werte liegen in einem Bereich von ±1 Standardabweichung symmetrisch um den Mittelwert (der bei normalverteilten Merkmalen auch mit dem Median zusammenfällt).
- Gut 95 Prozent der Werte liegen in einem Bereich von ±2 Standardabweichungen symmetrisch um den Mittelwert.
- Über 99 Prozent der Werte liegen in einem Bereich von ±3 Standardabweichungen symmetrisch um den Mittelwert.

Wie groß ist die Relevanz dieser Aussage für die deskriptive Analyse von Daten? Wenn man die Normalverteilung in Abb. 3.12 mit den empirischen Verteilungen vergleicht, die wir in in den vorangegangenen Abschnitten kennengelernt haben, so sieht man, dass im Bereich der Sozialwissenschaften eine perfekte Normalverteilung selten sein dürfte. Die Verteilung des Alters dürfte ihr aber, von der diskutierten „Lücke" abgesehen, immerhin recht nahekommen, und auch die Prestigewerte waren überwiegend zumindest leidlich symmetrisch. Die Bildung gemessen in Bildungsjahren und die Frauenerwerbsquoten waren dagegen relativ schief verteilt.

Betrachten wir also kurz, inwieweit die Aussage von Kasten 3.5 bei diesen Merkmalen zutrifft; dies gibt uns auch Gelegenheit, das Thema „Quantile" zu wiederholen, das wir auch später an vielen Stellen noch benötigen werden. Denn wenn wir sagen, dass 68 Prozent der Datenwerte symmetrisch in einem bestimmten Bereich um das arithmetische Mittel bzw. den Median liegen, so heißt das umgekehrt: Insgesamt 32 Prozent liegen außerhalb dieses Bereichs, und zwar jeweils 16 Prozent am unteren Ende der Verteilung und 16 Prozent am oberen Ende. Wiederum anders gesagt: Die untere Grenze des besagten Bereichs sollte dem 16-Prozent-Quantil oder $Q_{0,16}$ entsprechen, die obere Grenze dem „Gegenpol", also $Q_{0,84}$. Entsprechend müssten die Grenzen des Bereichs für die mittleren 95 Prozent der Datenwerte mit $Q_{0,025}$ und $Q_{0,975}$ übereinstimmen. Wie sieht es also mit den genannten Merkmalen aus?

Beispiel 3.24: Bei der Körpergröße der Männer beträgt der Median 177; die Quantilwerte liegen bei 169 und 185 für $Q_{0,16}$ bzw. $Q_{0,84}$ und bei 160 und 192 für $Q_{0,025}$ bzw. $Q_{0,975}$. Die Standardabweichung beträgt gerundet 8. Tatsächlich entsprechen die empirisch beobachteten Werte für $Q_{0,16}$ bzw. $Q_{0,84}$ genau der Regel; sie liegen jeweils exakt um den Betrag einer Standardabweichung vom Median entfernt. Bei den Werten für $Q_{0,025}$ bzw. $Q_{0,975}$ ist die Übereinstimmung nicht perfekt, aber doch sehr weitgehend.

Wenn wir das gleiche Verfahren auf die Prestige-Werte der Männer anwenden (siehe Abb. 3.11 auf S. 73), so stellen wir fest, dass sich die leichte Asymmetrie der Verteilungen auch in entsprechenden moderaten Abweichungen der Quantilwerte niederschlägt. Bei den sehr schief verteilten Merkmalen kommt man mit der Regel aus Kasten 3.5 aber eher zu Fehlschlüssen; ein Beispiel wären die OECD-Daten zur Frauenerwerbstätigkeit (Abb. 3.10 auf S. 71). Probieren Sie es doch einmal selbst aus!

Die Schlussfolgerung lautet also: Die genannte Regel hilft uns, Bereiche abzuschätzen, in denen das Gros der Daten liegt, sofern die Symmetrie-Annahme, die ihr zugrunde liegt, nicht allzu sehr verletzt ist. Bei deutlich schiefen Verteilungen verleitet die Regel jedoch zu Fehlschlüssen, vor allem am ‚kurzen' Ende der Verteilung, also jenem Ende, an dem die Werte dicht gedrängt beisammen liegen und die Verteilung entsprechend relativ steil ist.

Standardisieren von Variablen

Die gerade geschilderten Überlegungen lassen sich verallgemeinern, indem wir ein wichtiges Verfahren vorstellen: die *Standardisierung*. Der Name deutet schon an, um was es geht: Vereinheitlichung. In der Statistik meint man damit aber ein ganz spezielles Verfahren für metrische Variablen. Es handelt sich um folgende mathematische Operation:

Standardisierung metrischer Variablen

Als Standardisierung (gelegentlich auch z-Transformation) bezeichnet man folgende Operation:

$$z_i = \frac{x_i - \bar{x}}{s_x} \tag{3.13}$$

Dabei ist $\bar{x}$ das arithmetische Mittel und s_x die in der Stichprobe gemessene Standardabweichung von X. Statt s_x wird auch häufig $\hat{\sigma}_x$ (der Schätzwert für die Standardabweichung in der Grundgesamtheit) verwendet.

Die Formel besagt also, dass wir von jedem Datenwert x_i den Mittelwert abziehen und das Ergebnis durch die Standardabweichung (also die Wurzel der Varianz) dividieren. Es hat sich übrigens durchgesetzt, standardisierte Variablen – wie auch in der Formel geschehen – mit z zu bezeichnen; entsprechend kann man gelegentlich den Begriff *z-Transformation* finden (im Englischen ist dies sogar der reguläre Begriff für Standardisierung). Zu der Frage, ob im Nenner von Formel 3.13 s_x oder $\hat{\sigma}_x$ stehen sollte, kann man nur sagen: Eigentlich sollte das Verfahren davon abhängen, ob man es mit einer Totalerhebung (dann sollte man s_x verwenden) oder einer Stichprobe (in diesem Fall wäre $\hat{\sigma}_x$ die richtige Größe) zu tun hat. Allerdings verwendet Statistik-Software auch bei der Standardisierung immer $\hat{\sigma}_x$ als Standardabweichung. Sollten Sie tatsächlich einmal Daten einer Totalerhebung standardisieren wollen, müssen Sie überlegen, ob die kleine Ungenauigkeit durch die Verwendung von $\hat{\sigma}_x$ in Kauf genommen werden kann – oder das Merkmal ‚per Hand' standardisieren.

Der Effekt der Standardisierung ist nun folgender:

Standardisierte Variablen

Eine nach Formel 3.13 standardisierte Variable z hat folgende Eigenschaften:

- Das arithmetische Mittel hat den Wert 0.
- Die Standardabweichung hat den Wert 1.

Standardisierte Variablen lassen sich also gut dahingehend vergleichen, wo Messwerte auf der Verteilung liegen.

Beispiel 3.25: Wir beziehen uns wieder auf die Prestigewerte der Männer der Kohorten 1949–51 und 1954–56. Wie wir sahen, weist die Kohorte 1949–51 die geringere Streuung von den beiden auf; die Mittelwerte liegen recht nah beisammen. Nehmen wir nun einmal einen Fall mit einem Prestigewert von 30. In unstandardisierten Werten liegt dieser Fall in der Kohorte 1949–51 näher am Mittelwert (42,54) als in der Kohorte 1954–56 (Mittelwert 43,12). Doch der standardisierte Wert beträgt in der ersteren Kohorte $-1,28$, in der letzteren dagegen nur $-1,07$. Das bedeutet: Gemessen an der Verteilung der Prestigewerte in den einzelnen Kohorten liegt ein Fall mit einem Prestigewert von 30 in der Kohorte 1954–61 *näher* am Mittelwert als in der Kohorte 1949–51. In der älteren Kohorte liegen also mehr Fälle nah am Mittelwert und ein Fall mit dem Wert 30 liegt daher schon etwas weiter am Rand der Verteilung.

Die Standardisierung wird auch später immer wieder vorkommen, sowohl im Kontext der Inferenzstatistik (vor allem Abschnitt 4.1.2 und 4.1.3) als auch bei der statistischen Modellierung (Kapitel 6).

Der Variationskoeffizient

Der Variationskoeffizient wird gelegentlich als Maß vorgestellt, mit dem die Standardabweichungen von Variablen vergleichbar gemacht werden sollen. Er ist sehr einfach zu berechnen, annäherungsweise im Kopf: Es handelt sich um die Standardabweichung, dividiert durch das arithmetische Mittel.

Der Variationskoeffizient

$$V_x = \frac{s_x}{\bar{x}} \tag{3.14}$$

Die Eignung des Variationskoeffizienten für diesen Zweck ist jedoch auf bestimmte Fälle beschränkt. Soll der Variationskoeffizient aussagekräftig sein, müssen die Messwerte auch eine „absolute“ (und nicht nur relative) Bedeutung haben, anders gesagt: Die Variable muss ratioskaliert sein. Wenn beispielsweise in einem Land das jährliche Durchschnittseinkommen 1 000 Dollar beträgt und in einem anderen Land 30 000 Dollar, beide Länder aber die gleiche Standardabweichung von – sagen wir – 300 haben, so kann man sagen: *Gemessen an der Tatsache*, dass die Einkommen im zweiten Land viel höher sind und damit grundsätzlich eine viel größere Streuung *möglich* wäre, ist dort die Einkommensverteilung viel homogener. Oder anders ausgedrückt: Wenn im ersten Land eine Person um drei Standardabweichungen unter dem Mittelwert liegt, dann hat sie praktisch kein Einkommen. Wenn sie im zweiten Land um drei Standardabweichungen unter dem Mittelwert liegt, dann ist das Einkommen immer noch komfortabel.

Ist dagegen kein Nullpunkt vorhanden, so kann der Vergleich von Merkmalen anhand ihrer Variationskoeffizienten in die Irre führen. Ist außerdem das arithmetische Mittel negativ, so ergibt sich ein negativer Variationskoeffizient – offensichtlich ein Unding für ein Streuungsmaß, denn schließlich kann es keine negative Streuung geben. Der Variationskoeffizient wird daher in der Forschungspraxis relativ selten verwendet.

3.4.3 Schiefe und Wölbung

Die im vorangegangenen Abschnitt vorgestellte Normalverteilung ist so zentral, dass Maße entwickelt wurden, mit denen zum Ausdruck gebracht werden kann, ob (und wenn ja: wie sehr) eine gegebene Verteilung von der Normalverteilung abweicht. Wichtig sind vor allem Schiefe und Wölbung. Es handelt sich um sehr ehrwürdige Maßzahlen, die auf einen der Begründer der modernen Statistik, Karl Pearson, zurückgehen.[19] Dieser glaubte, dass man alle Verteilungen anhand von Mittelwert, Streuung, Schiefe und Wölbung beschreiben könne.

Schiefe

Den Begriff der Schiefe haben wir bereits mehrfach verwendet, wenn wir über Verteilungsformen sprachen (vor allem auf S. 57). Der Begriff bezieht sich auf die Symmetrie-Eigenschaft von Merkmalen, die im übrigen nicht auf normalverteilte Merkmale beschränkt ist (auch eine Gleichverteilung – jede Ausprägung kommt gleich häufig vor – ist symmetrisch). Eine häufig verwendete Maßzahl für die Schiefe ist die folgende:

Der Schiefekoeffizient

Ein Maß für die Schiefe einer metrischen Variablen ist:

$$\text{Schiefe} = \frac{\frac{1}{n}\sum_{i=1}^{n}(x_i - \bar{x})^3}{s_x^3} \qquad (3.15)$$

19 Karl Pearson wird uns in diesem Buch noch mehrfach begegnen. Er hieß ursprünglich mit Vornamen Carl, änderte die Schreibweise allerdings in jungen Jahren, als er in Deutschland studierte (einige Biographen vermuten, dass dies aus Verehrung für Karl Marx geschah, andere bestreiten dies jedoch). In seinem wissenschaftlichen Werk hat er sich jedoch mit völlig anderen Dingen befasst als dieser (auch wenn er sich zu sozialistischen Ideen, freilich auch zur Rassenlehre bekannte). Er war u. a. Gründer und langjähriger Herausgeber der Zeitschrift Biometrika, die bis heute eine der einflussreichsten Zeitschriften im Fach Statistik ist. Sein Sohn, Egon Pearson, war als Statistiker ebenfalls von einiger Bedeutung und wird später noch persönlich auftauchen.

Im Falle völliger Symmetrie nimmt der Schiefekoeffizient den Wert 0 an. Ist das Merkmal linksschief (rechtssteil), so hat der Schiefekoeffizient einen negativen, bei einer rechtsschiefen (linkssteilen) Verteilung ergibt sich ein positiver Wert (zu den verschiedenen Benennungen für Schiefe vgl. S. 57 f., vor allem Abb. 3.9a und 3.9b). Numerische Beispiele bringen wir im nächsten Abschnitt zusammen mit den Kennwerten für die Wölbung.

Die genannte Formel charakterisiert eine gegebene Stichprobe; sie liefert aber nicht unbedingt eine gute Schätzung für die Grundgesamtheit (Joanes und Gill 1998). Da aber bei großen Stichproben, mit denen es Sozialwissenschaftler meist zu tun haben, die Abweichungen minimal sind, gehen wir auf diese Problematik nicht weiter ein.

Wölbung (Kurtosis, Exzess, Steilheit)

Ein Merkmal kann symmetrisch sein, aber trotzdem von der Normalverteilung wie folgt abweichen: Nehmen wir an, im Bereich von ±1 Standardabweichungen um den Mittelwert liegen nicht 68, sondern wesentlich mehr Prozent der Messwerte. Das bedeutet, dass die Dichtekurve, die anzeigt, wie viele Werte in dem jeweiligen Wertebereich liegen, in der Mitte höhere Werte annimmt als bei einer Normalverteilung. Natürlich verbleiben in diesem Fall weniger Werte an den äußeren Enden der Verteilung, die Kurve ist dort also flacher. Ebenso kann der umgekehrte Fall vorkommen: In der näheren Umgebung des arithmetischen Mittels liegen weniger Werte, als wir bei einer normalverteilten Variablen erwarten würden, in den äußeren Bereichen liegen mehr Werte – hier würde die Kurve in der Mitte flacher ausfallen als bei einer Normalverteilung, an den Enden dagegen höher (siehe S. 57, Abb. 3.9c und 3.9d).

Man bezeichnet diese Eigenschaft als Wölbung (alternative Begriffe haben wir in der Überschrift für diesen Abschnitt genannt). Die gängigste Maßzahl, um die Wölbung auszudrücken, zeigt der folgende Kasten:

Die Wölbung

Ein Maß für die Wölbung (Kurtosis, Exzess, Steilheit) einer metrischen Variablen lautet:

$$\text{Wölbung} = \frac{\frac{1}{n}\sum_{i=1}^{n}(x_i - \bar{x})^4}{s_x^4} - 3 \qquad (3.16)$$

Auch diese Maßzahl nimmt einen Wert von 0 an, wenn die Verteilung exakt die Wölbung einer Normalverteilung aufweist. Werte unter 0 deuten auf eine flachere Verteilung (weniger Werte in der Mitte, mehr an den Rändern) und solche über 0 auf eine steilere Verteilung hin.

Beispiel 3.26: Immer wieder haben wir in diesem Kapitel die Körpergröße der Männer als ein Merkmal erwähnt, das einer Normalverteilung relativ nahekommt. Tatsächlich erhalten wir einen Schiefekoeffizienten von −0,15 und eine Wölbung von $0,30$. Die Variable ist also weitgehend symmetrisch (wenn auch ganz leicht linksschief), doch sind die Werte etwas mehr um den Mittelpunkt konzentriert als bei einer strikt normalverteilten Variablen. Allerdings ist die Abweichung nur gering.

Das ebenfalls mehrfach diskutierte Berufsprestige der Männer (Abb. 3.11 auf S. 73) hat durchgängig positive Schiefekoeffizienten. Das überrascht auch nicht, streuen die Werte doch in allen Kohorten weiter in den Bereich oberhalb des Zentrums als unterhalb (anders gesagt: Die Verteilungen sind mehr oder weniger rechtsschief). In den drei ältesten Kohorten sind die Schiefekoeffizienten am größten; dort sind die Abweichungen nach oben noch stärker als bei den jüngeren Kohorten. (Noch größer sind die Schiefekoeffizienten für die Zahl der Geschwister.) Auch die Wölbung ist bei den drei ältesten Kohorten deutlich positiv; wie wir in den Boxplots sehen können, liegen dort die 50 Prozent mittleren Werte recht deutlich konzentriert um den Schwerpunkt der Daten, während die äußeren Werte sich über weitere Bereiche verteilen, so dass dort die Dichte der Werte geringer ist. In der Kohorte 1949–51 ist die Wölbung dagegen sogar leicht negativ; hier finden wir eine relativ breite Box (also mittlere Werte, die sich über einen größeren Bereich verteilen) und nicht so lange „Whisker", die andeuten, dass die Werte in den äußeren Bereichen etwas stärker konzentriert sind. In den beiden jüngsten Kohorten liegt die Wölbung dann nahe 0.

Die stark linksschief verteilten Erwerbstätigkeitsquoten der Frauen (Abb. 3.10 auf S. 71) schließlich weisen mit einem Schiefekoeffizienten von −0,81 auch numerisch eine sehr beträchtliche Schiefe aus. Die Wölbung von −0,295 ist bei einer so schiefen Verteilung nicht gut zu interpretieren, doch scheinen jedenfalls die Werte, die (wohl im unteren Bereich) weiter weg vom Zentrum liegen, quantitativ etwas zu überwiegen.[20]

---

20 Beachten Sie bei der Berechnung der Wölbung mit Statistik-Software: SPSS verwendet für die Berechnung der Wölbung nicht Formel 3.16, sondern eine Abwandlung. Stata orientiert sich zwar an Formel 3.16, jedoch ohne die Subtraktion von 3. Daher sind die von Stata berechneten Werte immer um einen Betrag von ungefähr (aber meist nicht genau) 3 größer als jene, die SPSS liefert. In Stata soll jedenfalls ein Wert von 3 indizieren, dass eine Messwertreihe hinsichtlich der Wölbung nicht von einer Normalverteilung abweicht, in SPSS steht hierfür der Wert 0.

Aber auch wenn man dies berücksichtigt, können bei sehr kleinen Datensätzen die Unterschiede zwischen beiden Programmen beträchtlich sein; im Extremfall können sie so weit gehen, dass (normiert auf den Wert 0) SPSS einen positiven und Stata einen negativen Wert berichtet.

3.5 Empfehlungen für weiterführende Literatur

Niemand sollte *Graphiken* verwenden, ohne sich intensiv sowohl mit den inhaltlichen als auch den gestalterischen Grundlagen beschäftigt zu haben. Zu ersteren empfehlen wir vor allem Jacoby (1997), der die Grundlagen der hier gezeigten wie einiger weiterer Graphiken genau darstellt. Was die Gestaltungsaspekte angeht, kann man sich nicht oft genug mit dem Buch von Tufte (2001) befassen. Nach Lektüre dieses Buches können Sie auch besser einschätzen, ob bestimmte graphische Möglichkeiten zur Darstellung von Verteilungsformen (namentlich Säulen- und Balkendiagramme, aber auch empirische Verteilungsfunktionen für Merkmale mit wenigen Ausprägungen) für Ihre jeweiligen Zwecke tatsächlich besser geeignet sind als eine schlichte Häufigkeitstabelle.

Eine intensivere Auseinandersetzung mit der *explorativen Datenanalyse* erfordert, das Grundlagenwerk von Tukey (1977) heranzuziehen. Für Einsteiger sind allerdings Einführungen wie jene von Hartwig (1979) oder Polasek (1994) zugänglicher. Trotzdem sollten auch diese zumindest die ersten beiden Kapitel von Tukeys Buch studieren.

Sie werden sich vielleicht gefragt haben, warum wir zwar Maße der zentralen Tendenz für alle Skalenniveaus, von nominalskalierten bis zu metrischen Variablen vorgestellt, anschließend aber nur noch metrische Variablen berücksichtigt haben. Nun, es gibt auch für nominal- und ordinalskalierte Merkmale Kennzahlen, die deren Streuung charakterisieren sollen, diese werden in der Praxis aber nur relativ selten verwendet. Für nominalskalierte Variablen wird gelegentlich der Index Qualitativer Variation (IQV) angeführt; Formeln findet man in Weins (2010) oder – genauer, weil nicht auf Anteilswerten, sondern absoluten Zahlen basierend – bei Hardy (2009). Der Index Ordinaler Variation (IOV) wird dagegen nur in der Spezialliteratur diskutiert; siehe dazu Blair und Lacy (2000).

3.6 Software-gestützte Berechnung

Eine allgemeine Vorbemerkung zur Graphikerstellung mit SPSS und Stata: Die im Folgenden wiedergegebenen Befehle zur Graphikerstellung erzeugen meist die Graphik-Grundform und verwenden nur wenige Optionen. Die Graphiken im Buch werden somit gestalterisch nicht eins zu eins reproduziert. Die genauen Befehle der Graphiken im Buch, inklusive aller Optionen, können Sie in den Do-Files auf der Homepage zu diesem Buch finden.

Speziell zu SPSS: Hier stehen verschiedene Befehle zur Graphikerstellung zur Verfügung: Neben der einfachen `GRAPH`-Prozedur gibt es die `GGRAPH`-Prozedur, in die die eigens entwickelte Sprache zur Graphikerstellung (GPL: Graphics Production Language) zu integrieren ist. Eine Umsetzung der Graphiken in SPSS mit `GGRAPH/GPL` ist an dieser Stelle nicht zu leisten; wir zeigen hier nur die Möglichkeiten, die `GRAPH` bietet.

3.6.1 SPSS

Beispiel 3.2 (Tabelle 3.2)

```
① GET FILE = "glhsteach.sav".
② TEMPORARY.
   SELECT IF (kohorte = 1971).
③ FREQUENCIES bildjahr.
```

Mit ① wird der GLHS-Datensatz geladen. Mit ② werden temporär nur diejenigen Fälle für die sich anschließende Analyse ausgewählt, die zur Geburtskohorte 1971 gehören. Dabei ist es elementar wichtig, dass der `TEMPORARY`-Befehl fehlerfrei ist und unmittelbar vor dem Befehl `SELECT IF` läuft: Läuft `SELECT IF` allein, sind die ausgeschlossenen Fälle endgültig aus dem Datensatz gelöscht! ③ erstellt die Häufigkeitstabelle.

Beispiel 3.3 (Abb. 3.1)

```
① GET FILE = "soep_llg.sav".
② GRAPH
     /BAR = COUNT BY upinta.
```

Mit ② wird ein Säulendiagramm angefordert. Ein horizontal orientiertes Balkendiagramm zu erzeugen, ist mit dem einfachen `GRAPH`-Befehl nicht möglich.

Beispiel 3.4 (Abb. 3.2)

```
① GET FILE = "oecd_llg.sav".
② GRAPH
     /HISTOGRAM = lfp07_age2549.
```

Durch ② wird das Histogramm erzeugt. Histogramme können in SPSS alternativ auch im Rahmen des `EXAMINE`-Befehls mit dem Unterbefehl `/PLOT HISTOGRAM` erzeugt werden (zu `EXAMINE` – freilich ohne Histogramm – siehe das folgende Beispiel). Beachten Sie: Die Manipulation von Klassenbreite und Startpunkt ist im Rahmen der `GRAPH`-Prozedur nicht über Syntax möglich. Dafür müssen Sie nach Erstellung der Graphik durch doppeltes Anklicken der Graphik den SPSS-Graphik-Editor öffnen, in dem Sie zahlreiche Anpassungen vornehmen können, darunter auch die Manipulation von Startpunkt und Klassenbreite. (Über Syntax können Sie Startpunkt und Klassenbreite im Rahmen von `GGRAPH/GPL` festlegen, siehe aber unser Hinweis weiter oben zur Graphikerstellung in SPSS.)

Beispiel 3.7 (Abb. 3.5)

```
① GET FILE = "soep_llg.sav".
② TEMPORARY.
   SELECT IF (geschl = 1).
```

```
③ EXAMINE VARIABLES = height
    /PLOT STEMLEAF
    /STATISTICS NONE.
```

Durch ② wird die Analyse auf die Männer beschränkt. Das Stamm-Blatt-Diagramm kann mit dem Befehl ③ angefordert werden. Der Unterbefehl `/PLOT STEMLEAF` sorgt dafür, dass *nur* das Stamm-Blatt-Diagramm zur graphischen Analyse der Merkmalsverteilung ausgegeben wird, der letzte Unterbefehl unterdrückt die sonst üblichen Statistik-Ausgaben des `EXAMINE`-Befehls.

Beispiel 3.8

Kerndichte-Diagramme können nur im Rahmen des `GGRAPH`-Befehls erzeugt werden. Da wir diese komplexe Befehlsstruktur in diesem Buch aus Platzgründen nicht berücksichtigen können (siehe S. 85), verzichten wir hier auf die Darstellung.

Beispiel 3.9 (Abb. 3.7)

```
① GET FILE = "glhsteach.sav".
② TEMPORARY.
  SELECT IF (kohorte = 1971).
③ GRAPH
    /LINE(SIMPLE) = CUPCT BY bildjahr.
```

Die graphische Darstellung der empirischen Verteilungsfunktion kann durch ③ erzeugt werden. Für die korrekte Darstellung als Treppenfunktion muss man anschließend leider in der Graphik „herumklicken" (siehe Erläuterung zur Software-Umsetzung von Beispiel 3.4 etwas weiter oben).

Beispiel 3.10 (Abb. 3.8)

```
① TEMPORARY.
  SELECT IF (kohorte = 1964).
② GRAPH
    /LINE(SIMPLE) = CUPCT by jobat30_trei.
```

Wir arbeiten weiterhin mit den GLHS-Daten. Die beiden unter ① zusammengefassten Befehle behalten für die Erstellung der empirischen Verteilungsfunktion nur die Kohorte der 1964 Geborenen bei. ② erstellt die Abbildung. Es gilt der gleiche Hinweis wie zum soeben erläuterten Beispiel: Sie müssen die Graphik mit dem Graphik-Editor nachbearbeiten, um die treppenartige Darstellung zu erhalten. Beachten Sie: Der `GRAPH`-Befehl erlaubt nicht – wie in Abb. 3.8 zu sehen – die Darstellung aller drei interessierenden Kohorten in einer Abbildung. Hierzu müssten Sie `GGRAPH` bemühen, siehe dazu Hinweis auf S. 85.

Beispiele 3.11 bis 3.23

Wir bringen hier nur den Befehl für die Beispiele aus 3.11 bis 3.23, die sich auf die Frauenerwerbsquote beziehen. Beachten Sie zu einigen weiteren Kenngrößen aus dieser Reihe die nachfolgenden Beispiele.

```
① GET FILE = "oecd_llg.sav".
② EXAMINE lfp07_age2549
     /PERCENTILES.
```

In dieser einfachen Form werden durch ② ein Stamm-Blatt-Diagramm und ein Box-and-Whisker-Plot des Merkmals ausgegeben. Zu beachten ist, dass Varianz und Standardabweichung auf der Grundlage der Annahme berechnet werden, dass es sich bei den Daten um eine Stichprobe handelt. Die Umrechnung in die Werte für den (hier zutreffenden) Fall einer Totalerhebung ist in SPSS nicht so einfach möglich wie mit Stata, kann aber leicht von Hand durchgeführt werden.

Beispiel 3.20

```
① GET FILE = "glhsteach.sav".
② TEMPORARY.
   SELECT IF (sex EQ 1 AND kohorte NE 1960 AND kohorte NE 1971).
③ EXAMINE jobat30_trei BY kohorte
     /PLOT BOX.
```

Nach dem Ausschluss der Frauen und der Kohorten 1960 und 1971 (bei denen viele Befragte noch gar nicht das Alter von 30 Jahren erreicht haben) in ② wird anschließend der Boxplot für die Männer der übrigen Kohorten angefordert.

Beispiel 3.24

```
① GET FILE = "soep_llg.sav".
② TEMPORARY.
   SELECT IF (geschl = 1).
③ FREQUENCIES height
     /FORMAT NOTABLE
     /PERCENTILES = 2.5 16 50 84 97.5.
```

Durch ② wird die Analyse auf alle Männer beschränkt. Der Unterbefehl `/FORMAT NOTABLE` unterdrückt die durch ③ normalerweise angeforderte Häufigkeitstabelle. Mit der Option `/PERCENTILES` werden dann die hier benötigten speziellen Quantile angefordert.

Beispiel 3.25

```
① GET FILE = "glhsteach.sav".
② SORT CASES BY kohorte sex.
③ SPLIT FILE BY kohorte sex.
④ DESCRIPTIVES VARIABLES = jobat30_trei (zjob30).
⑤ SPLIT FILE OFF.
```

Durch die Befehle ② und ③ wird der Datensatz so aufgesplittet, dass die Standardisierung wie gewünscht für jede Kohorte (und beide Geschlechter) getrennt durchgeführt wird. Anschließend wird in ④ die standardisierte Variable `zjob30` erzeugt und dem aktiven Datensatz hinzugefügt. Mit dem Befehl `LIST` könnte man sich noch (u. U. nach entsprechender Filterung) Werte der Variablen ausgeben lassen. ⑤ deaktiviert die nach Kohorte und Geschlecht getrennte Auswertung für folgende Analysen.

3.6.2 Stata

Beispiel 3.2 (Tabelle 3.2)

```
① use "glhsteach.dta", clear
② tabulate bildjahr if kohorte == 1971, missing
```

Mit ① wird der GLHS-Datensatz geladen. Mit ② wird die Häufigkeitstabelle erzeugt. Die `if`-Bedingung beschränkt die Analyse auf die 1971 Geborenen. Die Option `missing` sorgt dafür, dass auch fehlende Werte berücksichtigt werden.

Beispiel 3.3 (Abb. 3.1)

Die Reproduktion des Beispiels in Stata ist nur auf einem (hier nicht aufgeführten) Umweg möglich, weil Stata der Auffassung folgt, dass die Existenzberechtigung von Balkendiagrammen in der Darstellung deskriptiver Zusammenfassungen von Variablen, nicht aber in der Darstellung der von Anzahlen und Anteilen einzelner Merkmalsausprägungen besteht, siehe Kohler und Kreuter (2012: 166). Eine Lösung zur Erzeugung eines Balkendiagramms mit Stata finden Sie auf der Webseite zum Buch.

Beispiele 3.4 und 3.6 (Abb. 3.2 und 3.4)

```
① use "oecd_llg.dta", clear
② histogram lfp07_age2549, frequency width(5) start(55)
③ stem lfp07_age2549
```

Durch ② wird das Histogramm erzeugt. Die angegebenen Optionen sorgen dafür, dass die Y-Achse absolut skaliert ist, dass als Startpunkt „55 Prozent" und als Klassenbreite „fünf Prozentpunkte" gewählt wird. ③ erzeugt das

Stamm-Blatt-Diagramm. Allerdings werden hier im Unterschied zu Abb. 3.4 die Dezimalstellen in der Darstellung berücksichtigt. Wenn Sie die Dezimalstellen unterdrücken wollen, müssen Sie zuvor eine neue Variable bilden, die gerundete Werte von `lfp07_age2549` enthält. (Wir haben die Abbildung von Hand erzeugt.)

Beispiel 3.8 (Abb. 3.6a)

```
① use "soep_llg.dta", clear
② kdensity height if geschl == 1, bwidth(1)
```

Mit ② wird das Kerndichte-Diagramm zur Körpergröße für Männer erzeugt. Die Option `bwidth` sorgt dafür, dass zur Kerndichte-Schätzung „2 cm" verwendet wird. (In Stata ist dazu die halbe Bandbreite in `bwidth` anzugeben.)

Beispiel 3.9 (Abb. 3.7)

```
① use "glhsteach.dta", clear
② cumul bildjahr if kohorte == 1971, ///
   generate(bildkoho71) equal
③ line bildkoho71 bildjahr, sort connect(stairstep)
```

Mit ① werden die GLHS-Daten geöffnet. ② generiert eine neue Variable, die für jede Beobachtung den kumulierten Prozentwert zur vorliegenden Ausprägung der Variablen `bildjahr` enthält, und zwar nur für die 1971er Kohorte. ③ erzeugt die graphische Darstellung der empirischen Verteilungsfunktion.

Beispiel 3.10 (Abb. 3.8)

```
① foreach X in 20 50 64 {
     cumul jobat30_trei if kohorte == 19`X', ///
     generate(prestkoho`X') equal
     }
② twoway ///
   (line prestkoho20 jobat30_trei, sort connect(stairstep)) ///
   (line prestkoho50 jobat30_trei, sort connect(stairstep)) ///
   (line prestkoho64 jobat30_trei, sort connect(stairstep))
```

Wir arbeiten weiterhin mit den GLHS-Daten. Bei ① handelt es sich um eine Befehlsschleife: Sie führt den darin enthaltenen Befehl `cumul` für jedes in der Schleife angegebene Element aus. Hier sind die Elemente Geburtskohorten, nämlich die um 1920 Geborenen, die um 1950 Geborenen und die 1964 Geborenen. `cumul` mit den Optionen `generate()` und `equal` ist im vorstehenden Beispiel erläutert. ② erzeugt die graphische Darstellung der drei empirischen Verteilungsfunktionen. Beachten Sie: Hier muss abweichend zum vorstehenden Beispiel mit `twoway` gearbeitet werden: Nur so können einander überlagernde Graphiken (hier: je eine Linie für jede der drei Geburtskohorten) erzeugt werden. Die Erzeugung der Linie selbst geschieht analog zum vorstehenden Beispiel.

Beispiele 3.11 bis 3.23

Wir bringen hier nur den Befehl für die Beispiele aus 3.11 bis 3.23, die sich auf die Frauenerwerbsquote beziehen. Beachten Sie zu einigen weiteren Kenngrößen aus dieser Reihe die nachfolgenden Beispiele.

```
① use "oecd_llg.dta", clear
② summarize lfp07_age2549, detail
③ display r(Var) * (r(N)-1)/(r(N))
④ display sqrt(r(Var) * (r(N)-1)/(r(N)))
⑤ display r(sd)/r(mean)
⑥ ssc install moments2
⑦ moments2 lfp07_age2549
```

Mit ② können die meisten Kennzahlen angefordert werden. Allerdings werden Varianz und Standardabweichung nur als Schätzwerte für die Grundgesamtheit ausgegeben. Durch Multiplikation der Varianz mit $(n-1)/n$ kann schnell die Varianz berechnet werden, die die vorhandenen Daten (eine Totalerhebung!) charakterisiert. Dies geschieht in ③ und ④ (wo zudem durch Wurzelziehen die Standardabweichung berechnet wird) anhand der aus dem Arbeitsspeicher abrufbaren Ergebnisse von ②. Der Variationskoeffizient kann schließlich durch ⑤ angefordert werden, ebenfalls durch Rückgriff auf im Arbeitsspeicher enthaltene Ergebnisse aus ②.

Wenn gewünscht, kann Stata auch die gleichen Koeffizienten für Schiefe und Wölbung berechnen wie SPSS. Dazu muss man mit ⑥ das Paket `moments2` aus dem Internet installieren und kann dann mit ⑦ die genannten Kenngrößen anfordern.

Beispiel 3.20

```
① use "glhsteach.dta", clear
② graph box jobat30_trei if sex==1 & kohorte != 1960 ///
     & kohorte != 1971, over(kohorte)
```

Die `if`-Bedingungen in ② schließen die Frauen und die Kohorten 1960 und 1971 (die zu wenige Fälle aufweisen) aus. Die Option `over()` sorgt dafür, dass die Boxplots für die noch verbleibenden Kohorten nebeneinander dargestellt werden.

Beispiel 3.24

```
① use "soep_llg.dta", clear
② _pctile height if geschl==1, percentile(2.5 16 50 84 97.5)
③ return list
```

Der Befehl `_pctile` in ② ist erforderlich, wenn, wie hier, nicht-ganzzahlige Quantile angefordert werden sollen. Da es sich um einen Befehl der Stata-Programmiersprache handelt, muss man die Ausgabe der Berechnungsergebnisse eigens durch den Befehl in ③ veranlassen.

Beispiel 3.25

```
① use "glhsteach.dta", clear
② bysort kohorte sex: egen mj30 = mean(jobat30_trei)
③ bysort kohorte sex: egen sdj30 = sd(jobat30_trei)
④ generate zj30 = (jobat30_trei - mj30) / sdj30
⑤ list kohorte zj30 jobat30_trei if jobat30_trei == 30 & sex==1
```

Stata enthält zwar eine Prozedur zur Standardisierung von Variablen (egen mit der Funktion `std`), doch ist diese nicht mit dem by-Präfix kombinierbar, das wir für die hier gewünschte Standardisierung innerhalb der einzelnen Kohorten benötigen. Daher empfiehlt es sich, die Standardisierung „von Hand" durchzuführen, indem zunächst der Mittelwert (in ②) und die Standardabweichung (in ③) pro Kohorte und zuletzt die standardisierten Werte errechnet werden. ⑤ gibt dann für alle Fälle mit einem ursprünglichen Wert von 30 die standardisierten Werte und die Kohortenzugehörigkeit aus.

4. Von der Stichprobe zur Grundgesamtheit: Statistisches Schließen

In diesem Kapitel befassen wir uns nun mit der Frage: Wie kann man auf der Grundlage einer Stichprobe Schlüsse auf die Grundgesamtheit ziehen, aus der die Stichprobe stammt?

Das Thema dieses Kapitels gilt als besonders schwierig. Sie werden in der Tat sehen, dass wir einen ziemlich langen Anlauf brauchen, um zum Kern der Sache zu kommen. Allerdings liegt die zentrale Schwierigkeit dieses Themas nicht im Umfang des zu lernenden Stoffs (in ein menschliches Gehirn passt viel mehr hinein, als ein einzelner Mensch in seinem Leben aufnehmen kann) und auch nicht in den mathematischen Grundlagen. Die Schwierigkeit ist eher eine gedankliche: Das grundlegende Prinzip des statistischen Schließens ist nicht leicht nachvollziehbar. Kurz gesagt geht es um Folgendes: Die Grundlagen der Inferenzstatistik werden immer aus Überlegungen darüber entwickelt, was geschieht, wenn man *viele* Stichproben aus einer *bekannten* Grundgesamtheit zieht. In der Praxis der Datenanalyse hat man es hingegen mit einem Datensatz zu tun, der *eine einzige* Stichprobe aus einer *unbekannten* Grundgesamtheit darstellt. Wie das miteinander zusammenhängt, ist nicht ganz leicht zu verstehen; ein wenig Anstrengung ist hier schon erforderlich.[1]

Versuchen wir, vorab einen roten Faden durch die folgenden Ausführungen zu formulieren: Zunächst, in Abschnitt 4.1, wird der Grundstein gelegt. Dazu müssen wir als Erstes eine Grundidee vermitteln, wie man mit Hilfe von Wahrscheinlichkeiten theoretische Modelle für Stichproben konstruieren kann. Bitte behalten Sie im Kopf: In diesem ganzen (ziemlich langen) Abschnitt tun wir so, als wäre uns die Grundgesamtheit bekannt, und überlegen, was geschieht, wenn man viele Stichproben aus ihr zieht. Wir werden sehen, dass die Stichproben meistens nicht allzu sehr von der Grundgesamtheit

---

1 Es gibt übrigens in der Inferenzstatistik auch konkurrierende Denkweisen, von denen eine, die sogenannte bayesianische Statistik, in den vergangenen Jahren einen gewissen Aufschwung erlebt hat (die höhere Statistik ist inzwischen ohne bayesianische Ideen zumindest in Teilen nicht mehr verständlich). Doch wenn auch deren Vertreter für sich reklamieren, dass der gedanklich so schwierige Umstieg von der (hypothetischen!) Vorstellung „bekannte Grundgesamtheit, viele Stichproben“ zum Problem „unbekannte Grundgesamtheit, eine Stichprobe“ im Rahmen der bayesianischen Statistik durch eine viel plausiblere Frage ersetzt werden kann („wie wahrscheinlich ist es im Lichte meiner Daten, dass die Forschungshypothese zutrifft?“ – zum Begriff der Forschungshypothese siehe Abschnitt 4.3.2), sind die mathematischen Grundlagen ziemlich komplex. Für Interessierte finden sich ein paar Literaturhinweise in Abschnitt 4.5.

abweichen – aber manchmal eben doch. Was „meistens“ und „manchmal“ heißt, können wir mit Hilfe der Wahrscheinlichkeitstheorie präzisieren, und dies bringt uns die entscheidenden Einsichten für den umgekehrten (und in der Praxis gegebenen) Fall, in dem eine einzige Stichprobe aus einer unbekannten Grundgesamtheit vorliegt. Das ist Gegenstand der Abschnitte 4.2 und 4.3, die sich mit zwei zentralen Schlussweisen beschäftigen: dem Schätzen einzelner Größen und dem Testen von Hypothesen. Darauf folgt in Abschnitt 4.4 ein kurzer Ausblick auf den Umgang mit den bereits früher (Abschnitt 2.2) angesprochenen komplexen Stichprobendesigns.

4.1 Wahrscheinlichkeit und Wahrscheinlichkeitsverteilungen

4.1.1 Wahrscheinlichkeit – eine Heranführung

Klassische Beispiele in der Befassung mit Wahrscheinlichkeiten sind das Werfen von Münzen oder von Würfeln. Was hat das mit sozialwissenschaftlichen Stichproben zu tun? Nun, wenn wir eine Münze werfen, so landet diese zufällig auf einer Seite – entweder „Kopf“ oder „Zahl“. Stellen wir uns nun vor, wir wollen herausfinden, ob die Wahlberechtigten in der Bundesrepublik von der Politik der gegenwärtigen Regierung überzeugt sind oder nicht. Wenn wir nun zufällig einen Menschen aus der Grundgesamtheit aller Wahlberechtigten auswählen, so wird dieser ebenso zufällig entweder die Eigenschaft „überzeugt“ oder die Eigenschaft „nicht überzeugt“ haben. Die beiden Vorgänge sind also eng miteinander verwandt.

Der Vorteil, sich beispielsweise anhand von Münzen dem Thema zu nähern, liegt darin, dass wir intuitiv wissen, wie groß die Chancen sind, dass „Kopf“ oder „Zahl“ herauskommt, anders als bei der Frage, ob jemand von der Regierungspolitik überzeugt ist. Dazu macht man zunächst die Annahme (die faktisch auch meist zutrifft), dass es sich um eine faire Münze handelt. Damit ist gemeint, dass es keine systematische Tendenz für ein bestimmtes Ergebnis gibt, sondern jedes Ergebnis „gleich wahrscheinlich“ ist. Die Chance, dass beim Werfen einer Münze „Kopf“ oben liegt, nehmen wir daher intuitiv als genau so groß an wie diejenige, dass „Zahl“ oben liegt. Im Alltag sprechen wir von „fifty-fifty“, also 50 : 50, wenn wir sagen wollen, dass die Chance für das eine oder das andere Ergebnis gleich groß ist. Beim Würfeln ist die Chance, eine bestimmte Zahl zu erhalten, natürlich nicht 50 : 50, denn es gibt ja sechs verschiedene Zahlen (der Würfel könnte also für ein Merkmal stehen, das sechs verschiedene Ausprägungen hat). Unter der Annahme eines fairen Würfels sind aber die Chancen für die einzelnen Zahlen gleich groß. Intuitiv würden wir also (völlig zu Recht) sagen: Für jede einzelne Zahl beträgt die Chance ein Sechstel.

Aber wohlgemerkt: Die Annahme, dass die Ergebnisse gleich wahrscheinlich sind, ist nur eine Vereinfachung zum Einstieg. In sozialwissenschaftlichen Stichproben sind Merkmale fast nie gleich verteilt. Aber wenn wir einfach einmal annehmen, dass zu einem bestimmten Zeitpunkt nur 30 Prozent der Menschen mit der Regierungspolitik einverstanden sind, können wir uns die Stichprobenziehung als eine Münze vorstellen, die im Verhältnis 30 : 70 auf der „Kopf"- bzw. der „Zahl"-Seite landet, wobei „Kopf" für „einverstanden" steht. Ein anderer Ausdruck hierfür ist: Die Wahrscheinlichkeit für „einverstanden" beträgt 30 Prozent. In der Mathematik hat man sich allerdings angewöhnt, Wahrscheinlichkeiten nie in Prozent, sondern in Anteilswerten auszudrücken; wir sagen also: Die Wahrscheinlichkeit, dass der „Münzwurf", also die Stichprobenziehung, das Ergebnis „einverstanden" bringt, beträgt 0,3, diejenige für „nicht einverstanden" beträgt entsprechend 0,7 (wenn wir einmal außer Acht lassen, dass Leute auch sagen können „ich weiß nicht so recht"). Natürlich könnte es auch sein, dass 30 Prozent einverstanden, 60 Prozent nicht einverstanden und 10 Prozent „teils-teils" sind. Dann hätten wir gewissermaßen eine komplizierte Münze (man kann sie sich als Münze mit breitem Rand vorstellen, die ab und zu auf dem Rand stehen bleibt). Jedenfalls: Die Wahrscheinlichkeiten müssen sich immer zu 1 addieren, also zu 100 Prozent.

Ein anderes, ebenfalls gern benutztes Beispiel ist eine Lostrommel, oft auch (und in Statistik-Lehrbüchern immer) als Urne bezeichnet. Auch in Lostrommeln spielen sich (hoffentlich) Zufallsvorgänge ab: Die Kugeln oder Lose sollen so gut gemischt sein, dass man vorher nicht wissen kann, welche Kugel bzw. welches Los gezogen wird; genauer: Die Wahrscheinlichkeit soll für alle Elemente in der Urne gleich groß sein. Bei einer Lostrommel kommt aber noch ein interessanter Aspekt hinzu: Während etwa beim Würfeln nach dem Werfen einer bestimmten Zahl für den nächsten Wurf wieder alle sechs Zahlen zur Verfügung stehen, fehlt beim zweiten Ziehen aus der Lostrommel die Zahl, die beim ersten Mal gezogen wurde. Daher ändert sich mit jeder Zahl, die gezogen wird, die Wahrscheinlichkeit der verbleibenden Kugeln; beim deutschen Lotto „6 aus 49" beträgt die Wahrscheinlichkeit bei der ersten Ziehung für jede Kugel 1/49, bei der zweiten Ziehung für die verbliebenen Kugeln 1/48 usw. Nur auf lange Sicht sind wieder alle Zahlen gleich wahrscheinlich.

Ganz ähnlich ist es bei Stichproben. Nehmen wir an, wir interessieren uns für den Anteil von CDU-WählerInnen. Wenn wir nun aus der Grundgesamtheit aller Wahlberechtigten eine Person für die Stichprobe ausgewählt haben, wird diese Person ja nicht wieder in den „Topf" aller Stichprobenelemente zurückgelegt. Entsprechend ändern sich die Wahrscheinlichkeiten in Abhängigkeit von der Auswahl der ersten Person: War diese beispielsweise eine CDU-Wählerin, dann hat sich unter den in der Grundgesamtheit verbleibenden Personen die Zahl der CDU-WählerInnen um eins verringert und damit auch die Wahrscheinlichkeit, als nächste Person für die Stichprobe wieder eine CDU-Wählerin oder einen CDU-Wähler zu ziehen! Allerdings ist bei großen Stichproben der Unterschied minimal. Gehen wir der Einfachheit halber einmal von 50 Millionen Wahlberechtigten und von einem Anteil der

CDU-WählerInnen von 40 Prozent aus, so beträgt die Wahrscheinlichkeit, dass die erste Person CDU-WählerIn ist, 0,4. Haben wir tatsächlich eine solche Person gezogen, sind noch 19 999 999 CDU-WählerInnen in einer Grundgesamtheit von 49 999 999 Personen vorhanden, so dass die Wahrscheinlichkeit für eine CDU-WählerIn im nächsten Schritt 0,399999988 beträgt – wahrlich kein fundamentaler Unterschied.

Mathematisch ist es allerdings einfacher, wenn man so tut, als würde man die Kugel, die man einmal aus der Lostrommel gezogen hat, wieder zurücklegen. Tatsächlich sind die Unterschiede zwischen einem solchen Modell *„mit Zurücklegen"* und dem (eigentlich zutreffenden) Modell *„ohne Zurücklegen"* bei großen Grundgesamtheiten auch vernachlässigenswert; ist dagegen die Grundgesamtheit klein, dann sind die Unterschiede zwischen beiden Modellen beträchtlich. Daher werden wir später kurz auf Stichprobenmodelle ohne Zurücklegen eingehen.

Jedenfalls: Die „Chance", die man einem von mehreren möglichen Ergebnissen aufgrund bestimmter theoretischer Annahmen zuspricht (beispielsweise der, dass die Münze oder der Würfel fair ist oder dass ein bestimmter Anteilswert in der Grundgesamtheit 30 Prozent beträgt), kann man als Wahrscheinlichkeit bezeichnen. Und weil sie im Vorhinein aufgrund theoretischer Annahmen angesetzt wird, spricht man hier von *theoretischer* oder *A-priori-Wahrscheinlichkeit* (a priori: lateinisch für „im Vorhinein").

Haben diese A-priori-Wahrscheinlichkeiten irgendetwas mit dem „richtigen Leben" zu tun? Nehmen wir an, wir würden eine faire Münze wiederholt werfen. Wenn wir sagen, dass die Chance für Kopf und für Zahl jeweils 50 Prozent beträgt, so heißt das sicherlich *nicht*, dass man beispielsweise bei zwei Münzwürfen immer einmal Kopf und einmal Zahl erhält. Ebenso werden wir, wenn wir eine Münze zehnmal werfen, nicht immer genau fünfmal Kopf und fünfmal Zahl bekommen. Haben die A-priori-Wahrscheinlichkeiten also irgendeinen „empirischen" Wert? Nun, insofern, als wir annehmen, dass bei *sehr häufiger* (im Prinzip unendlich häufiger) Wiederholung des Wurfs, also auf lange Sicht, doch Kopf und Zahl gleich häufig auftreten würden oder zumindest die Abweichung vom „wahren Wert" 50:50 so klein wäre, dass man sie praktisch vernachlässigen könnte.[2] Man spricht von *empirischer* oder *A posteriori-Wahrscheinlichkeit*, wenn man beobachtet (heute oft durch Computersimulationen), was bei sehr häufiger Wiederholung des betreffenden Vorgangs geschieht.

Nehmen wir einmal an, wir können oder wollen den Vorgang des Münzwurfs nicht unendlich oft wiederholen (empirisch ist das ja tatsächlich unmöglich!), sondern vielleicht zehnmal. Dabei können wir durchaus fünfmal Kopf und fünfmal Zahl erhalten, aber wir sind (hoffentlich) auch nicht überrascht, wenn das Ergebnis anders ausfällt. Wenn wir aber diesen zehnmaligen Münzwurf mehrfach wiederholen, stellen wir fest: *Am häufigsten* werden

2 Karl Pearson warf, so berichten Küchenhoff et al. (2006: 30), eine Münze 24 000-mal. 12 012 Würfe hatten zum Ergebnis „Kopf".

wir ein Ergebnis erhalten, das nicht oder nicht allzu sehr von unserer theoretisch angenommenen Chance von 50 : 50 abweicht. Natürlich werden wir bei zehn Würfen auch noch ziemlich häufig viermal Kopf und sechsmal Zahl oder sechsmal Kopf und viermal Zahl erhalten; auch dreimal Kopf und siebenmal Zahl, ebenso wie siebenmal Kopf und dreimal Zahl, wird nicht ganz selten sein. Aber all das, so scheint es intuitiv (und so würden auch Sie herausfinden, wenn Sie den Versuch häufig durchführen), dürfte doch viel häufiger vorkommen als beispielsweise zehnmal Kopf oder zehnmal Zahl – auch wenn das in seltenen Einzelfällen durchaus möglich ist.

4.1.2 Zufallsvariablen

Wenn wir eine Stichprobe ziehen, interessiert uns nicht die Wahrscheinlichkeit, dass beispielsweise genau Herr Alfons Müller-Kleinberg aus Vilsbiburg, Frau Yildiz Günay aus Recklinghausen und Frau Petra Pansemann aus Ratzeburg in der Stichprobe landen. Erstens interessieren uns Personen nur als „Merkmalsträger“; wir wollen z. B. wissen, ob sie mit der Regierungspolitik einverstanden sind oder nicht, ob sie dieser oder jener Partei zuneigen (Merkmal: Parteipräferenz) oder welchen Beruf sie ausüben (Merkmal: Beruf, oder daraus abgeleitete Merkmale wie etwa das Prestige des Berufs). Und zweitens interessieren uns die Personen gewissermaßen nur im Aggregat. Wir wollen wissen, wie hoch die Wahrscheinlichkeit für einen bestimmten *Anteil* der Sympathisierenden dieser oder jener Partei oder für ein bestimmtes *durchschnittliches* Berufsprestige in der Stichprobe ist.

Für die Analyse solcher Fragen verwendet man das Konzept der *Zufallsvariablen.* Eine Zufallsvariable ist ein Merkmal, dessen Werte auf einen Zufallsvorgang zurückgehen. Um wieder die bereits mehrfach verwendeten Beispiele zu bemühen: Wenn wir etwa eine Münze zehnmal werfen, so kann die Zahl der Würfe mit dem Ergebnis „Kopf“ zwischen null und zehn liegen; wenn wir den Vorgang, die Münze zehnmal zu werfen, sehr oft wiederholen, werden wir jedes dieser Ergebnisse irgendwann einmal erhalten (allerdings einige Ergebnisse öfter als andere). Die An*zahl* der Würfe, die zu „Kopf“ führen, ist also eine Variable (es gibt verschiedene mögliche Werte); das Gleiche gilt natürlich für den An*teil* der in „Kopf“ resultierenden Würfe, da wir diesen ja einfach aus der Anzahl errechnen. Und wenn wir beim Werfen nicht schummeln (also nicht absichtlich dafür sorgen, dass ein bestimmtes Ergebnis bevorzugt wird), handelt es sich um eine Zufallsvariable. Oder: Wenn wir aus einer Grundgesamtheit, in der 30 Prozent mit einer bestimmten Partei sympathisieren, eine Zufallsstichprobe von zehn Personen ziehen, werden wir ebenfalls mal keinen, mal einen, mal zwei usw. Sympathisierende dieser Partei in der Stichprobe haben. Die Anzahl der mit einer bestimmten Partei Sympathisierenden in der Stichprobe ist also (wie auch der aus der Anzahl errechnete Anteil) ebenfalls eine Zufallsvariable.

Zufallsvariablen

Als Zufallsvariable bezeichnet man ein Merkmal bzw. eine Variable, die Ergebnis eines Zufallsvorgangs ist. In der sozialwissenschaftlichen Statistik geht es um Variablen, die man aus Zufallsstichproben gewinnt, also die Ergebnisse von Stichprobenziehungen. In der Praxis interessiert man sich am häufigsten für Ergebnisse wie den Anteil von Untersuchungseinheiten mit einer bestimmten Eigenschaft oder die durchschnittliche Ausprägung eines metrischen Merkmals.

Im Folgenden wollen wir nun an einigen Beispielen zeigen, wie man die Verteilung von Zufallsvariablen charakterisieren kann. Wir besprechen zwei in der Forschungspraxis besonders wichtige Fälle. Wir beginnen mit dem einfachsten Fall eines sogenannten binären Merkmals, eines Merkmals mit zwei Ausprägungen (etwa: Sympathisiert man mit einer bestimmten Partei oder nicht?). Für diese Art von Merkmalen besprechen wir zunächst die Binomialverteilung und die hypergeometrische Verteilung als Beispiele sogenannter *diskreter* Zufallsvariablen.[3] Anschließend gehen wir auf stetige Zufallsvariablen ein, die wir vor allem anhand der oben schon erwähnten Normalverteilung besprechen. Wir werden sehen, dass diese Verteilung, angewandt auf Zufallsvariablen, ganz grundlegend ist und viele Anwendungsgebiete hat.

Die Binomialverteilung

Die Binomialverteilung beschreibt die Wahrscheinlichkeit für Stichprobenziehungen *mit* Zurücklegen. Sie ist also streng genommen für die üblichen sozialwissenschaftlichen Stichproben unangemessen. Durch den nachfolgenden Vergleich mit der eigentlich angemesseneren hypergeometrischen Verteilung werden Sie aber verstehen, dass wir in vielen Fällen mit der Binomialverteilung gut fahren.

Wir ziehen in diesem Abschnitt das Beispiel der Sympathie mit politischen Parteien heran: Die oder der Vorsitzende einer politischen Partei könnte sich beispielsweise für die Frage interessieren, wer mit der betreffenden Partei – nennen wir sie X-Partei – sympathisiert und wer nicht. Uns interessiert nun, wie wahrscheinlich es ist, Stichproben zu erhalten, die der Verteilung von SympathisantInnen und Nicht-SympathisantInnen in der Grundgesamtheit ähnlich oder unähnlich sind. Konkret heißt das in einem sehr einfach

---

3 Übrigens – von diskreten Variablen sprechen wir hier nicht, weil das zugrunde liegende Merkmal (z. B. die Sympathie mit einer Partei, ausgedrückt als einfache Alternative „ja oder nein") diskret ist, sondern weil das Ergebnis des Zufallsexperiments, die Anzahl der Fälle mit der uns interessierenden Ausprägung, die Eigenschaften einer diskreten Variablen hat (endlich oder abzählbar unendlich viele Ausprägungen).

gehaltenen Beispiel (die Stichprobengröße ist zwecks Nachvollziehbarkeit unrealistisch klein gewählt): Wenn der Anteil der Sympathisierenden der X-Partei in der Grundgesamtheit beispielsweise 30 Prozent beträgt und eine Stichprobe von drei Personen gezogen wird, wie groß ist die Wahrscheinlichkeit, dass in dieser Stichprobe soundsoviel (null oder eine/r oder zwei oder drei) SympathisantInnen sind? Wenn die Stichprobe aus einer großen Grundgesamtheit stammt, kann man sich der Binomialverteilung bedienen.

Zuerst müssen wir aber einen abstrakten Begriff einführen, nämlich den der *Wahrscheinlichkeitsfunktion*. Die Wahrscheinlichkeitsfunktion gibt die Auftretenswahrscheinlichkeiten für die einzelnen Ausprägungen einer diskreten Zufallsvariablen (in unserem Beispiel also der unterschiedlichen Häufigkeiten des interessierenden Ereignisses) an. Sie wird mit $f(x)$ bezeichnet und allgemein wie folgt geschrieben:

Wahrscheinlichkeitsfunktion einer diskreten Zufallsvariablen

$$f(x) = \begin{cases} P(X = x_i) = p_i & \text{für} \quad x = x_i, i = 1, 2, ... \\ 0 & \text{sonst} \end{cases} \tag{4.1}$$

Man kann sich mit anderen Worten die Wahrscheinlichkeitsfunktion in Analogie zu einer Häufigkeitstabelle vorstellen, nur dass für die möglichen Ausprägungen $x_1, x_2, \ldots$ nicht die Häufigkeiten, sondern die Wahrscheinlichkeiten aufgelistet werden. Klargestellt wird durch die obige Formulierung, dass für die übrigen Zahlenwerte (jene, die nicht zu den möglichen Ausprägungen gehören – eine Stichprobe von 10 Personen kann beispielsweise nicht 11 Frauen enthalten) die Wahrscheinlichkeit gleich 0 ist.

Wie sieht aber nun die Wahrscheinlichkeitsfunktion im Falle einer binomialverteilten Variablen aus?

Zunächst gilt: Die Wahrscheinlichkeit für eine ganz bestimmte Stichprobenrealisierung wird (gemäß dem sogenannten Multiplikationstheorem) wie folgt berechnet:

$$\pi^{n_1} \cdot (1 - \pi)^{n - n_1}$$

Bei π handelt es sich um den Anteil der Merkmalsträger mit der uns interessierenden Ausprägung (hier: „SympathisantIn der X-Partei") in der Grundgesamtheit; diesen Anteil können wir auch als die Wahrscheinlichkeit auffassen, bei Ziehen *einer* Untersuchungseinheit eine mit der X-Partei sympathisierende Person zu erhalten. Mit n_1 bezeichnen wir die Häufigkeit der Merkmalsträger mit der interessierenden Ausprägung in der Stichprobe und mit n die Größe der Stichprobe. Nehmen wir nun folgendes Beispiel für unsere Stichprobe vom Umfang $n = 3$: Der erste Befragte sei ein Sympathisant, die zweite keine Sympathisantin, der dritte ebenfalls kein Sympathisant. Wir haben also einen Sympathisanten; der Ausdruck π^{n_1} ergibt mithin $0{,}3^1 = 0{,}3$. Außerdem haben wir zwei Nicht-SympathisantInnen; $(1 - \pi)^{n - n_1}$ lautet hier also $(1-0{,}3)^{3-1} = (0{,}7)^2 = 0{,}49$. Insgesamt beträgt die Wahrscheinlichkeit für genau diese Stichprobe $0{,}3 \cdot 0{,}49 = 0{,}147$.

Allerdings interessieren wir uns nicht für die Wahrscheinlichkeit, Sympathisierende und Nicht-Sympathisierende in genau dieser Reihenfolge zu bekommen; eine Stichprobe, in der erst eine Nicht-Sympathisantin, dann ein Sympathisant und zuletzt wieder eine Nicht-Sympathisantin gezogen wird, führt ja zu dem gleichen Ergebnis: Ein Element der Stichprobe ist SympathisantIn. Solche unterschiedlichen Anordnungen bezeichnet man als „Kombinationen". Und da letztlich nur die *Anzahl* bzw. der daraus errechnete Anteil der Sympathisierenden in der Stichprobe zählt, müssen wir noch einen zusätzlichen Faktor einführen, der die Zahl der Kombinationen mit dem gleichen Stichprobenergebnis (ein/e SympthisantIn) berechnet. Um die Formel einfach zu halten, kann man mit dem Ausdruck $n!$ arbeiten; dieser wird „n Fakultät" gesprochen und wie folgt definiert:

$$n \cdot (n-1) \cdot \ldots \cdot (n-[n-1]) = n \cdot (n-1) \cdot \ldots \cdot 1) = n!$$

So steht beispielsweise 5!, also „5 Fakultät", für $5 \cdot 4 \cdot 3 \cdot 2 \cdot 1$.

Damit können wir nun die Zahl der Kombinationen von n_1 Stichprobenelementen in einer Stichprobe vom Umfang n bestimmen.

Kombinationen

Wenn sich unter n Elementen n_1 Elemente mit der gesuchten Eigenschaft befinden, so gibt es verschiedene Möglichkeiten der Anordnung dieser n Elemente. Diese bezeichnet man als Kombinationen.

Die Zahl der Kombinationen beträgt

$$\frac{n \cdot (n-1) \cdot \ldots \cdot (n-n_1+1)}{n_1!} = \frac{\frac{n!}{(n-n_1)!}}{n_1!} = \frac{n!}{n_1!(n-n_1)!} = \binom{n}{n_1} \qquad (4.2)$$

Die Größe $\binom{n}{n_1}$ (gesprochen „n über n_1") ist nur eine abkürzende Schreibweise für den Ausdruck links von ihr und heißt **Binomialkoeffizient**.

Damit können wir die Formel für die Wahrscheinlichkeitsfunktion einer binomialverteilten Variablen erstellen. Wenn wir als X die Anzahl der Zufallsexperimente benennen, bei denen das uns interessierende (das „günstige") Ereignis eintritt, dann beschreibt die folgende Gleichung die Wahrscheinlichkeit, bei n Versuchen genau n_1 mal das interessierende Ergebnis zu bekommen:

Wahrscheinlichkeitsfunktion einer binomialverteilten Zufallsvariablen

$$P(X = n_1) = \binom{n}{n_1} \cdot (\pi)^{n_1} \cdot (1-\pi)^{n-n_1} \quad \text{für } 0 \leq n_1 \leq n \qquad (4.3)$$

Beispiel 4.1: Führen wir unser bereits begonnenes Gedankenspiel einmal vollständig durch. Der Anteil der Sympathisierenden in der Grundgesamtheit beträgt, wie gesagt, 30 Prozent; mit anderen Worten: Die Wahrscheinlichkeit π (also die Wahrscheinlichkeit, mit der es sich bei zufällig ausgewählten Personen um ParteisympathisantInnen handelt) beträgt 0,3. Wir ziehen nun eine Stichprobe von $n = 3$ mit Zurücklegen; damit können zwischen null und drei Sympathisierende in der Stichprobe enthalten sein.

Die Wahrscheinlichkeit, dass die Stichprobe genau eine Person enthält, die mit der X-Partei sympathisiert, berechnet sich nach Formel 4.3 wie folgt:

$$\begin{aligned} P(X=1) &= \binom{3}{1} \cdot (0{,}3)^1 \cdot (1-0{,}3)^{3-1} \\ &= \frac{3!}{2!1!} \cdot 0{,}3^1 \cdot 0{,}7^2 \\ &= \frac{3 \cdot 2 \cdot 1}{2} \cdot 0{,}3^1 \cdot 0{,}7^2 \\ &= 0{,}441 \end{aligned}$$

Versuchen Sie doch, auch für die übrigen Auftretenshäufigkeiten die Wahrscheinlichkeit nachzurechnen – die Ergebnisse lauten: $P(X = 0) = 0{,}343$, $P(X = 2) = 0{,}189$ und $P(X = 3) = 0{,}027$. Alle vier Wahrscheinlichkeiten addieren sich zu 1; sie geben zusammen die Wahrscheinlichkeitsfunktion einer binomialverteilten Variablen mit $\pi = 0{,}3$ und $n = 3$ an. Diese Wahrscheinlichkeitsfunktion lässt sich analog zu einer Häufigkeitstabelle graphisch darstellen (siehe Abbildung 4.1). Dabei sehen wir, dass schon bei einer so winzigen Stichprobe die Wahrscheinlichkeit, ein drastisch vom wahren Wert von 30 Prozent abweichendes Ergebnis, nämlich 100 Prozent Sympathisierende in der Stichprobe zu erhalten, ziemlich klein ist.

Beispiel 4.2: Kommen wir auf das Beispiel des Münzwurfs zurück: Eine Münze soll zehnmal geworfen werden, und zwar soll es sich um eine „faire" Münze handeln, für die gilt, dass die Chancen für Kopf und Zahl gleich sind, oder, wie wir jetzt schreiben können: $P(\text{Kopf}) = P(\text{Zahl}) = 0{,}5$. Wie groß ist nun die Wahrscheinlichkeit, ein Ergebnis zu erhalten, das genau den theoretischen Wahrscheinlichkeiten entspricht, also fünfmal Kopf und

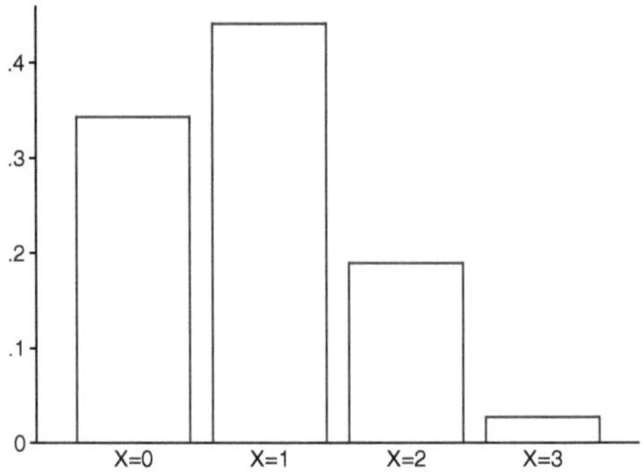

Abbildung 4.1: Wahrscheinlichkeitsverteilung einer binomialverteilten Variablen ($\pi = 0{,}3$ und $n = 3$)

fünfmal Zahl? Ob wir für unsere Formel nun Kopf oder Zahl als das „günstige Ereignis" einsetzen, ist gleichgültig, da die Wahrscheinlichkeiten für beide ja gleich groß sind. Wenn wir die entsprechenden Werte ($n = 10$, $n_1 = 5$, $\pi = 0{,}5$) in Analogie zum vorherigen Beispiel in die Formel einsetzen, erhalten wir einen Wert von gerundet 0,2461.

Wir können also auf lange Sicht immerhin in knapp einem Viertel der Fälle damit rechnen, genau fünfmal Kopf und fünfmal Zahl zu erhalten. Wer weiter üben möchte, kann nun auch die Wahrscheinlichkeiten für die übrigen Konstellationen ausrechnen. Sie müssten herausfinden, dass die Wahrscheinlichkeiten immer geringer werden, je weiter sie sich vom „richtigen", d. h., dem fairen Charakter der Münze entsprechenden Ergebnis entfernen. So beträgt die Wahrscheinlichkeit für einmal Kopf und neunmal Zahl (oder auch neunmal Kopf und einmal Zahl) nur noch jeweils rund 0,00976, also knapp ein Prozent, und die für keinmal Kopf und zehnmal Zahl oder umgekehrt jeweils ein Zehntel davon, also knapp ein Promille.

Exkurs: Die hypergeometrische Verteilung

Die hypergeometrische Verteilung beschreibt ebenfalls den Fall, dass es in der Grundgesamtheit (in der „Lostrommel") Elemente mit zwei verschiedenen Ausprägungen gibt – jedoch sollen die Elemente nach der Ziehung nicht wieder zurückgelegt werden. Sie ist daher eigentlich für sozialwissenschaftliche Stichproben angemessener als die Binomialverteilung. Allerdings: Ein bedeutsamer Unterschied ergibt sich nur, wenn aus einer kleinen Grundgesamtheit eine (relativ) große Stichprobe gezogen wird. Statistiker sprechen hier von der sogenannten Endlichkeitskorrektur (englisch: *finite population correction*). Üblicherweise wird als Faustregel angegeben, dass man auf diese Korrektur verzichten kann, wenn der Auswahlsatz n/N kleiner als 0,05 ist, anders gesagt: wenn die Grundgesamtheit mindestens 20-mal so groß ist wie die Stichprobe. Das ist in den allermeisten sozialwissenschaftlichen Untersuchungen der Fall. Sie können daher diesen Abschnitt auch überspringen, solange Sie mit diesem speziellen Problem nicht konfrontiert sind.

Wahrscheinlichkeitsfunktion einer hypergeometrisch verteilten Zufallsvariablen

Wird aus einer Grundgesamtheit mit Umfang N, die N_1 Elemente mit einer interessierenden Eigenschaft aufweist ($N - N_1$ Elemente weisen diese Eigenschaft also nicht auf), eine Stichprobe vom Umfang n gezogen, so besitzt die Wahrscheinlichkeit, dass in der Stichprobe n_1 Elemente mit der interessierenden Eigenschaft enthalten sind, folgende Verteilung:

$$f(x) = \mathrm{P}(X = n_1) = \frac{\binom{N_1}{n_1} \cdot \binom{N - N_1}{n - n_1}}{\binom{N}{n}} \tag{4.4}$$

Der mögliche Wertebereich von x reicht von 0 (jedenfalls, solange $n < N - N_1$) bis n bzw. (für den Fall, dass N_1 kleiner als n ist) bis N_1.

Im Unterschied zur Binomialverteilung kommt es also darauf an, wie groß die Grundgesamtheit ist. Denn da es um ein Verfahren ohne Zurücklegen geht, ändert sich mit jedem gezogenen Element die Verteilung der Elemente in der Grundgesamtheit.

Beispiel 4.3: Nehmen wir, um es rechnerisch übersichtlich zu machen, an, dass die Grundgesamtheit 30 Fälle umfasst. Bleiben wir bei unserem Beispiel einer Untersuchung von ParteisympathisantInnen; deren Anteil in der Grundgesamtheit soll wie oben 30 Prozent betragen, bei einer Grundgesamtheit von 30 handelt es sich also um neun Fälle. Wieder wollen wir eine Stichprobe von 3 Personen ziehen und fragen uns zunächst, wie wahrscheinlich es ist, genau eine/n SympathisantIn in der Stichprobe zu haben. Wir errechnen

$$\mathrm{P}(X = 1) = \frac{\binom{9}{1} \cdot \binom{30-9}{3-1}}{\binom{30}{3}} = \frac{\frac{9!}{1! \cdot 8!} \cdot \frac{21!}{2! \cdot 19!}}{\frac{30!}{3!27!}} = \frac{9 \cdot 210}{4060} \approx 0{,}4655$$

Die Wahrscheinlichkeit, genau null SympathisantInnen in der Stichprobe zu haben, beträgt ungefähr 0,3276, diejenige für zwei etwa 0,1862 und die für drei SympathisantInnen 0,0207. Wir sehen, dass die Wahrscheinlichkeit für den „extremen“ Fall, dass alle drei Personen in der Stichprobe SympathisantInnen sind, noch kleiner ist als im Fall der Binomialverteilung. Das werden wir im nächsten Abschnitt (das Stichwort wird sein: Varianz der hypergeometrischen Verteilung) noch besser verstehen.

Lage- und Streuungsmaße diskreter Zufallsvariablen

Mit Hilfe der im vorangehenden Abschnitt dargestellten Wahrscheinlichkeitsfunktionen kann man berechnen, wie wahrscheinlich bestimmte Stichprobenergebnisse sind. Wir können allerdings auch erahnen, dass die Berechnung und Darstellung von Wahrscheinlichkeitsfunktionen bei größeren Stichproben recht umständlich werden kann. Wir können aber – ganz in Analogie zu empirischen Variablen (also Messwerten, die in einem Datensatz gesammelt sind) – auch für Zufallsvariablen zusammenfassende Maßzahlen für Lage und Streuung angeben.

In diesem Abschnitt bleiben wir bei diskreten Zufallsvariablen, von denen wir zwei wichtige Vertreter eben kennengelernt haben. Natürlich gibt es zahlreiche andere diskrete Verteilungen, auf die wir hier nicht eingehen können.[4] Betrachten wir nun kurz, wie man allgemein diskrete Zufallsvariablen charakterisiert.

Sie erinnern sich: Die wichtigsten Charakteristika empirischer Variablen waren Maße der zentralen Tendenz und Streuungsmaße. Genau so ist es auch bei Zufallsvariablen. Den „Mittelwert“ einer Zufallsvariablen bezeichnet man als *Erwartungswert*. Er heißt so, weil es sich um den Wert handelt, den man aus theoretischen Gründen erwartet, nicht einen Wert, der irgendwie durch das Durchführen eines Zufallsexperiments tatsächlich gegeben ist. Er lässt sich allgemein mit folgender Formel angeben:

Erwartungswert einer diskreten Zufallsvariablen

$$E(X) = x_1 p_1 + x_2 p_2 + ... + x_n p_n = \sum_{i=1}^{n} x_i p_i \tag{4.5}$$

Wir multiplizieren also ganz einfach die einzelnen Ausprägungen der Zufallsvariablen mit den ihnen zugeordneten Wahrscheinlichkeiten und bilden die Summe dieser Produkte.

---

4 Wichtige Verteilungen sind etwa die Poisson-Verteilung oder die Multinomialverteilung. Überblickswerke zu statistischen Verteilungen – für diskrete Verteilungen siehe etwa Johnson et al. (2005) – sind allerdings üblicherweise nur mit guten Mathematikkenntnissen zugänglich.

Beispiel 4.4: Nehmen wir das Beispiel der ParteisympathisantInnen aus dem vorigen Abschnitt. Hier berechnen wir unter Heranziehung der mit Hilfe der Binomialverteilung errechneten Wahrscheinlichkeiten:[5]

$$E(X) = 0 \cdot 0{,}343 + 1 \cdot 0{,}441 + 2 \cdot 0{,}189 + 3 \cdot 0{,}027 = 0{,}9$$

„Im Durchschnitt" würden wir also in diesem Beispiel genau 0,9 SympathisantInnen (bzw. Elemente mit der uns interessierenden Ausprägung) erhalten. Und das ist auch richtig so: 0,9 sind genau 30 Prozent von 3. Wir sehen gleichzeitig: In einer einzelnen Stichprobe dieses Beispiels kann der Erwartungswert nicht auftreten. Er ist eben ein theoretischer Wert.

Nachgetragen sei noch, dass man den Erwartungswert statt mit $E(X)$ auch manchmal mit μ bezeichnet (ein griechischer Buchstabe, der „mü" ausgesprochen wird). Sie erinnern sich – griechische Buchstaben bezeichnen Kenngrößen der Grundgesamtheit; und der Erwartungswert kennzeichnet ja einen Wert, der sich aus theoretischen Überlegungen heraus in Übereinstimmung mit der „Grundgesamtheit" ergibt (während in unserem Beispielfall ein empirischer Wert von 0,9 gar nicht möglich ist).

Die *Varianz einer diskreten Zufallsvariablen* macht – wie auch die Varianz einer empirisch gemessenen Variablen – eine Aussage über die Streuung der möglichen Werte der Zufallsvariablen. Sie wird auch im Fall diskreter Variablen bestimmt durch die quadrierten Abweichungen der einzelnen Werte vom Mittelwert, hier also dem Erwartungswert, die dann anschließend mit den Auftretenswahrscheinlichkeiten multipliziert werden:

Varianz einer diskreten Zufallsvariablen

$$Var(X) = (x_1 - \mu)^2 p_1 + \ldots + (x_n - \mu)^2 p_n = \sum_{i=1}^{n} (x_i - \mu)^2 p_i \qquad (4.6)$$

Beispiel 4.5: Setzen wir unser Beispiel fort, so beträgt die Varianz (wieder auf der Grundlage der mittels der Binomialverteilung errechneten Wahrscheinlichkeiten) $(0-0{,}9)^2 \cdot 0{,}343 + (1-0{,}9)^2 \cdot 0{,}441 + (2-0{,}9)^2 \cdot 0{,}189 + (3-0{,}9)^2 \cdot 0{,}027 = 0{,}63$.

Nehmen wir als Kontrastfall einmal eine Zufallsvariable, in der die Wahrscheinlichkeiten der Ausprägungen 0, 1, 2 und 3 gleichverteilt wären mit $p_i = 0{,}25$. Der Mittelwert beträgt in diesem Fall 1,5 und die Varianz 1,25, letztere ist also etwa doppelt so groß wie in unserem Beispiel. Darin drückt sich aus, dass in diesem Fall die Ausprägungen in der Nähe des Erwartungswerts

5 Das gleiche Ergebnis würden wir erhalten, wenn wir die anhand der hypergeometrischen Verteilung errechneten Wahrscheinlichkeiten einsetzen würden.

(also 1 und 2) keine größere Wahrscheinlichkeit haben als die weiter entfernt liegenden Werte (im Unterschied zum eben durchgerechneten Beispiel, wo die Wahrscheinlichkeit extremer Werte sehr gering war). Der Extremfall wäre – bezogen auf eine Zufallsvariable mit den Ausprägungen 0, 1, 2 und 3 und einem Erwartungswert von 1,5 – gegeben, wenn den Ausprägungen (in der genannten Reihenfolge) Wahrscheinlichkeiten von 0,5, 0, 0 und wieder 0,5 zugeordnet wären. Hier beträgt die Varianz 2,25 – und mehr Streuung ist in der genannten Konstellation nicht möglich.

Die genannten Formeln gelten allgemein für diskrete Zufallsvariablen. Im Fall der beiden Verteilungen, die wir oben kennengelernt haben, lassen sich aber vereinfachte Berechnungswege angeben, die auch für den Vergleich der beiden Verteilungen erhellend sind. Der Erwartungswert einer binomialverteilten Zufallsvariablen wird so berechnet:

Erwartungswert einer binomialverteilten Zufallsvariablen

$$E(X) = n \cdot \pi \tag{4.7}$$

Sie erinnern sich: π bezeichnet die Wahrscheinlichkeit der uns interessierenden Ausprägung. Im Beispiel der SympathisantInnen mit einer Partei beträgt sie 0,3 (oder 30 Prozent, entsprechend dem Anteil der SympathisantInnen in der Grundgesamtheit). Bei Stichproben vom Umfang drei erwarten wir also auch nach dieser Formel im Durchschnitt 0,9 Sympathisierende.

Des Weiteren gilt:

Varianz einer binomialverteilten Zufallsvariablen

$$Var(X) = n \cdot \pi \cdot (1 - \pi) \tag{4.8}$$

Im Beispiel ergibt sich $3 \cdot 0{,}3 \cdot 0{,}7 = 0{,}63$, was natürlich dem Ergebnis nach der allgemeinen Formel für diskrete Zufallsvariablen entspricht.

Auch die hypergeometrische Verteilung lässt sich durch Erwartungswert und Varianz charakterisieren. Beginnen wir mit ersterem:

Erwartungswert einer hypergeometrisch verteilten Variablen

$$E(X) = n \cdot \frac{N_1}{N} \tag{4.9}$$

Den Ausdruck N_1/N kann man mit der Wahrscheinlichkeit π gleichsetzen, die wir in der Formel für den Erwartungswert einer binomialverteilten Zufallsvariablen finden (er entspricht der sogenannten Laplace-Wahrscheinlichkeit). Die Erwartungswerte einer binomialverteilten und einer hypergeometrisch verteilten Variablen unterscheiden sich also nicht! Entsprechend erhalten wir in unserem Beispiel den Erwartungswert als $3 \cdot (9/30)$, was natürlich wieder den schon bekannten Wert 0,9 ergibt.

Unterschiede bestehen allerdings bei der Streuung der zu erwartenden Stichprobenkennwerte.

Varianz einer hypergeometrisch verteilten Variablen

$$Var(X) = n \cdot \frac{N_1}{N} \cdot \left(1 - \frac{N_1}{N}\right) \cdot \frac{N-n}{N-1} \qquad (4.10)$$

Von den Größen n und N_1/N wissen wir bereits, dass sie analog zu einer Binomialverteilung zu verstehen sind. Aber auch $1 - N_1/N$ hat ein Pendant in der Binomialverteilung; es entspricht dem Ausdruck $1 - \pi$. Der einzige Unterschied in den Varianzen beider Verteilungen besteht also darin, dass bei der hypergeometrischen Verteilung noch der Faktor $(N-n)/(N-1)$ hinzukommt – ein Faktor, der (mit Ausnahme einer Stichprobe des Umfangs 1) immer kleiner als 1 ist. Mit anderen Worten: Die Varianz einer hypergeometrisch verteilten Variablen ist kleiner als die einer binomialverteilten Variablen. Das liegt auch nahe, da durch das Nicht-Zurücklegen der Elemente die Auswahlmöglichkeiten und damit die Variabilität mit jedem Schritt kleiner werden. In unserem Beispiel ergibt sich denn auch ein Wert für die Varianz von

$$Var(X) = 3 \cdot \frac{9}{30} \cdot \left(1 - \frac{9}{30}\right) \cdot \frac{30-3}{30-1} \approx 0{,}58655,$$

also sichtlich weniger als der Wert von 0,63, der sich bei Zugrundelegen einer binomialverteilten Variablen ergeben hat.

Beim Faktor $(N-n)/(N-1)$ handelt es sich um die bereits weiter oben erwähnte Endlichkeitskorrektur oder *finite population correction*, also eine Korrektur für eine „endliche Grundgesamtheit". Er wird auch in anderen Fällen (also bei Größen, die anderen Verteilungen folgen) herangezogen, wenn der Auswahlsatz n/N, also das Verhältnis des Umfangs der Stichprobe zum Umfang der Grundgesamtheit, groß ist. Ist der Auswahlsatz dagegen klein, tendiert $(N-n)/(N-1)$ gegen 1 und wird damit vernachlässigenswert.[6] Das

6 Nur als kleine Verdeutlichung: Würden wir unser Beispiel auf eine Grundgesamtheit von 300 statt 30 Fällen anwenden, betrüge die Varianz nach der hypergeometrischen Verteilung bereits 0,626, wäre also kaum mehr von der Varianz nach der Binomialverteilung zu unterscheiden.

gilt auf jeden Fall bei Datensätzen, die sich auf große Grundgesamtheiten wie „alle Wahlberechtigten“, „alle SchülerInnen Bayerns“ oder Ähnliches beziehen. Aus diesem Grund werden wir das Thema der Endlichkeitskorrektur im Folgenden nicht weiter beachten. Die Diskussion der hypergeometrischen Verteilung hilft Ihnen aber zu verstehen, warum in bestimmten Fällen dieser Korrekturfaktor herangezogen werden muss.

Stetige Zufallsvariablen und die Standardnormalverteilung

Im vorangegangenen Abschnitt hatten wir es mit einem binären Merkmal zu tun; das Ergebnis der Stichprobenziehung war eine diskrete Variable (mit ganzzahligen Werten), die angibt, wie oft eine bestimmte Ausprägung in der Stichprobe auftritt. Wenn in einer Stichprobe allerdings metrische Merkmale mit vielen Ausprägungen enthalten sind, so sind die Stichprobenergebnisse für diese Merkmale nicht mehr diskret, sondern (zumindest annähernd) stetig. Stetige Variablen sind, wir erinnern uns, solche, die (oft innerhalb eines bestimmten Wertebereichs) jeden beliebigen Wert annehmen können.

Stetige Zufallsvariablen sind theoretisch und mathematisch schwieriger zu fassen als ihre diskreten Gegenstücke. Sie sind allerdings von entscheidender Bedeutung für das statistische Schließen, und zwar deshalb, weil bei großen Fallzahlen auch diskrete Verteilungen sich sehr stark stetigen Verteilungen annähern. Tatsächlich kann man sehr viele Fragen der Inferenzstatistik mit einigen wenigen stetigen Verteilungen lösen, und hinter diesen steht letztlich sogar eine einzige stetige Verteilung, die uns bereits aus der Beschreibung empirischer Variablen bekannte Normalverteilung. Daher führen wir die Idee stetiger Variablen gleich anhand der Normalverteilung ein und verdeutlichen im Anschluss deren grundsätzliche Bedeutung für die Inferenzstatistik.

Stetige Zufallsvariablen können wir in Analogie zu diskreten Variablen charakterisieren, müssen dabei aber eben die Tatsache der Stetigkeit angemessen berücksichtigen. Das versuchen wir in den folgenden Abschnitten.

Wie waren wir also bei diskreten Variablen vorgegangen? Wir haben diese zunächst durch ihre *Wahrscheinlichkeitsfunktion* beschrieben; diese hat uns für jeden einzelnen Wert der diskreten Variablen deren Wahrscheinlichkeit angegeben (siehe Beispiel 4.1, visualisiert in Abbildung 4.1 auf S. 102, und Beispiel 4.2). Da stetige Variablen jedoch unendlich viele Werte annehmen können, ist es hier nicht möglich, die Wahrscheinlichkeit anzugeben, mit der ein bestimmter einzelner Wert auftritt. Man kann nur Aussagen über die Wahrscheinlichkeiten von Werten machen, die in bestimmten *Bereichen* liegen. (De facto ist das allerdings zum Glück kein Nachteil, weil das für unsere Zwecke völlig genügt, wie wir später sehen werden.) Und dementsprechend kann man stetige Zufallsvariablen auch nicht durch die Angabe einer Wahrscheinlichkeitsfunktion charakterisieren, die genau angibt, welche Ausprägung welche Wahrscheinlichkeit besitzt. An deren Stelle tritt bei stetigen Variablen eine *Wahrscheinlichkeitsdichtefunktion* oder (wenn aus dem Zusammenhang klar ist, dass es um Wahrscheinlichkeiten geht) einfach nur *Dichtefunktion*. Hierbei handelt es sich um eine mathematische Formel, mit der man angeben kann, welche Ausprägungen die Wahrscheinlichkeitsdichte für die unterschiedlichen Werte der Zufallsvariablen annimmt.

Gehen wir das Thema zunächst einmal visuell an, und zwar am Beispiel der schon erwähnten Normalverteilung – oder besser: am Beispiel von Normalverteilung*en*, denn es gibt nicht „die“ Normalverteilung, sondern unendlich viele Normalverteilungen, die sich durch ihren Erwartungswert (= Mittelwert) und ihre Varianz (= Streuung) unterscheiden. Abbildung 4.2 zeigt also nur eine sehr kleine Auswahl davon:

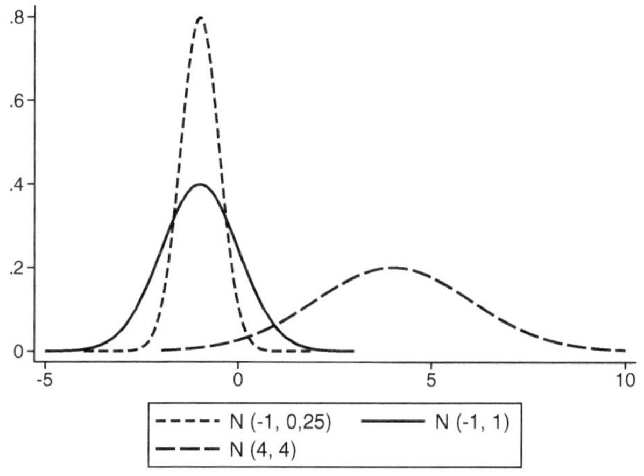

Abbildung 4.2: Drei Normalverteilungen mit unterschiedlichem Mittelwert und unterschiedlicher Varianz

Die Höhe der Kurve über der x-Achse zeigt ähnlich wie bei diskreten Variablen (vgl. Abbildung 4.1) an, wie klein oder groß die Wahrscheinlichkeit ist; allerdings kann sie, wie gesagt, nicht als genaue Angabe der Wahrscheinlichkeit für einen spezifischen Wert gelesen werden, sondern nur als Anzeichen für die Wahrscheinlichkeit in der „Umgebung“ eines bestimmten Wertes. Wir sehen also: Die Wahrscheinlichkeiten sind in der Mitte der Verteilung am höchsten und nehmen nach links und nach rechts in einer charakteristischen Form immer mehr ab.[7] (Diese spezielle Form gilt wohlgemerkt nur für die Normalverteilung und eine nahe Verwandte, die t-Verteilung.) Die Kurve nähert sich links und rechts asymptotisch der x-Achse, erreicht diese jedoch nirgends. Anders gesagt: Die Wahrscheinlichkeit erreicht nirgends den Wert 0, auch wenn sie nur ganz geringfügig darüber liegt. Die Angabe $N(-1, 0{,}25)$ ist zu lesen als „Normalverteilung mit Mittelwert -1 und Varianz 0,25“. Da

---

7 Man kann häufig lesen, dass die Dichtekurven der Normalverteilung glockenförmig sind. Wie Sie erkennen können, ist das nicht unter allen Umständen richtig.

diese Verteilung die geringste Streuung hat, liegen die möglichen Werte der Zufallsvariablen recht nah um den Mittelwert −1 verteilt; bei der Verteilung $N(4, 4)$ ist die Streuung deutlich größer, was bedeutet, dass auch weit vom Mittelwert entfernte Werte noch eine gewisse Auftretenswahrscheinlichkeit haben. Dafür ist die Wahrscheinlichkeit in der Nähe des Mittelwerts (notwendigerweise) geringer als bei einer Verteilung mit geringerer Streuung.[8]

Die Dichtefunktionen sind allerdings wenig ergiebig, weil sich an ihnen das, was uns in diesem Zusammenhang interessiert – nämlich: welcher Anteil der Werte liegt in einem bestimmten Wertebereich –, gar nicht ablesen lässt. Hierfür ist grundsätzlich die *Verteilungsfunktion* viel besser geeignet. Hierbei handelt es sich um nichts anderes als die *kumulierte Dichtefunktion*. Wir haben kumulierte Werte bereits im Falle empirischer Daten kennengelernt (siehe Abschnitt 3.1.1 auf S. 41 ff.): Sie sagen uns, dass soundsoviel Prozent der Werte nicht größer sind als ein bestimmter Wert x_i. Visualisiert haben wir sie in Form der empirischen Verteilungsfunktion auf S. 55 f. In Analogie dazu können wir auch die Verteilungsfunktion stetiger Zufallsvariablen abtragen.

Für die folgende Darstellung haben wir eine Normalverteilung mit Mittelwert 0 und Varianz von 1 ausgewählt. Eine Variable mit diesen Eigenschaften erhalten wir immer durch Standardisierung; wir haben dieses Verfahren bereits in Zusammenhang mit der Beschreibung von Daten kennengelernt (siehe S. 80 f.), aber es lässt sich auch auf Zufallsvariablen anwenden. Eine standardisierte Normalverteilung bezeichnet man – wenig überraschend – als *Standardnormalverteilung*, und ihre Werte werden meist mit z bezeichnet.

Die kumulierte Dichtefunktion in Abbildung 4.3 ist die geschwungene Linie. Wir haben außerdem zur Markierung zwei horizontale Linien eingezogen, auf die wir gleich zurückkommen. Zunächst aber ein paar „Leseübungen" zum Verständnis der Graphik. Betrachten wir als erstes die Lage der Kurve an der Stelle y = 0,5; der entsprechende Wert auf der x-Achse ist genau 0. Darin drückt sich aus, dass genau die Hälfte (also ein Anteilswert von 0,5 oder 50 Prozent) der Werte kleiner oder gleich 0 und die Hälfte größer oder gleich 0 ist; anders gesagt: Die Wahrscheinlichkeit für einen Wert kleiner oder gleich 0 beträgt 50 Prozent. Dies ist der uns schon bekannte Sachverhalt, dass Normalverteilungen symmetrisch um den Mittelwert sind, was nichts

8 Die allgemeine mathematische Form einer Wahrscheinlichkeitsdichte schreibt man wie folgt:

$$P(a \leq X \leq b) = \int_a^b f(x)dx$$

Das *Integral* über x von a bis b, $\int_a^b f(x)dx$, gibt die Fläche unter der Kurve an, die sich über der x-Achse zwischen a und b aufspannt. Anders gesagt: Die Fläche gibt die Wahrscheinlichkeit an, einen Wert zwischen a und b zu erhalten. Wenn die Fläche sehr klein ist, heißt das: Werte in diesem Bereich sind recht unwahrscheinlich. Um die Wahrscheinlichkeit genau zu bestimmen, muss man „nur" das jeweilige Integral berechnen. (Aber keine Sorge – Sie müssen das nicht wirklich tun!)

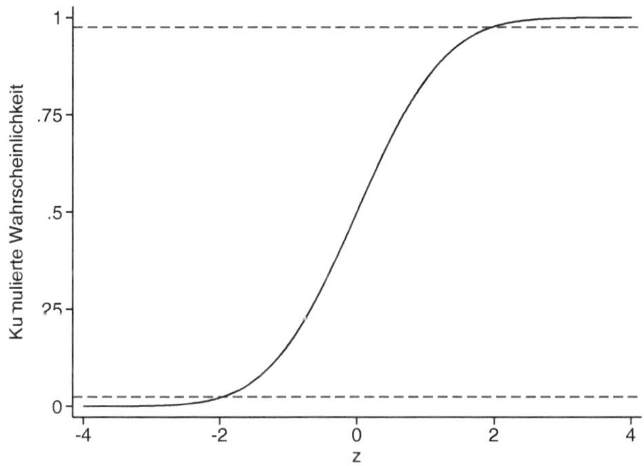

Abbildung 4.3: Kumulierte Dichte der Standardnormalverteilung

anderes bedeutet, als dass die Hälfte der Werte links und die andere rechts vom Mittelwert liegt (der somit auch mit dem Median identisch ist) – und der Mittelwert der Standardnormalverteilung ist eben genau 0.

Ganz analog zu diesem Vorgehen können wir weitere Werte auf der y-Achse auswählen und auf der x-Achse die entsprechenden Werte ablesen (oder umgekehrt). Wie Sie an der Formulierung im vorigen Abschnitt schon gesehen haben, entsprechen die y-Werte den Quantilen. Welcher Wert auf der x-Achse entspricht beispielsweise dem Quartil $Q_{0,25}$? Nun, wirklich gut ablesen kann man das zwar nicht, aber man kann erkennen, dass der Wert zwischen -1 und 0 liegt, und zwar wohl etwas näher an -1. Genau genommen beträgt er $-0{,}675$ (sehr genau genommen $-0{,}67449$). Aufgrund der Symmetrie der Normalverteilung beträgt der Wert des dritten Quartils 0,675. Wir können also beispielsweise sagen, dass das untere Viertel der Werte einer standardnormalverteilten Variablen zwischen $-\infty$ und $-0{,}675$ liegt (entsprechend liegt das obere Viertel der Werte im Bereich zwischen 0,675 und $+\infty$), oder, übersetzt in Wahrscheinlichkeiten: Die Wahrscheinlichkeit, dass ein Wert einer standardnormalverteilten Variablen kleiner oder gleich $-0{,}675$ bzw. größer oder gleich 0,675 ist, beträgt jeweils 0,25. Umgekehrt heißt das, dass die Wahrscheinlichkeit, dass ein Wert zwischen $-0{,}675$ und 0,675 liegt, 0,5 beträgt.

Kommen wir nun auf die beiden horizontalen Linien zu sprechen. Diese markieren zwei Quantile, die später immer wieder eine große Rolle spielen werden: Das 0,025-Quantil und das 0,975-Quantil. Die entsprechenden Werte auf der x-Achse betragen ungefähr -2 bzw. 2; genau genommen lauten sie $-1{,}96$ und 1,96. Wir können also sagen: Die Wahrscheinlichkeit, dass ein Wert im Bereich von $-\infty$ bis $-1{,}96$ liegt, beträgt 0,025 (oder 2,5 Prozent), ebenso, dass ein Wert zwischen 1,96 und $+\infty$ liegt. Natürlich bedeutet dies auch, dass die Werte mit 95-prozentiger Wahrscheinlichkeit zwischen −1,96 und 1,96 liegen.

Probieren wir noch das Gleiche ausgehend von der x-Achse (also den z-Werten). Zum Wert von −1 auf der x-Achse gehört ein y-Wert von ungefähr 0,16, zum Wert $x = 1$ ein y-Wert von $1 - 0{,}16 = 0{,}84$. Das entspricht unserer im Abschnitt über Standardisierung getroffenen Feststellung, dass etwa 68 Prozent der Werte einer normalverteilten Variablen im Bereich von ±1 Standardabweichungen um den Mittelwert liegen (denn die Standardabweichung der Standardnormalverteilung beträgt ja gerade 1!).

Das Arbeiten mit den Quantilen stetiger Verteilungen wird in den folgenden Abschnitten ganz entscheidend werden. Hierfür brauchen wir natürlich genauere Möglichkeiten als das Ablesen aus einer Graphik. Leider ist die Berechnung der Quantilwerte für normale Sterbliche nicht möglich. Wir können zwar die Dichtefunktion der Normalverteilung bzw. der Standardnormalverteilung in Formeln fassen (siehe gleich im Anschluss Gleichung 4.11 und 4.12). Doch für die Berechnung der kumulierten Dichte müssten wir dann das Integral über diese Funktionen bilden, welches sich leider nicht analytisch berechnen lässt.

Zum Glück haben aber bereits früher Wissenschaftler entsprechende Werte bestimmt, so dass man sie heute in Tabellen nachsehen kann (auch Statistik-Programme haben Algorithmen zur Berechnung der Werte implementiert). In Tabelle 4.1 haben wir ein paar wichtige Quantile der Standardnormalverteilung zusammengefasst. Die Spalte z gibt jeweils den Wert der Verteilung an, die Spalte α, zu welchem Quantil dieser Wert gehört. Wir können beispielsweise ablesen, dass 10 Prozent aller Werte kleiner oder gleich −1,282 sind.

Tabelle 4.1: Auszüge aus der Standardnormalverteilung

z	α	z	α
−2,576	0,005	0,675	0,75
−2,325	0,01	1,282	0,90
−1,96	0,025	1,645	0,95
−1,645	0,05	1,96	0,975
−1,282	0,10	2,325	0,99
−0,675	0,25	2,576	0,995
0	0,5		

Wie diskrete, so lassen sich auch stetige Zufallsvariablen durch einen *Erwartungswert* (den Wert, den wir durchschnittlich für eine Stichprobe erwarten) und eine *Varianz* (die Streuung der verschiedenen Stichprobenwerte um den Erwartungswert) charakterisieren. Die Formeln hierfür beruhen auf der Infinitesimalrechnung, sie sind wiederum nur mit Hilfe von Integralen formal darstellbar. Wenn es sich bei Zufallsvariablen um Stichprobenergebnisse handelt, dann entspricht der Erwartungswert meist (aber nicht immer) dem entsprechenden Wert in der Grundgesamtheit, und die Varianz der Stichprobenergebnisse hat ebenfalls mit der Varianz des Merkmals in der Grundgesamtheit zu tun. Genauere Angaben für zwei wichtige Größen (Mittel- und Anteilswerte) finden Sie im nächsten Abschnitt. An dieser Stelle wollen wir nur festhalten: *Wenn* für eine normalverteilte Variable Erwartungswert und Varianz bekannt sind, dann legen diese beiden Größen auch die Dichtefunktion, also die Wahrscheinlichkeiten für unterschiedliche Stichprobenergebnisse fest:

Dichtefunktion von Normalverteilung und Standardnormalverteilung

Die Dichtefunktion einer normalverteilten Zufallsvariablen mit gegebenem Erwartungswert μ und Varianz σ^2 lautet:

$$f(x|\mu, \sigma) = \frac{1}{\sigma\sqrt{2\pi}} e^{-\frac{(x-\mu)^2}{2\sigma^2}} \quad (4.11)$$

Bei einer Standardnormalverteilung mit $\mu = 0$ und $\sigma = 1$ (sie wird häufig durch φ, das kleine griechische „phi“, symbolisiert) vereinfacht sich diese Formel zu:

$$\varphi(x) = \frac{1}{\sqrt{2\pi}} e^{-\frac{(x)^2}{2}} \quad (4.12)$$

In diesen Formeln steht π für die Kreiszahl 3,14... (es handelt sich also nicht um einen Anteilswert oder eine Wahrscheinlichkeit).

Die Funktionen geben für beliebige x den zugehörigen Wert auf der y-Achse an, also die „Höhe“ der Dichtekurve über der x-Achse.

Fassen wir zusammen. In Analogie zu den Regeln für empirische normalverteilte Merkmale (vgl. Abschnitt 3.4.1) gilt: Wir können bei wiederholten Stichprobenziehungen im Falle einer standardisierten stetigen Variablen erwarten, dass die Mittelwerte in den Stichproben im Durchschnitt bei 0 liegen (das ist die Definition des Erwartungswertes) und dass beispielsweise ca. 68 Prozent aller Stichprobenmittelwerte im Bereich zwischen −1 und 1 liegen. Doch reicht die Bedeutung der Standardnormalverteilung viel weiter, denn wir können sie unter bestimmten Bedingungen bei sehr vielen Arten von Merkmalen heranziehen. Das werden wir im nächsten Abschnitt darlegen.

4.1.3 Der zentrale Grenzwertsatz und seine Folgen

In diesem Abschnitt wollen wir herausstellen, warum die (Standard-)Normalverteilung in der Statistik so wichtig ist. Kurz gesagt geht es darum: Diskrete Verteilungen, wenn sie nur einigermaßen fein abgestuft sind, können auch durch stetige Verteilungen angenähert werden. Wenn die Stichprobengröße groß genug ist, kommt dafür im wesentlichen eine Gruppe von Verteilungen in Frage, nämlich die Normalverteilungen. Und da wir alle Variablen standardisieren können, können wir uns gleich auf die Standardnormalverteilung beschränken.

Aus diesem Grund wird ein fundamentaler Satz der Statistik für standardisierte Variablen und entsprechend für die Standardnormalverteilung formuliert:

Der zentrale Grenzwertsatz

Die Verteilung der standardisierten Summe von n unabhängigen Zufallsvariablen, die alle die identische Wahrscheinlichkeitsverteilung haben, nähert sich mit steigender Stichprobengröße der Standardnormalverteilung an.

Was das praktisch heißt, wollen wir kurz an einem Beispiel verdeutlichen. Wir wählen eine binäre Variable – wir haben ja oben (Abschnitt 4.1.2, S. 98) gelernt, wie wir die Binomialverteilung verwenden können, um die Wahrscheinlichkeit für die Anzahl (anders gesagt: die Summe) der „günstigen" Ereignisse zu berechnen. Die Auftretenswahrscheinlichkeit des interessierenden („günstigen") Ereignisses betrage $\pi = 0{,}2$. Es handelt sich also um eine recht schiefe Verteilung. Entsprechend schief sieht die Verteilung der Wahrscheinlichkeiten bei einer kleinen Stichprobe von zwei Fällen aus (siehe Abbildung 4.4a). Auch bei $n = 5$ oder $n = 10$ (Abbildungen 4.4b und 4.4c) resultiert noch eine eher schiefe Verteilung. Doch bei einer Stichprobe von 30 Fällen muss man schon ein zweites Mal hinschauen, um zu sehen, dass die Verteilung der Wahrscheinlichkeiten nicht ganz symmetrisch ist (Abbildung 4.4d). Genau das ist die Aussage des zentralen Grenzwertsatzes. Und da auch Anteilswerte, Mittelwerte und viele andere Größen auf der Grundlage von Summen errechnet werden, gilt auch für diese Größen, dass ihre Streuung bei „hinreichend großen" (Zufalls-)Stichproben einer Normalverteilung folgt – und dies eben auch, wenn das Merkmal selbst in der Grundgesamtheit überhaupt nicht normalverteilt ist.

Machen wir uns zur Sicherheit noch einmal klar, was es heißt, wenn wir gerade davon gesprochen haben, dass die Streuung von Anteils- oder Mittelwerten einer Normalverteilung folgt. Es geht immer noch um die (theoretische) Vorstellung, dass wir *viele* Zufallsstichproben aus einer Grundgesamtheit ziehen. Sehr wahrscheinlich erhalten wir jedes Mal eine andere Stichprobe, d. h., die aus den Stichproben errechneten Kennwerte (Summen,

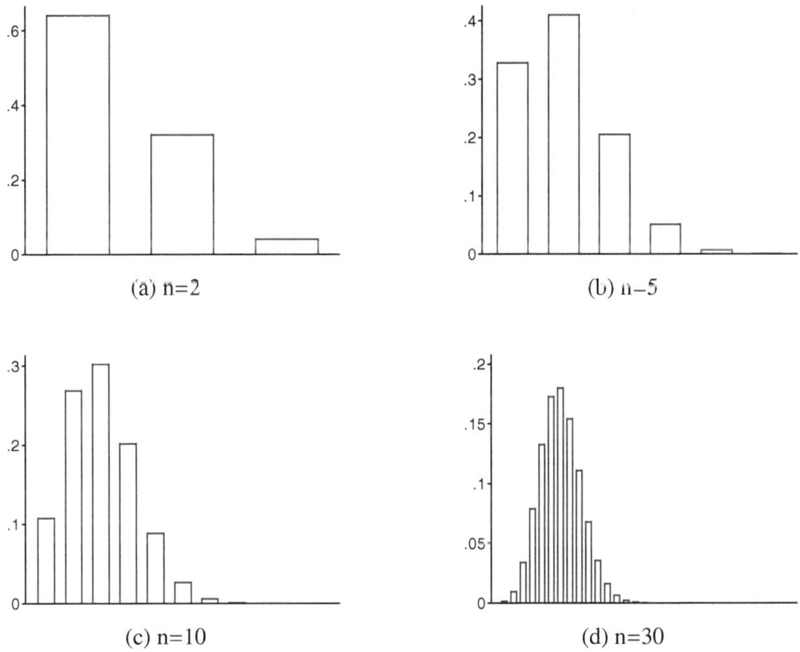

Abbildung 4.4: Verteilungen einer binomialverteilten (π = 0,2) Variablen, unterschiedliche n

Anteile, Mittelwerte) unterscheiden sich von Mal zu Mal – anders gesagt: Sie streuen. Und bei hinreichend großen Stichproben können wir diese Streuung durch die Normalverteilung bzw. (nach Standardisierung) die Standardnormalverteilung annähern. (Bei kleinen Stichproben müssen wir uns dagegen bei Anteilswerten der oben beschriebenen diskreten Verteilungen bedienen.) Anders gesagt: Die (vielen) Stichproben haben einen Mittelwert (den Erwartungswert) und eine Varianz, und beide Größen zusammen können wir dann gewissermaßen in die Formel der Normalverteilung packen und damit genau beschreiben, wie wahrscheinlich es ist, einen Stichprobenkennwert innerhalb eines bestimmten Bereichs um den Erwartungswert zu erhalten.

Kasten 4.1: Zentraler Grenzwertsatz und Eigenschaften von Stichproben

Im zentralen Grenzwertsatz sind einige Formulierungen aufgetaucht, die man schnell überlesen kann, weil sie entweder unscheinbar oder vielleicht auch unverständlich erscheinen. Sie sind aber essenziell.

Zunächst war die Rede von n **unabhängigen Zufallsvariablen**. Achten Sie besonders auf das Wort „unabhängig". Bezogen auf die sozialwissenschaftliche Forschungspraxis heißt das, dass die Elemente einer Stichprobe unabhängig voneinander gezogen sein müssen, wenn der zentrale Grenzwertsatz uneingeschränkt gelten soll.

Anschließend wurde gefordert, dass diese Zufallsvariablen **alle die identische Wahrscheinlichkeitsverteilung haben**. Damit ist grob gesagt gemeint, dass die Elemente einer Stichprobe alle aus der selben Grundgesamtheit bzw. aus Grundgesamtheiten mit den gleichen Eigenschaften kommen müssen. Vor allem bei mehrstufigen Auswahlverfahren ist diese Bedingung in aller Regel nicht uneingeschränkt gegeben (siehe dazu Abschnitte 2.2 und 4.4).

Diese beiden Bedingungen sind so wichtig, dass die Statistiker dafür eine Abkürzung verwenden: Sie sprechen von einer **i. i. d.** Stichprobe, für die englische Übersetzung *independent und identically distributed.*

Aber keine Sorge – Statistikern ist natürlich schon lange klar, dass nicht alle Stichproben i. i. d. sind, und sie haben Abhilfe geschaffen. Nichts von dem, was Sie bisher gelernt haben, war vergebens; das Gleiche gilt auch für die unmittelbar folgenden, besonders zentralen Ausführungen. Man muss, vereinfacht gesagt, bei Stichproben, die nicht i. i. d. sind, „nur“ die Standardfehler anders berechnen (was das ist, erläutern wir später ausführlicher); dann behalten die hier vermittelten Einsichten Gültigkeit.

Übrigens – auch die Formulierung **mit steigender Stichprobengröße** hat es in sich. Sie weist darauf hin, dass wir uns nicht unter allen Umständen auf die Normalverteilung (und später auch einige daraus abgeleitete Verteilungen) stützen können, sondern dass dies erst bei größeren Fallzahlen gilt. Wie groß genau sie sein müssen, werden wir immer wieder kurz ansprechen. Aber zumindest bei der Auswertung von Massendatensätzen, wie sie in der Soziologie üblich sind, brauchen Sie sich keine Sorge zu machen – die sind groß genug.

4.1.4 Weitere Verteilungen stetiger Zufallsvariablen

Im Folgenden müssen wir noch kurz über die (Standard-)Normalverteilung hinausblicken, denn so wichtig diese ist: Leider ist sie doch kein Universalgenie, das wirklich alle Probleme lösen kann. Wir stellen daher noch drei weitere wichtige Verteilungen von Zufallsvariablen vor.

Die t-Verteilung

Die t-Verteilung weist in der Form große Ähnlichkeit mit der Normalverteilung auf und ist sehr stark mit ihr verwandt. Sie wurde entwickelt, um mit folgendem Problem umzugehen: Der zentrale Grenzwertsatz (und damit die Anwendung der Standardnormalverteilung) setzt voraus, dass die Varianz der Grundgesamtheit bekannt ist. Ist dies nicht der Fall, muss sie aus der Stichprobe geschätzt werden. Die damit verbundenen zusätzlichen Ungenauigkeiten gleicht die t-Verteilung aus.

Freilich: „Die“ t-Verteilung gibt es nicht. Es gibt vielmehr eine prinzipiell unendliche Zahl von t-Verteilungen, die zwar alle den gleichen Mittelwert haben – nämlich den Wert 0 –, aber eine unterschiedliche Streuung. Formal spricht man von der t-Verteilung mit „einem Freiheitsgrad“, „zwei Freiheitsgraden“ usw. (englisch: *degrees of freedom*, d. f.). Abbildung 4.5 zeigt die kumulierte Verteilungsfunktion zweier t-verteilter Zufallsvariablen – einer mit fünf und einer mit 20 Freiheitsgraden – und außerdem die einer Standardnormalverteilung. Allerdings dürften Sie einige Mühe haben, letztere überhaupt zu sehen, da sie sich kaum von der t-Verteilung mit 20 Freiheitsgraden unterscheidet. Viele Statistiker sagen entsprechend auch, dass man bereits ab einem Stichprobenumfang von 30 statt der t-Verteilung die Standardnormalverteilung einsetzen kann.

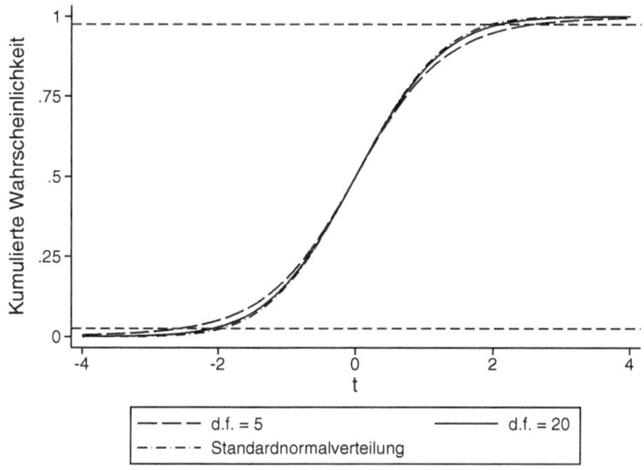

Abbildung 4.5: Kumulierte Dichte zweier t-Verteilungen und der Standardnormalverteilung

In Tabelle 4.2 finden Sie ausgewählte Werte von t-Verteilungen für unterschiedliche Freiheitsgrade. Wir selbst folgen auf dieser Grundlage eher der Regel, die Standardnormalverteilung ab etwa 100 Fällen an die Stelle der t-Verteilung treten zu lassen. (Statistik-Software verfährt aber ohnehin exakt und verwendet für bestimmte Probleme der Inferenzstatistik *immer* die t-Verteilung.) Da die t-Verteilung wie die Standardnormalverteilung symmetrisch um den Mittelwert (und Median) 0 ist, haben wir in Tabelle 4.2 nur Quantile größer als 0,5 abgetragen. Die dazu spiegelbildlichen Quantile haben den entsprechenden negativen Wert. Der Wert des 2,5-Prozent-Quantils der t-Verteilung mit fünf Freiheitsgraden ist also –2,571.

Kasten 4.2: Freiheitsgrade

Was bedeutetet es, wenn wir davon sprechen, dass eine Verteilung soundsoviel Freiheitsgrade hat?

Verdeutlichen wir dies an einem Beispiel: Nehmen wir an, wir hätten eine Stichprobe

Tabelle 4.2: Werte der t-Verteilung für ausgewählte Quantile und Freiheitsgrade (df)

df	0,75	0,90	0,95	0,975	0,99	0,995	0,999	0,9995
5	0,727	1,476	2,015	2,571	3,365	4,032	5,893	6,869
10	0,700	1,372	1,812	2,228	2,764	3,169	4,144	4,587
15	0,691	1,341	1,753	2,131	2,602	2,947	3,733	4,073
20	0,687	1,325	1,725	2,086	2,528	2,845	3,552	3,850
30	0,683	1,310	1,697	2,042	2,457	2,750	3,385	3,646
40	0,681	1,303	1,684	2,021	2,423	2,704	3,307	3,551
50	0,679	1,299	1,676	2,009	2,403	2,678	3,261	3,496
100	0,677	1,290	1,660	1,984	2,364	2,626	3,174	3,390
200	0,676	1,286	1,653	1,972	2,345	2,601	3,131	3,340
300	0,675	1,284	1,650	1,968	2,339	2,592	3,118	3,323
400	0,675	1,284	1,649	1,966	2,336	2,588	3,111	3,315
500	0,675	1,283	1,648	1,965	2,334	2,586	3,107	3,310
∞	0,674	1,282	1,645	1,960	2,326	2,576	3,090	3,291

mit 80 Fällen gezogen und es liegen entsprechend 80 Messwerte der Körpergröße vor. Wenn wir nun den Mittelwert dieser Messwerte kennen und außerdem 79 der 80 Messwerte, so steht auch der 80. Messwert fest, denn bei gegebenen 79 Messwerten kann nur ein einziger weiterer Messwert genau die Summe ergeben, aus der wir dann den Mittelwert errechnen. In diesem Sinne sind bei gegebenem Mittelwert nur 79 der 80 Messwerte „frei“; wenn es sich nun um eine Zufallsvariable handelt, sagen wir, dass diese 79 Freiheitsgrade hat.

Wenn wir außerdem noch das Geschlecht der Befragten erhoben haben und die durchschnittliche Körpergröße von Frauen und Männern vergleichen wollen, so betrachten wir zwei Mittelwerte, die wir aus den insgesamt 80 Messwerten bilden. Anders gesagt: In jeder der beiden Gruppen haben wir einen Freiheitsgrad weniger, als die Gruppe Fälle enthält, so dass wir insgesamt $80 - 2 = 78$ Freiheitsgrade haben.

In der Forschungspraxis erkennt die Statistiksoftware in der Regel, wie viele Freiheitsgrade bei einem gegebenen Testproblem vorliegen. Dennoch geben wir in den nächsten Abschnitten, in denen es um die Anwendung dieser Verteilungen geht, immer auch die Zahl der Freiheitsgrade an.

Die χ^2-Verteilung

Für einige Testprobleme wird die χ^2-Verteilung (sprich: Chi-Quadrat) benötigt. Diese sieht nun ganz anders aus als die Standardnormalverteilung, obwohl sie direkt aus dieser entsteht, indem man die Summe (voneinander unabhängiger) *quadrierter* standardnormalverteilter Variablen bildet. Da eine quadrierte Variable zwingend nur Werte größer oder gleich 0 annehmen kann, ist natürlich auch die Summe mehrerer solcher Variablen größer 0, und entsprechend hat eine χ^2-verteilte Variable neben dem Grenzwert 0 nur positive Werte. In Abbildung 4.6 sind die kumulierten Dichteverteilungen

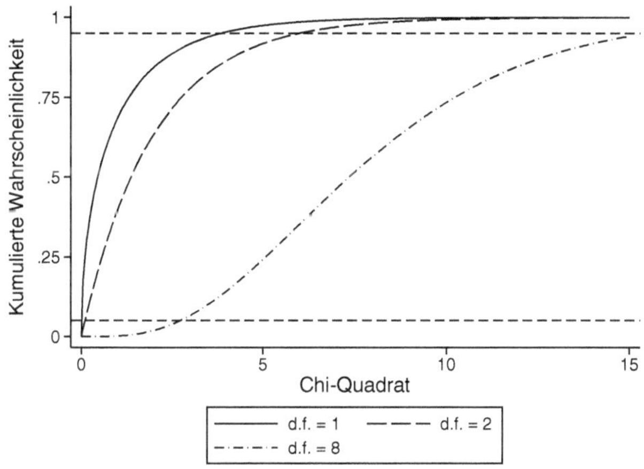

Abbildung 4.6: Kumulierte Dichte von drei χ^2-Verteilungen mit unterschiedlichen Freiheitsgraden (d. f.)

von χ^2-Verteilungen mit einem, zwei und acht Freiheitsgraden abgetragen. Man sieht, dass die Freiheitsgrade hier wirklich drastische Unterschiede ausmachen. In der Graphik sind hier die Referenzlinien für das 5- und das 95-Prozent-Quantil eingetragen, da man sich bei der χ^2-Verteilung meist für das 95-Prozent- und seltener für das 97,5-Prozent-Quantil interessiert.

Der Hauptunterschied zu den beiden bisher diskutierten Verteilungen liegt darin, dass die Werte der χ^2-Verteilung für ein gegebenes Quantil mit zunehmenden Freiheitsgraden anwachsen, also nicht gegen einen Grenzwert nach unten konvergieren (wie im Falle der t-Verteilung) oder konstant sind (wie bei der Standardnormalverteilung). So haben die 95-Prozent-Quantile für einen bis fünf Freiheitsgrade die Werte 3,84 – 5,99 – 7,81 – 9,49 – 11,07. Wie wir an den kumulierten Verteilungen sehen, ist die χ^2-Verteilung auch nicht symmetrisch um den Erwartungswert; erst bei großen Zahlen von Freiheitsgraden nähert sie sich der Symmetrie an. Man wird also das Arbeiten mit der χ^2-Verteilung meist der Statistik-Software überlassen.[9]

9 Umfangreichere Lehrbücher enthalten Tabellen mit ausgewählten Werten der χ^2-Verteilung. Da keine Tabelle vollständig ist, kann man auch eine Näherungsformel verwenden (mit n = Zahl der Freiheitsgrade und z_α als dem Wert der Standardnormalverteilung für das betreffende Quantil):

$$\chi^2_\alpha = \frac{1}{2}\left(z_\alpha + \sqrt{2n-1}\right)^2$$

Die Ergebnisse liegen meist etwas unter den korrekten Werten; bei Fallzahlen ab 30 sind die Unterschiede aber praktisch nicht mehr relevant.

Die F-Verteilung

Schließlich wird auch die F-Verteilung – oder besser: die Familie der F-Verteilungen – immer wieder vorkommen. Diese Verteilungen werden dann eingesetzt, wenn ein Verhältnis zweier Varianzen (oder verwandter Größen) getestet werden soll. Mit den Freiheitsgraden der F-Verteilungen verhält es sich noch komplizierter: Es geht ja um ein Verhältnis zweier Größen; ein Verhältnis stellt man immer durch einen Bruch dar. Also gibt es einmal Freiheitsgrade für den Zähler des Bruchs und dann Freiheitsgrade für den Nenner. F-Verteilungen sind also immer durch den „ersten" und den „zweiten" Freiheitsgrad gekennzeichnet. Damit ist die Zahl der möglichen F-Verteilungen noch einmal größer als die der t- oder der χ^2-Verteilungen.

Aus diesem Grund sparen wir uns eine ausführliche Darstellung. Hier nur in aller Kürze so viel: Die F-Verteilungen entstehen durch Division zweier voneinander unabhängiger χ^2-Verteilungen. Da letztere nur positive Werte oder den Wert 0 annehmen können, gilt dies natürlich auch für die F-Verteilungen. (Kein Wunder – es geht ja um das Verhältnis zweier Varianzen, und auch Varianzen können nicht negativ sein.) Für die Werte der F-Verteilung gilt wieder, dass sie für ein gegebenes Quantil mit zunehmender Zahl der Freiheitsgrade immer kleiner werden.

4.2 Statistisches Schätzen

Nachdem nun die wichtigsten Bausteine der Wahrscheinlichkeitstheorie bekannt sind, wenden wir uns der Frage zu, wie unter Zuhilfenahme der Wahrscheinlichkeitstheorie von Stichprobendaten auf Verhältnisse in der Grundgesamtheit geschlossen werden kann. In diesem Abschnitt geht es um die Frage, wie einzelne statistische Kennwerte auf die Grundgesamtheit „übertragen" werden können und wie dabei mit der Unsicherheit umzugehen ist, die einem solchen Schluss von der Stichprobe auf die Grundgesamtheit immer anhaftet.

Das Ziel ist also, ausgehend von der Stichprobe auf Kennwerte in der Grundgesamtheit, also etwa auf den Anteilswert von prekär Beschäftigten in der Grundgesamtheit oder auf die Varianz des Einkommens in der Grundgesamtheit zu schließen. Die zu schätzenden Kennwerte nennt man *Parameter* der Grundgesamtheit. Der Parameter ist also das, wofür wir uns eigentlich interessieren. Allerdings bleibt er, solange wir keine Totalerhebung durchführen, immer unbekannt. Wir können den Parameter der Grundgesamtheit nicht *bestimmen*, wir können ihn auf Basis von Stichprobendaten eben nur *schätzen*.

Für unsere Überlegungen fundamental ist dazu der Begriff der Stichprobenverteilung. Dieser bezieht sich auf das im vorigen Abschnitt eingeführte zentrale Gedankenexperiment: Aus einer Grundgesamtheit werden (tendenziell) unendlich viele Stichproben der Größe n gezogen. Die entsprechenden Stichprobenkennwerte, also z. B. die Anteilswerte oder die Mittelwerte dieser Stichproben, können als Zufallsvariablen aufgefasst werden, wie Sie sie in Abschnitt 4.1.2 kennengelernt haben; d. h., jede Stichprobe der unendlich oft wiederholten Stichprobenziehung produziert hinsichtlich des interessierenden Merkmals einen anderen Kennwert. Die Verteilung dieser Stichprobenkennwerte nennt man eben *Stichprobenverteilung*.

Die Stichprobenverteilung

Die Stichprobenverteilung (auch Kennwerteverteilung) kennzeichnet, *wie* sich aus Stichproben gewonnene Kennwerte verteilen, wenn man die Stichprobenziehung tendenziell unendlich oft wiederholt. Wenn die Stichprobe tatsächlich auf einen Zufallsprozess zurückgeht, lässt sich die Stichprobenverteilung allgemein wie folgt charakterisieren:

- Der *Erwartungswert* der Stichprobenverteilung (also der mittlere Wert der untersuchten Kenngröße in der Stichprobe) entspricht bei richtiger Konstruktion der Schätzung dem Parameter in der Grundgesamtheit.
- Die *Streuung* der Stichprobenkennwerte um den Erwartungswert folgt einer theoretischen Verteilung. Welche das ist, ist theoretisch abzuleiten. Oft handelt es sich um die Normalverteilung. (Genauer: Meistens ist es tatsächlich die t-Verteilung, die aber bei großen Fallzahlen in die Normalverteilung übergeht, siehe Abschnitt 4.1.4.)

Die Stichprobenverteilung ist die Essenz des statistischen Schließens.[10] Sie ermöglicht stichhaltige Aussagen über die Grundgesamtheit, wenn auch diese Aussagen immer Wahrscheinlichkeitsaussagen bleiben müssen. Das Risiko des Irrtums wird aber dank der Eigenschaften der Stichprobenverteilung kontrollierbar.

Das statistische Schätzen umfasst zwei Aspekte. *Erstens:* Auf der Grundlage von Stichproben können wir den Parameter in der Grundgesamtheit schätzen. Der beste Anhaltspunkt dafür ist ein geeigneter Kennwert, den wir aus den Stichprobendaten bestimmen, oder etwas pessimistischer ausgedrückt: Einen besseren Schätzwert als den, der aus den Daten der einen Stichprobe resultiert, haben wir nicht. Diese Schätzung nennt man Punktschätzung, weil wir eben einen einzigen Wert schätzen.

---

10 Das trifft zumindest auf die „konventionelle" Variante des statistischen Schließens zu. Alternative Verfahren kommen dann zum Tragen, wenn wir nicht wissen, welcher theoretischen Verteilung die Stichprobenverteilung folgt. Das ist u. a. dann der Fall, wenn ein komplexes Stichprobendesign vorliegt. Eine prominente Alternative zur „konventionellen" Form des statistischen Schließens ist *bootstrapping*. Wir gehen in Abschnitt 4.4.3 ganz kurz darauf ein.

Nun ist aber die Wahrscheinlichkeit, dass der Kennwert *exakt* dem Parameter der Grundgesamtheit entspricht, recht gering. Wie können wir die Wahrscheinlichkeit vergrößern? Die Idee ist eigentlich recht einfach: indem wir *zweitens* einen *Bereich* bzw. ein *Intervall* angeben, der bzw. das den Parameter mit einiger Wahrscheinlichkeit enthält. Dies ist Ziel der Intervallschätzung, um die es in Abschnitt 4.2.2 geht.

4.2.1 Punktschätzung

Zur Punktschätzung, also zum Schätzen von Parametern auf Basis von Stichprobendaten, muss man im Rahmen einer anwendungsorientierten Einführung in die Statistik insgesamt nicht übermäßig viel sagen. Das liegt daran, dass die beste Regel für das Schätzen von Parametern oft schlicht lautet: „Nimm den Kennwert der Stichprobe als Schätzwert!" Das heißt z. B. für den Mittelwert: Der Mittelwert einer Zufallsstichprobe ist der beste Schätzer[11] für den Mittelwert in der Grundgesamtheit. Warum ist das so? Man geht dabei von folgender Überlegung aus: Der *wahrscheinlichste* Wert in einer Stichprobe (zumindest, wenn diese einer Normal- oder einer t-Verteilung folgt) ist der Erwartungswert. Der Erwartungswert entspricht aber genau dem Mittelwert in der Grundgesamtheit (oder, bei einem Anteilswert, dem Anteilswert der Grundgesamtheit). Wir könnten natürlich auch einen beliebigen anderen Wert als Punktschätzer heranziehen, aber dann würden wir einen Wert verwenden, der mit geringerer Wahrscheinlichkeit dem Parameter der Grundgesamtheit entspricht. Das ist wenig zweckmäßig.

Ein klein wenig mehr als das ist aber doch noch zum Punktschätzen zu sagen. Es ist nämlich durchaus nicht immer so, dass man einfach den Kennwert der Stichprobe als Schätzwert für den Parameter der Grundgesamtheit benutzen kann. Ein Beispiel dafür haben wir schon in Abschnitt 3.4.1 bzw. 3.4.2 kennengelernt: Dort ist eingeführt worden, dass wir, wenn wir die Varianz bzw. Standardabweichung für die Grundgesamtheit schätzen wollen, die quadrierten Abweichungen vom Mittelwert nicht durch n, sondern durch $n - 1$ teilen müssen. Die einfache Regel „Nimm den Kennwert der Stichprobe als Schätzwert" trifft also nicht immer, aber oft zu. Sie trifft zu auf zwei wichtige Punktschätzer, die wir nachher im Zusammenhang mit Intervallschätzung noch genauer ansehen werden: auf den Mittelwert und auf Anteilswerte.

Die Abweichung von der einfachen Regel zeigt aber schon: Punktschätzung kann immer auf verschiedenen Wegen erfolgen. Es müssen also Kriterien dafür formuliert werden, was einen Schätzer zum *besten* Schätzer macht. Die zwei wichtigsten Kriterien dazu sind Unverzerrtheit und Effizienz des

---

11 Mit „Schätzer" meinen wir immer die Regel (also die Formel), nach der der Schätzwert zu bestimmen ist. Mit „Schätzwert" meinen wir den konkreten Wert, der aus einer Stichprobe als Schätzwert für den Parameter resultiert.

Schätzers.[12] Diese beiden Kriterien wollen wir nun kurz erläutern.

Unverzerrtheit der Schätzung

Um das Kriterium der Unverzerrtheit zu verstehen, müssen wir uns wieder die Idee der unendlich oft wiederholten Stichprobenziehung vor Augen halten. In diesem Fall sollte die Regel, nach der die Punktschätzung vorgenommen wird, *der Tendenz nach* den Parameter tatsächlich treffen und nur zufallsbedingt, nicht aber systematisch davon abweichen. Das ist dann der Fall, wenn der Erwartungswert der Stichprobenverteilung dem Parameter der Grundgesamtheit entspricht, was in Abbildung 4.7 illustriert ist.

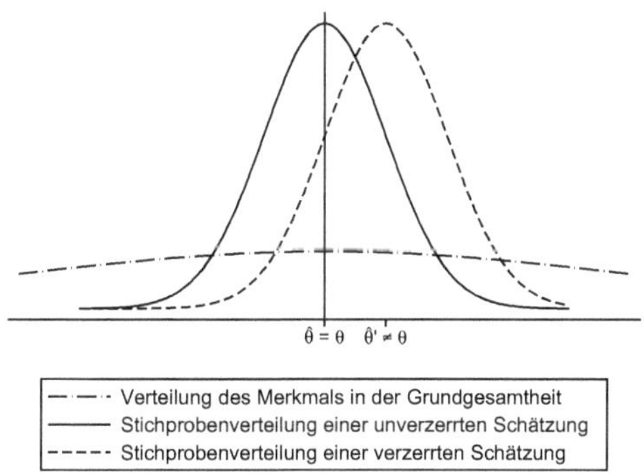

Abbildung 4.7: (Un-)Verzerrtheit von Schätzern

Dort sind drei Verteilungen abgetragen: Zum einen ist die Verteilung des Merkmals in der Grundgesamtheit dargestellt. Man sieht davon nur die „Spitze" einer sehr flachen Verteilung im untersten Dichtebereich. Zu dieser Verteilung ist der gesuchte Parameter θ (gesprochen: „theta") eingetragen.[13] Die durchgezogene Linie stellt die Verteilung der Schätzwerte dar, die aus einer unverzerrten Schätzung resultieren. Diese Verteilung hat den gleichen Erwartungswert wie das Merkmal in der Grundgesamtheit: $\theta = \hat{\theta}$. Die gestrichelte Linie stellt die Verteilung der Schätzwerte dar, die auf Basis eines verzerrten Schätzers zustandegekommen sind. Der Erwartungswert der Verteilung von $\hat{\theta}'$ weicht vom gesuchten Parameter ab. Er stimmt damit nicht mit θ überein, der Schätzer ist *verzerrt.*

---

12 Ein weiteres Kriterium lautet „Konsistenz des Schätzers", auf dessen Erläuterung wir allerdings verzichten, auch wenn das Kriterium nicht schwerer zu verstehen ist als die anderen beiden. Es geht an dieser Stelle in erster Linie darum zu vermitteln, dass es bessere und schlechtere Schätzer gibt und dass Kriterien zur Beurteilung der Güte eines Schätzers existieren.

13 Wenn allgemein von einem zu schätzenden Parameter die Rede ist und nicht von einem konkreten Kennwert der Grundgesamtheit wie dem Mittel- oder einem Anteilswert, dann wird der Parameter üblicherweise mit θ bezeichnet.

Effizienz der Schätzung

Neben der Unverzerrtheit wird von einem guten Schätzer gefordert, dass er *effizient* ist. Auch dann, wenn ein Schätzer unverzerrt schätzt, kann er ineffizient sein. Die Effizienz einer Schätzung wird durch die Streuung der Stichprobenverteilung bestimmt. Je nachdem, wie man den Parameter schätzt, ergeben sich unterschiedliche Stichprobenverteilungen. Der beste Schätzer hinsichtlich des Effizienz-Kriteriums ist der, der die Streuung der Stichprobenverteilung minimiert.

Beispiel 4.6: Stellen Sie sich vor, Sie wollten den Mittelwert eines Merkmals in der Grundgesamtheit schätzen. Sie entschlössen sich aber dazu, als Schätzer nicht den Mittelwert, sondern den Median der Stichprobe zu verwenden. Sie würden, wenn das Merkmal in der Grundgesamtheit normalverteilt ist, mit diesem Schätzverfahren tatsächlich einen unverzerrten Schätzer für den gesuchten Parameter erhalten: Der Erwartungswert der Stichprobenverteilung entspräche dem Mittelwert des Merkmals in der Grundgesamtheit. Allerdings streut die Stichprobenverteilung des Medians weiter als die des Mittelwerts. Sie hätten also einen unverzerrten, aber relativ ineffizienten Schätzer.

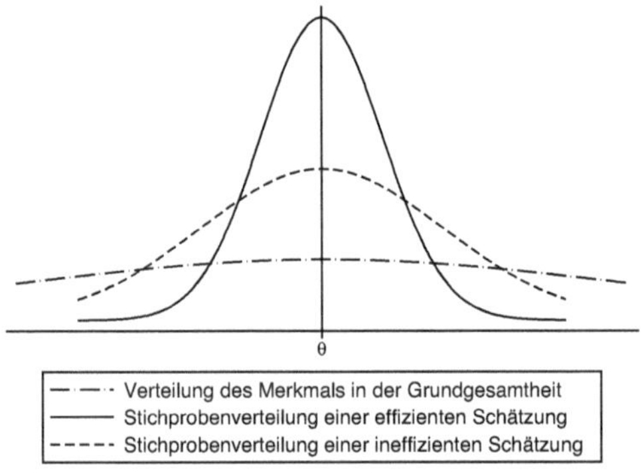

Abbildung 4.8: (In-)Effizienz von Schätzern

Abbildung 4.8 illustriert, was gemeint ist: Die sehr flach verlaufende Linie ist die Verteilung des (normalverteilten) Merkmals in der Grundgesamtheit. Die beiden anderen Verteilungen zeigen Stichprobenverteilungen auf Basis unterschiedlicher Schätzer für den Parameter. Die durchgezogene Linie zeigt die Verteilung der effizienteren Schätzung, die gestrichelte Linie zeigt die Verteilung der ineffizienten Schätzung. Diese Linie verläuft flacher; die Stichprobenverteilung streut weiter. Man ginge auf Basis dieses Schätzers also ein größeres Risiko ein, mit der Schätzung weit vom Parameter entfernt zu liegen.

4.2.2 Intervallschätzung

Die Punktschätzung haben wir damit begründet, dass (jedenfalls bei Mittel- oder Anteilswerten) der Erwartungswert der Stichprobenverteilung der wahrscheinlichste Wert ist. Ein guter Punktschätzer liefert also auf lange Sicht den Schätzwert, bei dem wir das geringste Risiko eingehen, uns zu irren.

„Wahrscheinlichster Wert" und „geringstes Risiko" sind allerdings relative Begriffe. Beispielsweise können wir anhand der Binomialverteilung errechnen, dass die Wahrscheinlichkeit, bei einem Anteilswert der interessierenden Ausprägung von 0,5 (oder 50 Prozent) in einer Stichprobe von 1 000 Fällen genau 500 Fälle mit dieser Ausprägung zu bekommen, ca. 2,5 Prozent beträgt. Das heißt: Die Wahrscheinlichkeit für einen Stichprobenwert, der nicht genau dem Wert in der Grundgesamtheit entspricht, beträgt 97,5 Prozent! Ein konkreter einzelner Stichprobenwert entspricht also mit recht großer Wahrscheinlichkeit *nicht* dem Parameter der Grundgesamtheit.

Wenn es also unwahrscheinlich ist, dass ein einzelner Wert dem Parameter entspricht, wie kann man zu Aussagen mit größerer Wahrscheinlichkeit kommen? Nun, die Idee ist eigentlich naheliegend: Statt eines einzelnen Wertes nehmen wir einen *Bereich* oder ein *Intervall* von Werten. Davon ausgehend hat die Statistik das Konzept des Konfidenzintervalls entwickelt – eines Intervalls, bei dem wir ein gewisses „Vertrauen" haben (daher der Name Konfidenz), dass es den Parameter der Grundgesamtheit enthält.

Konfidenzintervall

Ein Konfidenzintervall (früher auch: „Mutungs-" oder „Vertrauensbereich") zeigt an, wie groß bzw. idealerweise wie klein der Bereich um die Punktschätzung herum ist, innerhalb dessen wir der Schätzung „vertrauen" können. Anders gesagt: Es gibt einen Bereich an, der den unbekannten Parameter mit großer Wahrscheinlichkeit enthält. Ist das Konfidenzintervall breit, ist die Schätzung ungenau, ist es schmal, ist die Schätzung relativ genau.

Zur Idee von Konfidenzintervallen

Wie „funktionieren" nun Konfidenzintervalle? Tun wir zunächst weiterhin so, als würden wir die Grundgesamtheit mitsamt ihrem Parameter schon kennen. Wenn wir viele Stichproben ziehen, können wir anhand der Streuung der Stichprobenverteilung für bestimmte Wahrscheinlichkeiten berechnen, in welchem Bereich um den Erwartungswert herum die Punktschätzungen landen würden. Im Falle der Standardnormalverteilung haben wir dieses Vorgehen bereits ausführlich besprochen (siehe S. 111). Wir wollen jetzt Bereiche finden, in denen die Stichprobenkennwerte mit *großer* Wahrscheinlichkeit liegen werden.

Zunächst wissen wir, dass die Fläche unter der Kurve von Dichtefunktionen Wahrscheinlichkeiten entspricht (siehe S. 108 ff., insbesondere Fußnote 8 auf S. 110). Den Wahrscheinlichkeiten wiederum entsprechen bestimmte Quantilwerte der Verteilung; in Form der kumulierten Dichtefunktion können wir recht gut ablesen, welcher Wertebereich mit einer bestimmten Wahrscheinlichkeit realisiert wird (siehe S. 111).

Übertragen wir das einmal auf die Stichprobenverteilung unseres Parameters: Wir definieren, was wir unter „großer Wahrscheinlichkeit" verstehen wollen. Wir wollen einmal die Wahrscheinlichkeit, mit der die Punktschätzungen bei unendlich oft wiederholter Stichprobenziehung in dem zu bestimmenden Bereich landen sollten, auf 95 Prozent festlegen. Das bedeutet: Die Wahrscheinlichkeit, dass Stichproben realisiert werden, die Punktschätzwerte jenseits dieses Bereichs produzieren, beträgt 100 – 95 = 5 Prozent.

Den Wahrscheinlichkeiten entspricht jeweils eine Fläche unter der Kurve der Stichprobenverteilung. Der Bereich, in dem die Punktschätzungen mit der gewählten Wahrscheinlichkeit von 95 Prozent landen sollen, soll minimiert werden. Das ist dann der Fall, wenn der Bereich *symmetrisch* um den Erwartungswert der Stichprobenverteilung herum festgelegt wird. Weil auch die theoretische Verteilung, der die Stichprobenverteilung folgt, symmetrisch ist, heißt das: Am unteren und oberen Ende der Verteilung sollen ingesamt 5 Prozent der gesamten Wahrscheinlichkeitsmasse, also jeweils 5/2 = 2,5 Prozent, abgeschnitten werden. Die Quantilwerte, die den unteren 2,5 Prozent und den oberen 2,5 Prozent der Verteilung entsprechen (letzteres ist das 97,5-Prozent-Quantil), sind die Unter- bzw. die Obergrenze für den gesuchten Bereich.

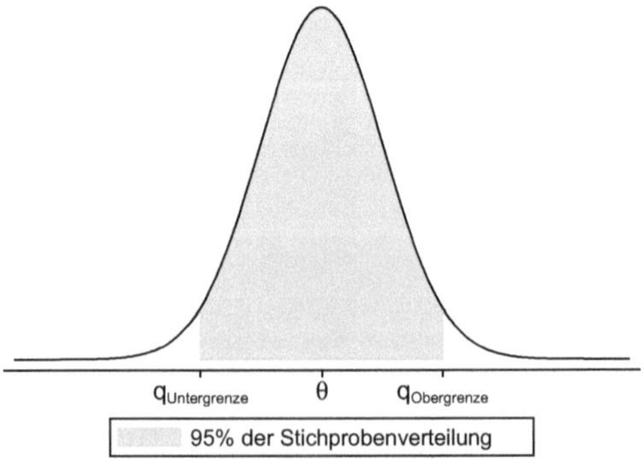

Abbildung 4.9: Stichprobenverteilung von θ

In Abbildung 4.9 ist dieser Gedankengang illustriert. 95 Prozent der gesamten Fläche unter der Kurve sind grau markiert. Die Fläche ist symmetrisch um den Erwartungswert der Verteilung herum definiert worden, denn auf diese Weise wird der zu bestimmende Bereich minimiert. Der Erwartungswert der Stichprobenverteilung ist der Parameter. Die markierte Fläche entspricht der

Wahrscheinlichkeit (hier: 95 Prozent), dass ein Stichprobenkennwert innerhalb des Bereiches $q_{\text{Untergrenze}}$ bis $q_{\text{Obergrenze}}$ liegt. Dieser Bereich definiert ein Intervall der wahrscheinlichen Kennwerte, also ein Wahrscheinlichkeitsintervall.

So weit, so gut. Aber wie kommen wir nun zu einer Lösung für unser Problem, für einen *unbekannten* Parameter ein Intervall zu konstruieren, das den Parameter mit einiger Wahrscheinlichkeit enthält?

Nun, stellen wir uns einmal hypothetisch Folgendes vor: Wir nehmen den Punktschätzwert, den wir anhand der Stichprobe gewonnen haben, und legen um diesen Wert herum ein Intervall, das genau so breit ist wie das eben berechnete Wahrscheinlichkeitsintervall. In Abbildung 4.10 ist die Stichprobenverteilung von θ (Abb. 4.9) mit möglichen Punktschätzwerten aus sechs verschiedenen Stichproben A bis F samt diesen Intervallen abgetragen.[14]

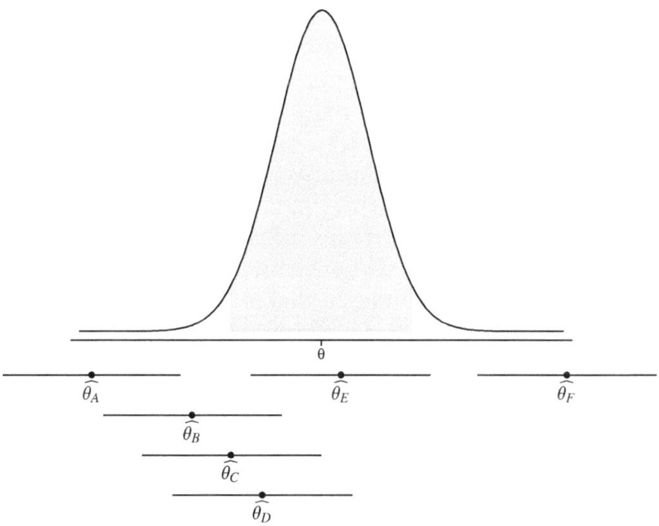

Abbildung 4.10: Bedeutung von Konfidenzintervallen

Stichprobe A produziert einen Punktschätzwert, der stark von θ abweicht; genauer: $\hat{\theta}_A$ liegt außerhalb des 95-Prozent-Bereichs der Stichprobenverteilung. Das Intervall um $\hat{\theta}_A$ überdeckt θ nicht. Ganz offensichtlich gilt dies auch für die Intervalle um die Punktschätzwerte aus den Stichproben B und F. Umgekehrt ist für die Punktschätzwerte der Stichproben D und E ganz deutlich zu sehen, dass sie innerhalb des 95-Prozent-Bereichs der Stichprobenverteilung liegen *und* dass in der Folge die Intervalle um diese Schätzwerte den Parameter überdecken bzw. enthalten. Für Stichprobe C ist das nicht so eindeutig

14 Der graue Bereich markiert auch hier wieder 95 Prozent der Stichprobenverteilung.

zu entscheiden: $\hat{\theta}_C$ entspricht genau dem Wert, der die Untergrenze für den 95-Prozent-Bereich der Stichprobenverteilung bildet. Die Obergrenze seines Intervalls entspricht genau dem Parameter; letzterer wird also gerade noch vom Intervall um $\hat{\theta}_C$ überdeckt.

Es ist offenkundig: Für alle Punktschätzwerte, die innerhalb des 95-Prozent-Wahrscheinlichkeitsintervalls um den Parameter der Grundgesamtheit liegen, überdeckt ein Intervall mit der gleichen Breite um den Punktschätzwert herum den Parameter; bei den übrigen Punktschätzwerten ist das nicht mehr der Fall. Wir können also sagen: Bei 95 Prozent aller Punktschätzwerte wird das so gebildete Intervall den wahren Wert enthalten, oder noch einmal anders formuliert: Für ein einzelnes Intervall besteht (bei der gewählten Breite) eine Wahrscheinlichkeit von 95 Prozent, den Parameter der Grundgesamtheit überdecken.

Das so gebildete Intervall zu einem Punktschätzwert ist also das gesuchte Konfidenzintervall! Die von uns gewählte Wahrscheinlichkeit heißt *Konfidenzniveau*; man spricht im Falle eines 95-Prozent-Konfidenzniveaus daher von einem 95-Prozent-Konfidenzintervall. Das Komplement zum Konfidenzniveau nennt man *Irrtumswahrscheinlichkeit*, in unserem Falle würde sie 5 Prozent betragen. Der Grund ist klar: In fünf Prozent der Fälle, oder mit fünfprozentiger Wahrscheinlichkeit, werden wir bei der Annahme, das Konfidenzintervall enthalte den wahren Wert, einen Irrtum begehen.

Alles logisch? Nicht ganz. Denn eine Frage müsste Sie jetzt umtreiben: Bei der Konstruktion des Konfidenzintervalls haben wir eben nicht nur vorausgesetzt, dass uns der wahre Wert der Grundgesamtheit (der Parameter), sondern auch, dass die Stichprobenverteilung bekannt ist. Im Fall der Normalverteilung benötigen wir dazu deren Varianz. Woher sollen wir diese aber kennen? Die Stichprobenverteilung muss doch auch etwas mit der Grundgesamtheit zu tun haben, und diese ist uns doch unbekannt!

Das ist im Prinzip richtig. Aber zum Glück ist uns die Grundgesamtheit nicht gänzlich unbekannt. Wir können nämlich aus der Stichprobe nicht nur den uns interessierenden Parameter der Grundgesamtheit schätzen, sondern auch die Streuung des Merkmals in der Grundgesamtheit, und anhand dieser können wir die Varianz der Stichprobenverteilung schätzen (hier kommt dann, wie schon auf S. 116 erwähnt, die t-Verteilung ins Spiel). Wie das genau geht, hängt vom jeweiligen zu schätzenden Parameter ab und ist Gegenstand des nächsten Abschnittes, in dem wir das bislang abstrakt Dargestellte konkretisieren und mit Beispielen unterfüttern.

Konstruktion von Konfidenzintervallen allgemein

Zu jedem Punktschätzer können Konfidenzintervalle konstruiert werden. Dies geschieht immer[15] in den gleichen Schritten:

---

15 Allerdings erinnern wir in dem Zusammenhang noch einmal einschränkend an Fußnote 10 auf S. 121.

1. Es ist abzuleiten, welcher theoretischen Verteilung die Punktschätzung folgt.
2. Wir müssen festlegen, wie groß das Risiko sein darf, dass der Parameter nicht im zu konstruierenden Intervall liegt. Wir wählen also die Irrtumswahrscheinlichkeit α.
3. Es ist der sogenannte Standardfehler zu ermitteln, der der Standardabweichung der Stichprobenverteilung entspricht.
4. Schließlich wird das gesuchte Intervall gebildet, indem die Quantilwerte der theoretischen Verteilung, die den Bereich $1-\alpha$ begrenzen, in Einheiten der Stichprobenverteilung, also in Standardfehlern ausgedrückt werden.

Zu Schritt 1, also zur Frage nach der theoretischen Verteilung des Punktschätzers: Welcher Verteilung ein Punktschätzer folgt, hängt zum einen von der Stichprobengröße, zum anderen vom fraglichen Punktschätzer ab. Für Anteilswerte und Mittelwerte ist im Zusammenhang mit dem zentralen Grenzwertsatz (siehe S. 114 ff.) gezeigt worden, dass sie bei großen Stichproben gemäß einer Normalverteilung verteilt sind. Für kleine Stichproben folgen Mittelwerte der auf S. 116 ff. vorgestellten t-Verteilung. Bei steigendem Stichprobenumfang nähert sich diese der Normalverteilung an, so dass für t-verteilte Schätzer bei Stichproben mit den in den Sozialwissenschaften üblichen hohen drei- oder vierstelligen Fallzahlen die (Standard-) Normalverteilung herangezogen werden kann.

Zu Schritt 2: Die Irrtumswahrscheinlichkeit α und ihr Komplement, das Konfidenzniveau $1-\alpha$, sind vom Forscher festzulegen. Um α auf die Stichprobenverteilung zu übertragen, müssen wir zunächst die Quantilwerte der theoretischen Verteilung ermitteln, die α entsprechen. Das geschieht, indem wir entweder Tabellen konsultieren, in denen solche Werte abgetragen sind, siehe etwa den kleinen Auszug einer solchen Tabelle auf S. 112. Oder man nutzt dazu eine entsprechende Funktion in Statistik-Programmen (siehe Abschnitt 4.6).

Die „oberen" und die komplementären „unteren" Quantilwerte der theoretischen Verteilung unterscheiden sich im Falle symmetrischer Verteilungen nur durch ihr Vorzeichen, so dass es genügt, einen der Werte zu ermitteln. (In Tabellen sind daher für Standardnormal- und t-Verteilung oft nur die positiven Quantilwerte abgetragen, vgl. oben Tabelle 4.2.)

Zu Schritt 3: Dahinter steht die Frage: Wie können wir den durch Quantilwerte begrenzten Bereich, der $1-\alpha$ einer theoretischen Verteilung entspricht, auf die Stichprobenverteilung übertragen? Schließlich liegt letztere in anderen Einheiten vor als die theoretische Verteilung, der sie folgt. Nun, die „Einheit" der zugrundeliegenden theoretischen Verteilung ist ihre Standardabweichung: Der Quantilwert, der die unteren 2,5 Prozent einer Normalverteilung vom Rest der Verteilung abteilt, liegt „$-1{,}96 \cdot$ eine Standardabweichung" vom Erwartungswert entfernt. Um nun hier eine Verwechslung mit der Standardabweichung der gemessenen Variablen zu vermeiden, hat die Standardabweichung der Stichprobenverteilung einen eigenen Namen: Man bezeichnet sie als Standardfehler.

Der Standardfehler

Der Standardfehler, oft mit der englischen Abkürzung $S.E.$ (für *standard error*) bezeichnet, ist die Standardabweichung der Stichprobenverteilung. Er kann aus den Stichprobendaten geschätzt werden.

Der Standardfehler hängt u. a. von der Stichprobengröße ab: Große Stichproben produzieren unter sonst gleichen Bedingungen geringe, kleine Stichproben produzieren hingegen große Standardfehler.

Zu Schritt 4: Das gesuchte Konfidenzintervall berechnet sich schließlich, indem man die beiden Quantilwerte der theoretischen Verteilung, die den Bereich von $1-\alpha$ begrenzen, mit dem Standardfehler multipliziert. Das Produkt (bzw. dessen absoluter Betrag) wird vom Schätzwert abgezogen, um die Untergrenze des Konfidenzintervalls zu erhalten, und es wird hinzuaddiert, um die Obergrenze des Konfidenzintervalls zu erhalten.

Konstruktion des Konfidenzintervalls

$$\hat{\theta}-\left|q_{\alpha/2}\right|\cdot S.E. \leq \hat{\theta} \leq \hat{\theta}+q_{1-\alpha/2}\cdot S.E. \tag{4.13}$$

mit $\hat{\theta}$ = Schätzwert für den Parameter

$q_{\alpha/2}$ bzw. $q_{1-\alpha/2}$ = Unter- bzw. Obergrenze des $1-\alpha$-Bereichs der theoretischen Verteilung der Stichprobenkennwerte

$S.E.$ = Standardfehler des Schätzwertes

Intervallschätzung für den Mittelwert

Zur Konstruktion des Konfidenzintervalls gehen wir in den oben vorgestellten vier Schritten vor.

Die Punktschätzung für Mittelwerte folgt der t-Verteilung (Schritt 1). Wenn die Stichproben sehr groß sind (je nach Auffassung von $n > 100$ bis $n > 500$), kann man getrost die Quantilwerte der Standardnormalverteilung benutzen, weil die t-Verteilung mit größer werdendem n in dieselbe übergeht. α ist vom Forscher festzusetzen (Schritt 2). Der Standardfehler für den Mittelwert wird wie folgt bestimmt (Schritt 3):

Die Standardfehler von Mittelwerten einer Zufallsvariablen

Ist die Varianz des Merkmals in der Grundgesamtheit bekannt, so wird der Standardfehler ($S.E.$) des Mittelwerts wie folgt berechnet:

$$S.E. = \sigma_{\bar{x}} = \sqrt{\frac{\sigma_x^2}{n}} = \frac{\sigma_x}{\sqrt{n}} \tag{4.14}$$

In der Regel ist die Varianz des Merkmals allerdings unbekannt. Der Standardfehler wird dann wie folgt geschätzt (wir verwenden der Einfachheit halber direkt die Standardabweichung):

$$S.E. = \hat{\sigma}_{\bar{x}} = \frac{s_x}{\sqrt{n-1}} = \frac{\hat{\sigma}_x}{\sqrt{n}} \tag{4.15}$$

Ein Konfidenzintervall um den Mittelwert ist nun zu bilden (Schritt 4), indem man die Quantilwerte der zutreffenden theoretischen Verteilung, die mit der gewählten Irrtumswahrscheinlichkeit α korrespondieren, mit dem Standardfehler multipliziert und das Produkt vom Schätzwert abzieht bzw. zu ihm hinzuaddiert (siehe Formel 4.13).

Beispiel 4.7: Wir schließen noch einmal an das Beispiel 3.12 auf S. 59 an, in dem wir die Mittelwerte des Berufsprestiges (nach Treiman) von Männern verschiedener Geburtskohorten im Alter von 30 Jahren betrachtet haben.

Die 249 Männer der ältesten Kohorte (Geburtsjahr zwischen 1919 und 1921) haben ein mittleres Berufsprestige von 40,11. Dieser Wert ist gleichzeitig der Schätzwert für die Grundgesamtheit. Die Schätzung von Mittelwerten ist t-verteilt mit $n - 1$ Freiheitsgraden (Schritt 1). Wir wählen – Schritt 2 – eine Irrtumswahrscheinlichkeit von $\alpha = 0{,}05$ (bzw. $\alpha = 5$ Prozent). Zur Ermittlung der Quantilwerte der t-Verteilung, die dem gewählten α entsprechen, bemühen wir die entsprechende Funktion in Stata (oder interpolieren nach Tabellen 4.2). Für eine t-Verteilung mit $249 - 1$ Freiheitsgraden und eine Irrtumswahrscheinlichkeit von $\alpha = 0{,}05$ beträgt der Quantilwert für $\alpha/2 \approx -1{,}97$, für $1 - \alpha/2$ entsprechend $\approx 1{,}97$.

Nun ist noch der Standardfehler zu bestimmen (Schritt 3), und zwar nach Formel 4.15, weil uns die Varianz des Berufsprestiges in der Grundgesamtheit nicht bekannt ist. Wir setzen die geschätzte Standardabweichung $\hat{\sigma} = 10{,}75$ in die Formel ein und teilen durch $\sqrt{n}$. So erhalten wir als Standardfehler für den Mittelwert:

$$S.E._{\bar{x}} = \frac{10{,}75}{\sqrt{249}} \approx 0{,}68$$

Damit ergeben sich nach Formel 4.13 folgende Grenzen für das gesuchte Konfidenzintervall (Schritt 4):

$$\text{Untergrenze: } 40{,}11 - |-1{,}97| \cdot 0{,}68 = 38{,}77$$
$$\text{Obergrenze: } 40{,}11 + 1{,}97 \cdot 0{,}68 = 41{,}45$$

Was bedeutet das Ergebnis? Wir haben eine Punktschätzung für den Mittelwert des Berufsprestiges in der fraglichen Grundgesamtheit vorgenommen ($\hat{\mu} = 40{,}11$). Wir haben zudem ein Intervall um diesen Schätzwert herum konstruiert, das ungefähr 2,7 Punkte auf der Prestigeskala breit ist. Dieses Intervall enthält mit 95-prozentiger Wahrscheinlichkeit den wahren (nach wie vor unbekannten) Parameter der Grundgesamtheit. Umgekehrt: Mit 5-prozentiger Wahrscheinlichkeit irren wir uns; es kann nicht ausgeschlossen werden, dass der Parameter außerhalb des konstruierten Intervalls liegt.

Intervallschätzung für Anteilswerte

Auch für Konfidenzintervalle für Anteilswerte gilt das bewährte Vorgehen: Wir ermitteln die entsprechenden Quantile der Standardnormalverteilung, da Punktschätzungen für Anteilswerte normalverteilt sind (Schritt 1). Wir wählen eine Irrtumswahrscheinlichkeit von $\alpha = 0,05$ (Schritt 2). Für den Standardfehler (Schritt 3) gilt im Falle großer Stichproben ($n > 60$):

Standardfehler für Anteilswerte

Ist der Anteilswert π eines Merkmals in der Grundgesamtheit bekannt, beträgt der Standardfehler für den Anteilswert p in Stichproben:

$$S.E. = \sigma_p = \frac{\sqrt{n\pi(1-\pi)}}{n} = \sqrt{\frac{n\pi(1-\pi)}{n^2}} = \sqrt{\frac{\pi(1-\pi)}{n}} \qquad (4.16)$$

Ist dagegen der Anteilswert in der Grundgesamtheit unbekannt, wird er aus dem empirisch beobachteten Anteilswert p geschätzt. Sein Standardfehler beträgt dann analog

$$S.E. = \hat{\sigma}_p = \sqrt{\frac{p(1-p)}{n}} = \frac{\sqrt{p(1-p)}}{\sqrt{n}} \qquad (4.17)$$

Nun können wir nach Schritt 4 das Konfidenzintervall bilden.

Beispiel 4.8: In den GLHS-Daten gibt es ein Merkmal, das abbildet, ob Personen bis zum Alter von 25 Jahren bereits erwerbstätig waren oder nicht. Das Merkmal ist insbesondere im Kohortenvergleich interessant, sagt es doch etwas über das Verhältnis von Bildungs- und Beschäftigungssystem im Zeitverlauf aus. Wir wollen an dieser Stelle nur Männer betrachten, weil anzunehmen ist, dass das Merkmal für Frauen und Männer in älteren Kohorten stark differiert, gerade in Westdeutschland, worauf sich unsere Auswahl der GLHS-Daten beschränkt.

Wir interessieren uns für die Punktschätzung des Anteils der Männer, die bis zum Alter von 25 Jahren noch nie erwerbstätig waren, und zwar in den Kohorten der um 1939–1941 und der 1971 Geborenen. Der Anteil (der sich einfach über Häufigkeitstabellen, getrennt nach Kohorten, ermitteln lässt) beträgt in der älteren Kohorte 4,4 Prozent, in der jüngeren 19,6 Prozent.

Der Standardfehler ist nach Formel 4.17 zu bestimmen, denn der wahre Anteil in der Grundgesamtheit ist uns nicht bekannt. Wir berechnen also jeweils folgenden Ausdruck:

$$S.E._{1939-41} = \frac{\sqrt{0{,}044 \cdot (1 - 0{,}044)}}{\sqrt{180}} = 0{,}015$$

bzw.

$$S.E._{1971} = \frac{\sqrt{0{,}196 \cdot (1 - 0{,}196)}}{\sqrt{357}} = 0{,}021$$

Bei einer Irrtumswahrscheinlichkeit von $\alpha = 0{,}05$ betragen die) Quantilwerte $\alpha/2$ bzw. $1 - \alpha/2$ der Standardnormalverteilung $-1{,}96$ und $+1{,}96$ (siehe S. 111). Damit ergibt sich für die ältere Kohorte ein Konfidenzintervall, das von $0{,}044 \pm 1{,}96 \cdot 0{,}015$, also von 0,014 bis 0,075 reicht. Mit einer Wahrscheinlichkeit von 95 Prozent enthält also das Intervall von 1,4 bis 7,5 Prozent den Anteil der Männer, die bis zum Alter von 25 Jahren noch nicht erwerbstätig gewesen sind, in der älteren Kohorte. Für die jüngere Kohorte ist das Intervall breiter, es reicht von 15,4 bis 23,7 Prozent (wegen $0{,}196 \cdot \pm 1{,}96 \cdot 0{,}021$).

Zwei Aspekte dieses Ergebnisses wollen wir hervorheben. Wenn wir die beiden Konfidenzintervalle gedanklich „nebeneinanderhalten“, werden wir zum einen sehen, dass sich die beiden Intervalle nicht überschneiden. Das ist – hier greifen wir etwas auf den Abschnitt 4.3 vor – ein wichtiges Ergebnis, denn wir können so eine Aussage darüber treffen, ob sich wohl auch in der Grundgesamtheit der Anteil der Männer, die bis zum 25. Lebensjahr noch nicht erwerbstätig waren, von Kohorte zu Kohorte unterscheidet. Zwar wissen wir bereits auf Basis der Schätzwerte für die beiden Kohorten, dass dies der Fall ist, aber wir wissen bislang nicht, ob dieser Unterschied zufallsbedingt ist oder nicht, ob er also in der Grundgesamtheit vorzufinden ist oder nicht. Die Nicht-Überlappung der beiden Konfidenzintervalle erlaubt uns eine Entscheidung zu dieser Frage: Mit einer Wahrscheinlichkeit von $1 - \alpha$ können wir nämlich sagen, dass der Parameter für die jüngere Kohorte nicht vom Konfidenzintervall der älteren Kohorte überdeckt wird und umgekehrt. Das heißt nichts anderes, als dass sich die beiden Parameter (vorbehaltlich der Irrtumswahrscheinlichkeit von α!) voneinander unterscheiden *müssen*, der Unterschied zwischen den beiden Schätzwerten also wohl nicht allein auf die Zufälligkeiten zurückgeht, die aus der Stichprobenziehung resultieren können.

Ferner sollte uns am Vergleich der beiden bestimmten Konfidenzintervalle umtreiben, dass das Intervall für die jüngere Kohorte breiter ist als für die ältere: Wie kann das sein, wenn doch die Fallzahl für die jüngere Kohorte deutlich größer ist und wir bereits wissen, dass der Standardfehler mit zunehmender Stichprobengröße kleiner wird (siehe Kasten zum Standardfehler auf S. 130)? Wir wollen diese Frage im folgenden Abschnitt beantworten, in dem wir u. a. auf die Breite von Konfidenzintervallen eingehen.

Konfidenzintervalle – ein pragmatisches Resumée

Konfidenzintervalle informieren uns – das können wir nun im Ergebnis des Abschnitts sagen – über die *Genauigkeit* unserer Punktschätzung: Wir können sagen, ob die Grenzen, innerhalb derer wir den gesuchten Parameter vermuten, nah am Punktschätzwert liegen oder nicht. Wovon aber hängt diese Breite des Konfidenzintervalls ab? Sie wissen es schon: von der gewählten Irrtumswahrscheinlichkeit α und vom Standardfehler. Der Standardfehler wiederum hängt wesentlich, aber nicht ausschließlich von n ab. Sie sollten die Gründe dafür gut kennen, um bei der Planung eigener Studien oder bei der Interpretation von Sekundärdaten einschätzen zu können, wie genau die Aussagen über die Grundgesamtheit sein können, die Sie mit Blick auf die Stichprobenergebnisse treffen können.

Warum der Standardfehler von der Stichprobengröße abhängt, ist einfach nachzuvollziehen: Wenn wir große Stichproben aus einer Grundgesamtheit ziehen, ist die Chance, die Verhältnisse in der Grundgesamtheit richtig abzubilden, größer als im Falle kleiner Stichproben. Der Punktschätzer sollte dann weniger breit streuen; die Streuung der Stichprobenverteilung (= Standardfehler) ist kleiner als im Falle kleiner Stichproben. Ein Konfidenzintervall, das zu einem Schätzwert aus einer großen Stichprobe gehört, ist deswegen viel schmaler; die Schätzung ist genauer.

Beispiel 4.9: Die Fortführung von Beispiel 4.7 illustriert die Auswirkungen der Stichprobengröße auf Konfidenzintervalle. Dieses Mal betrachten wir das Berufsprestige der Männer (nach Treiman) im Alter von 30 Jahren über alle Kohorten hinweg. In Abbildung 4.11 sind die Punkt- und Intervallschätzungen für den Mittelwert des Berufsprestiges abgetragen.

Man kann in der Abbildung deutlich erkennen, dass für sechs der ingesamt sieben Kohorten die Intervalle recht schmal sind. Sie umfassen nicht mehr als drei Punkte auf der Prestigeskala. Das heißt: Für diese sechs Kohorten lässt sich sagen, dass der Parameter mit einer Wahrscheinlichkeit von 95 Prozent vom einem Intervall überdeckt wird, das maximal drei Prestigepunkte breit ist. Lediglich die Kohorte der zwischen 1959 und 1961 Geborenen produziert ein deutlich breiteres Intervall: Die Schätzung ist sehr ungenau. Die Ursache liegt hier in der viel geringeren Fallzahl: Während für die anderen Kohorten dreistellige Fallzahlen für die Stichproben realisiert wurden, liegen im Fall

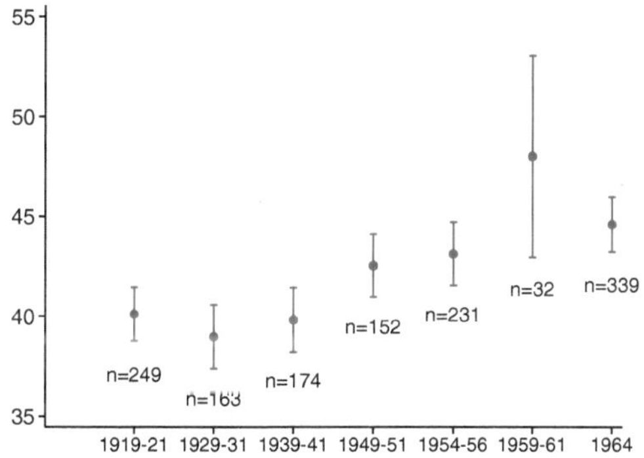

Abbildung 4.11: Die Breite des Konfidenzintervalls in Abhängigkeit von n (Berufsprestige der Männer in allen Kohorten der GLHS)

der zweitjüngsten Kohorte nur 32 Fälle vor, von denen wir das Berufsprestige im Alter von 30 Jahren kennen.

Im Fall von Anteilswerten ist ferner eine Einflussgröße zu beachten, die von der Stichprobengröße unabhängig ist: Hier gilt, dass der Standardfehler sehr klein ist, wenn der Parameter (bzw. sein Punktschätzwert) nahe 0 oder nahe 1 liegt, und groß, wenn der Parameter nahe 0,5 liegt. Die Ursache liegt in der Natur der Binomialverteilung, aus der sich die Bestimmung des Standardfehlers ableitet: Wenn ein Anteilswert in der Grundgesamtheit nahe 0,5 ist, dann werden viele Stichproben Anteilswerte produzieren, die mehr oder weniger weit um diesen Wert herum streuen. Wenn aber der Anteilswert nahe 0 oder nahe 1 ist, dann kann es häufiger Stichproben geben, die die jeweils seltenen Ereignisse überhaupt nicht enthalten, die also einen Anteilswert von 0 oder 1 für die seltenere bzw. häufigere Merkmalsausprägung produzieren. Die Streuung einer solchen Stichprobenverteilung *muss* kleiner sein als die einer Stichprobenverteilung für einen Anteilswert um 0,5. Das wird auch klar, wenn Sie sich den Zähler von Formel 4.16 ansehen: Er ist groß (und trägt damit zu einem größeren Standardfeher bei), wenn π nahe 0,5 ist, und er ist kleiner, wenn π nahe 0 oder nahe 1 ist.[16]

Im Zusammenhang mit der Breite von Konfidenzintervallen ist schließlich klar, dass wir ein schmaleres Intervall auch durch eine höhere Irrtumswahrscheinlichkeit „erkaufen“ können: Wenn wir statt 5 Prozent 10 Prozent als Irrtumswahrscheinlichkeit zulassen wollen, dann wird das Intervall kleiner, denn, siehe Abbildung 4.9, die Quantilwerte rücken bei größerem α bzw. kleinerem Konfidenzniveau $1-\alpha$ enger zusammen.

16 Sie können sich davon überzeugen, wenn Sie einmal Beispiel 4.8 (S. 132) erweitern und ein „manipuliertes“ Konfidenzintervall bestimmen, indem Sie für die jüngere Kohorte die Fallzahl der älteren verwenden. Das resultierende Intervall ist breiter als das korrekte Intervall für die junge Kohorte, das wir im Beispiel bestimmt hatten.

Abschließend wollen wir Ihnen eine gute Faustregel zur Schätzung von Konfidenzintervallen an die Hand geben: Sie haben vielleicht bemerkt, dass die Quantilwerte der theoretischen Verteilungen, die wir in unseren Beispielen zu ermitteln hatten, gerundet immer |2| betrugen. Bei einer Irrtumswahrscheinlichkeit von $\alpha = 0,05$ sind sie für t-Verteilungen immer $\approx |2|$ und nähern sich mit größer werdendem n dem entsprechenden Wert der Standardnormalverteilung, also |1,96| an.[17] Sie können sich, wenn Sie zu einem $\alpha = 0,05$ schätzen, das Ablesen der Quantilwerte also sparen.

„Konfi to go"

Faustregel zur Bestimmung von Konfidenzintervallen mit $\alpha = 0,05$:

$$\begin{aligned} \text{Untergrenze: Punktschätzwert} - 2 \cdot S.E. \\ \text{Obergrenze: Punktschätzwert} + 2 \cdot S.E. \end{aligned} \tag{4.18}$$

4.3 Statistisches Testen

Statistisches Testen spielt in der Praxis der empirischen Sozialforschung eine herausragende Rolle. Aussagen wie „Der Einfluss von X auf Y ist signifikant" oder „Der Unterschied zwischen den Gruppen A und B ist nicht signifikant" verweisen auf Ergebnisse statistischer Tests; die in diesen Sätzen erwähnte Signifikanz – auch wenn es nicht explizit gesagt wird, ist damit immer *statistische* Signifikanz gemeint (dazu später mehr) – gilt als der Prüfstein schlechthin, ob eine wissenschaftliche Hypothese (immer unter dem Vorbehalt der Vorläufigkeit jeglichen wissenschaftlichen Wissens) als empirisch bestätigt gelten kann oder nicht.

Die faktisch zu beobachtende Bedeutung statistischer Signifikanz steht freilich in Widerspruch zu der Tatsache, dass sowohl das Konzept der statistischen Signifikanz (siehe Morrison und Henkel 1970 sowie Harlow et al. 1997) als auch die Logik statistischen Testens überhaupt seit Jahrzehnten der Kritik ausgesetzt sind. Immer wieder haben renommierte Wissenschaftler die Forderung aufgestellt, man solle statistische Signifikanztests abschaffen (siehe etwa Cohen 1994 oder Schmidt 1996). Doch noch immer gilt in der quantitativen Forschung die Entscheidung über die „statistische Signifikanz" eines Ergebnisses als der zentrale Prüfstein; und es gibt durchaus Autoren, die sagen: Gäbe es das Konzept statistischer Signifikanz nicht, müsste man es erfinden (Abelson 1997).

---

17 Zur Illustration: Bei einer kleinen Stichprobe von $n = 30$ ist $\alpha/2 \approx -2,04$.

Was hat es mit statistischer Signifikanz auf sich? Im Unterschied zum statistischen Schätzen geht es nicht um die Frage (salopp gesprochen): „Was ist in der Grundgesamtheit der Fall?“, also etwa: „Welchen Betrag hat der Mittelwert von X?“ oder „Wie groß ist der Anteilswert von Personen mit der Eigenschaft Y?“ Vielmehr werden spezifische Annahmen über die soziale Wirklichkeit geprüft, Annahmen, die wir im Bereich der Wissenschaft als *Hypothesen* bezeichnen. Zwei Arten von Hypothesen sind besonders wichtig und werden im Folgenden besprochen; allerdings besteht zwischen diesen eine enge Verwandtschaft, so dass es letztlich doch immer um das gleiche Phänomen geht. Diese beiden Arten von Hypothesen lauten, als Fragen formuliert:

- Besteht zwischen zwei Merkmalen ein Zusammenhang, oder, was meist das Gleiche ist: Gibt es einen Unterschied hinsichtlich eines interessierenden Merkmals zwischen zwei oder mehr Gruppen?

  Beispielsweise behauptet die Annahme, dass Menschen, die in Partnerschaften leben, glücklicher sind als Singles (also eine Annahme über einen Unterschied hinsichtlich des Grades des Glücklichseins), einen Zusammenhang zwischen den Merkmalen „Leben in einer Partnerschaft (ja/nein)“ und „Glücklichsein“.

- Unterscheidet sich ein bestimmter Wert (etwa ein Mittel- oder ein Anteilswert) von einem bestimmten vorgegebenen Wert?

  Beispielsweise kann eine Politikerin sich die Frage stellen, ob ihre Partei mindestens fünf Prozent der Stimmen erhalten würde, wenn am nächsten Sonntag Wahlen wären (sie könnte beispielsweise versuchen, dies anhand der bekannten „Sonntagsfrage“ der Wahlforschung zu ermitteln). Aber, wie schon gesagt, man kann oft auch die erste Art von Hypothesen in diese Form bringen. Beispielsweise ist die Annahme, dass Menschen in Partnerschaft glücklicher sind als Singles, gleichbedeutend mit der Annahme, dass der Unterschied zwischen beiden Gruppen im Ausmaß des Glücklichseins größer als null ist.

Statistische Tests haben eine Vorgeschichte, die einige hundert Jahre alt ist, aber die Grundlagen für das Testen in der heutigen Form wurden vor ca. 100 Jahren von Ronald Aylmer Fisher, dem wichtigsten Statistiker der ersten Hälfte des 20. Jahrhunderts neben Karl Pearson, systematisch entwickelt und propagiert; zu erwähnen ist, dass er sich dabei stark auf William S. Gosset stützte, der die oben (Abschnitt 4.1.4) skizzierte t-Verteilung entwickelt hatte. Da die heutige Praxis von Signifikanztests gerade in den Sozialwissenschaften nicht weit über Fisher hinausgelangt ist, folgt unsere Darstellung zunächst weitgehend der Testlogik, wie Fisher sie herausgearbeitet hat; auf Komplikationen gehen wir erst anschließend ein.

Wir wählen für unsere Darstellung und Diskussion den einfachsten Fall (der auch historisch am wichtigsten war): einen Unterschied zwischen den Mittelwerten zweier Gruppen, beispielsweise zweier Gruppen in einem sozialwissenschaftlichen Experiment; allgemein: zweier Gruppen, die sich in einem Datensatz finden, etwa Frauen und Männer, Befürworter und Gegner ziviler Atomkraft, Gesunde und Kranke.[18]

4.3.1 Die Grundidee von Signifikanztests

Fisher arbeitete lange Jahre in einer agrarwissenschaftlichen Versuchsanstalt und musste beispielsweise den Einfluss unterschiedlicher Sorten von Dünger auf das Wachstum von Pflanzen untersuchen. Eine typische Frage, die sich dort stellte, lautete: Wenn die Pflanzen, die mit der Substanz X gedüngt werden, besser wachsen (sagen wir: durchschnittlich 43 cm lang werden) als die mit Y gedüngten Pflanzen (sagen wir: 39 cm) – ist das Zufall oder nicht? Bei „Zufall" dachte man an die vielfältigen anderen Faktoren, die das Wachstum von Pflanzen beeinflussen. Statistisch gesehen liegt aber die gleiche Fragestellung vor, wenn wir beispielsweise fragen, ob das Berufsprestige einer bestimmten Gruppe, sagen wir: der Männer aus der Kohorte 1929–31 (Prestigewert von rund 39), sich von dem einer anderen Gruppe, sagen wir: der Kohorte 1954–56 (Prestigewert von gut 43) unterscheidet. Im letzteren Fall würden wir bei dem „Zufall", der dieses Ergebnis beeinflussen kann, vor allem an die Zufälligkeiten der Stichprobenziehung denken: Da Stichproben die Grundgesamtheit nicht exakt abbilden (können), könnte der Unterschied in den Stichproben einfach auf die (zufälligen) Abweichungen der Stichprobenmittelwerte von den Mittelwerten der Grundgesamtheit zurückgehen. Ist also – in unserem Beispiel – ein Unterschied von 4 (cm, Prestigewerten oder welche Größe auch immer gemessen wurde) nun zufällig oder nicht?

Der, wie man zugeben muss, auf den ersten Blick etwas verrückt erscheinende Grundgedanke statistischen Schließens besteht nun darin, genau diese Überlegung: „Es könnte doch reiner Zufall sein!", zum Ausgangspunkt zu nehmen. Denn wenn wir auch nichts darüber sagen können, was in der Grundgesamtheit tatsächlich der Fall ist, so können wir doch bestimmen, was *der Fall wäre, wenn* der Mittelwertunterschied in der Grundgesamtheit null betragen würde: Die Unterschiede aus verschiedenen Stichproben würden um den Durchschnittswert null streuen; die meisten würden relativ nah an diesem Wert liegen; dagegen wären Mittelwertunterschiede, die weit weg von null liegen, recht selten, anders gesagt: unwahrscheinlich.

Von diesem Wissen ausgehend gelangt man zur folgenden Grundidee:

---

18 Vorab noch eine Bemerkung zum Sprachgebrauch: Manche AutorInnen sprechen bei statistischem Testen generell von Signifikanztests. Andere reservieren diesen Begriff für eine spezifische Teilmenge statistischer Tests oder für eine spezifische Vorgehensweise. Im angelsächsischen Sprachraum verwendet man dagegen sogar einen noch spezielleren Begriff, den des „Null Hypothesis Significance Testing" (NHST). Da wir in allen (gängigen) Testprozeduren am Ende zu Aussagen kommen wollen, ob ein Stichprobenergebnis „signifikant" ist (ob es auf ein „reales" Ergebnis hindeutet, also eines, das auch in der Grundgesamtheit gültig ist), gebrauchen wir im Folgenden den Begriff des Signifikanztests im weiteren Sinne.

Die Grundidee des Signifikanztests

Beim statistischen Testen stellen wir unserer wissenschaftlichen Hypothese (also einer Vermutung, die wir über einen Unterschied haben) die rein hypothetische Annahme gegenüber, dass das, was wir vermuten, in Wahrheit *nicht* der Fall ist, und überlegen, welche Stichprobenergebnisse unter dieser – als *Nullhypothese* bezeichneten – „Gegenannahme" wahrscheinlich und welche weniger wahrscheinlich wären.

Wenn wir nun in der Stichprobe tatsächlich ein Ergebnis beobachten, das im Lichte der Nullhypothese unwahrscheinlich ist, so spricht das *gegen* diese hypothetische Annahme, dass kein Unterschied besteht. Da diese aber das Gegenteil dessen behauptet, was wir als Wissenschaftler vermuten, heißt das gleichzeitig, dass das Ergebnis auch *für* unsere wissenschaftliche Vermutung spricht.

Ein solches (im Lichte der Annahme, es bestünde kein Unterschied) unwahrscheinliches Ergebnis heißt *signifikant*; gemeint ist damit *immer* statistisch signifikant im eben erläuterten Wortsinn.

Dabei müssen wir immer im Auge behalten, dass wir uns irren können: Ein statistisch signifikantes Ergebnis ist ja nur unwahrscheinlich (im Lichte der Hypothese, dass es keinen Unterschied gebe), nicht unmöglich. Als Wissenschaftler sollten wir die Wahrscheinlichkeit des Irrens möglichst gering halten.

Hier schließen sich nun viele Fragen an: Was genau heißt „wahrscheinlich" oder „unwahrscheinlich" im Lichte der Nullhypothese? Nun, das müssen wir *selbst entscheiden*; es handelt sich also um eine Festlegung. Diese wird nachfolgend unter dem Begriff Signifikanzniveau erläutert. Und wie sollen wir herausfinden, wie (un-)wahrscheinlich unser Ergebnis ist? Ist nun ein Unterschied von 4, wie in unserem Beispiel, zufällig oder nicht, wo doch die Größe des Unterschieds entscheidend vom jeweiligen Maßstab abhängt? Das ist die Frage der geeigneten Teststatistik; hierbei handelt es sich um nichts anderes als eine Umformung des Unterschieds in eine Größe, die einer der bekannten Verteilungen für Zufallsvariablen entspricht. Wir stellen dies alles im Folgenden Schritt für Schritt dar.

4.3.2 Die Praxis von Signifikanztests am Beispiel des Testens von Mittelwertunterschieden

Man kann das Vorgehen bei statistischen Tests in vier Schritten beschreiben:[19]

---

19 Über die Zahl der Schritte kann man unterschiedliche Angaben finden. Kühnel und Krebs (2001: 264 ff.) nennen vier, Henkel (1976: 39) oder Agresti und Finlay (2009:

1. Am Beginn steht immer eine eigene Hypothese, die *Forschungshypothese*; dieser wird eine *Nullhypothese*, als H_0 abgekürzt, gegenübergestellt. Die Nullhypothese ist eine Gegenthese zur Forschungshypothese; sie behauptet, dass das, was die Forschungshypothese postuliert, *nicht* der Fall ist.[20] Die (Forschungs-)Hypothese kürzt man als H_1 oder, da man sie oft auch als Alternativhypothese bezeichnet, als H_A ab.

   Vorausgesetzt wird, dass Stichprobendaten vorliegen, die zur Prüfung der Forschungshypothese geeignet sind.

2. Um prüfen zu können, ob das Stichprobenergebnis gegen die Nullhypothese spricht, müssen wir das spezifische statistische Problem zunächst „übersetzen“ in eine Größe, die einer Zufallsvariablen mit bekannter Verteilung entspricht (meist der Normalverteilung oder einer der daraus abgeleiteten Verteilungen). Diese Größe heißt *Teststatistik* oder *Prüfgröße*.

   Eine Teststatistik selbst zu entwickeln ist eine Aufgabe für professionelle Statistiker. Es geht auch hier um die Frage, wie die Stichprobenverteilung für Parameter der Grundgesamtheit aussieht; im nachfolgend gewählten Beispiel ist dieser Parameter ein Mittelwertunterschied. Bekannte und bewährte Teststatistiken sind aber in den verbreiteten Statistik-Softwarepaketen implementiert; als Anwender müssen wir also nur wissen, welche Teststatistik für welches Problem angemessen ist.

3. Ob ein empirisches Ergebnis gegen die Nullhypothese (und damit für die Forschungshypothese) spricht, wird daran bemessen, ob die Teststatistik einen (bei unterstellter Gültigkeit der Nullhypothese!) „unwahrscheinlichen“ Wert darstellt. Daher wird gefordert, dass man *vor* Beginn der Berechnung festlegt, was man für „unwahrscheinlich“ hält – z. B. ein Ergebnis mit einer Wahrscheinlichkeit von 0,05 oder kleiner. Dieser Wert wird, wie schon erwähnt, als *Signifikanzniveau* bezeichnet.

---

156 f.) fünf und Fahrmeir et al. (1997: 401 f.) sieben Schritte. Das geschilderte Vorgehen ist aber von Nuancen abgesehen das gleiche. Es kommt jeweils darauf an, ob man bestimmte Aspekte als einzelne Schritte oder als so eng mit anderen Aspekten verknüpft auffasst, dass man sie mit diesen zusammenfasst.

20 Bei Fisher findet sich keine Begründung für diese Bezeichnung. Häufig kann man lesen, dass die Nullhypothese so heißt, weil sie behauptet, dass ein Unterschied oder Zusammenhang gleich null ist. Auch wenn Fisher meist genau solche Nullhypothesen diskutierte, geben seine Formulierungen in ihrer Gesamheit keinen Hinweis auf diese Einengung; tatsächlich können wir ohne weiteres auch andere Nullhypothesen testen. Daher ist es wohl angemessener, den Begriff Nullhypothese so zu verstehen, dass es sich um die Hypothese handelt, die wir „nullifizieren“, also widerlegen (wörtlich: zunichte machen) wollen (Cohen 1994: 1000).

4. Zuletzt wird die Teststatistik anhand der vorliegenden Stichprobe berechnet. Ist der Wert der Teststatistik bei hypothetisch angenommener Gültigkeit der Nullhypothese unwahrscheinlich, also statistisch signifikant, so entscheiden wir, die Nullhypothese (bis auf weiteres) als widerlegt zu betrachten, was gleichzeitig bedeutet: Unsere eigene Hypothese gilt als (vorläufig) bestätigt. *Dies ist eine Entscheidung unter Risiko, also eine Entscheidung, die falsch sein kann.* Das gilt übrigens auch für den Fall, dass die Teststatistik zu den im Lichte der Nullhypothese wahrscheinlichen Ergebnissen gehört und wir entscheiden, die Nullhypothese als nicht widerlegt zu betrachten; darauf gehen wir aber erst im nächsten Abschnitt ein.

Wie schon erwähnt nimmt man beim letzten Schritt in der Regel den Computer zu Hilfe. Dieser berechnet die Teststatistik und gibt gleichzeitig an, wie wahrscheinlich oder unwahrscheinlich das Ergebnis wäre, wenn die Nullhypothese gültig wäre.

Gehen wir nun die einzelnen Schritte anhand von Beispielen durch, die sich auf die oben schon beispielhaft erwähnten Geburtskohorten 1929–31 und 1954–56 der GLHS beziehen. Allgemein gesprochen geht es also um Unterschiede zwischen zwei Gruppen hinsichtlich ihres arithmetischen Mittels. (Weitere Tests folgen in den nächsten Unterabschnitten.) Der Test, der zwei Mittelwerte vergleicht, heißt *t-Test*, da er sich auf die t-Verteilung (siehe Abschnitt 4.1.4) stützt.[21] Wir behandeln zunächst den t-Test für zwei unabhängige Stichproben; gemeint ist damit einfach, dass die Mittelwerte, die verglichen werden, aus zwei verschiedenen Gruppen kommen. Wir werden später (ab S. 152) auch noch den t-Test für abhängige Stichproben erläutern; dieser bezieht sich auf Konstellationen, wie wir sie in Abschnitt 2.2 auf S. 31 ff. beschrieben haben.

Forschungshypothese und Nullhypothese

Im ersten Schritt müssen wir also unsere Forschungshypothese formulieren. Wir haben oben schon davon gesprochen, dass wir beispielhaft prüfen wollen, ob die Mittelwerte der beiden Gruppen sich unterscheiden. Ist das unsere Forschungshypothese? Nun, es *könnte* eine solche sein. Allerdings enthält diese Hypothese keine Annahme, *wie* die beiden Gruppen sich unterscheiden. Die Hypothese träfe zu, wenn die jüngere Kohorte ein höheres Prestige hätte als die ältere, aber auch im umgekehrten Fall. Wir sprechen hier von einer *ungerichteten* Hypothese, weil wir keine Annahme über die Richtung des Unterschieds machen. Ein anderer häufig verwendeter Ausdruck ist der einer *zweiseitigen* Hypothese, weil der Unterschied eben in zwei Richtungen

---

21 Sicherheitshalber sei schon hier darauf hingewiesen: Wenn wir Tests für mehr als zwei Geburtskohorten durchführen wollen, wäre es falsch, nun eine Serie von t-Tests durchzuführen. Für diesen Fall muss vielmehr die in Abschnitt 5.4 vorgestellte Varianzanalyse herangezogen werden.

gehen kann. Jedenfalls: Wenn wir es mit einer solchen ungerichteten oder zweiseitigen Forschungshypothese zu tun haben, dann besagt die Nullhypothese nur, dass die beiden Mittelwerte sich *nicht* unterscheiden. Formal schreibt man das wie folgt:

Ungerichtete Hypothesen über zwei Mittelwerte μ_{X1} und μ_{X2}

Bei einer ungerichteten oder zweiseitigen Hypothese lautet die Forschungs- oder Alternativhypothese:

$$H_1\colon \mu_{X1} \neq \mu_{X2} \qquad \text{bzw.} \qquad \mu_{X1} - \mu_{X2} \neq 0$$

Die Nullhypothese lautet dementsprechend:

$$H_0\colon \mu_{X1} = \mu_{X2} \qquad \text{bzw.} \qquad \mu_{X1} - \mu_{X2} = 0$$

Beachten Sie, dass sich die Hypothesen auf die Grundgesamtheit beziehen und nicht auf das, was wir in der Stichprobe vorfinden. Daher werden sie in griechischen Symbolen geschrieben. μ_{X1} ist also der Mittelwert der (metrischen) Variablen X in der Grundgesamtheit, aus welcher Gruppe 1 stammt (während wir den Mittelwert der Stichprobe in der Gruppe 1 als $\bar{x}_1$ bezeichnet haben), μ_{X2} ist der Mittelwert der gleichen Variablen in der Grundgesamtheit, aus welcher Gruppe 2 stammt.

Eine ungerichtete Hypothese ist allerdings eine reichlich einfache Hypothese. Dass es „irgendwelche Unterschiede" gibt, kann man eigentlich fast immer vermuten. In der Regel wird man Hypothesen haben, aus denen die Richtung eines Unterschieds folgt; entsprechend hat man es mit einer *gerichteten* oder *einseitigen* Hypothese zu tun. Im Fall des Berufsprestiges verschiedener Geburtskohorten wird man von der Annahme ausgehen, dass in modernen westlichen Gesellschaften einfache manuelle Berufe (un- und angelernte Arbeiter in Landwirtschaft und Industrie) seltener werden; dagegen werden Tätigkeiten, die komplexes Wissen voraussetzen, wichtiger. Da letztere Berufe ein höheres Prestige haben als erstere, kann man vermuten, dass das Berufsprestige in der älteren Kohorte im Durchschnitt niedriger ist als in der jüngeren. Wenn wir die ältere Kohorte als Gruppe 1 und die jüngere als Gruppe 2 bezeichnen (so behandelt sie jedenfalls der Computer), so lautet unsere Forschungshypothese also, dass der Mittelwert der Gruppe 1 kleiner ist als der der Gruppe 2. Die Nullhypothese besagt dann, dass der Mittelwert der Gruppe 1 nicht kleiner ist, dass er also entweder genauso groß ist wie derjenige der Gruppe 2 oder sogar größer. In anderen Fällen könnte es genau umgekehrt sein; wir könnten vermuten, dass der Mittelwert der Gruppe 1 größer ist als der der Gruppe 2, und die Nullhypothese würde lauten, dass der Mittelwert der Gruppe 1 nicht größer, anders gesagt, dass er höchstens genau so groß ist wie der der Gruppe 2, was auch den Fall einschließt, dass er kleiner ist.

Gerichtete Hypothesen über zwei Mittelwerte

Eine gerichtete oder einseitige Forschungshypothese über einen Mittelwertunterschied behauptet entweder

$$H_1\colon \mu_{X1} > \mu_{X2} \qquad \text{bzw.} \qquad \mu_{X1} - \mu_{X2} > 0$$

mit der Nullhypothese

$$H_0\colon \mu_{X1} \leq \mu_{X2} \qquad \text{bzw.} \qquad \mu_{X1} - \mu_{X2} \leq 0.$$

Oder die Hypothese behauptet

$$H_1\colon \mu_{X1} < \mu_{X2} \qquad \text{bzw.} \qquad \mu_{X1} - \mu_{X2} < 0$$

mit der Nullhypothese

$$H_0\colon \mu_{X1} \geq \mu_{X2} \qquad \text{bzw.} \qquad \mu_{X1} - \mu_{X2} \geq 0.$$

Zwei wichtige Dinge seien hier am Rande angemerkt.

Erstens: Statt der Hypothesen „zwei Mittelwerte unterscheiden sich" oder „der Mittelwert in Gruppe 1 ist größer als in Gruppe 2" (oder umgekehrt) ließen sich auf ganz einfachem Weg auch exaktere Hypothesen testen. Man könnte beispielsweise die Hypothese aufstellen, dass die Entwicklungen der Berufsstruktur zu einem Zuwachs von mehr als zwei Prestigepunkten führen oder – eine zweite Forschungsfrage – dass das Alter beim Einstieg in die erste Berufstätigkeit um mehr als ein Jahr zunimmt. Man würde dann nicht die Forschungshypothese $\mu_{X1} - \mu_{X2} < 0$ prüfen (die ja nur sagt, dass der Mittelwert der älteren Kohorte kleiner ist als der der jüngeren), sondern $\mu_{X1} - \mu_{X2} < -2$ bzw. $\mu_{X1} - \mu_{X2} < -1$. Allerdings sind die Theorien in den Sozialwissenschaften meistens nicht exakt genug, um die Formulierung solcher Hypothesen zu ermöglichen. Freilich könnte man solche Hypothesen auch formulieren, um sich davor zu schützen, allzu kleine Unterschiede, nur weil sie möglicherweise „signifikant" sind, für bedeutend zu halten.

Zweitens: Mit dem Standardverfahren des Signifikanztests, wie wir es hier vorstellen, lassen sich nur Forschungshypothesen testen, die besagen, dass zwischen den zwei Gruppen ein Unterschied besteht. Es wäre in vielen Fällen auch denkbar, Hypothesen zu formulieren, die behaupten, dass *kein* (relevanter) Unterschied zwischen den Gruppen besteht. Es wird zwar immer wieder angenommen, ein nicht signifikantes Testergebnis sei ein Hinweis darauf, dass eine solche Hypothese zutreffe. Ohne zusätzliche Überlegungen zur Teststärke (siehe Abschnitt 4.3.6) ist das aber nicht richtig.

Festlegung einer geeigneten Teststatistik

Unser Testproblem besteht in der Prüfung, ob sich zwei arithmetische Mittel unterscheiden; wie wir gesehen haben, kann man das Problem auch als die Frage formulieren, ob die Differenz der Mittelwerte gleich 0 ist oder sich von 0 unterscheidet. Die Teststatistiken sind im Prinzip sehr einfach: Sie ergeben sich, indem wir den Mittelwertunterschied durch seinen Standardfehler dividieren! Nicht nur Mittelwerte, auch Mittelwertunterschiede haben also Standardfehler. Diese finden Sie im Folgenden im Nenner der Formeln.

Mittelwertvergleiche zweier Gruppen

Weist das untersuchte Merkmal in beiden Gruppen die gleiche Varianz auf (und zwar in der Grundgesamtheit!), so folgt die Statistik

$$T = \frac{\bar{x}_1 - \bar{x}_2}{\sqrt{\left(\frac{1}{n_1} + \frac{1}{n_2}\right) \cdot \frac{(n_1-1)\cdot\hat{\sigma}_1^2 + (n_2-1)\cdot\hat{\sigma}_2^2}{n_1+n_2-2}}} \qquad (4.19)$$

einer t-Verteilung mit $n-2$ Freiheitsgraden.

Hierbei sind $\bar{x}_1$ bzw. $\bar{x}_2$ die Stichprobemittelwerte der Variablen X in Gruppe 1 bzw. Gruppe 2, n_1 bzw. n_2 die Fallzahlen in Gruppe 1 bzw. Gruppe 2 (n ist also die Gesamtzahl der Fälle $n_1 + n_2$) sowie $\hat{\sigma}_1^2$ bzw. $\hat{\sigma}_2^2$ die Varianzen (Schätzung für die Grundgesamtheit aus der Stichprobe) des Merkmals X in Gruppe 1 bzw. Gruppe 2. Die Größe im Nenner des Bruchs ist der Standardfehler der Mittelwertdifferenz.

Bei ungleichen Varianzen folgt die Statistik

$$T = \frac{\bar{x}_1 - \bar{x}_2}{\sqrt{\left(\frac{\hat{\sigma}_1^2}{n_1} + \frac{\hat{\sigma}_2^2}{n_2}\right)}} \qquad (4.20)$$

einer t-Verteilung, deren Zahl der Freiheitsgrade (d. f.) wie folgt ermittelt wird:

$$\text{d.f.} = \frac{\left(\frac{\hat{\sigma}_1^2}{n_1} + \frac{\hat{\sigma}_2^2}{n_2}\right)^2}{\frac{1}{n_1-1}\left(\frac{\hat{\sigma}_1^2}{n_1}\right)^2 + \frac{1}{n_2-1}\left(\frac{\hat{\sigma}_2^2}{n_2}\right)^2} \qquad (4.21)$$

Die in den Formeln 4.20 und 4.21 verwendeten Symbole werden vor Formel 4.20 erläutert.

Welche der beiden Statistiken soll nun in einem gegebenen Fall angewendet werden? Tatsächlich wird man fast nie zwei Stichproben finden, in denen die Varianz eines Merkmals genau gleich ist. Doch entscheidend ist gar nicht, was in der Stichprobe der Fall ist, sondern ob die Varianzen der Grundgesamtheiten gleich sind. Woher soll man aber das nun wieder wissen? Die Antwort ist ganz klar: Auch hierfür benötigt man einen statistischen Test! Da wir die Logik statistischen Testens aber erst einmal vollständig verstehen lernen müssen, verschieben wir die Vorstellung dieses Tests auf etwas später.

Aber zurück zu den Teststatistiken. Obwohl man vor deren tatsächlicher Berechnung noch einen weiteren Schritt einfügen muss, wollen wir Sie hier ermuntern, die Formeln einmal nachzuvollziehen.

Beispiel 4.10: Im Beispiel der Prestigewerte müssen wir davon ausgehen, dass die Varianzen der beiden Kohorten 1929–31 und 1954–56 in der Grundgesamtheit verschieden sind. Für die Berechnung der Teststatistik müssen wir also Formel 4.20 heranziehen. Unsere Ausgangsgrößen sind:

1. Die Mittelwerte und ihre Differenz. Da die Mittelwerte bei genauer Berechnung 38,969 (1929–31er-Kohorte) und 43,121 (1954–56er-Kohorte) betragen,[22] ist die Mittelwertdifferenz −4,152.

2. Für den Standardfehler benötigen wir zunächst die Varianz der Prestigewerte. Diese beträgt für diese beiden Kohorten (wieder in übergroßer Genauigkeit) 107,178 für die 1929–31er und 149,881 für die 1954–56er-Kohorte (vgl. Tabelle 3.5 auf S. 76). Die Fallzahlen lauten $n = 163$ und $n = 231$. Damit beträgt der Standardfehler

$$\sqrt{\left(\frac{107{,}178}{163} + \frac{149{,}881}{231}\right)} = 1{,}14297$$

Wenn wir nun die beobachtete Mittelwertdifferenz durch den Standardfehler dividieren, erhalten wir einen Wert von −3,633.

Beispiel 4.11: Betrachten wir als Beispiel für ein Merkmal mit gleicher Varianz das Alter der Männer der beiden Kohorten beim Eintritt in die erste Berufstätigkeit. Streng genommen handelt es sich hierbei zwar um ein zensiertes Merkmal (siehe S. 28), aber wegen der sehr kleinen Zahl zensierter Werte ignorieren wir das um des Beispiels willen. Man wird jedenfalls vermuten, dass aufgrund der längeren Ausbildungszeiten in der jüngeren Kohorte, die mehr Personen mit Berufsausbildung und mit Hochschulabschluss aufweist, das Alter beim Beginn der ersten Berufstätigkeit in der älteren Kohorte geringer ist als in der jüngeren Kohorte. Tatsächlich ist das Alter beim Berufseintritt in der Kohorte der 1929–31 geborenen Männer 18,402 Jahre

22 In einem wissenschaftlichen Text würden Sie üblicherweise die Mittelwerte mit einer Genauigkeit von einer oder höchstens zwei Nachkommastellen berichten. Damit Sie aber das Ergebnis nachrechnen können, geben wir die Zahlen hier mit etwas größerer Genauigkeit an.

(Fallzahl in dieser Gruppe: $n = 169$), in der Kohorte der 1954–56 geborenen ist es 20,210 Jahre (Fallzahl in dieser Gruppe: $n = 257$). Die Varianz des Alters beträgt in der älteren Kohorte 14,715, in der jüngeren 11,546. Damit berechnen wir:

$$T = \frac{18{,}402 - 20{,}210}{\sqrt{\left(\frac{1}{169} + \frac{1}{257}\right) \cdot \frac{(169-1)\cdot 14{,}715 + (257-1)\cdot 11{,}546}{169+257-2}}} = \frac{-1{,}808}{0{,}3543} = -5{,}10$$

Wie oben schon erwähnt: Auch wenn der typische Hypothesentest in den Sozialwissenschaften sich um die Frage dreht, ob der Unterschied zwischen zwei Gruppen von null verschieden ist, lassen sich auf ganz einfache Weise auch Hypothesen testen, die sich auf andere Mittelwertunterschiede beziehen.

Test auf andere Mittelwertunterschiede als solche vom Betrag null

Soll nicht nur geprüft werden, ob die Differenz der Mittelwerte von 0 verschieden ist, sondern ob sie einen bestimmten (von 0 verschiedenen) Betrag über- oder unterschreitet, den wir hier als μ bezeichnen wollen, so kann man in den Zähler von Formel 4.19 bzw. 4.20 statt $\bar{x}_1 - \bar{x}_2$ die Größe $\bar{x}_1 - \bar{x}_2 - \mu$ einsetzen.

Festlegung des Signifikanzniveaus

Um nun entscheiden zu können, ob eine Teststatistik gegen die Nullhypothese spricht oder nicht, müssen wir festlegen, *wie unwahrscheinlich* die Teststatistik im Lichte der Nullhypothese sein soll, damit wir sie als Beleg gegen die Nullhypothese akzeptieren. In der Sprache der Statistiker heißt das: Wir müssen ein *Signifikanzniveau* festlegen. Wir haben schon erwähnt, dass sich mit (und seit) Fisher durchgesetzt hat, dass man ein Signifikanzniveau von 5 Prozent wählt, wenn man keine besonderen Gründe hat, von diesem Wert abzuweichen.

Aber was bedeutet das nun konkret im Rahmen eines spezifischen Tests? Es kommt hier auf die Art der Forschungs- und damit der Nullhypothese an.

- Bei einer *ungerichteten* (zweiseitigen) Hypothese können sowohl Werte, die auf Abweichungen von der Nullhypothese nach oben, als auch Werte, die auf Abweichungen nach unten hindeuten, als Beleg gegen die Nullhypothese aufgefasst werden. Überlegen wir einmal kurz, was passieren würde, wenn unsere Daten exakt der Nullhypothese entsprechen würden: Es ist aus den Formeln 4.19 und 4.20 klar, dass die Teststatistik dann genau den Wert 0 annimmt; dies entspricht dem Median (und auch dem arithmetischen Mittel) der t-Verteilungen. Die unwahrscheinlichsten Abweichungen nach unten oder nach oben von der 0 sind also jene Werte, die ganz an den Rändern der Verteilung liegen. In diesem Fall müssen wir also die 5 Prozent der (im Lichte der H_0) unwahrscheinlichsten Werte aufteilen: Die eine Hälfte, also 2,5 Prozent aller Werte, liegt am unteren Ende der Testverteilung, die andere Hälfte liegt am oberen Ende. Gegen die Nullhypothese sprechen also jene Werte der Teststatistik, die zu den 2,5 Prozent der unwahrscheinlichsten Werte am unteren, und jene, die zu den 2,5 Prozent der unwahrscheinlichsten Werte am oberen Ende gehören. (Deswegen spricht man auch von zweiseitigen Hypothesen – die im Lichte der Nullhypothese unwahrscheinlichen Werte liegen auf beiden Seiten der Verteilung.)

- Bei einer *gerichteten* (einseitigen) Hypothese kommt es auf die Richtung der Hypothese an. Behauptet die Hypothese einen positiven Unterschied, so gehört nicht nur der Wertebereich um 0 (der auf einen fehlenden Unterschied zwischen den Gruppen hindeutet) zu den Werten, die der Nullhypothese entsprechen; auch deutlich negative Werte der Teststatistik entsprechen der Nullhypothese. Gegen die Nullhypothese sprechen also nur jene Werte der Teststatistik, die am oberen Ende der Testverteilung liegen, bei einem auf 5 Prozent festgesetzten Signifikanzniveau also die 5 Prozent der Werte am oberen Rand der Verteilung.

  Wird dagegen ein negativer Unterschied zwischen den Gruppen behauptet (wie in den Beispielen 4.10 und 4.11), so entsprechen positive Werte der Teststatistik, selbst wenn sie am oberen Rand der Verteilung liegen, der Nullhypothese. Zu den 5 Prozent der Werte, die wir als unwahrscheinlich im Lichte der Nullhypothese betrachten, gehören nur jene Werte, die am unteren Rand der Testverteilung liegen.

Den Bereich derjenigen Werte einer Testverteilung, die in diesem Sinne zu den „unwahrscheinlichen" Werten gehören, die man also als Beleg gegen die Nullhypothese betrachtet, nennt man *Ablehnungsbereich*. Derjenige Wert der Testverteilung, der genau an der Grenze zum Ablehnungsbereich liegt, wird üblicherweise als *kritischer Wert* bezeichnet. Bezeichnet man das gewählte Signifikanzniveau mit α, entspricht der kritische Wert

- dem $1-\alpha$-Quantil der Testverteilung, wenn die Forschungshypothese einen positiven Mittelwertunterschied postuliert, und
- dem α-Quantil der Testverteilung, wenn die Forschungshypothese einen negativen Mittelwertunterschied behauptet.
- Im Falle einer ungerichteten (zweiseitigen) Hypothese haben wir es mit zwei Ablehnungsbereichen zu tun, einem am unteren und einem am oberen Ende der Verteilung, und entsprechend auch mit zwei kritischen Werten. Diese entsprechen den Quantilen $\alpha/2$ und $1-\alpha/2$ der Testverteilung.

Wir können unser Vorgehen nun also genauer so beschreiben:

Signifikanzniveau, Ablehnungsbereich, kritischer Wert

Das Ergebnis eines statistischen Tests gilt dann als „unwahrscheinlich" im Lichte der Nullhypothese, also als statistisch signifikant – und somit als Indiz gegen die Nullhypothese –, wenn der aus der Stichprobe errechnete Wert der Teststatistik im Ablehnungsbereich der Verteilung dieser Teststatistik liegt. Äquivalent dazu ist die Formulierung: Das Ergebnis des Tests ist signifikant, wenn der Wert der Teststatistik den Absolutbetrag des kritischen Wertes bzw. der beiden kritischen Werte in Richtung der Forschungshypothese überschreitet.

Der Ablehnungsbereich und damit der kritische Wert oder die kritischen Werte liegt bzw. liegen auch für ein spezifisches Testproblem (wie den Vergleich zweier arithmetischer Mittel) nicht ein- für allemal fest; sie sind abhängig vom gewählten Signifikanzniveau sowie von der Forschungshypothese und der dazugehörigen Nullhypothese, insbesondere von der Frage, ob die Forschungshypothese ungerichtet oder gerichtet ist.

Wenden wir diese Einsicht auf unsere Beispiele 4.10 und 4.11 an. Wir erinnern uns: In beiden Fällen lautete die Forschungshypothese, dass der Mittelwert der ersten Gruppe (der Kohorte 1929–31) *niedriger* sein würde als der der zweiten Gruppe (der Kohorte 1954–56). Wir haben es also mit einseitigen Hypothesen zu tun, bei denen nur die 5 Prozent der Werte am unteren Ende der Testverteilung gegen die Nullhypothese sprechen. Die unteren 5 Prozent der Werte der t-Verteilung stellen also unseren Ablehnungsbereich dar. Der kritische Wert, der diese 5 Prozent von den übrigen 95 Prozent der Verteilung abtrennt, ist somit das 5-Prozent-Quantil der t-Verteilung mit der Zahl der Freiheitsgrade für das jeweilige Testproblem. In Beispiel 4.10 ist deren Berechnung recht kompliziert (siehe Formel 4.21 auf S. 144); rechnen Sie nach oder glauben Sie uns, dass der Wert im vorliegenden Fall 379 beträgt. In Beispiel 4.11 können wir einfach $n-2$, also die Gesamtzahl der Fälle minus 2, berechnen, was 424 ergibt.

Der kritische Wert beträgt in beiden Fällen ungefähr $-1{,}649$. Werte der Teststatistik, die extremer sind als dieser Wert, und zwar *in Richtung der Forschungshypothese*, die also noch kleiner sind, sprechen dann für ein signifikantes Testergebnis. Woher können Sie aber wissen, welchen Betrag der kritische Wert hat? Nun, rein theoretisch müsste man dazu in einer Tabelle nachsehen (oder sich den Wert vom Computer berechnen lassen). Wir werden aber unten sehen, dass Statistik-Software meist einen einfacheren Weg geht, für den wir den kritischen Wert gar nicht benötigen. Wir haben ihn also nur erwähnt, damit Sie die Testlogik auch genau nachvollziehen könnten. Nur kurz hingewiesen sei darauf, dass der Wert von $-1{,}649$ sehr nahe am entsprechenden Quantil der Standardnormalverteilung liegt ($-1{,}645$); kein Wunder bei so vielen Freiheitsgraden.

Wir können hieran sehen, dass die Überlegung, ob eine Hypothese ein- oder zweiseitig ist, auch statistisch gesehen keineswegs unwichtig ist. Bei einer zweiseitigen Hypothese teilt sich der Ablehnungsbereich von 5 Prozent ja in zwei Hälften; entsprechend gibt es zwei kritische Werte, die dem 2,5-Prozent-Quantil und dem 97,5-Prozent-Quantil entsprechen. Die kritischen Werte im vorliegenden Fall würden demnach −1,965 und 1,965 betragen. Wenn unsere Teststatistik also zwischen −1,649 und −1,965 läge, kämen wir im Fall eines zweiseitigen Tests zum Schluss: nicht signifikant! Bei einer einseitigen Hypothese, die einen negativen Unterschied postuliert, würden wir dieses Ergebnis dagegen als signifikant interpretieren.

Berechnung der Teststatistik und Entscheidung über die Nullhypothese

Nachdem also das Testproblem formuliert, die geeignete Teststatistik ausgewählt und das Signifikanzniveau (und damit der kritische Wert bzw. der Ablehnungsbereich) festgelegt wurde, können wir uns ans Werk machen und die Teststatistik berechnen. Auf dieser Grundlage können wir dann entscheiden, ob wir die Nullhypothese (bei gegebenem Signifikanzniveau!) verwerfen können oder nicht.

Nun, die Teststatistiken haben wir bereits weiter oben berechnet, um Ihnen Beispiele zum Nachvollzug der Formeln an die Hand zu geben. Die Werte betrugen −3,6326 für das Berufsprestige und −5,10 für das Alter beim Berufseinstieg. Da der Ablehnungsbereich aufgrund der Hypothese, die einen negativen Unterschied behauptet, alle Werte umfasst, die kleiner als −1,649 sind, kommen wir zu dem Schluss: *In beiden Fällen können wir – bei dem vorher festgelegten Signifikanzniveau von 5 Prozent – die Nullhypothese, dass es keinen oder gar einen positiven Unterschied zwischen den Gruppen gebe, verwerfen.* Anders gesagt: Die Stichprobendaten liefern Indizien, dass unsere Forschungshypothese zutreffend ist.[23]

Die Statistik-Software (die auch gar nicht weiß, welches Signifikanzniveau wir gewählt haben) verfährt übrigens nach Berechnung der Teststatistik etwas anders: Sie gibt an, welchem Quantil der jeweiligen Testverteilung der errechnete Wert der Teststatistik entspricht, ein Wert, den man üblicherweise als p-Wert bezeichnet. Der Wert −3,6326 entspricht beispielsweise

23 Es sei ferner darauf hingewiesen: Die geschilderten Statistiken entsprechen nur dann einer t-Verteilung, wenn das Merkmal in der Grundgesamtheit bzw. den Grundgesamtheiten, aus denen es gezogen wurde, normalverteilt ist. Das gilt zumindest, solange die Stichproben „klein" sind. (Wann man allerdings von einer „kleinen" und wann von einer „großen" Stichprobe sprechen darf, ist umstritten.) Wir werden später (Abschnitt 4.3.3, S. 155 ff.) Verfahren kennenlernen, die man einsetzen kann, wenn man Zweifel an der Gültigkeit dieser Annahme hat. Für den vorliegenden Fall können wir aber konstatieren: Beide Stichproben sind „ziemlich groß", und das untersuchte Merkmal, das Berufsprestige, ist zwar nicht normalverteilt, aber die Abweichung von der Normalverteilung ist nicht übermäßig stark. Daher haben wir in die Gültigkeit des Tests im vorliegenden Fall Vertrauen.

dem 0,0001596-Quantil der t-Verteilung mit 379 Freiheitsgraden, anders gesagt: dem 0,1596-Promille-Quantil. Das heißt: Die Wahrscheinlichkeit, bei Gültigkeit der Nullhypothese einen Wert von −3,6326 oder einen noch extremeren Wert zu erhalten, beträgt weniger als 0,2 Promille (also weniger als 1 : 5000).

Der p-Wert kann dann einfach mit dem vorher gewählten Signifikanzniveau verglichen werden. Bei einem Signifikanzniveau von 5 Prozent werden also alle p-Werte, die kleiner sind als 0,05, als signifikant interpretiert. Hätte man vorher ein Signifikanzniveau von 1 Prozent, also von 0,01 gewählt, würde man in unserem Beispiel zu dem gleichen Schluss kommen, bei einem Signifikanzniveau von 0,1 Promille (ein so geringes Niveau wird allerdings äußerst selten gewählt) würde man den p-Wert von 0,1586 Promille dagegen als „nicht signifikant" verstehen.

p-Werte bei Signifikanztests

Statistik-Software gibt als Ergebnis von Signifikanztests unter anderem für jeden Test einen p-Wert aus. Der p-Wert gibt die Wahrscheinlichkeit an, dass die Teststatistik einen (im Lichte der Nullhypothese) so extremen oder noch extremeren Wert annimmt.

Anhand der p-Werte kann für jedes beliebige vorgegebene Signifikanzniveau α entschieden werden, ob der statistische Test signifikant ausgefallen ist. Dies ist der Fall, wenn der p-Wert kleiner ist als das (in Anteilswerten ausgedrückte) Signifikanzniveau.

Der p-Wert wird manchmal auch als empirisches Signifikanzniveau bezeichnet. Er darf aber nicht mit dem Signifikanzniveau α verwechselt werden:

- Das Signifikanzniveau α ist eine vor Durchführung eines statistischen Tests getroffene Entscheidung der Forscherin über das akzeptable Risiko, eine gültige Nullhypothese fälschlicherweise abzulehnen.
- Der p-Wert ist ein Ergebnis eines statistischen Tests. Er gibt die Wahrscheinlichkeit an, mit der die Teststatistik einen so extremen oder noch extremeren Wert annehmen würde, wenn die Nullhypothese tatsächlich gültig wäre.

Wie gehen Forscher mit dem Signifikanzniveau und dem p-Wert um? In den Sozialwissenschaften (aber auch anderswo) hat sich die Praxis durchgesetzt, dass in wissenschaftlichen Publikationen nicht einfach ein Signifikanzniveau α festgesetzt und dann berichtet wird, ob der p-Wert kleiner ist als α oder nicht. Vielmehr geht man von einer Reihe verschiedener denkbarer Signifikanzniveaus aus und berichtet jeweils, welches dieser Signifikanzniveaus mindestens unterschritten wird. Konkret wählt man meist die Signifikanzniveaus 5 Prozent, 1 Prozent und 1 Promille, oder in Anteilswerten: 0,05, 0,01 und 0,001. Gelegentlich wird auch ein Signifikanzniveau von 10 Prozent berücksichtigt, vor allem bei kleinen Fallzahlen. Welches Signifikanzniveau mindestens unterschritten wird, wird meist durch ein oder mehrere Sternchen „*" kenntlich gemacht.

Sterne als Ergebnis von Signifikanztests

Um anzugeben, welches mögliche Signifikanzniveau durch den Wert einer Teststatistik unterschritten wird, werden Ergebnisse statistischer Tests (Teststatistiken oder andere wichtige Kennzahlen) oft durch hochgestellte Sterne (genauer: den sogenannten Asterisk) gekennzeichnet. Häufig wählt man folgende Regeln:

- * Der p-Wert liegt zwischen 0,01 und 0,05, es wird also ein Signifikanzniveau von 0,05 unterschritten.
- ** Der p-Wert liegt zwischen 0,001 und 0,01, es wird also ein Signifikanzniveau von 0,01 (und damit erst recht eines von 0,05) unterschritten.
- *** Der p-Wert ist kleiner als 0,001, es wird also auch noch ein Signifikanzniveau von 0,001 unterschritten.

Ob genau diese oder andere Regeln angewandt werden, muss unterhalb der jeweiligen Ergebnistabelle ausgewiesen werden.

Die Praxis des Kennzeichnens mit Sternen stammt aus dem Schreibmaschinenzeitalter. Durch die Verwendung von Computersatz wäre es ohne weiteres möglich, modernere Zeichen zu verwenden; beispielsweise würden die Symbole ○, ◐ und ● durch den unterschiedlichen Grad der Schwärzung die unterschiedlichen „Grade" von Signifikanz verdeutlichen. Manchmal bleibt die Wissenschaft aber einfach an einem bestimmten Punkt stehen.

Nachtrag: Test zweier Gruppen auf Varianzgleichheit

Nachdem wir nun die Logik statistischen Testens einmal vollständig durchgespielt haben, wollen wir zur Vervollständigung unseres Beispiels noch kurz auf Tests eingehen, mit denen geprüft werden kann, ob das untersuchte Merkmal in den Grundgesamtheiten, aus denen die beiden Gruppen stammen, deren Mittelwerte verglichen werden, gleiche Varianzen aufweist.

Ja, Sie haben richtig gelesen: Test*s*, im Plural. Leider gibt es auch hier, wie so oft, nicht den einen, unter allen Umständen „richtigen" Test. Wir möchten es hier allerdings kurz halten: Es gibt einen Test namens Bartlett-Test sowie drei verschiedene Varianten des sogenannten Levene-Tests (beide Tests sind nach ihren Erfindern benannt). Wer SPSS benutzt, hat es einfach: SPSS verwendet nur eine, die „klassische" Variante des Levene-Tests. Bei Stata hat man die Auswahl zwischen allen vier Tests. Glücklicherweise ist die Variante des Levene-Tests, die in SPSS implementiert ist, ein Test, der in vielen Fällen angemessen ist.

Obwohl wir in der Regel Wert darauf legen, dass Sie genau nachvollziehen können, was Sie tun, wollen wir an dieser Stelle einmal von der Regel abweichen und Ihnen nur kurz zeigen, worauf es ankommt. Was das ist, haben wir auf den vorangehenden Seiten bereits erklärt: Es handelt sich um den p-Wert. Auch ohne die zugrundeliegende Formel des Tests zu kennen, können Sie davon ausgehen, dass der Test genau so funktioniert wie jeder andere statistische Test:

- Der Test prüft die Forschungshypothese, dass die Varianzen der beiden Gruppen sich unterscheiden, gegen die Nullhypothese, dass es keinen Unterschied zwischen den Varianzen gibt. Da es gleichgültig ist, ob die Varianz der ersten Gruppe größer oder kleiner ist als die der zweiten, testen wir hier die zweiseitige Hypothese.
- Die errechnete Teststatistik folgt einer anderen Verteilung, nämlich der F-Verteilung (siehe Abschnitt 4.1.4 auf S. 120). Aber auch, wenn wir diese nicht kennen oder verstehen, können wir mit dem Ergebnis etwas anfangen: Wir müssen nur den p-Wert beachten. Es gilt dann:
  - Ist der p-Wert größer als das gewählte Signifikanzniveau (auch hier meist: 5 Prozent oder, in Wahrscheinlichkeiten ausgedrückt, 0,05), so wird die Nullhypothese, dass die Varianzen gleich sind, nicht verworfen und der t-Test für den Fall gleicher Varianzen durchgeführt.
  - Ist der p-Wert dagegen kleiner als das gewählte Signifikanzniveau, so wird die Nullhypothese verworfen, anders gesagt: Wir gehen davon aus, dass die Varianzen des Merkmals in den beiden Gruppen verschieden sind, und verwenden die für diesen Fall vorgesehene Variante des t-Tests.

Der t-Test bei abhängigen Stichproben

In diesem Abschnitt möchten wir den Fall eines Vergleichs zweier Mittelwerte betrachten, die aus sogenannten abhängigen Stichproben stammen. Wir machen dies erstens, weil diese Variante des t-Tests der Vollständigkeit halber einfach dazugehört. Zweitens gibt uns dies Gelegenheit, zumindest einmal darauf aufmerksam zu machen, dass die Abhängigkeit von Stichproben keineswegs immer stören muss, sondern dass sie für bestimmte Fragestellungen unabdingbar ist und eine adäquate Berücksichtigung dann sogar statistisch vorteilhaft sein kann (siehe Abschnitt 2.2).

Der Fall, den wir betrachten, ist der einer Messwiederholung. Wir haben also eine Reihe von Untersuchungsobjekten, zu denen jeweils zwei Messwerte vorliegen, die in einem gewissen Zeitabstand voneinander erhoben wurden. Das gleiche Vorgehen wäre aber auch geboten, wenn wir eine Stichprobe von Untersuchungsobjekten gezogen hätten und dann zu jedem der Untersuchungsobjekte noch ein Objekt hinzugenommen hätten, das in bestimmter Weise von ihm abhängt. Beispiele wären verheiratete Menschen und ihre Ehepartner oder Väter und ihr ältestes Kind.

Der t-Test auf Mittelwertunterschiede bei abhängigen Stichproben

Liegen metrische Messwerte aus zwei abhängigen Stichproben bzw. Wiederholungsmessungen vor, so testet die Statistik

$$T = \frac{\bar{x}_d}{\frac{\hat{\sigma}_d}{\sqrt{n}}}, \tag{4.22}$$

ob die beiden Mittelwerte sich statistisch signifikant voneinander unterscheiden. Die Statistik folgt einer t-Verteilung mit $n-1$ Freiheitsgraden; n entspricht hier der Zahl der unabhängigen Fälle in der Stichprobe.

Dabei ist $\bar{x}_d$ das arithmetische Mittel der Differenzen zwischen den beiden Messreihen und

$$\hat{\sigma}_d = \sqrt{\frac{\sum_{i=1}^{n} (d_i - \bar{x}_d)^2}{n-1}} \tag{4.23}$$

die Standardabweichung der Differenzen d_i.

Getestet werden können sowohl die zweiseitige Forschungshypothese $\bar{x}_d \neq 0$ als auch die einseitigen Hypothesen $\bar{x}_d < 0$ oder $\bar{x}_d > 0$.

Soll geprüft werden, ob die Mittelwertdifferenz einen bestimmten Absolutbetrag $\mu \neq 0$ überschreitet, können Hypothesen der Form $|\bar{x}_d| \neq \mu$, $\bar{x}_d < \mu$ oder $\bar{x}_d > \mu$ getestet werden. Dazu ist der Zähler in Formel 4.22 entsprechend anzupassen (siehe S. 146).

Das Beispiel, das wir bringen, ist unrealistisch klein; auf diese Weise ist es aber leicht nachvollziehbar. Die Daten, die wir verwenden, sind sogar echt, doch sollten Sie das nur in dem Sinn verstehen, dass man sich unter den Messwerten etwas vorstellen kann. Denn es handelt sich nicht um eine Zufallsstichprobe, sondern um Daten von sieben Ländern, die willkürlich ausgesucht wurden (siehe Tabelle 4.3). Zu Demonstrationszwecken tun wir trotzdem einmal so, als handelte es sich um eine Zufallsstichprobe. Die Daten beziehen sich auf die Erwerbsbeteiligungsquoten der Frauen im Alter von 15 bis 64 Jahren, sie messen also den Anteil der weiblichen Erwerbspersonen (Erwerbstätige und an der Aufnahme einer Erwerbstätigkeit Interessierte) an allen Frauen dieser Altersgruppe. Es ist bekannt, dass sich verschiedene Länder im Ausmaß der Frauenerwerbsbeteiligung unterscheiden; ebenso aber, dass die Erwerbsquoten über die letzten Dekaden zugenommen haben. Unsere Daten stammen aus den Jahren 1985 und 1990, als die Unterschiede zwischen den Ländern auch in der OECD-Welt noch stärker ausgeprägt waren als heute (die Länder sind nach ISO-3166 bezeichnet).

Tabelle 4.3: Erwerbsbeteiligungsquoten von Frauen in sieben Ländern

Land	1985	1990	d_i	$(d_i - \hat{x}_d)^2$
DE	51,9	55,5	−3,6	0,3104
FR	55,6	57,2	−1,6	6,5390
NL	40,9	53,1	−12,2	64,6876
SE	79,3	82,5	−3,2	0,9161
ES	34,7	34,6	0,1	18,1233
GB	62,4	67,3	−4,9	0,5518
US	64,1	67,8	−3,7	0,2090
$\bar{x}$	55,557	59,714	−4,157	
$\hat{\sigma}$	14,9819	14,9481	3,9016	

Quelle: OECD StatExtracts

Beispiel 4.12: Tabelle 4.3 zeigt in den Spalten „1985“ und „1990“ die Messwerte für sieben Länder, in der folgenden Spalte d_i die Differenzen zwischen den beiden Messwerten. Unterhalb sind für diese drei Spalten die arithmetischen Mittel und die Standardabweichungen angegeben. Gemäß der Annahme, dass die Frauenerwerbsbeteiligungsquoten im Zeitverlauf zunehmen, wäre es plausibel, die Hypothese zu testen, dass die Differenz zwischen früherem und späterem Messwert negativ ist. Wir haben es also mit einer einseitigen Hypothese zu tun, und der kritische Wert bei sechs Freiheitsgraden (Zahl der voneinander unabhängigen Fälle minus 1) beträgt −1,943 bei einem Signifikanzniveau $\alpha = 0{,}05$.

Ein kurzer Blick in die ersten Spalten zeigt die breite Streuung der Frauenerwerbsbeteiligungsquoten in dieser Zeit. Sie reichen im Jahr 1985 von ca. 35 Prozent in Spanien oder 41 Prozent in den Niederlanden bis zu 79 Prozent in Schweden. Fünf Jahre später ist die Spannweite noch größer, da Schweden noch ein paar Prozentpunkte zugelegt hat, Spanien jedoch praktisch unverändert geblieben ist. Dementsprechend sind die Standardabweichungen in beiden Jahren nicht sehr klein. Nähme man an, dass es sich bei den beiden Messwertreihen tatsächlich um zwei verschiedene unabhängige Stichproben (z. B. zwei Gruppen von Ländern) handelte, so würde man nach Formel 4.19 einen Standardfehler für die Mittelwertdifferenz von 7,999 erhalten. Da der Mittelwertunterschied selbst nur −4,157 beträgt, erkennt man unschwer, dass der Absolutbetrag der Teststatistik bei dieser Berechnung weit unter 1 läge und den kritischen Wert von $-1{,}943$ weit verfehlen würde. Der p-Wert betrüge ca. 0,31, läge also sehr weit über dem geforderten α von 0,05.

Andererseits zeigt der Blick auf die Differenz der Werte von 1985 und 1990 (Spalte d_i), dass zwar auch die Änderungen eine nicht unbeträchtliche Streuung aufweisen (die Werte reichen von -12, einer starken Zunahme, bis 0,1, praktisch also einer ausbleibenden Änderung), dass sie aber sehr weitgehend gleichgerichtet ausfallen (nur ein einziges Land zeigt keine Zunahme, doch ist auch die Abnahme der Quote in Spanien praktisch gesehen irrelevant). Die Standard*abweichung* der Differenzen ist viel kleiner als die der einzelnen Messwertreihen, und daher ist auch der Standard*fehler* der Mittelwertdifferenz (der Nenner in Formel 4.22) mit nur 1,475 viel kleiner. T beträgt somit $-4{,}157/1{,}475 = -2{,}818$ (aufgrund von Rundungen weicht dieser Wert von dem Wert $-2{,}819$ ab, den der Computer errechnet). Die Teststatistik liegt also eindeutig im Ablehnungsbereich (der p-Wert beträgt 0,0152).

Das Beispiel zeigt eine typische Beobachtung. *Erstens:* Untersuchungsobjekte unterscheiden sich oft sehr stark in relevanten Merkmalen. *Zweitens:* Untersuchungsobjekte ändern sich im Zeitverlauf. *Drittens:* Die Änderungen geschehen aber oft nicht willkürlich oder zufällig, sondern weisen mehr oder weniger eine gemeinsame Richtung auf. Letzteres bedeutet: Die Untersuchungsobjekte ändern sich – aber die *Unterschiede* zwischen den Untersuchungsobjekten bleiben mehr oder weniger erhalten.[24] Überall dort, wo man Änderungen in der Zeit untersucht, ist es jedenfalls wichtig, dem Verhältnis von Unterschieden *zwischen* den Objekten und Änderungen *innerhalb* der Objekte Rechnung zu tragen.

4.3.3 Nichtparametrische Tests

Im vorherigen Abschnitt haben wir darüber gesprochen, dass für die Anwendung des t-Tests bestimmte Voraussetzungen gegeben sein müssen. Zumindest, wenn nicht sehr große Fallzahlen (mindestens einige hundert Fälle pro Gruppe) vorliegen, sollte man prüfen, ob die Variable, um die es geht, in den beiden Gruppen annähernd normalverteilt ist.[25] Die Probleme können

---

24 Im konkreten Fall der Frauenerwerbstätigkeit ist allerdings zu konstatieren, dass sich in den letzten Jahren eine gewisse Angleichung eingestellt hat. Auch das ist angesichts der anhaltenden Zunahme der Frauenerwerbstätigkeit kein Wunder: Spätestens bei 100, faktisch irgendwo zwischen 80 und 90 Prozent ist eine Obergrenze erreicht, wo keine Weiterentwicklung mehr möglich ist; die „Nachzügler" erreichen vielleicht nicht alle den Höchstwert, aber solange sie weiter zulegen, stellt sich eine Angleichung ein, jedenfalls, wenn sich die Spitzenwerte nicht plötzlich in die andere Richtung ändern.

25 Zur Prüfung kann man geeignete Graphiken (etwa Boxplots oder Stamm-Blatt-Diagramme) einsetzen; auch formale Tests zur Prüfung eines Merkmals auf Normalverteilung sind verfügbar. Diese sind jedoch bei größeren Fallzahlen mit Vorsicht zu genießen, weil sie dann schnell zu dem Ergebnis kommen, dass Abweichungen von der Normalverteilung vorliegen, obwohl gerade bei größeren Fallzahlen diese Abwei-

sich verstärken, wenn die beiden Gruppen deutlich unterschiedliche Stichprobenumfänge aufweisen und/oder wenn die Varianzen der beiden Gruppen recht unterschiedlich sind. Liegen solche Bedingungen vor, ist die Gültigkeit des t-Tests eingeschränkt, mit anderen Worten: Man kann nicht sicher sein, ob eine Teststatistik, die im Ablehnungsbereich liegt, tatsächlich auf eine geringe Wahrscheinlichkeit des Stichprobenergebnisses unter der Annahme der Gültigkeit der Nullhypothese hindeutet.

Für den Fall, dass man die Anwendungsbedingen des t-Tests als zu sehr verletzt betrachtet, wurden alternative Tests entwickelt, die man der Gruppe der *verteilungsfreien* oder *nichtparametrischen* Tests zurechnet (warum diese Tests so heißen, erläutern wir weiter unten, weil es nach Erläuterung des Vorgehens leichter verständlich ist). Solche Tests gibt es auch für zahlreiche andere Testprobleme, doch wollen wir uns zur Verdeutlichung hier auf den Vergleich zweier Gruppen beschränken. Eine Möglichkeit, zu testen, ob es einen Unterschied zwischen den beiden Gruppen gibt, wurde von dem Statistiker Wilcoxon entwickelt und heißt dementsprechend Wilcoxon-Test. Wilcoxons Idee ist als U-Test von Mann und Whitney weiterentwickelt worden, doch geben wir hier der einfacher nachvollziehbaren Idee von Wilcoxon den Vorzug. Beide Tests führen zu den gleichen Entscheidungen über die statistische Signifikanz eines Unterschieds, sie führen also zum gleichen p-Wert.

Die grundlegende Idee des Wilcoxon-Tests (und einiger anderer Verfahren) ist, statt der metrischen Original-Messwerte die Messwerte einfach der Größe nach zu ordnen und die *Rangplätze* der Messwerte zu vergleichen. Wenn eine Gruppe mehr „höhere Rangplätze" hat als die andere, so zeigt das an, dass sie insgesamt höhere Messwerte erzielt hat. Natürlich funktioniert der Test auch dann, wenn man von vornherein nur die Rangplätze zur Verfügung hat. Wichtig ist allerdings zu beachten: Das Messniveau solcher Daten ist zweifelsohne ordinal; es wird aber bei diesem und vielen anderen Tests vorausgesetzt, dass die Mehrzahl der Fälle tatsächlich einen „eigenen" Rangplatz hat. Anders gesagt: Ordinalskalierte Merkmale vom Typ einer Einstellungs- oder Zufriedenheitsfrage mit fünf oder zehn Ausprägungen sind hier nicht gemeint, denn in diesem Fall würde es (je nach Stichprobengröße) oft Hunderte von Personen geben, die die gleiche Ausprägung aufweisen. Wenn Personen in einer Ordinalskala den gleichen Messwert haben, spricht man von *Bindungen* (auch den englischen Begriff *ties* findet man oft). Eine kleinere Zahl von Bindungen ist für den hier vorgestellten Test und vergleichbare Verfahren nicht problematisch; für diesen Fall wurden Korrekturfaktoren entwickelt. Wenn es aber nur wenige Ausprägungen und viele Personen gibt – was zwangsläufig zu vielen Bindungen führt –, dann sind diese Verfahren nicht geeignet. Generell sollten Sie also darauf achten,

chungen weniger schlimm sind. Es sei noch einmal daran erinnert, dass die abhängige Variable metrischer Natur sein oder zumindest als quasi-metrisch aufgefasst werden können muss.

ob statistische Verfahren für ordinalskalierte Merkmale voraussetzen, dass es (gemessen an der Stichprobengröße) „viele" verschiedene Ausprägungen (also wenig Bindungen) oder nur wenige Ausprägungen gibt.[26]

Wenn wir es also mit echten Rangdaten, anders gesagt: Daten mit wenigen oder gar keinen Bindungen zu tun haben, kann zum Vergleich zweier Gruppen die folgende Teststatistik herangezogen worden.

Der Wilcoxon-Test zum Rangvergleich zweier Gruppen

Liegen Messwerte zweier Gruppen als echte Rangplätze (gegebenenfalls mit einer mäßigen Zahl von Bindungen) vor, so folgt die Teststatistik

$$T_W = \frac{W - W_0}{\sqrt{\frac{n_1 n_2 (n_1 + n_2 + 1)}{12}}} \tag{4.24}$$

bei ausreichendem Umfang n_1 und n_2 der beiden Stichproben einer Standardnormalverteilung.

Dabei ist W die Summe der Ränge in *einer* der beiden Gruppen und W_0 die bei Gültigkeit der Nullhypothese (gleiche durchschnittliche Rangsumme) zu erwartende Rangsumme für diese Gruppe. Die „erste" Gruppe, also die Gruppe, deren Stichprobenumfang mit n_1 bezeichnet wird, muss diejenige Gruppe sein, für die W berechnet wurde. (Dies ist für die nachfolgende Formel wichtig.)

W_0 berechnet sich nach

$$W_0 = n_1 \frac{n_1 + n_2 + 1}{2} \tag{4.25}$$

Der Nenner in Formel 4.24 repräsentiert den Standardfehler von $W - W_0$.

Die Statistik T_W kann verwendet werden, um (zweiseitig) zu testen, dass die in Rangplätze transformierten Werte sich voneinander unterscheiden, oder um (einseitig) zu testen, dass die Rangplätze in einer der beiden Gruppen niedriger sind als in der anderen.

Zur Illustration wählen wir erneut das Beispiel des Berufsprestiges; um den Nachvollzug der Formel zu erleichtern, haben wir zufällig zwei Stichproben aus den Männern der Kohorten 1929–31 und 1954–56, jeweils im Umfang von $n = 12$, gezogen (es ist allerdings nicht erforderlich, dass beide Stichproben gleich groß sind, wir haben dies hier nur der Vereinfachung

26 Es gibt auch Verfahren, vor allem im Bereich der multivariaten Statistik, die bei vielen Ausprägungen gerade *nicht* gut funktionieren.

der Darstellung halber so gemacht). Natürlich sollten Sie grundsätzlich in der Regel versuchen, mit zumindest etwas größeren Stichproben zu arbeiten (Stichprobenumfänge von 25 bis 30 für jede der beiden Gruppen gelten als wünschenswerte Mindestgröße).[27] Schließlich haben wir der Einfachheit halber dafür gesorgt, dass es tatsächlich keine Bindungen, d. h. keine gleichen Messwerte (die dann zu gleichen Rangplätzen führen) gibt.

Nehmen wir also an, wir wollen unsere Annahme prüfen, dass das Berufsprestige der Männer der Kohorte von 1929–31 geringer ist als das der Männer der Kohorte von 1954–56, trauen aber dem t-Test nicht, weil wir vermuten, dass die Abweichung der Verteilung des Prestiges von der Normalverteilung zu stark ist (eine gewisse Abweichung ist ja tatsächlich gegeben!). Tabelle 4.4 zeigt für die ausgewählten Fälle der zwei Kohorten jeweils den Originalmesswert und daneben den entsprechenden Rangplatz.

Tabelle 4.4: Prestigewerte und deren Rangplätze in zwei Kohorten (Männer)

1929–31		1954–56	
Prestigewert	Rangplatz	Prestigewert	Rangplatz
29	3	25	1
30	4	28	2
31	5	35	8
32	6	41	11
34	7	43	13
38	9	46	15
40	10	51	18
42	12	54	19
44	14	55	20
47	16	56	21
50	17	61	22
65	23	79	24

Quelle: GLHS-Daten (eigener Auszug)

Beispiel 4.13: Wenn wir von den Originalmesswerten ausgehen, müssen wir zunächst diese Werte in eine Rangfolge bringen – natürlich nicht innerhalb jeder Gruppe, sondern über beide Gruppen hinweg. In unserer kleinen Stichprobe liegen nun die beiden niedrigsten Werte, nämlich 25 und 28, in der Kohorte 1954–56, und diese beiden Werte erhalten dementsprechend auch die Rangplätze 1 und 2.[28] Die meisten niedrigen (also einstelligen) Rangplätze befinden sich aber dann in der Kohorte 1929–31. Dagegen liegen allein

27 Bei deutlich kleineren Stichproben ist die Gültigkeit der vorgestellten Teststatistik eingeschränkt; für diesen Fall wurden wieder alternative Berechnungsmodi entwickelt, auf die hier einzugehen zu weit führen würde.

28 Man könnte meinen, dass die Rangplätze 1 und 2 den beiden *höchsten* Werten vorbe-

sechs Fälle mit einem Rangplatz von 18 bis 24 (also den sieben höchsten Rangplätzen) in der Kohorte 1954–56. Wenn wir die arithmetischen Mittel der Original-Messwerte berechnen, können wir ebenfalls feststellen, dass die ältere Kohorte (wie auch in der vollständigen Stichprobe) niedrigere Prestigewerte aufweist (der Unterschied in den Mittelwerten ist in unserer kleinen Stichprobe mit −7,67 sogar deutlich größer als dort).

Für die Berechnung der Teststatistik müssen wir nun W, also die Summe der Rangplätze *einer* der beiden Gruppen berechnen; welche Gruppe wir wählen, ist gleichgültig, wir müssen am Ende nur wissen, um welche Gruppe es sich handelt. Der Computer wird immer die Gruppe mit dem niedrigeren Code verwenden, in unserem Fall die Kohorte 1929–31, und so sind auch wir vorgegangen. W beträgt also 126. Als „Vergleichsmaßstab", der entscheidet, ob der Zähler der Teststatistik (und damit diese selbst) positiv oder negativ wird, dient W_0, die Summe der Rangplätze, die sich ergäbe, wenn die Fälle in beiden Gruppen im Schnitt den gleichen Rangplatz hätten. Nach Formel 4.25 beträgt die durchschnittliche Summe $12 \cdot 12{,}5 = 150$. Die Teststatistik hat dann den Betrag (mit leichten Rundungen)

$$\frac{126 - 150}{\sqrt{\frac{12 \cdot 12 \cdot (12+12+1)}{12}}} = \frac{-24}{17{,}32} = -1{,}386,$$

so dass das Vorzeichen auch unserer Forschungshypothese entspricht. Dieser Wert entspricht bei einseitigem Testen gemäß unserer Hypothese dem z-Quantil, und mithin dem p-Wert, von (gerundet) 0,083.

Wir haben uns in diesem Beispiel noch nicht explizit auf ein Signifikanzniveau α festgelegt. Manche Forscherinnen würden angesichts der geringen Fallzahlen vorschlagen, ein α von 0,1 (10 Prozent) zu akzeptieren, weil andernfalls gegen die Nullhypothese sprechende Ergebnisse nur bei enormen Unterschieden zu erwarten wären. Diese Forscher könnten jetzt den p-Wert von 0,083 als Indiz gegen die H_0 betrachten. Durch die Angabe des p-Wertes kann man es aber auch einfach den Leserinnen eines Forschungsberichts überlassen, welche Aussagekraft sie dem Ergebnis beimessen.

Tragen wir noch kurz nach, welches Ergebnis ein t-Test gezeitigt hätte. Bei Anwendung des Tests für gleiche Varianzen (der Test auf Varianzgleichheit hat ein entsprechendes Ergebnis erbracht) erhalten wir einen t-Wert von 1,4553, der einem p-Wert von 0,0799 entspricht. Der p-Wert liegt hier also noch minimal extremer. Das ist ein nicht ganz untypisches Ergebnis. Diese

---

halten wären. Tatsächlich ist es für den Test völlig gleichgültig, ob man mit Rangplatz 1 beim niedrigsten oder beim höchsten Wert anfängt; man muss nur wissen, *wie* man vorgegangen ist. Für die Interpretation des Ergebnisses ist unser Vorgehen aber sogar einfacher, denn niedrigere Messwerte führen auch zu niedrigeren Werten in der Teststatistik, so dass das Vorzeichen der Teststatistik und die Richtung der Forschungshypothese übereinstimmen.

Feststellung impliziert auch, dass es gelegentlich vorkommt, dass ein Testergebnis nach dem Wilcoxon-Test nicht signifikant ist, welches nach dem t-Test signifikant ausfällt. Nun besagt das für sich genommen nichts; entscheidend ist ja, welcher Test angemessen ist. Durch Simulationsstudien kann man aber zeigen, dass dann, wenn die Voraussetzungen für die Durchführung des t-Tests vorliegen, der Wilcoxon-Test häufiger einen p-Wert erzeugt, der weniger extrem ist als der des t-Tests, was auch bedeutet, dass er seltener signifikante Ergebnisse erzeugt als der (für die vorliegende Situation) „richtige" Test. Anders gesagt: Der Wilcoxon-Test hat in diesem Fall geringere Teststärke, er führt insgesamt häufiger dazu, dass eigentlich vorhandene Unterschiede nicht entdeckt werden. Man spricht daher davon, dass der Wilcoxon-Test (wie es für viele nicht-parametrische Tests gilt) *konservativer* ist als sein parametrisches Gegenstück: Wir kommen auf seiner Grundlage häufiger zu der Entscheidung, die Nullhypothese nicht zu verwerfen. Es ist also nicht ganz gleichgültig, welchen Test man verwendet. Wenn man glaubt, guten Gewissens die Voraussetzungen des t-Tests für gegeben erachten zu können, sollte man diesen auch verwenden.

Wir sind noch die Erklärung der Bezeichnungen „nicht-parametrisch" und „verteilungsfrei" für diese Gruppe von Tests schuldig geblieben. Nun, wir haben gesehen, dass im Unterschied zum t-Test, wo wir die beiden Gruppen auf Unterschiede hinsichtlich eines *Parameters* – des arithmetischen Mittels – getestet haben, beim Wilcoxon-Test nicht eine solche einzelne Größe verglichen wird, sondern einfach die Anordnung (Reihenfolge) sämtlicher Datenwerte. Daher also der Name „nicht-parametrischer Test": Es steht nicht *eine* Größe, eben ein Parameter (ein Mittelwert, ein Anteilswert oder ein Regressionskoeffizient; zu letzterem vgl. Abschnitt 6.1) im Zentrum des Tests, sondern grob gesagt die Gesamtanordnung der Daten (auch wenn diese in einigen Tests dieser Gruppe sehr vereinfacht wird). Zweitens gehören zu den parametrischen Tests immer auch Annahmen über die Verteilung des betreffenden Merkmals in der Grundgesamtheit. Für den Wilcoxon-Test wie für seine Verwandten gilt, dass sie im Grunde immer durchgeführt werden können, ihre Gültigkeit also nicht davon abhängt, ob bestimmte Verteilungsannahmen erfüllt sind. Dies erklärt die zweite Bezeichnung.

4.3.4 Test eines Parameters gegen einen hypothetischen Wert

Manchmal hat man es mit folgender Testsituation zu tun: Ermittelt wurde ein Kennwert aus einer Stichprobe, beispielsweise ein Mittel- oder ein Anteilswert. Geprüft werden soll, ob der Kennwert darauf hindeutet, dass der Parameter in der Grundgesamtheit von einem angenommenen Wert abweicht, der aus einem bestimmten Grund interessiert. Beispielsweise könnte ein Parteivorsitzender wissen wollen, ob seine Partei bei einer Wahl mehr als 30 Prozent erreichen würde. Anhand der bekannten Sonntagsfrage („Welche Partei würden Sie wählen, wenn am nächsten Sonntag Bundestagswahl wäre?") könnte er die Forschungshypothese prüfen, dass der Anteilswert seiner

Partei über 30 Prozent beträgt; die Nullhypothese würde entsprechend lauten, dass der Anteilswert höchstens 30 Prozent beträgt. Ähnliche Testsituationen kann man sich auch für Mittelwerte denken (siehe dazu unser Beispiel weiter unten). Da wir einen Wert einer Stichprobe gegen einen von außen vorgegebenen Wert testen (und nicht gegen den Wert einer anderen Gruppe, für die ebenfalls ein Stichprobenwert vorliegt), spricht man hier auch von Tests für den Ein-Stichproben-Fall.

Wie auch beim Vergleich zweier Mittelwerte können wir in einem solchen Fall zweiseitige und einseitige Hypothesen prüfen: Die zweiseitige Forschungshypothese würde nur behaupten, dass die Größe, um die es geht, sich von dem angenommenen oder interessierenden Wert unterscheidet; einseitige Hypothesen würden entweder behaupten, dass der Parameter in der Grundgesamtheit kleiner, oder aber, dass er größer ist als der interessierende Wert.

Auch hier ist die Testlogik relativ einfach und folgt dem bekannten Schema. Wir müssen nur die Differenz zwischen dem aus der Stichprobe ermittelten Schätzwert für den Parameter in der Grundgesamtheit und dem interessierenden hypothetischen Parameter bilden – und wir müssen diese Differenz durch den Standardfehler der Stichprobenkennwerte dividieren, um zu einer Teststatistik zu gelangen.

Test eines Anteilswertes

Wir haben weiter oben (Beispiel 4.8 auf S. 132) gesehen, dass nach den Daten der Lebensverlaufsstudie 19,6 Prozent der 357 befragten Männer der Geburtskohorte 1971 im Alter von 25 Jahren noch nicht ins Berufsleben eingetreten waren, sicherlich vor allem eine Folge eines relativ hohen Anteils von Studierenden in dieser Kohorte. Bekanntlich hat in den letzten Jahren die Politik darauf hingewirkt, dass die Dauer des Besuchs von Gymnasium und Hochschule verkürzt wird, damit junge Menschen nicht zu spät in den Arbeitsmarkt eintreten. (Dass es dabei vermutlich weniger um das Wohl der jungen Menschen als um Sorgen um die Tragfähigkeit des Rentensystems geht, ist kein Geheimnis.) Nehmen wir also einmal an, dass die Daten noch etwas aktueller seien, und versetzen uns in die Situation eines Rentenpolitikers. Dieser könnte sich Sorgen machen, dass junge Menschen zu spät in den Arbeitsmarkt eintreten; gleichzeitig sollte er wissen, dass eine gewisse Menge an Hochschulabsolventen erforderlich ist, und dass ein Studium nun mal eine gewisse Zeit dauert. Nehmen wir also an, dass der Politiker sagt: Wenn ein Viertel der jungen Menschen bis zum Alter von 25 Jahren noch nicht in den Beruf eingestiegen ist, ist das schon okay; nur mehr sollten es nicht sein.

Nun sagt die Stichprobe, dass es sich nur um 19,6 Prozent handelt, dass der Maximalwert von einem Viertel also nicht erreicht wird. Aber es handelt sich eben nur um eine Stichprobe – kann man denn auf dieser Grundlage mit einiger Wahrscheinlichkeit für die Grundgesamtheit sagen, dass die 25 Prozent nicht erreicht werden? Statistisch kann man das übersetzen in die

Nullhypothese: Der Anteil der jungen Menschen, die mit 25 Jahren noch nicht ins Erwerbsleben eingestiegen sind, beträgt 25 Prozent (oder mehr). Die Forschungshypothese sagt: Der Anteil beträgt weniger als 25 Prozent.

Allgemein kann man das Problem wie folgt formulieren:

Test eines empirischen Anteilswertes gegen einen hypothetischen Anteilswert

Gegeben sei folgende Testsituation: Es soll anhand von Stichprobendaten geprüft werden, ob ein Anteilswert in einer Grundgesamtheit sich von einem bestimmten interessierenden Wert unterscheidet. Bezeichnen wir den empirischen Anteilswert als p_X und den interessierenden hypothetischen Wert als π_0, so können folgende Hypothesen über den wahren Wert in der Grundgesamtheit π_X getestet werden:

H_1: $\pi_X \neq \pi_0$ mit der H_0: $\pi_X = \pi_0$

H_1: $\pi_X > \pi_0$ mit der H_0: $\pi_X \leq \pi_0$

H_1: $\pi_X < \pi_0$ mit der H_0: $\pi_X \geq \pi_0$

In solchen Fällen folgt die Teststatistik

$$z = \frac{p_X - \pi_0}{\sqrt{\frac{\pi_0 \cdot (1-\pi_0)}{n}}} \tag{4.26}$$

bei ausreichenden Stichprobengrößen asymptotisch einer Standardnormalverteilung.

Liegt die absolute Zahl N_1 der Personen in der Stichprobe vor, die das Merkmal aufweisen, so kann äquivalent auch folgende Formel herangezogen werden:

$$z = \frac{N_1 - n \cdot \pi_0}{\sqrt{n \cdot \pi_0 \cdot (1 - \pi_0)}} \tag{4.27}$$

Welche Stichprobengrößen n als ausreichend betrachtet werden, wird in der Literatur uneinheitlich gesehen. Eine mögliche Anforderung ist, das gelten soll: $n \cdot \pi_0 > 5$ und $n \cdot (1 - \pi_0) > 5$; andere postulieren statt des Wertes 5 in dieser Ungleichheitsrelation einen Wert von 9 bei gleichzeitigem Mindestumfang der Stichprobe von 60.

Beispiel 4.14: In unserem Beispiel soll getestet werden, ob der Stichprobenanteil $p_X = 0{,}196$ gegen die Nullhypothese $\pi_0 \geq 0{,}25$ spricht. Wir haben es also mit einer einseitigen Forschungshypothese zu tun, die einen negativen Unterschied gegen die gegenläufige H_0 prüft. Da $n \cdot \pi_0 = 357 \cdot 0{,}25 \approx 90$

und somit der geforderte Minimalwert von 9 weit überschritten wird (das Gleiche muss dann erst recht für $n \cdot (1-\pi_0) = 357 \cdot 0{,}75$ gelten) und auch der Stichprobenumfang deutlich mehr als 60 beträgt, kann man die Teststatistik als annähernd standardnormalverteilt betrachten. Somit lautet bei einem Signifikanzniveau $\alpha = 0{,}05$ der kritische Wert $-1{,}645$; bei Unterschreitung dieses Wertes liegen gute Indizien gegen die Nullhypothese vor.

Setzen wir die entsprechenden Werte in Formel 4.26 ein, so erhalten wir einen Wert von

$$z = \frac{0{,}196 - 0{,}25}{\sqrt{\frac{0{,}25 \cdot (1-0{,}25)}{357}}} = -2{,}356,$$

der den kritischen Wert deutlich unterschreitet. Wir können also (bei einem kleinen Risiko, uns zu irren) davon ausgehen, dass in dieser Kohorte der Anteil junger Männer, die bis zum Alter von 25 Jahren noch keinen (intensiven) Kontakt mit dem Arbeitsmarkt haben, den Anteilswert von 25 Prozent nicht erreicht.

An dieser Stelle sei noch eine Anmerkung gemacht, die für sämtliche Tests einseitiger Hypothesen gilt (also auch für die weiter oben besprochenen), die wir aber erst jetzt bringen möchten, wo Sie vielleicht etwas sattelfester im statistischen Testen sind: Gelegentlich könnten Sie in Lehrbüchern Beispiele für einseitige Hypothesentests finden, bei denen der in der Stichprobe gefundene Kennwert der Nullhypothese entspricht. Im gerade besprochenen Beispiel wäre das etwa ein Anteilswert in der Stichprobe von 27 Prozent, der ja in dem Bereich liegt, den die Nullhypothese $\pi_X \geq 0{,}25$ behauptet. Ist es erforderlich, hier einen Signifikanztest durchzuführen? Nein! Denn der kritische Wert hat bei dieser Hypothese ein negatives Vorzeichen, und nur Werte, die noch kleiner sind als der kritische Wert, können ja als Indiz gegen die Nullhypothese gelten. Ist aber der Stichprobenwert größer als der hypothetische Wert, ist das Vorzeichen der Teststatistik auf jeden Fall positiv. Die Durchführung des statistischen Tests ist also in einem solchen Fall höchst überflüssig, denn wir müssen ja nicht den genauen Wert der Teststatistik kennen, um zu sehen, dass sie jedenfalls nicht im Ablehnungsbereich liegt. Das Gleiche gilt natürlich für den umgekehrten Fall: Wenn die Forschungshypothese behauptet, dass $\pi_X > \pi_0$ und der beobachtete Anteilswert p_X kleiner ist als π_0, ist es unmöglich, dass die Teststatistik das von der Forschungshypothese geforderte positive Vorzeichen aufweist. Also kann man auch ohne Berechnung sicher sein, dass die Teststatistik nicht im Ablehnungsbereich liegt.

Test eines arithmetischen Mittels

Für arithmetische Mittel kann man in analoger Weise zweiseitige („der Mittelwert ist von X verschieden“) oder einseitige („der Mittelwert ist größer [oder: kleiner] als X“) Hypothesen testen. Die Teststatistik verwendet die

Standardfehler, die bereits vom Schätzen von Konfidenzintervallen bekannt sind (siehe Formeln 4.14 und 4.15 auf S. 131).

Test eines arithmetischen Mittels gegen einen hypothetischen Wert

Soll anhand von Stichprobendaten geprüft werden, ob ein arithmetisches Mittel μ_X in einer Grundgesamtheit sich von einem bestimmten interessierenden Wert μ_0 unterscheidet, so können die zweiseitige Hypothese $\mu_X \neq \mu_0$ (mit der H_0: $\mu_X = \mu_0$) oder die einseitigen Hypothesen $\mu_X > \mu_0$ (mit der H_0: $\mu_X \leq \mu_0$) bzw. $\mu_X < \mu_0$ (mit der H_0: $\mu_X \geq \mu_0$) mit Hilfe folgender Teststatistik geprüft werden:

$$t = \frac{\bar{x} - \mu_0}{\frac{\hat{\sigma}}{\sqrt{n}}} \tag{4.28}$$

Diese Teststatistik folgt einer t-Verteilung mit $n-1$ Freiheitsgraden.

Formel 4.28 gilt für den (üblichen) Fall, dass die Varianz des Merkmals in der Grundgesamtheit unbekannt ist. Falls diese bekannt ist, kann $\hat{\sigma}$ durch σ ersetzt werden, und die Teststatistik folgt der Standardnormalverteilung.

Beispiel 4.15: Greifen wir noch einmal das Beispiel des Berufsprestiges bei den Männern der Kohorte 1919–21 auf (Beispiel 4.7, S. 131). Das arithmetische Mittel $\bar{x}$ beträgt 40,11, $\hat{\sigma}$ beträgt 10,75, der Stichprobenumfang ist $n = 249$. Aus didaktischen Gründen (die bald offenkundig werden) wollen wir einmal die (zugegebenermaßen jenseits der Didaktik wenig begründbare) Hypothese testen, dass der Mittelwert der Gruppe in der Grundgesamtheit ungleich 38,77 ist. Es handelt sich also um eine zweiseitige Hypothese, für die wir die kritischen Werte in der t-Verteilung mit $249 - 1 = 248$ Freiheitsgraden suchen müssen, und zwar bei den Quantilwerten $\alpha/2$ und $1-\alpha/2$, bei einem Signifikanzniveau von 0,05 also beim Quantil 0,025 und 0,975. Nach Tabelle 4.2 (S. 118) liegen die kritischen Werte bei ca. $-1{,}97$ und 1,97 .

Gemäß Formel 4.28 errechnet sich folgender Wert für die Teststatistik:

$$\frac{40{,}11 - 38{,}77}{\frac{10{,}75}{\sqrt{249}}} = \frac{1{,}34}{0{,}681} \approx 1{,}97$$

Der Wert ist also (gerundet) identisch mit einem der kritischen Werte, nämlich demjenigen für das 0,975-Quantil. Auf dieser Grundlage wird man also die Nullhypothes sehr knapp *nicht* zurückweisen; dies täte man erst, wenn der Wert der Teststatistik den kritischen Wert überstiege.

Vielleicht haben Sie zurückgeblättert, als wir uns eben auf Beispiel 4.7 bezogen haben. Dann werden Sie gesehen haben, dass der hypothetische Wert von 38,77, gegen den wir den Stichprobenmittelwert von 40,11 getestet haben, identisch ist mit der Untergrenze des Konfidenzintervalls, das wir im genannten Beispiel für das arithmetische Mittel berechnet haben. Dies führt uns dazu, Gemeinsamkeiten zwischen statistischem Testen und Konfidenzintervallen zu erörtern.

4.3.5 Statistisches Testen und Konfidenzintervalle

Zumindest in einigen Fällen kann man Signifikanztests durch die Schätzung von Konfidenzintervallen ersetzen, und die Konstellation, die wir im letzten Abschnitt besprochen haben, gehört zu diesen.

Äquivalenz von Konfidenzintervall und Signifikanztest bei einem arithmetischen Mittel

Haben wir ein Konfidenzintervall zu einer Irrtumswahrscheinlichkeit von α um ein arithmetisches Mittel $\bar{x}$ berechnet, so können wir auf dieser Grundlage auch einen *zweiseitigen* Test für $\bar{x}$ gegen einen hypothetischen Wert μ_0 durchführen:

- Liegt μ_0 innerhalb des Konfidenzintervalls, so ist der Unterschied zwischen $\bar{x}$ und μ_0 bei einem Signifikanzniveau α nicht statistisch signifikant.
- Liegt μ_0 außerhalb des Konfidenzintervalls, so ist der Unterschied zwischen $\bar{x}$ und μ_0 bei einem Signifikanzniveau α statistisch signifikant.

Soll dagegen ein *einseitiger* Test $\bar{x}$ gegen einen hypothetischen Wert μ_0 zur Irrtumswahrscheinlichkeit α durchgeführt werden, so fällt der Test signifikant aus, wenn der Wert μ_0 außerhalb des $2 \cdot \alpha$-Konfidenzintervalls für $\bar{x}$ liegt *und* $\bar{x}$ sich in der von der Forschungshypothese postulierten Richtung von μ_0 unterscheidet.

Warum das so ist, kann man am unmittelbar vorangegangenen Beispiel leicht erkennen. Wir haben dort die Teststatistik berechnet, indem wir den Abstand zwischen dem beobachteten Stichprobenmittelwert $\bar{x}$ und dem hypothetischen Wert μ_0, gegen den wir den Stichprobenmittelwert getestet haben, durch den Standardfehler dividiert haben. Im vorliegenden Fall betrug der Quotient aus beiden Größen genau 1,97, der Abstand zwischen $\bar{x}$ und μ_0 war also genau 1,97-mal so groß wie der Standardfehler. Und das lag daran, dass wir als hypothetischen Wert μ_0 genau eine der Grenzen des 95-Prozent-Konfidenzintervalls, nämlich die Untergrenze, gewählt hatten; und diese Grenze hatten wir in Abschnitt 4.2.2 ermittelt, indem wir das 1,97-Fache des Standardfehlers von $\bar{x}$ abgezogen hatten.

Hätten wir als hypothetischen Wert μ_0 einen Wert gewählt, der außerhalb des Konfidenzintervalls für $\bar{x}$ liegt, so wäre der Absolutbetrag des Quotienten größer als 1,97 gewesen und damit jenseits der kritischen Werte −1,97 und 1,97 gelegen; wir wären dann zu dem Schluss gekommen, dass es einen statistisch signifikanten Unterschied zwischen $\bar{x}$ und μ_0 gibt. Hätten wir dagegen für μ_0 einen Wert gewählt, der innerhalb des Konfidenzintervalls für $\bar{x}$ liegt, so wäre der Absolutbetrag des Quotienten kleiner als 1,97 gewesen, und wir hätten auf einen nicht signifikanten Unterschied geschlossen.

Die oben formulierte Beziehung gilt aber auch in anderen Fällen. Für Sozialwissenschaftler bedeutsam sind beispielsweise Signifikanztests von Regressionskoeffizienten im linearen Regressionsmodell, das wir in Kapitel 6 vorstellen werden. In aller Regel wollen wir wissen, ob diese Koeffizienten sich von 0 unterscheiden. Aber gleichgültig, ob wir die Koeffizienten gegen den hypothetischen Wert 0 oder gegen einen anderen Wert testen wollen: Der Test funktioniert genau nach dem eben geschilderten Vorgehen.

Im Fall von *Anteilswerten* verhält es sich etwas anders. Grundsätzlich können wir auch hier einen Signifikanztest für einen Anteilswert p_X durch die Berechnung eines Konfidenzintervalls ersetzen. Allerdings können wir hier nicht das Konfidenzintervall verwenden, das oben (auf S. 132 ff.) vorgestellt wurde, denn für die Berechnung dieses Konfidenzintervalls haben wir den Standardfehler verwendet, den wir mit Hilfe des beobachteten Anteilswertes p geschätzt haben. Dem Signifikanztest für p_X liegt jedoch der Standardfehler zugrunde, der gelten würde, wenn die Nullhypothese zuträfe. Während bei einem arithmetischen Mittel auch dieser Standardfehler aus der Stichprobe geschätzt wird und damit identisch mit dem für das Konfidenzintervall ist, ist das bei Anteilswerten anders: Der anhand von p geschätzte Standardfehler $\sqrt{(p \cdot (1-p))/n}$ unterscheidet sich von $\sqrt{(\pi_0 \cdot (1-\pi_0))/n}$, sofern nicht p und π_0 identisch sind (und in diesem Fall müssten wir keinen Signifikanztest auf Unterschiedlichkeit durchführen). Man muss also ein Konfidenzintervall für p anhand des Standardfehlers $\sqrt{(\pi_0 \cdot (1-\pi_0))/n}$ berechnen, wenn man den Test auf Unterschied zwischen p und π_0 anhand der Berechnung eines Konfidenzintervalls durchführen will. Der Unterschied ist allerdings gering (freilich *nur* dann), wenn sich p und π_0 nur wenig unterscheiden.

4.3.6 Probleme statistischen Testens

Wir haben diesen Abschnitt damit begonnen, dass statistisches Testen keineswegs unumstritten ist. Freilich – wenn Sie Fachzeitschriften durchblättern, die entsprechende empirische Forschungsergebnisse veröffentlichen, so werden Sie feststellen, dass statistisches Testen „alive and kicking", auf deutsch: quietschlebendig ist. (Sie erkennen das auch ohne lange Lektüre, wenn Sie Tabellen finden, in denen ein Teil der Zahlen durch die auf S. 151 erläuterten Sternchen gekennzeichnet ist). Dennoch: Der Nutzen von Signifikanztests ist begrenzt; und leider ist auch zu konstatieren, dass mit Signifikanztests immer noch massiv Unfug getrieben wird. Das gilt es abschließend zu verdeutlichen.

Bevor wir das tun, möchten wir Ihre Aufmerksamkeit auf den nachfolgenden Abschnitt 4.4 lenken. In diesem behandeln wir die wichtige Frage, wie man vorgehen kann, wenn die Voraussetzungen einer i. i. d.-Stichprobe (siehe Kasten 4.1 auf S. 115) nicht gegeben sind. Falls Sie es mit komplexen Stichprobendesigns zu tun haben, müssen Sie diesen Abschnitt berücksichtigen. Da allerdings manche LeserInnen diesen Abschnitt nicht benötigen werden, wollen wir unsere Hinweise auf die Grenzen des statistischen Testens lieber an dieser Stelle formulieren, damit sie nicht so einfach übersehen werden.

Die Frage der Teststärke

Jerzy Neyman und Egon S. Pearson haben die Idee entwickelt, die Ergebnisse statistischer Tests auch von einer anderen Seite zu betrachten: Was ist, wenn ein Ergebnis *nicht* signifikant ist? Fisher hat sich dazu nicht klar geäußert. Aber muss für diesen Fall nicht das Gleiche gelten wie für ein signifikantes Ergebnis? *Auch bei einem nicht (statistisch) signifikanten Ergebnis können wir irren!* So wie es der Zufall mit sich bringen kann, dass trotz eines *nicht* vorhandenen Unterschiedes in der Grundgesamtheit ein signifikanter Unterschied in unserer Stichprobe auftaucht – genauso kann es auch passieren, dass tatsächlich in der Grundgesamtheit ein Unterschied vorhanden ist, aber zufällig in unserer Stichprobe *kein* statistisch signifikanter Unterschied auftritt. Wie Neyman und Pearson (1933: 296) unter Berufung auf Laplace verdeutlichen, sind wir beim statistischen Testen in einer ähnlichen Situation wie ein Strafrichter: Es kann geschehen, dass ein tatsächlich Unschuldiger verurteilt wird – und ebenso kann es geschehen, dass ein tatsächlich Schuldiger nicht verurteilt wird.

Seit Neyman und Pearson unterscheidet man in der Statistik also zwischen zwei Fehlern, die man mit den sehr abstrakten Begriffen „Fehler 1. Art“ (oder α-Fehler) und „Fehler 2. Art“ (oder β-Fehler) bezeichnet.

Fehler 1. und 2. Art

Der Fehler 1. Art, auch α-Fehler genannt, bezeichnet den Fehler, die Nullhypothese zu verwerfen, obwohl sie tatsächlich zutrifft.

Der Fehler 2. Art, auch β-Fehler genannt, bezeichnet den Fehler, die Nullhypothese beizubehalten, obwohl sie tatsächlich *nicht* zutrifft.

Die Wahrscheinlichkeit, einen Fehler 1. Art zu begehen, ist mit dem Signifikanzniveau festgelegt. Kann man auch eine Wahrscheinlichkeit für den Fehler 2. Art angeben?

Leider ist diese Frage nicht „einfach so“ zu beantworten. Das wird sofort klar vor dem Hintergrund, dass das Signifikanzniveau sich auf eine klare und eindeutige (Null-)Hypothese bezieht. Ähnlich gilt: Auch einen Fehler 2. Art können wir nur bestimmen vor dem Hintergrund bestimmter Annahmen darüber, was anstelle der Nullhypothese tatsächlich der Fall ist; wir müssen also eine Gegenhypothese formulieren, die ebenso exakt ist wie die Nullhypothese. Mit Blick auf diese können wir dann bestimmen, wie groß – bei gegebenem Signifikanzniveau – der Fehler 2. Art ist.

Vor diesem Hintergrund wollen wir zunächst einen zweiten Begriff einführen, den der Power oder Teststärke (siehe dazu umfassend Cohen 1988).

Power oder Stärke eines statistischen Tests

Die Stärke eines statistischen Tests ist dessen Fähigkeit, einen in der Grundgesamtheit vorhandenen Unterschied (oder eine andere Größe, die wir testen wollen) auch tatsächlich zu ermitteln.

Die Stärke eines statistischen Tests wird auch im Deutschen oft als Power bezeichnet, gelegentlich auch als die „Macht" eines Tests.

Es gilt also: Power = $1-\beta$ (Wahrscheinlichkeit des Fehlers 2. Art); eine hohe Power bedeutet also so viel wie ein kleines Risiko, einen Fehler 2. Art zu begehen.

Die Teststärke hängt von den gleichen Faktoren ab wie der Signifikanztest selbst. Stichprobengröße und Streuung des Merkmals in der Grundgesamtheit (die zusammen den Standardfehler ausmachen) sind auch hier wichtige Größen. Bleibt noch die Frage nach dem in der Alternativhypothese zu formulierenden Unterschied zwischen den beiden Gruppen. Hier spielt die Frage der genauen Formulierung der Alternativhypothese eine Rolle. Man kann diese einmal formulieren auf der Grundlage von Annahmen darüber, wie groß der Unterschied tatsächlich sein könnte. Hierfür hat man oft wenig Anhaltspunkte. Man kann die Frage aber auch so stellen: Wie groß sollte ein Unterschied sein, damit es sich „lohnt", ihn zu entdecken? Denn es sollte inzwischen klar sein: Wenn wir den Standardfehler nur genügend klein machen, haben wir eine gute Chance, auch sehr geringe Unterschiede zu entdecken. Aber nicht jeder Unterschied ist relevant. Wenn zwei Gruppen sich im durchschnittlichen Prestigewert um 0,1 Punkte unterscheiden, ist das soziologisch gesehen wohl unbedeutend.

Freilich ist im Einzelfall die Frage, welcher Unterschied relevant ist, auch nicht immer einfach zu beantworten. An dieser Stelle wollen wir das Problem der Teststärke einmal verdeutlichen, indem wir einige Situationen mit unterschiedlicher Teststärke durchspielen. Wir knüpfen dabei an Beispiel 4.10 (S. 145) an, in welchem wir es mit einem Standardfehler von ungefähr 1,14 zu tun hatten.

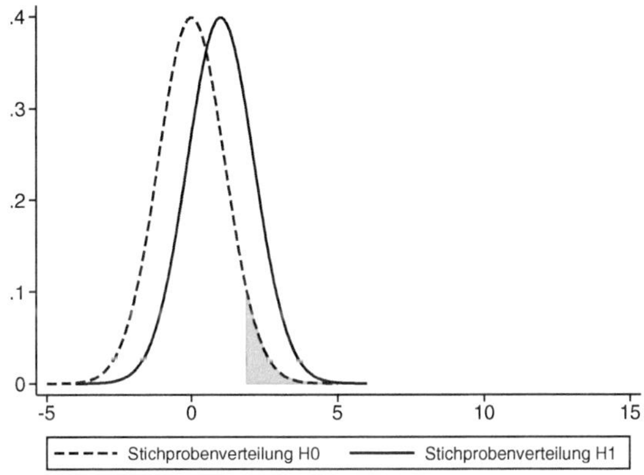

(a) Geringe Power

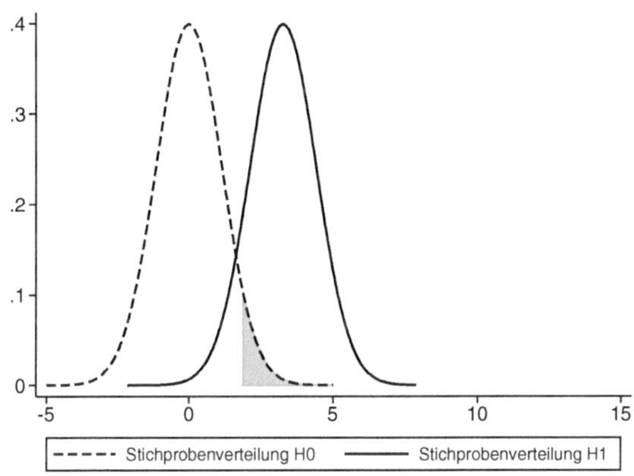

(b) Mittlere Power

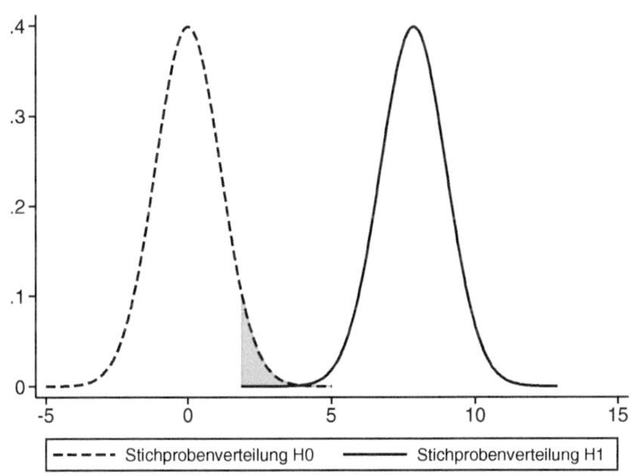

(c) Sehr hohe Power

Abbildung 4.12: Drei Situationen mit unterschiedlicher Teststärke

Abbildung 4.12a verdeutlicht exemplarisch eine Situation, in der wir eine relativ große „Chance" haben, einen vorhandenen oder angenommenen Unterschied *nicht* zu entdecken. Hier nehmen wir an, dass der Mittelwertunterschied in der Grundgesamtheit genau 1 beträgt (im Beispiel: genau einen Prestigepunkt). Bei dem gegebenen Standardfehler von 1,14 heißt das: Der Unterschied beträgt gerade einmal 0,875 Standardfehler. Erläutern wir die zwei Verteilungen: Die Stichprobenverteilung unter der Nullhypothese (H_0) zeigt, wie bei gegebenem Standardfehler die Stichprobenkennwerte streuen würden, wenn die Nullhypothese zuträfe; alle Stichprobenwerte im Bereich von −1,96 Standardfehler bis +1,96 Standardfehler, also von etwa −2,24 bis +2,24, würden wir als noch kompatibel mit der H_0 betrachten, die Werte außerhalb dieses Bereichs würden wir als „unwahrscheinlich" und damit als statistisch signifikante Indizien gegen die H_0 bewerten. Der entsprechende Bereich ist grau gekennzeichnet.

Die Stichprobenverteilung unter der Alternativhypothese (H_1) bezieht sich auf den (natürlich nur angenommenen!) wahren Mittelwertunterschied von 1. Auch hier gilt: Mit 95-prozentiger Wahrscheinlichkeit liegen die Unterschiede zwischen den Stichproben in einem Bereich von −1,96 Standardfehler bis +1,96 Standardfehler um den wahren Wert, also etwa im Bereich von $1-2{,}24=-1{,}24$ bis $1+2{,}24=3{,}24$. Das heißt aber, dass nur ein relativ kleiner Teil der Werte größer als 2,24 wäre, also als „signifikanter" Beleg gegen die H_0 gelten würde (der Teil der Werte, der kleiner wäre als −2,24, kann dagegen praktisch vernachlässigt werden). Wir können dies noch etwas genauer quantifizieren: Die Wahrscheinlichkeit, dass die Stichprobendifferenz zwischen −2,24 und +2,24 liegt, beträgt gut 85 Prozent![29] Anders gesagt: Nur knapp 15 Prozent aller Stichproben würden einen Wert liefern, der als signifikanter Beleg gegen die Nullhypothese gelten würde. Die Teststärke beträgt also nur 15 Prozent!

Der Grund für diese Situation ist klar: *Gemessen am Standardfehler* ist der Mittelwertunterschied ziemlich klein. Wäre der Standardfehler deutlich kleiner oder der Mittelwertunterschied deutlich größer, dann wäre die Chance, in der Stichprobe einen signifikanten Mittelwertunterschied zu finden, wesentlich größer. Abbildungen 4.12b und 4.12c verdeutlichen zwei Situationen, in denen die Teststärke wesentlich höher ist, da (bei gleichem Standardfehler wie in Abbildung 4.12a) die angenommenen Mittelwertunterschiede größer sind. Im Beispiel von Abbildung 4.12b beträgt der wahre Unterschied 3, und so kann immerhin noch ein gewisser Prozentsatz von Werten kleiner als 2,24 erwartet werden, nämlich etwa 25 Prozent. Diese 25 Prozent der Werte

29 Wie kommen wir auf diesen Wert? Nun, der Wert 2,24 liegt um 1,24 über dem wahren Mittelwertunterschied von eins; 1,24 ausgedrückt in Standardfehlern, also standardisiert, ergibt etwa 1,085. Dieser Wert entspricht in etwa dem 86-Prozent-Quantil. Ziehen wir davon noch einen kleinen Teil ab für die wenigen Stichprobenkennwerte, weniger als ein Prozent, die unterhalb von −2,24 liegen, und wir erhalten eine Wahrscheinlichkeit von 85 Prozent.

würden noch nicht als Indiz gegen die H_0 gelten, die Teststärke beträgt also immerhin 75 Prozent. In Abbildung 4.12c mit einem Mittelwertunterschied von 6 ist ein Ergebnis, das als kompatibel mit der H_0 gelten würde, schon ausgesprochen unwahrscheinlich; nur mehr ein halbes Prozent der Werte kann in dem Bereich kleiner als 2,24 erwartet werden. Die Teststärke beträgt hier also mehr als 99 Prozent.

Fassen wir zusammen: Wir können einen Fehler 2. Art umso leichter vermeiden (anders gesagt: Wir können einen tatsächlich vorhandenen Unterschied umso leichter entdecken), je größer der Unterschied und je kleiner der Standardfehler, d. h., je kleiner die Streuung des untersuchten Merkmals und/oder je größer unsere Stichprobe ist. Hierbei handelt es sich natürlich um die gleichen Eigenschaften, die auch dazu führen, eher ein statistisch signifikantes Ergebnis zu erhalten. Wichtig ist es weiterhin, sich klar zu machen, dass Fehler 1. und 2. Art sich wechselseitig bedingen:

- Durch ein strenges Signifikanzniveau (also z. B. eine Festsetzung auf 1 oder gar 0,1 Prozent) verringert sich die Wahrscheinlichkeit eines Fehlers 1. Art. Damit kann es aber auch leichter geschehen, dass man unzutreffende Nullhypothesen *nicht* zurückweist, also einen Fehler 2. Art begeht.
- Durch ein „laxes“ Signifikanzniveau (von 5 oder gar 10 Prozent) begeht man dagegen leichter einen Fehler 1. Art. Allerdings kann man dadurch auch leichter unzutreffende Nullhypothesen zurückweisen, also die Wahrscheinlichkeit von Fehlern 2. Art verringern.

Tatsächlich kann im Extremfall (wenn der wahre Mittelwertunterschied sich kaum von null unterscheidet) der Fehler 2. Art annähernd so groß werden wie $1-\alpha$, also beim üblichen Signifikanzniveau von 5 Prozent bis zu 95 Prozent erreichen. Praktisch ist $1-\alpha$ jedoch nur eine theoretische Obergrenze für den Fehler 2. Art.

Hieraus folgen eindeutige Empfehlungen für das statistische Testen:

Statistisches Testen unter Berücksichtigung der Teststärke

Statistisches Testen, das unter Berücksichtigung der Ideen von Neyman und Pearson auf die Teststärke achtet, muss …

1. der Nullhypothese eine eindeutige (und natürlich inhaltlich plausible) Alternativhypothese gegenüberstellen und
2. mit Blick auf diese Alternativhypothese den Standardfehler (durch Festlegung eines geeigneten Stichprobenumfangs) so anpassen,
3. dass eine zufriedenstellende Teststärke erzielt wird.

In der Literatur wird üblicherweise empfohlen, eine Teststärke von wenigstens 0,8 (oder 80 Prozent) anzustreben. Ein guter Wissenschaftler sollte aber in der Lage sein, zwischen den möglichen Problemen, die aus einem Fehler 1. Art folgen (wenn man also eine zutreffende Nullhypothese verwirft), und jenen, die aus einem Fehler 2. Art folgen (wenn man also eine nicht zutreffende Nullhypothese dennoch beibehält), abzuwägen und beide Fehler entsprechend anzupassen.

Die Forschungspraxis ist oft weit davon entfernt, den skizzierten Regeln zu folgen. In der Psychologie wurde sogar immer wieder nachgewiesen, dass viele – oft die Mehrzahl – der veröffentlichten Studien über keine ausreichende Teststärke verfügen (Cohen 1962; Sedlmeier und Gigerenzer 1989). In den Sozialwissenschaften, wo statistische Auswertungen sich häufig auf Stichproben mit einem Umfang von mindestens 1 000 Fällen beziehen, ist man freilich oft eher mit dem gegenteiligen Problem konfrontiert, dass auch vergleichsweise irrelevante Unterschiede statistisch signifikant werden. Allerdings ist dies wohl eine etwas optimistische Einschätzung, da in multivariaten Analysen – die wir in diesem Buch nur ganz am Ende kurz andeuten – die Standardfehler oft größer sind, als die einfache Fallzahl es nahelegen würde. Auf jeden Fall gilt, dass man zwar möglicherweise sagen kann, dass die Teststärke bei großen Untersuchungen „ziemlich groß“ ist, diese Aussage aber nicht ohne weiteres quantifizieren kann.

Signifikanztests sagen nichts über die Stärke eines Zusammenhangs

Es ist altbekannt und wird seit Jahrzehnten wieder und wieder betont, dass ein Signifikanztest nichts darüber sagt, ob man nun einen bedeutenden, wichtigen oder „großen“ (starken) Zusammenhang bzw. Unterschied gefunden hat oder nicht. Dennoch wird es wieder und wieder vergessen. Daher sei hier noch einmal in aller Klarheit gesagt, was die Aussage von Signifikanztests ist:

Kasten 4.3: Was ein statistischer Test aussagt – und was nicht

Wenn wir sagen, dass ein Unterschied (oder Zusammenhang) *statistisch signifikant* ist, dann heißt das nichts anderes als Folgendes: Wir haben in unserer Stichprobe einen Unterschied (oder Zusammenhang) gefunden, und es ist einigermaßen plausibel – aber nicht mehr als das! –, dass auch in der Grundgesamtheit ein Unterschied (Zusammenhang) besteht. Und zwar aufgrund folgender Überlegung: Unter der hypothetischen Annahme, dass es in der Grundgesamtheit keinen Unterschied (Zusammenhang) gibt, wäre es ziemlich unwahrscheinlich, in einer Stichprobe einen Unterschied (Zusammenhang) wie den hier vorliegenden zu finden. Weil wir also etwas gefunden haben, was unter dieser hypothetischen Annahme unwahrscheinlich wäre, glauben wir, dass die hypothetische Annahme falsch ist, d. h., wir glauben, dass es auch in der Grundgesamtheit einen Unterschied gibt.

Aber: Das besagt *„nichts, nichts und wieder nichts“* (Janosch 1978: 78) darüber, wie groß oder wie bedeutend der Unterschied in der Grundgesamtheit eigentlich ist, ganz zu schweigen davon, ob er wichtig ist.

Warum dem so ist, sei hier noch einmal zusammengefasst. Betrachten wir eine Formel für einen Signifikanztest, beispielsweise Formel 4.20 auf S. 144. Rufen wir uns außerdem kurz ins Gedächtnis, dass ein Ergebnis umso eher „signifikant“ ist, je größer der Absolutbetrag der errechneten T-Statistik ist (Absolutbetrag deshalb, weil ja auch ein negativer Wert – wie in unserem Beispiel – als signifikant gelten kann, wenn er im Lichte der Nullhypothese unwahrscheinlich genug ist). Aus der Formel folgt nun, dass die mögliche Signifikanz von drei Faktoren abhängt:

1. Von der Stärke des geprüften Unterschieds oder Zusammenhangs: Ein großer Unterschied in den Mittelwerten der beiden Gruppen (oder Teilstichproben) führt – wenn alle anderen Größen gleich sind – zu einem größeren Wert von T. Das ist auch plausibel, wenn wir annehmen, dass der Unterschied in den Stichproben tendenziell (nicht mit Gewissheit) den wahren Unterschied in der Grundgesamtheit reflektiert.

2. Von der Streuung des untersuchten Merkmals, also der Varianz (im oben genannten Beispiel wäre das $\hat{\sigma}_1^2$ und $\hat{\sigma}_2^2$) – je größer diese ist, desto größer wird der Nenner in Formel 4.20 und desto kleiner wird bei sonst gleichen Bedingungen der Absolutbetrag von T.

3. Schließlich kommt es aber auch auf die Stichprobengröße, also n_1 und n_2 an. Hier gilt: Je größer die Stichprobe, desto kleiner wird der Nenner in Formel 4.20 und desto größer wird bei sonst gleichen Bedingungen der Absolutbetrag von T. Das kann man natürlich nur als sinnvoll bewerten: Große Stichproben sollten zu größerer Sicherheit unserer wissenschaftlichen Ergebnisse führen (natürlich gilt dies ausschließlich dann, wenn es sich um gute Stichproben, also Zufallsstichproben handelt – die Größe für sich genommen sagt gar nichts, wenn die Stichprobe schlecht ist). Schätzungen von Mittelwerten, die anhand großer Stichproben gewonnen wurden, ist sicherlich eher zu trauen als solchen, die aus kleinen Stichproben stammen.[30]

All diese Punkte, die wohlgemerkt auf alle Signifikanztests zutreffen, nicht nur auf Tests von Gruppenmittelwerten, sind bekannt, dennoch kann man die Konsequenz nicht oft genug wiederholen: Signifikanz ist nicht mit Stärke

---

30 An dieser Stelle sei aber sicherheitshalber eines klargemacht: Es kommt *ausschließlich* auf die Stichprobengröße an, nicht auf den Auswahlsatz. (Mit Auswahlsatz ist gemeint: die relative Größe der Stichprobe, gemessen an der Grundgesamtheit. Zieht man beispielsweise aus einer Grundgesamtheit von 10 Millionen eine Stichprobe von 1 000 Personen, so heißt das, dass im Schnitt jede 10 000. Person ausgewählt wird, der Auswahlsatz beträgt also 0,1 Promille.) Manchmal kann man lesen, dass ein so kleiner Auswahlsatz nicht zu zuverlässigen Ergebnissen führen könne. Die Formeln zeigen, dass diese Behauptung falsch ist. Wenn überhaupt, dann ist ein *großer* Auswahlsatz ein Problem, weil dann nämlich die Endlichkeitskorrektur verwendet werden muss (siehe S. 102).

des Zusammenhangs bzw. Unterschieds gleichzusetzen. Es ist eine Sache, ob wir einem Testergebnis „trauen“ können – und nur darüber informiert uns der Signifikanztest –, und eine andere zu behaupten, dass sich in dem Ergebnis ein großer Unterschied oder ein starker Zusammenhang ausdrücken würde. Das heißt übrigens auch: Dass ein Ergebnis statistisch signifikant ist, besagt überhaupt nicht, dass man es in späteren Untersuchungen wiederholen können wird; ebenso wenig muss ein nicht signifikantes Ergebnis bedeuten, dass die Forschungshypothese unplausibel ist. Vielmehr muss man Fragen stellen wie z. B. Hat die Untersuchungsanlage signifikante Testergebnisse begünstigt (etwa, weil die Stichprobe sehr groß ist oder weil die untersuchten Merkmale wenig Streuung aufweisen) oder nicht?

Missbrauch von Signifikanztests

Wenn wir eben formuliert haben, dass die Probleme von Signifikanztests und ihrer Interpretation seit langem bekannt sind, dann sollte man meinen, dass man zumindest vor Fehlinterpretationen von Signifikanztests geschützt ist – schließlich sollte doch auch hier gelten: Gefahr erkannt, Gefahr gebannt. Leider ist das Gegenteil der Fall. Der falsche Umgang mit Signifikanztests scheint nicht auszurotten, und zwar nicht nur bei Anfängern, sondern auch bei Profis. Ein besonders bekanntes und besonders peinliches Beispiel wollen wir hier zur Verdeutlichung vorstellen. Peinlich ist es deshalb, weil es ausgerechnet von einem Institut stammt, das sich zum Ziel gesetzt hat, Hochschulen zu bewerten. Wer sich das anmaßt, so möchte man meinen, sollte doch zumindest etwas von Wissenschaft verstehen. Weit gefehlt!

Es geht um das Universitätsranking des Centrums für Hochschulentwicklung (CHE), welches alljährlich in der Wochenzeitung DIE ZEIT und im Internet veröffentlicht wird. In diesem Ranking werden, getrennt nach Fächern, die Universitäten nach verschiedenen Merkmalen in eine Reihenfolge gebracht. Genauer gesagt werden die Universitäten in jedem der untersuchten Merkmale in eine Spitzen-, eine Mittel- und eine Schlussgruppe eingeteilt. Die Kriterien der Einteilung sind teilweise „von Hand gemacht“. Aber bei einem Teil der Merkmale werden die Gruppen nach inferenzstatistischen Kriterien eingeteilt, und zwar immer dort, wo die Merkmale auf die Befragung von Studierenden zurückgehen, die die Besonderheit des CHE-Rankings ausmacht (viele andere Daten stammen aus mehr oder weniger öffentlich zugänglichen Statistiken). Und das geht so: Universitäten, deren Mittelwerte sich in dem untersuchten Merkmal signifikant vom Mittelwert unterscheiden, werden der Spitzengruppe (Abweichung nach oben) oder der Schlussgruppe (Abweichung nach unten) zugeordnet, alle anderen bilden die Mittelgruppe.

Damit wird schon einmal die entscheidende Lehre, die jeder Anfänger beherrschen muss, verletzt: *Signifikante Unterschiede sind nicht das Gleiche wie bedeutende Unterschiede.* Tatsächlich sind die Unterschiede zwischen den besten Universitäten der Schlussgruppe und den schlechtesten der Mittelgruppe in aller Regel ganz gering, ebenso die zwischen den besten der Mittelgruppe und den schlechtesten der Spitzengruppe.

Es kommt allerdings noch toller. Sie wissen ja: Ob Unterschiede signifikant werden, hängt vom Standardfehler ab, und dieser wiederum (unter anderem) von der Stichprobengröße. Das heißt aber: Wenn in einer Universität viele Studierende mitmachen, dann kann diese Universität leichter in die Spitzengruppe, aber auch leichter in die Schlussgruppe gelangen. Sind dagegen weniger Studierende beteiligt, kann es sein, dass die Universität zwar gute (oder schlechte) Werte erzielt, aber trotzdem nicht über die Mittelgruppe hinauskommt, eben weil der Unterschied zum Gesamtmittelwert nicht statistisch signifikant wird. In der Internet-Veröffentlichung des CHE-Rankings, wo nicht nur die Zuordnungen zu den Gruppen nachzulesen sind, sondern auch die genauen Werte, konnten wir dementsprechend gelegentlich beobachten, dass eine Universität der Mittelgruppe bessere (oder schlechtere) Werte als eine der Spitzen- (oder Schluss-)Gruppe hatte!

Wie ist das möglich? Nun, im Jahr 2005 hat uns das CHE die Stichprobengrößen für die verschiedenen Universitäten im Fach Soziologie zur Verfügung gestellt; und wie zu erwarten, unterschieden diese sich ganz erheblich. Nun ist es ja völlig richtig: Wenn die Stichprobe zu klein ist, kann man keine zuverlässigen Aussagen machen, ob eine Universität mit einem guten Wert wirklich besser ist als andere (ob der gute Wert also auch für die ganze Universität und nicht nur für die Stichprobe gilt). Nur ist dann die Aussage, dass die Universität zur Mittelgruppe gehört, genauso unzuverlässig! Anders gesagt: Die Zuordnung zur Mittelgruppe wäre nur dann zulässig, wenn die Teststärke (Power) ausreichend groß wäre. Überlegungen zu diesem Thema sucht man beim CHE allerdings vergeblich.

Tatsächlich hat das CHE seit einiger Zeit die Veröffentlichung des Rankings so umgestellt, dass Werte, die auf *besonders* kleinen Stichproben beruhen, nicht mehr zu einer Zuordnung zu einer der Gruppen führen. Damit sind aber nur solche Werte gemeint, für die das Konfidenzintervall von der Spitzengruppe bis zur Schlussgruppe reicht. Das mag ein erster Schritt in die richtige Richtung sein (auch wenn der zweite Schritt auf sich warten lässt, nämlich die Qualität der Erhebung so zu erhöhen, dass alle Universitäten hinsichtlich des Stichprobenumfangs die gleichen Chancen haben). Doch ändert das nichts an der Grundtatsache: *Das CHE, das sich als der wichtigste Wächter über die Qualität deutscher Universitäten versteht, verwechselt statistische Signifikanz mit inhaltlicher Bedeutsamkeit und macht Aussagen, die nur aufgrund von Überlegungen zur Teststärke legitim wären – doch fehlen solche Überlegungen.* Mit anderen Worten: Das Ranking über die Qualität deutscher Universitäten basiert von seinem Beginn bis zum heutigen Tag in wichtigen Apekten auf einem Fehler, der bei Studierenden im ersten Semester dazu führen könnte, dass diese bei der Statistik-Klausur durchfallen.

So weit, so schlecht. Können wir aber sagen: Richtig interpretiert, sind Signifikanztests eine gute Sache? Leider gilt auch das nur sehr begrenzt.

Grenzen des statistischen Testens

Wir haben oben bereits das Problem beschrieben, dass nicht signifikante Ergebnisse keinerlei Aussagekraft besitzen, solange man keine gute Aussagen über die Teststärke machen kann, also über die Fähigkeit eines statistischen Tests, einen bestimmten Unterschied überhaupt zu entdecken. Man könnte aber leicht geneigt sein zu denken: Gut, die nicht signifikanten Testergebnisse sind ein Problem. Aber wenigstens sind die signifikanten Ergebnisse doch eine ganz gute Absicherung gegen Zufallsfunde, denn schließlich wählen wir doch meist ein recht niedriges Signifikanzniveau von fünf Prozent; unsere Ergebnisse sind also höchstens in fünf Prozent der Fälle falsch.

Leider ist die Sache aber komplizierter. Zunächst einmal müssen wir uns klarmachen, dass in einer typischen sozialwissenschaftlichen Datenanalyse in der Regel nicht nur eine Hypothese geprüft wird, sondern mehrere oder gar viele (besser verständlich wird diese Aussage nach Lektüre von Kapitel 6). Damit handelt man sich aber Probleme ein, denn wenn beispielsweise 20 Hypothesen geprüft wurden, so ist bei einem Signifikanzniveau von 5 Prozent (nicht in jedem Einzelfall, aber im Durchschnitt) schon rein zufällig zu erwarten, dass das Ergebnis bei einem der Tests auch dann signifikant wird, wenn in Wirklichkeit die Nullhypothese zutrifft. Nun, in der Regel erhalten wir (deutlich) mehr als 5 Prozent signifikante Ergebnisse; aber die Frage, die sich dann stellt, ist diese: Welches der Ergebnisse deutet wirklich auf einen Zusammenhang hin und welches ist rein zufällig? Diese Frage lässt sich leider in keiner Weise beantworten.[31]

Es wurden aus diesem Grund verschiedene Vorschläge entwickelt, wie man mit diesem *Problem des multiplen Testens* umgehen kann. Ein relativ einfacher, aber bekannter Vorschlag lautet: Wenn wir beispielsweise 10 Tests durchführen, jeden mit einem ursprünglich geplanten Signifikanzniveau von 5 Prozent, dann verzehnfacht sich die Chance, ein signifikantes Ergebnis trotz Gültigkeit der Nullhypothese zu erhalten. Also muss man das ursprünglich geplante Signifikanzniveau durch 10, allgemein: durch die Zahl der zu prüfenden Hypothesen dividieren. Man würde also in diesem Fall für alle Tests ein Signifikanzniveau von 0,5 Prozent (oder 0,005) festlegen. Dies ist die sogenannte Bonferroni-Korrektur. In den Sozialwissenschaften einschließlich der Ökonomie hat sich dieses Verfahren, ebenso wie komplexere Korrekturverfahren, nicht durchgesetzt; vielleicht mit gutem Recht, denn auf diese Weise könnte man wesentlich weniger Hypothesen bestätigen als mit dem konventionellen Vorgehen. Aber gleichzeitig wächst damit eben

---

31 Ein ähnliches Problem entstünde, wenn SozialforscherInnen viele Zusammenhänge zunächst ohne Signifikanztest untersuchen und dann nur diejenigen testen würden, die groß genug sind. Dieses Vorgehen ist bei Einsteigern nicht ganz selten: Man betrachtet beispielsweise eine Reihe von Korrelationen und prüft dann, um sich ‚abzusichern', die großen Korrelationen, ob sie denn auch signifikant sind. Es ist aber kein Wunder, dass man dann viele signifikante Ergebnisse erhält: Man hat ja nur die Zusammenhänge geprüft, bei denen gute Chancen bestehen, dass der Test wirklich signifikant ausfällt.

die Wahrscheinlichkeit, dass in der Forschungsliteratur Zufallsergebnisse präsentiert werden.

Es kommt aber noch schlimmer: Die Aussage, ein Signifikanzniveau von 5 Prozent bedeute, dass (zwar immerhin, aber letztlich doch ‚nur') 5 Prozent aller signifikanten Ergebnisse Zufallsprodukte und in diesem Sinne falsch sind, ist leider unzutreffend. Das Signifikanzniveau gibt ja nur die Wahrscheinlichkeit signifikanter Ergebnisse *für den Fall, dass die Nullhypothese zutrifft*, an. Da wir aber nicht wissen, wie oft die Nullhypothese zutrifft und wie oft nicht, lassen sich keine Aussagen darüber machen, wie oft wir uns insgesamt irren. Das lässt sich an folgendem einfachen Beispiel zeigen, das wir von Dubben und Beck-Bornholdt (2006) übernommen haben.

Die Annahmen dieses Beispiels sind in einer Hinsicht sicherlich pessimistisch (Sie können aber selbstverständlich das Beispiel entsprechend variieren): Es wird zu Zwecken der Veranschaulichung davon ausgegangen, dass nur 10 Prozent aller geprüften Forschungshypothesen zutreffen und 90 Prozent der Forschungshypothesen falsch sind, anders gesagt: dass in 90 Prozent der Fälle die Nullhypothese zutrifft. Das mag für die Sozialwissenschaften etwas übertrieben sein.[32] Aber seien wir einmal so skeptisch – schließlich ist Skepsis für Wissenschaftler eine sehr gesunde Haltung. Eine zweite Annahme lautet, dass die Teststärke in allen Fällen 80 Prozent beträgt; für sozialwissenschaftliche Untersuchungen mit ihren häufig großen Stichproben mag diese Annahme gerechtfertigt sein. Zusammen mit der dritten Annahme, dass wir das typische Signifikanzniveau von 5 Prozent zugrunde legen, ergibt sich damit bei 1000 Hypothesentests Folgendes:

1. In 100 Fällen soll gemäß unseren Annahmen die Forschungshypothese zutreffen. Bei einer Teststärke von 80 Prozent heißt das, dass 80 Hypothesentests zu einem (richtigerweise) signifikanten Ergebnis führen und 20 zu einem (fälschlicherweise) nicht signifikanten Ergebnis (bei letzteren liegt also ein Fehler 2. Art vor).

2. Bei den 900 Tests, bei denen die Nullhypothese zutrifft, erhalten wir (angesichts des gewählten Signifikanzniveaus) 5 Prozent (fälschlicherweise) signifikante Ergebnisse, das sind in absoluten Zahlen immerhin 45; die übrigen 855 Testergebnisse werden (richtigerweise) nicht signifikant ausfallen.

Bei dieser Konstellation erhalten wir also insgesamt 125 signifikante Ergebnisse, von denen jedoch nur 80 auf eine zutreffende Forschungshypothese zurückgehen! Mit anderen Worten: Mehr als ein Drittel der Testergebnisse ist

---

32 Dubben und Beck-Bornholdt (2006) beziehen sich auf medizinische Untersuchungen, also Studien, in denen die Wirksamkeit neuer Medikamente oder anderer Behandlungen geprüft wird. Hier ist Annahme, dass 90 Prozent der Nullhypothesen zutreffen, dass also in 90 Prozent der Fälle ein neues Medikament nicht besser ist als die bekannten Behandlungen, möglicherweise zutreffend.

signifikant ausgefallen, obwohl die Nullhypothese zutrifft – und wir wissen nicht, welche Ergebnisse zu diesem guten Drittel gehören und welche nicht. Immerhin ist beruhigend, dass die allermeisten nicht signifikanten Testergebnisse in diesem Fall daher rühren, dass die Nullhypothese tatsächlich zutrifft.

Nun könnte man argumentieren: Es werden doch in den Sozialwissenschaften vielleicht in der Hälfte der Fälle die Forschungshypothesen zutreffen! Und in diesem Fall würden nur noch 25 von insgesamt 425, also 6,25 Prozent der signifikanten Ergebnisse, auf Tests zurückgehen, bei denen in Wahrheit die Nullhypothese zutrifft. Das Problem wäre freilich, dass in einem solchen Fall 100 von insgesamt 575 der nicht signifikanten Ergebnisse, also 21 Prozent, „falsch" wären in dem Sinn, dass sie auf Fälle zurückgehen, in denen in Wahrheit die Forschungshypothese zutrifft. Das eigentliche Problem ist aber einfach, dass wir de facto weder wissen, wie groß der Anteil der Tests ist, in denen die Forschungshypothese bzw. die Nullhypothese zutrifft, noch die Teststärke kennen. Wir können also faktisch keine Aussage machen, wie viele falsche Testergebnisse wir insgesamt produziert haben.

Was tun?

Gibt es gar keinen Ausweg aus diesem Dilemma? Nun, Ideen und Ansätze gibt es. Ein erster Ausweg könnte die bereits in Fußnote 1 auf S. 93 erwähnte Bayesianische Statistik sein, die allerdings noch nicht sehr gut etabliert ist (und im übrigen auch nicht ohne Annahmen auskommt). Ein zweiter Weg sei hier ebenfalls kurz vorgestellt, wenngleich er sich für die Sozialwissenschaften, so wie diese derzeit typischerweise empirische Untersuchungen machen, nicht gut eignet. Dieser Weg wurde bereits vor einigen Jahrzehnten von Glass (1976) unter dem Namen Meta-Analyse vorgestellt (als kurze Einführung siehe Wagner und Weiß 2006, eine ausführliche Auseinandersetzung findet man bei Cumming 2012); er greift die Idee auf, dass man einzelnen Ergebnissen nicht trauen und daher Untersuchungen replizieren sollte. Wenn nun eine Hypothese in mehreren Untersuchungen geprüft wurde, dann liegt es nahe, die Ergebnisse systematisch zusammenzufassen. Im Prinzip sieht das nach einer sehr vernünftigen Lösung aus: Nehmen wir einmal an, eine Hyothese sei in zehn verschiedenen Untersuchungen an jeweils 50 Personen geprüft worden. Bei 50 Fällen pro Untersuchung wird man kaum damit rechnen, dass die Ergebnisse immer oder auch nur überwiegend signifikant ausfallen, selbst wenn die Forschungshypothese zutrifft. Fasst man aber die 10 Untersuchungen zusammen, so kann man sich auf 500 Fälle stützen – und diese erlauben in der Regel schon recht gut interpretierbare Ergebnisse. Für diese Zusammenfassung ist es auch gar nicht erforderlich, dass sämtliche Daten tatsächlich vorliegen; es genügt, wenn die Ergebnisse ausreichend präzise publiziert sind.

So vielversprechend die Meta-Analyse ist, in den Sozialwissenschaften sind häufig die Anwendungsbedingungen nicht oder kaum gegeben. Voraussetzung ist, dass die einzelnen Untersuchungen tatsächlich vergleichbar sind, sprich, dass in etwa gleiche Designs vorliegen und die Variablen in vergleichbarer Weise gemessen wurden. Diese Situation ist etwa in medizinischen, teilweise auch in psychologischen Untersuchungen nicht selten gegeben. Sozialwissenschaftliche Analysen basieren aber häufig auf Datensätzen aus großen Umfragen, und die eingesetzten multivariaten Modelle (siehe dazu Kapitel 6) sind häufig recht verschieden, so dass die einzelnen Effekte kaum vergleichbar sind. Daher ist die Meta-Analyse in den Sozialwissenschaften meist mit Vorsicht zu genießen, wie Brüderl (2004) an einem Beispiel gut verdeutlicht hat. Dennoch ist die Idee der kumulierenden Wissenschaft – und der entsprechenden kumulierten Betrachtung der Ergebnisse – sicherlich überzeugender als die Konzentration auf einzelne Signifikanztests.

In diesem Zusammenhang kommt es freilich darauf an, dass tatsächlich auch alle Untersuchungsergebnisse zugänglich gemacht werden. Dies verweist auf ein Problem, das recht unterschiedliche Wurzeln hat, aber in irgendeiner Art und Weise in vielen wissenschaftlichen Disziplinen relevant ist: Die Betonung statistischer Tests führt dazu, dass Wissenschaftler dazu tendieren, „nicht signifikante" Ergebnisse und „keine Ergebnisse" gleichzusetzen. Daran mag so viel richtig sein, dass nicht signifikante Ergebnisse, wie verdeutlicht, noch schwieriger zu interpretieren sind als signifikante, aber das Unterschlagen nicht signifikanter Ergebnisse führt natürlich dazu, dass die veröffentlichten Ergebnisse ein falsches Bild geben. Wie real diese Gefahr ist, zeigt sich daran, dass im Bereich der medizinischen Forschung seit langem (freilich immer noch ohne durchschlagenden Erfolg) darauf hingewirkt wird, dass alle Untersuchungen vor ihrer Durchführung bei unabhängigen Stellen registriert werden und dass nur diese vorher registrierten Untersuchungen veröffentlicht werden können, dass sie aber auch alle veröffentlicht werden müssen. In den Sozialwissenschaften sind wir von diesem Zustand weit entfernt, was allerdings auch daran liegt, dass hier nicht so häufig gezielte Experimente durchgeführt, sondern Hypothesentests mit großen Datensätzen vorgenommen werden, die für WissenschaftlerInnen häufig frei zugänglich sind. Das kann dazu führen, dass Hypothesen mehrfach geprüft werden, aber an den immer gleichen Datensätzen. Hierbei kommen natürlich keine neuen Ergebnisse zustande.

Dennoch lassen sich ein paar Regeln formulieren, die zu einem besseren Umgang mit den Ergebnissen sozialwissenschaftlicher Untersuchungen führen können.

1. SozialwissenschaftlerInnen sollten nicht nur berücksichtigen, ob Ergebnisse statistisch signifikant sind, sondern sie sollten auch versuchen, die *Stärke von Zusammenhängen oder Unterschieden* zu beurteilen.

   In der Psychologie hat man sich seit einigen Dekaden mit einigem Erfolg bemüht, Maße für die sogenannte Effektstärke zu entwickeln, die sich auch gut für einen Vergleich über verschiedene Untersuchungen hinweg eignen (eine neuere Veröffentlichung dazu ist Rosnow und Rosenthal 2009). Für die Sozialwissenschaften, in denen häufig multivariate Modelle eingesetzt werden, sind diese Maßzahlen meist nicht so gut geeignet. Sinnvoll sind aber auf jeden Fall inhaltliche Überlegungen. Nehmen wir das Beispiel des Unterschieds im Berufsprestige zwischen zwei Kohorten (siehe S. 145): Dieser betrug vier Punkte. Als erstes sollte man wissen, welche Werte theoretisch überhaupt möglich sind. Nun, die Prestigewerte können von etwa 10 bis 90 reichen; gemessen daran ist ein Unterschied von vier Punkten gering. Allerdings ist eine Gesellschaft mit einem Mittelwert von 10 (dann wären alle Gesellschaftsmitglieder auf der Stufe allereinfachster ungelernter Arbeiter) ebenso schwer vorstellbar wie eine mit einem Mittelwert von 90 (dann gäbe es nur Reiche und Mächtige); in den modernen Gesellschaften, die wir kennen, umfassen die Berufe die gesamte Spannbreite, und Änderungen kommen nur dadurch zustande, dass die wenig qualifizierten (und meist prestigearmen) Berufe seltener und die höher qualifizierten (und prestigereicheren) Berufe häufiger werden. Hinzu kommt: Sozialer Wandel geschieht häufig langsam; tritt eine Person als ungelernter Arbeiter in den Arbeitsmarkt ein, so bleibt sie u. U. bis zu 50 Jahre im Berufsleben, ohne nennenswerte Aufstiege zu erfahren. Gemessen an solchen Überlegungen ist eine Zunahme von vier Prestigepunkten sicherlich immer noch nicht übermäßig groß, aber auch nicht gänzlich unbeachtlich.

2. Soweit möglich, sollten SozialwissenschaftlerInnen die Präzision ihrer Ergebnisse anhand von *Konfidenzintervallen* beurteilen.

   Im Fall des Berufsprestiges betrug der Standardfehler der Mittelwertdifferenz 1,14. Wir können also auch ohne exakte Berechnung (die der Computer freilich liefert) überlegen, dass bei einer Mittelwertdifferenz von etwa 4 die Untergrenze des Konfidenzintervalls ca. 2 Standardfehler weiter unten liegt, also weniger als 2 beträgt; die Obergrenze liegt bei etwas über 6. Damit haben wir ein ziemlich breites Konfidenzintervall, das zwar Anlass zu der Vermutung gibt, dass der Unterschied nicht nur in der Stichprobe, sondern auch in der Grundgesamtheit vorhanden ist, aber auch zur Vorsicht gegenüber dem Ergebnis rät: Der Kohortenunterschied könnte auch deutlich geringer sein als der Wert von 4.

   Nicht alle statistischen Tests lassen sich in Konfidenzintervalle ‚übersetzen', aber gerade für die multivariaten Modelle, die SozialwissenschaftlerInnen so gerne verwenden, können in aller Regel Konfidenzintervalle problemlos berechnet werden.

4.4 Komplexe Stichproben

Im Zusammenhang mit statistischem Schätzen und Testen haben wir immer wieder betont, dass die Grundlage dazu die *einfache Zufallsstichprobe* ist: Nur wenn wir es mit einer einfachen Zufallsstichprobe zu tun haben, sind uns die Eigenschaften der resultierenden Stichprobenverteilung so weit bekannt, dass wir Punkt- und Intervallschätzungen vornehmen können bzw. Hypothesen statistisch testen können.

Eine *einfache* Zufallsstichprobe zeichnet sich dadurch aus, dass jedes Element der Grundgesamtheit die gleiche Wahrscheinlichkeit hatte, in die Stichprobe zu gelangen. Für jedes Element einer solchen Stichprobe gilt die i. i. d.-Eigenschaft – alle Stichprobenelemente (aufgefasst als Realisierungen von Zufallsvariablen) sind *independent and identically distributed* (siehe Kasten 4.1 auf S. 115).

Beispiel 4.16: Für eine Untersuchung, in deren Ergebnis Aussagen zur gesamten Wohnbevölkerung Berlins gemacht werden sollen, hieße dies, zunächst eine Liste zu erstellen, die die Namen der 3 375 222 Einwohner Berlins[33] enthält. Aus dieser Liste zöge dann ein Computer in einem einzigen Auswahlschritt eine zufällige Stichprobe der gewünschten Größe, sagen wir $n = 1\,000$. Alle BewohnerInnen der Stadt hätten die gleiche[34] Wahrscheinlichkeit, in die Stichprobe zu gelangen.

Das Problem, um das sich dieser Abschnitt dreht, ist ganz einfach zusammenzufassen: Wir haben es in der Praxis so gut wie nie mit einfachen Zufallsstichproben zu tun. Dieser Umstand hat unmittelbare Konsequenzen für die Möglichkeiten statistischen Schließens.

4.4.1 Was sind komplexe Stichproben?

Warum aber verwendet man nicht immer einfache Zufallsstichproben? Diese Frage drängt sich auf, und wir wollen sie als erstes beantworten, bevor wir ausführen, was komplexe Stichproben denn nun sind.

Komplexe Stichprobendesigns werden wegen finanzieller und organisatorischer Restriktionen angewandt. Zunächst einmal stoßen auch große einfache Zufallsstichproben für komplexe inhaltliche Fragestellungen schnell an Grenzen: Sobald man sich für Zusammenhänge zwischen mehreren Merkmalen interessiert – und das ist in aller Regel der Fall –, werden die Fallzahlen

---

33 Stand Ende 2012; siehe `https://www.statistik-berlin-brandenburg.de/produkte/Jahrbuch/jb2013/JB_201301_BE.pdf` (abgerufen am 25. 04. 2014).

34 Wer S. 102 ff. gelesen hat, erhebt jetzt womöglich Einspruch – zu Recht. Wir wollen hier aber vom Problem der endlichen Grundgesamtheit bzw. eben vom Umstand, dass es eine Stichprobenziehung ohne Zurücklegen ist, absehen. Die Auswahlwahrscheinlichkeiten des ersten und letzten Elements bei der Stichprobenziehung sind hier bis auf die neunte Nachkommastelle gleich.

für die Elemente in der Stichprobe, die die interessierende Merkmalskombination aufweisen, sehr klein. Damit sind für diese Gruppen der Stichprobe statistische Schlüsse auf die Grundgesamtheit mit äußerst großer Unsicherheit behaftet. (Sie wissen: Der Standardfehler und mit ihm die Breite des Konfidenzintervalls hängt von n ab.) Wenig könnte man also, bliebe man bei Beispiel 4.16, auf Basis einer einfachen Zufallsstichprobe aussagen über den Zusammenhang von Bildung und Heiratsverhalten bei 18- bis 30-jährigen Migrantinnen, und dies jeweils getrennt für Neukölln und Pankow. Zudem wäre es möglich (und wahrscheinlich!), dass einige seltene Merkmalsausprägungen (oder -kombinationen) wie etwa besonders hohe Einkommen – zufallsbedingt! – gar nicht in der Stichprobe auftauchen,[35] so dass auch hier keine Schlüsse auf die Grundgesamtheit angestellt werden können.

In vielen Fällen ist die einfache Zufallsstichprobe auch einfach viel zu teuer: Die Grundgesamtheit, aus der die Stichprobe gezogen werden soll, ist oft über eine große Fläche verteilt. Für Studien mit *Face-to-Face*-Interviews stellt das ein Problem dar: Zöge man aus einer geographisch weit verteilten Grundgesamtheit eine einfache Zufallsstichprobe, müssten Interviewerinnen insgesamt unverhältnismäßig weite Strecken zurücklegen, um alle zufällig ausgewählten Personen in der Fläche zu erreichen.

Ein weiterer Grund, warum Stichproben komplex sind, hat nichts mit finanziellen Restriktionen zu tun, sondern mit den Stichprobenelementen selbst. Stichprobenelemente in den Sozialwissenschaften sind Menschen (oder „Gebilde" aus mehreren Menschen, sprich: Organisationen, Betriebe, Schulen etc.), und i. d. R. können Menschen *wählen*, ob sie an Datenerhebungen teilnehmen; einige Stichprobenelemente verweigern die Teilnahme an der Erhebung (Unit-Nonresponse, siehe Abschnitt 2.3.3). Nur dann, wenn Unit-Nonresponse *at random*, also rein zufallsbestimmt auftritt, nur dann also, wenn in der Gruppe der Nicht-Teilnehmer bestimmte Subgruppen der Grundgesamtheit nicht besonders stark vertreten sind, ist Unit-Nonresponse bzw. Stichprobenausfall im Blick auf statistisches Schließen unproblematisch. Von dieser Annahme kann man aber eigentlich nie ausgehen.

Schichtung

Dem Fallzahlproblem begegnet man bei der Planung der Stichprobe durch *Schichtung*. Schichtung heißt, die Stichprobenziehung *getrennt* nach bestimmten Untergruppen der Grundgesamtheit vorzunehmen. Die Untergruppen zeichnen sich dadurch aus, dass sie in der Grundgesamtheit unterschiedlich stark besetzt sind. Schichtung sorgt dafür, dass man auch von anteilig kleinen Untergruppen genug Elemente in der Gesamtstichprobe antreffen wird. Schichtung heißt also, von vorneherein die Auswahlwahrscheinlichkeiten für kleine Untergruppen zu erhöhen. Innerhalb jeder Schicht ist – wenn

---

35 Siehe dazu auch Abschnitt 4.1.2.

die Stichprobe nicht in weiteren Punkten von der einfachen Zufallsstichprobe abweicht – die Auswahlwahrscheinlichkeit für alle Schichtangehörigen gleich; von Schicht zu Schicht variiert die Auswahlwahrscheinlichkeit der Schichtangehörigen. Anders gesagt: Jede Substichprobe (Stichprobe pro Schicht) hat die i. i. d.-Eigenschaft. Die Gesamtstichprobe hat diese zentrale Eigenschaft aber nicht mehr.

Beispiel 4.17: Bei der Erhebung der SOEP-Daten wird u. a. mit Schichtung gearbeitet. Ein wichtiges Schichtungsmerkmal ist z. B., ob der Haushalt, in dem die Personen befragt werden, zu West- oder Ostdeutschland gehört. Ost- und westdeutsche Haushalte werden also in getrennten Stichproben gezogen; ostdeutsche Haushalte sind infolge der Schichtung stärker im Datensatz vertreten, als dies der Fall wäre, wenn eine gesamtdeutsche Stichprobe gezogen würde. Ostdeutsche Haushalte sind damit in der Gesamtstichprobe *überrepräsentiert*. Auch das Herkunftsland (für Haushalte, die einen Haushaltsvorstand mit Migrationshintergrund haben) oder der Bezug hoher Einkommen sind Merkmale, nach denen im SOEP geschichtet wird.[36] Im SOEP gibt es ca. 40 verschiedene Schichten. Weil der Datensatz fürs Lehrbuch reduziert ist und zudem einzelne Teilstichproben nicht in unserem Datensatz enthalten sind, ist die Zahl der hier repräsentierten Schichten deutlich kleiner.

Klumpung

Den Problemen, die sich für die Stichprobenziehung aus geographisch weit ausgedehnten Grundgesamtheiten ergeben, begegnet man mit sogenannten Flächen- bzw. *Klumpenstichproben* : Man zieht die Stichprobenelemente in mehreren Schritten, weswegen man im Fall von Klumpenstichproben auch von einer mehrstufigen Zufallsauswahl spricht. Im ersten Auswahlschritt sind die Auswahleinheiten (*sampling units*) übergeordnete regionale oder administrative Einheiten, wie etwa Landkreise, Schulen oder Betriebe. Diese Einheiten nennt man Klumpen bzw. *primary sampling units*, meist einfach abgekürzt als *PSUs*. Auf diesen ersten Samplingschritt folgt ein bzw. folgen mehrere weitere Auswahlschritte. Entweder wird innerhalb der Klumpen eine weitere (zufallsbasierte) Auswahl getroffen *oder* es werden alle Untersuchungssubjekte der ausgewählten Klumpen in die Stichprobe aufgenommen.[37]

Beispiel 4.18: Im SOEP wird innerhalb der Schichten keine einfache Zufallsstichprobe gezogen, sondern eine Klumpenstichprobe. Die *primary sampling units* im SOEP entsprechen ungefähr den Bundestagswahlkreisen. Die

36 Für ausführliche Informationen zum Stichprobendesign des SOEP siehe die Hinweise auf S. 18.

37 Letzteres ist häufig in der Schulforschung der Fall. Hier werden zufällig Schulen eines Gebietes ausgewählt und dann innerhalb der Schulen alle SchülerInnen der interessierenden Klassenstufe befragt.

Ziehung der Klumpen ist eine einfache Zufallsauswahl aus allen Bundestagswahlkreisen. Auf diesen Auswahlschritt folgt ein weiterer: Innerhalb der ausgewählten Klumpen werden, wiederum als einfache Zufallsauswahl, einzelne Haushalte ausgewählt. Innerhalb der ausgewählten Haushalte sollen dann *alle* Personen, die älter als 17 Jahre sind, befragt werden. Das Stichprobendesign zur Ziehung der SOEP-Haushalte ist ein Beispiel für eine mehrstufige Zufallsauswahl.

Antwortverweigerung: Post Stratification

Das letzte der weiter oben genannten Probleme, das der Teilnahmeverweigerung, macht sich natürlich erst *nach* der Datenerhebung in der gezogenen Stichprobe bemerkbar. Nicht alle Gruppen der Grundgesamtheit haben die gleiche Neigung, sich an einer Befragung zu beteiligen. Das lässt sich feststellen, indem man für zentrale Merkmale wie etwa Geschlecht, Migrationshintergrund, Bildungsniveau die Anteile vergleicht, mit denen die jeweilige Bevölkerungsgruppe einerseits in der realisierten Stichprobe und andererseits in der Grundgesamtheit vertreten ist. Stellt man fest, dass die Anteile zwischen Grundgesamtheit und Stichprobe differieren, wird der entsprechende Anteil in der Stichprobe an den Anteil in der Grundgesamtheit angepasst. (Man spricht deswegen auch von *Randanpassung*.) Diese Anpassung geschieht genauso wie der Ausgleich der Schichtung der Stichprobe, nämlich über Gewichtung (siehe dazu Abschnitt 4.4.3), deswegen nennen Statistikerinnen den Vorgang *post stratification*.

Beispiel 4.19: Betrachten wir ein fiktives Beispiel. Wir gehen der Einfachheit halber von einer einfachen Zufallsauswahl aus der Wohnbevölkerung einer Großstadt, nennen wir sie Statstadt, aus. Die ausgewählten Untersuchungssubjekte werden gebeten, an einer telefonischen Befragung zu sozioökonomischen Lebensverhältnissen teilzunehmen. Die realisierte Stichprobe enthält 100 Befragte. Bei der Auswertung der Studie wird festgestellt, dass der Anteil der Menschen mit Hochschulabschluss in der Stichprobe kleiner ist als in der Grundgesamtheit: In der realisierten Stichprobe haben nur 5 Prozent der Befragten einen Hochschulabschluss, in Statstadt ingesamt haben aber – so viel weiß man aus der amtlichen Statistik – 11 Prozent einen Hochschulabschluss. Weil 11 Menschen mit Hochschulabschluss in der Grundgesamtheit relativ gesehen in der Stichprobe nur 5 gegenüberstehen, erhalten die 5 in der Stichprobe ein größeres Gewicht, und zwar den Faktor 2,2 (wegen $11 : 5 = 2{,}2$, also $5 \cdot 2{,}2 = 11$), um den Anteil der HochschulabsolventInnen in der Stichprobe an den in der Grundgesamtheit anzupassen. Und analog gilt natürlich: 89 Nicht-HochschulabsolventInnen in der Grundgesamtheit stehen relativ gesehen mehr Nicht-HochschulabsolventInnen in der Stichprobe gegenüber, nämlich 95. Aus diesem Grund erhalten die 95 Nicht-HochschulabsolventInnen der Stichprobe bei Schätzungen für Kennwerte in der Grundgesamtheit ein kleineres Gewicht, und zwar (gerundet) 0,94 (wegen $89 : 95 \approx 0{,}94$, also $95 \cdot 0{,}94 \approx 89$). Das Ergebnis: Jede Person mit Hochschulabschluss geht als „2,2 Personen“ in die Datenauswertung ein, jede Person ohne Hochschulabschluss geht als „0,94 Personen“ in die Datenauswertung ein. (Was dabei herauskommt, sehen Sie in den Beispielen 4.22 und 4.23.) Das gewichtete Verhältnis der Personen mit und ohne Hochschulabschluss entspricht nun dem Verhältnis beider Gruppen in der Grundgesamtheit.

4.4.2 Das Problem

Wir haben gesehen, dass komplexes Stichprobendesign wichtige Probleme bei der Datenerhebung löst. Allerdings resultieren daraus neue Fragen für die *Datenauswertung*, denn wer das komplexe Design in der Datenauswertung nicht adäquat beachtet, begeht Fehler in der Auswertung der gesammelten Daten.

Beachtet man die Komplexität des Stichprobendesigns *nicht*, dann führt das unter Umständen

1. zu falschen Punktschätzwerten und
2. zu falschen Schätzungen für Varianzen, damit also auch für Standardfehler. Und das wiederum resultiert in *falschen Konfidenzintervallen* bzw. *falschen Schlüssen aus statistischen Tests*.

Immer dann, wenn das untersuchte Merkmal mit einem oder mehreren Merkmalen zusammenhängt, nach denen die Stichprobe geplant wurde, immer dann also, wenn Unterschiede zwischen den Schichten nicht rein zufallsbedingt sind, wird die Nicht-Beachtung des Designs der Stichprobe zu falschen – wir sagen im Folgenden: verzerrten – Punkt- und Varianzschätzungen führen. Und das ist eigentlich immer der Fall.

Ist das Problem wirklich schlimm? Entscheiden Sie selbst anhand zweier einfacher Beispiele aus dem SOEP-Datensatz:

Beispiel 4.20: Dass *Punktschätzwerte* verzerrt geraten, können Sie an einer Einkommensschätzung mit den SOEP-Daten gut nachvollziehen. Wenn man einmal für Erwerbstätige das durchschnittliche Erwerbseinkommen schätzt, ohne das komplexe Stichprobendesign zu beachten – wir bestimmen also einfach den Einkommensmittelwert der Stichprobe –, dann erhält man als Punktschätzwert 1 596 €. Beachtet man aber das Design der Stichprobe bei der Schätzung (in Form einer Gewichtung, siehe weiter unten, Beispiele 4.22 und 4.23), dann erhält man als Schätzwert 1 471 € und damit 125 € weniger – ein Unterschied von gut acht Prozent! Wie kommt das? Wie ober erwähnt enthält das SOEP eine Hocheinkommensstichprobe: Um etwas über die Bezieherinnen sehr hoher Einkommen zu erfahren, hat man die Stichprobe nach diesem Merkmal geschichtet, also die Auswahlwahrscheinlichkeit für

Hocheinkommensbezieher erhöht. Hocheinkommensbezieher sind damit anteilig stärker in der Stichprobe repräsentiert als in der Grundgesamtheit; sie erhalten folglich ein geringeres Gewicht als Nicht-Hocheinkommensbezieher. Das ist ein wichtiger Grund dafür, dass die Einkommensschätzung bei Nicht-Beachtung des Designs verzerrt gerät.

Beispiel 4.21: Welchen Einfluss das Stichproben-Design auf *Standardfehler* hat, lässt sich an einem weiteren SOEP-Beispiel gut zeigen. Das SOEP enthält Merkmale zur allgemeinen Lebenszufriedenheit und zur Zufriedenheit mit einzelnen Aspekten des täglichen Lebens. Erhoben wird auch, wie zufrieden die Befragten mit dem Angebot an Waren und Dienstleistungen am Ort sind. Ein kleiner Wert auf der 11-teiligen Skala zeigt geringe Zufriedenheit an, ein großer hohe Zufriedenheit. Betrachten wir einmal den Schätzwert für den Mittelwert des Merkmals für Ost- und Westdeutschland getrennt. Die folgende kleine Tabelle zeigt die geschätzte Differenz der Mittelwerte und den dazugehörigen Standardfehler[38] jeweils für zwei Szenarien: einmal mit, einmal ohne Beachtung des komplexen Stichprobendesigns.

Ohne Beachtung des Stichprobendesigns

$\bar{x}_{Ost} - \bar{x}_{West}$:	−0,48
$S.E.$:	0,13

Mit Beachtung des Stichprobendesigns

$\bar{x}_{Ost} - \bar{x}_{West}$:	−0,36
$S.E.$:	0,22

Der Mittelwertunterschied ist im Szenario „mit Beachtung“ kleiner als im Szenario „ohne Beachtung“.[39] Aber auch die jeweils geschätzten Standardfehler unterscheiden sich voneinander: Wird das Stichprobendesign beachtet, dann ist der Standardfehler der Mittelwertdifferenz größer als im Szenario „ohne Beachtung“. Die Konsequenz ist nun diese: Wenn man sich für den Vergleich der Zufriedenheit zwischen Ost- und Westdeutschland, also den Vergleich in der Grundgesamtheit interessiert, dann fällt das Ergebnis des entsprechenden statistischen Tests unterschiedlich aus je nachdem, ob man das Design beachtet oder nicht. Die entsprechenden Teststatistiken liegen einmal *innerhalb*, einmal *außerhalb* des Ablehnungsbereichs der Nullhypothese (H_0: „Kein Unterschied zwischen den beiden Mittelwerten“).[40] Einfacher

---

38 Wir wollen hier nicht auf die Einzelheiten des statistischen Tests der Mittelwertdifferenz eingehen. (Es handelt sich um einen Wald-Test für einen Regressionskoeffizienten einer linearen Regression.) Das Beispiel ist auch ohne die Details gut nachzuvollziehen.

39 Das analysierte Merkmal hängt also offenbar mit den Schichtungs- und/oder Klumpungsmerkmalen zusammen, nach denen das Design der Stichprobe festgelegt worden ist. Zudem ist denkbar, dass auch der Stichprobenausfall mit dem Merkmal zusammenhängt, dass also die „Unzufriedenen“ eine andere Teilnahmebereitschaft aufweisen als die „Zufriedenen“ .

40 Mit Beachtung des Stichprobendesigns behält man die Nullhypothese bei, ohne Beachtung lehnt man sie ab.

ausgedrückt: Der Umgang mit dem Stichprobendesign entscheidet hier darüber, ob man in der Grundgesamtheit von einem Unterschied zwischen Ost- und Westdeutschen hinsichtlich der Zufriedenheit mit Konsummöglichkeiten ausgeht – oder eben nicht!

Designeffekte

Den Einfluss des Stichprobendesigns auf die Schätzung von Standardfehlern fassen Statistikerinnen und Statistiker unter dem Stichwort Designeffekt zusammen (siehe z. B. Kish 1995). (Genauer gesagt interessieren sich Statistikerinnen für den Einfluss des Stichprobendesigns auf *Varianzschätzung*. Gemeint ist dann die Varianz des Punktschätzers. Die Varianz eines Punktschätzers ist aber nichts anderes als sein quadrierter Standardfehler.)

Zwei sehr gebräuchliche Maße für Designeffekte sind DEFF und DEFT:

$$\text{DEFF} = \frac{\hat{\sigma}_\theta \text{ unter Beachtung des Designs}}{\hat{\sigma}_\theta \text{ für einfache Zufallsstichprobe gleicher Größe}} \tag{4.29}$$

$$\text{DEFT} = \sqrt{\text{DEFF}}$$

Dabei ist $\hat{\sigma}_\theta$ nichts anderes als der (quadrierte) Standardfehler des Punktschätzwertes.

Ein Designeffekt > 1 zeigt an, dass der Standardfehler bei Nicht-Beachtung des Designs unterschätzt wird. Analog wird er bei einem Designeffekt < 1 überschätzt.

Für den Einfluss des Designs auf den Standardfehler von Punktschätzwerten kann man sich folgende Faustregeln merken: Schichtung führt im Vergleich zur einfachen Zufallsstichprobe i. d. R. zu kleineren Standardfehlern, Klumpung zu größeren. (Warum das so ist, können Sie knapp und eingängig bei Kreuter und Valliant 2007: 5f. nachlesen.)

Für das jüngste Beispiel zum Test des Mittelwertunterschiedes beträgt DEFF rund 2,82. Der Standardfehler des Mittelwertunterschieds wird also bei Nicht-Beachtung des Designs unterschätzt. (Der entsprechende statistische Test fiel fälschlicherweise signifikant aus.)

4.4.3 Zum Umgang mit komplexen Stichproben

In den Beispielen 4.20 und 4.21 haben wir bereits mit einer Alternative zur Punkt- und Standardfehlerschätzung gearbeitet, um Vergleiche zur herkömmlichen Schätzung anzustellen. Wir haben dabei allerdings noch nichts zum verwendeten (und zu anderen möglichen) Verfahren gesagt. Das ist nun nachzuholen. Wie also können Punkt- und Standardfehlerschätzung vorgenommen werden, wenn wir es nicht mit einer einfachen Zufallsstichprobe zu tun haben?

Wir wollen diese Frage pragmatisch beantworten. Das Ziel dieses Abschnitts ist es, die Grundidee der bestehenden Lösungsansätze zu vermitteln und die Möglichkeiten, die die Software zum Umgang mit komplexen Stichproben bietet, anzuwenden.

Weniger verzerrte Punktschätzwerte: Gewichtung

Schichtung bringt es mit sich, dass nicht mehr alle Elemente der Grundgesamtheit die gleiche Wahrscheinlichkeit haben, in die Stichprobe zu geraten. Systematischer Stichprobenausfall hat im Nachhinein den gleichen Effekt: Wenn einige Gruppen der Grundgesamtheit eine niedrigere Teilnahmeneigung aufweisen, dann gilt für diese Gruppen offenbar eine andere Wahrscheinlichkeit, in eine (einfache oder komplexe) Zufallsstichprobe zu gelangen, als für alle sonstigen Elemente der Grundgesamtheit.

Unterschiedliche Auswahlwahrscheinlichkeiten haben unmittelbare Auswirkungen auf die Punktschätzung, wie wir in Beispiel 4.20 gesehen hatten. Um die unterschiedlichen Auswahlwahrscheinlichkeiten auszugleichen, wird mit Gewichten gearbeitet. Die Idee von Gewichtung ist bereits im Beispiel zur Post-Stratifizierung deutlich geworden (Beispiel 4.19 auf S. 184): Jeder einzelne Fall im Datensatz geht in die Schätzung des Parameters, etwa den Schätzwert für den Mittelwert, nicht mehr als ein ganzer Fall ein, sondern mit kleinerem Gewicht, z. B. als ein halber Fall, oder mit größerem Gewicht, z. B. als drei Fälle. Ob ein Fall ein kleineres oder ein größeres Gewicht als 1 bekommt, hängt davon ab, ob er zu einer Schicht der Grundgesamtheit gehört, die in der Stichprobe über-, oder zu einer Schicht, die unterrepräsentiert ist. Stichprobenelemente, die aus einer überrepräsentierten Schicht kommen, deren Auswahlwahrscheinlichkeit also künstlich erhöht wurde, werden nun heruntergewichtet: Sie erhalten einen kleineren Gewichtungsfaktor als die im Vergleich zu ihnen unterrepräsentierten Fälle. Genau umgekehrt wird mit Stichprobenelementen aus unterrepräsentierten Schichten umgegangen.

Beispiel 4.22: Für ein Beispiel zur Schätzung des Mittelwerts schließen wir an das Beispiel 4.19 auf S. 184 an: Aus den Stichprobendaten der fiktiven Stadt Statstadt ist der Mittelwert des Erwerbseinkommens zu schätzen. Menschen mit Hochschulabschluss haben sich in geringerem Umfang als alle anderen an der Befragung beteiligt – sie sind in der Stichprobe unterrepräsentiert. Bereits in Beispiel 4.19 sind die entsprechenden Gewichte zum Ausgleich der geringeren Auswahlwahrscheinlichkeit gebildet worden: Menschen mit Hochschulabschluss gehen mit dem Gewichtungsfaktor 2,2 in alle Parameterschätzungen ein, Menschen ohne Hochschulabschluss entsprechend mit einem Faktor von 0,94. Der *ungewichtete* Mittelwert des Einkommens wird wie folgt gebildet:

$$\hat{\mu} = \frac{x_1 + x_2 + \cdots + x_{100}}{100}$$

bzw. mit fiktiven Daten für die 100 Fälle in der Stichprobe:

$$\hat{\mu} = \frac{1846 + 1872 + \cdots + 309}{100} = 1239$$

Gewichtet wird der Mittelwert wie folgt bestimmt:

$$\hat{\mu} = \frac{w_1 \cdot x_1 + w_2 \cdot x_2 + \cdots + w_{100} \cdot x_{100}}{100}$$

Dabei steht w_i für den Gewichtungsfaktor des i-ten Stichprobenelements. Mit fiktiven Daten für die 100 Fälle in der Stichprobe ergibt sich der Punktschätzwert für den Mittelwert also wie folgt:

$$\hat{\mu} = \frac{2{,}2 \cdot 1846 + 2{,}2 \cdot 1872 + \cdots + 0{,}94 \cdot 309}{100} = 1281$$

Beispiel 4.23: Wie wird nun ein Anteilswert gewichtet geschätzt? Auch dafür bleiben wir in Statstadt (siehe Beispiel 4.19). Schätzt man den Anteil der Personen in Statstadt, die ein Notebook besitzen (π), ungewichtet, dann geschieht das einfach nach Formel 3.1 auf Seite 45, in dem man die absolute Häufigkeit des Merkmals „Notebook-Besitz" durch n teilt:

$$\hat{\pi} = 13 \cdot \frac{1}{100} = \frac{13}{100} = 0{,}13$$

Beachtet man die Gewichtung im Datensatz, dann muss man jede/n Notebook-Besitzer/in entsprechend seinem/ihrem Gewichtungsfaktor berücksichtigen. Alle fünf HochschulabsolventInnen der Stichprobe besitzen ein Notebook, ferner haben acht der Nicht-HochschulabsolventInnen ein Notebook. Der Schätzwert für den Anteilswert der Notebook-BesitzerInnen in Statstadt ergibt sich also als gewichtete Summe aller „Notebook besitzenden Stichprobenanteile".

$$\hat{\pi} = 5 \cdot 2{,}2 \cdot \frac{1}{100} + 8 \cdot 0{,}94 \cdot \frac{1}{100} = 0{,}18$$

Zur Gewichtung in der Praxis

Verschiedene Ziele der Anwendung: In den betrachteten Beispielen geschah die Gewichtung zum Ausgleich von Selektionseffekten, die durch systematischen Unit-Nonresponse hervorgerufen wurden. (HochschulabsolventInnen beteiligten sich weniger häufig an der Befragung als Personen ohne Hochschulabschluss.) In gleicher Weise kommen Gewichte zum Einsatz, um unterschiedliche Auswahlwahrscheinlichkeiten auszugleichen, die durch Schichtung zustandegekommen sind. Gewichte werden auch im Längsschnitt gebildet, so wird unterschiedliche Panel-Teilnahme ausgeglichen. Mit Hilfe von Fallgewichten kann man in der Beschreibung von Merkmalen und in der Modellierung von Einflüssen auf Merkmale nicht nur für unterschiedliche Auswahlwahrscheinlichkeiten ausgleichen, Gewichte erlauben es auch, Ergebnisse auf die Fallzahlen in der Grundgesamtheit *hochzurechnen*. Sie müssen je nach Anwendungsziel unterscheiden, welches Gewicht Sie zur adäquaten Punktschätzung verwenden müssen. Im SOEP werden dementsprechend mehrere Gewichtungsfaktoren zur Verfügung gestellt. Sie finden dort für jeden Fall reine Design-Gewichte, die die unterschiedlichen Ziehungswahrscheinlichkeiten durch Schichtung und Klumpung ausgleichen. Ferner finden Sie Hochrechnungsfaktoren, und zwar jeweils für Hochrechmungen auf Personen- und auf Haushaltsebene.

Vorsicht ist geboten! Warum sind wir so vorsichtig und nannten den vorigen Abschnitt „weniger verzerrte" und nicht „unverzerrte" Punktschätzung? Die Antwort liegt auf der Hand: Nur dann, wenn alle datengenerierenden Prozesse in die Konstruktion der Gewichte eingegangen sind, werden die Gewichte tatsächlich zu unverzerrten Punktschätzwerten führen. Das ist aber nie der Fall, denn das hieße praktisch, dass alle Einflussfaktoren auf das untersuchte Merkmal bekannt wären. Nur dann könnte man die Stichprobe nach all diesen Merkmalen (post-)stratifizieren. Von solcher allumfassenden Kenntnis sind empirische Wissenschaften allerdings weit, die Sozialwissenschaften Lichtjahre weit entfernt. Zudem werden Stichproben nur im Blick auf sehr zentrale Merkmale (post-)stratifiziert. Die untersuchten Merkmale hängen allerdings mal mehr, mal weniger stark an den zur Planung bzw. zur Korrektur der Stichprobe verwendeten Merkmalen. Gewichtung stellt also immer nur eine gewisse Korrektur dar, sie ist sicherlich kein Weg zur absolut unverzerrten Punktschätzung.

Weniger verzerrte Standardfehler: Ansätze zur Varianzschätzung

Das zweite Problem, das aus der Nicht-Beachtung des komplexen Stichprobendesigns resultiert (siehe den Kasten auf S. 187), ist die falsche Standardfehlerschätzung. Statistikerinnen und Statistiker überschreiben das Thema übergreifend mit „Varianzschätzung" (siehe z. B. Wolter 2005; Kish 1965) und meinen damit die Schätzung der Varianz eines Parameters in der Grundgesamtheit – und diese Varianz ist wiederum nichts anderes ist als das Quadrat des Standardfehlers.

Welche Wege führen nun zu weniger verzerrter Schätzung von Standardfehlern? Unsere Antwort auf diese Frage können Sie sich als einen riesigen Garten der Statistik vorstellen, an dessen Gartentor wir einmal kurz mit Ihnen verweilen, um Ihnen einen ersten Überblick anzubieten. In dem Garten kann man in drei ganz verschiedene Richtungen gehen, um Lösungen zur weniger verzerrten Varianzschätzung bei Zufallsstichproben mit komplexem Stichprobendesign zu finden:

Drei Wege zur Varianzschätzung bei komplexem Stichprobendesign

1. Nutzung exakter Formeln
2. Nutzung angenäherter statt exakter Formeln
3. Replikation von Stichproben

Zu 1. Exakte Formeln: Eine naheliegende Möglichkeit, im Falle komplexer Stichproben zu korrekten Schätzern und zu unverzerrten Fehlern für die Schätzung zu kommen, ist, adäquate Formeln zur Bestimmung der Schätzer und ihrer Fehler zu benutzen. Diese Formeln berücksichtigen dann, dass statt einer einfachen Zufallsstichprobe eine Stichprobe z. B. in Schichten und Klumpen gezogen wurde. Exakte Formeln anzuwenden ist leichter gesagt als getan. Oft existieren für ein gegebenes Stichprobendesign gar keine exakten Formeln, die es erlauben würden, die Varianz und damit den Standardfehler richtig, das heißt: unverzerrt zu bestimmen. In der Regel werden andere Wege beschritten, um un- bzw. weniger verzerrte Schätzwerte für die Varianz und damit für den Standardfehler eines Punktschätzwertes zu bestimmen.

Zu 2. Angenäherte statt exakter Formeln: Da Lösung 1 zur unverzerrten Bestimmung des Standardfehlers meistens nicht zur Verfügung steht, hilft man sich, indem man *approximierte* Berechnungsformeln, also: „Ungefähr-Formeln" für die Schätzung des Standardfehlers benutzt. Man fasst diese Verfahren unter dem Stichwort „(Taylor-)Linearisierung" zusammen.[41]

---

41 Der Begriff ist nicht zu verwechseln mit der „Linearisierung", die im Zusammenhang mit Regressionsmodellen (siehe Kapitel 6) oft auftaucht: Dort meint „Linearisierung", dass nicht-lineare Zusammenhänge zwischen zwei Merkmalen durch Variablentransformation auch als lineare Funktion ausgedrückt werden können. Hier hingegen meint „Linearisierung", dass die zu findenden „Ungefähr-Formeln" grundsätzlich die gleiche praktische Eigenschaft haben sollen wie die Formeln zur Varianzschätzung bei einfachen Zufallsstichproben: Approximierte Formeln nach Taylor-Linearisierung sollen den Schätzwert für die Varianz als Summe gewichteter Einzelbestandteile ausdrücken. Unter der Bedingung komplexer Stichprobendesigns ist das eben nur durch Approximierung der Varianzschätzungsfunktion zu erreichen. Weil man also bei der Approximierung der Varianzschätzung immer nach solchen gewichteten Summen, also nach Linearkombinationen sucht, fasst man diese Verfahren in der Fachliteratur unter dem Stichwort *Linearisierung* zusammen.

Für diese Variante der Varianzschätzung ist es notwendig, dass im Datensatz die Informationen zum Design der Stichprobe vorhanden sind: Es muss angebbar sein, welche Fälle zur gleichen Schicht bzw. zum gleichen Klumpen gehören. Die Informationen, welche Fälle zu welchem Klumpen gehören, sind aber aus Gründen der Anonymisierung nicht immer vorhanden. Wenn man also keine genauen Informationen zum Design der Stichprobe im Datensatz hat, steht auch Lösung 2 nicht zur Verfügung.

Zu 3. Replikation von Stichproben: Dieses Stichwort ist Oberbegriff für eine Gruppe von Verfahren, die zur Schätzung des Standardfehlers bei komplexem Stichprobendesign herangezogen werden. Die Grundidee besteht darin, aus der Gesamtstichprobe mehrfach künstlich neue Unterstichproben zu ziehen. Die Ziehung erfolgt zufallsbasiert, ist also nicht wie etwa bei der Schichtung an bestimmten Merkmalen orientiert. Bei jeder neuen Replikation wird für jeden einzelnen Fall im Datensatz ein replikatives Gewicht erzeugt. (Achtung: Diese replikativen Gewichte sind technischer Natur, sie haben nichts mit den weiter oben eingeführten Gewichten zu tun.) Daraufhin wird die Varianz eines Kennwerts pro replizierter Substichprobe unter Berücksichtigung der replikativen Gewichte geschätzt. Schließlich wird der Standardfehler eines Punktschätzwertes geschätzt als die Standardabweichung sämtlicher Standardabweichungen, die sich für die replizierten Stichproben (unter Beachtung der replikativen Gewichte) ergeben.

Während das Prinzip replikativer Methoden immer gleich ist, unterscheiden sich die Methoden zum einen in der Art und Weise, in der die Substichproben gebildet werden, zum anderen aber in der Art und Weise, wie nachher ein gemeinsames Maß für die Unterschiedlichkeit der Daten aus den künstlichen Stichproben bestimmt wird. Die wichtigsten replikativen Methoden sind die *jackknife replication*, die *balanced repeated replication* und das *bootstrapping*.[42]

Sie sehen: Es gibt mehrere Wege, komplexes Stichprobendesign in der Varianzschätzung zu berücksichtigen. Welcher Weg zur Varianzschätzung eingeschlagen wird, muss in Kenntnis der statistischen Methoden und unter Berücksichtigung der Informationen, die zum Stichprobendesign des auszuwertenden Datensatzes vorliegen, abgewogen und entschieden werden.

---

42 Die letztgenannte der aufgeführten Methoden, der *bootstrap* bzw. das *bootstrapping*, ist sehr verbreitet, und zwar nicht nur im Zusammenhang mit komplexen Stichproben, sondern ganz allgemein als Antwort auf die Frage, wie man Standardfehler schätzen soll, wenn die Verteilung des Parameters nicht bekannt ist. Immer dann, wenn man nicht davon ausgehen kann, dass der Parameter bei unendlich wiederholter Stichprobenziehung einer bekannten theoretischen Verteilung folgt (siehe Abschnitt 4.1.3), kann man auf den *bootstrap* als Möglichkeit zur Schätzung von Standardfehlern zurückgreifen. Wir können an dieser Stelle leider nicht weiter auf das an sich sehr wichtige Thema eingehen.

Wir werden in den Beispielen, in denen wir mit dem SOEP arbeiten, auf Lösung 2 zurückgreifen, um das Stichprobendesign zu berücksichtigen. Wir werden also, wenn es darum geht, den Standardfehler zu schätzen, mit „Ungefähr-Formeln" arbeiten, oder besser: Stata bzw. SPSS arbeiten lassen. Die Formeln zur Berechnung werden dabei nicht aufgeführt werden; hier und da werden wir Ihnen zeigen, wie groß der Unterschied zu einer herkömmlichen Berechnung des Fehlers ist, so, wir sie in diesem Lehrbuch eingeführt haben.[43]

Beide Programme erfordern, dass zunächst separat Informationen über das Stichprobendesign eingegeben werden. Diese Befehle sind also den Analysen voranzustellen, die komplexes Stichprobendesign berücksichtigen sollen. Daraufhin können dann unter Angabe des Stichprobendesigns Analysen durchgeführt werden, die das komplexe Design berücksichtigen.

4.5 Empfehlungen für weiterführende Literatur

„Das" weiterführende Buch zur Inferenzstatistik gibt es nicht. Jedes Lehrbuch der Statistik befasst sich damit, manche mehr, manche weniger ausführlich. Eine Schwierigkeit beim Zugriff auf verschiedene Bücher kann sein, dass sich zwar die meisten, aber leider nicht alle Texte an die hier vorgestellte Symbolik für Formeln halten (manchmal werden etwa statt griechischer Buchstaben lateinische Großbuchstaben verwendet); das macht die Sache für Einsteiger nicht leichter. Eines der Bücher, das in der formalen Symbolik eher sparsam ist, dafür aber sehr genau die Grundlagen verbal erklärt, stammt von Henkel (1976). Wenn man einmal ein gutes Verständnis von statistischem Testen erworben hat (aber nicht früher), ist die Aufsatzsammlung von Harlow et al. (1997) mit Gewinn zu lesen. Als Kritik an Signifikanztests kann man sich etwa Sedlmeier (1996) oder gar Salsburg (1985) zu Gemüte führen; auf die zahllosen Texte, die diese Kritik vertiefen, können wir hier nicht im einzelnen eingehen.

Nun zu den hier nur knapp behandelten oder angedeuteten Themen: Einen umfassenden Überblick über verteilungsfreie Verfahren liefern beispielsweise Bortz et al. (2009). In der Einleitung haben wir die Bayesianische Statistik als Alternative zur aktuellen Praxis des statistischen Testens erwähnt. Die Grundidee, die dieser Alternative zugrunde liegt, ist, richtig erläutert, gar

43 Im SOEP wird durch eine entsprechende Variable eine sehr einfache der replikativen Methoden unterstützt: die Stichprobenreplikation mit Hilfe von *random groups*. Obschon die Stichprobe bei diesem Verfahren nicht *mehrfach* repliziert wird, wie es für die replikativen Methoden (Lösung 3) üblich ist, kann auch das *random-group*-Verfahren zu den replikativen Verfahren gezählt werden (siehe z. B.Wolter 2005: 151). Diese Methode kommt in der Praxis sehr selten zum Einsatz, und sie ist der expliziten Ausnutzung der Design-Informationen unterlegen, weswegen wir sie in unseren Beispielen nicht berücksichtigen.

nicht so schwer zu verstehen (siehe Sedlmeier und Gigerenzer 2001), anders verhält es sich aber mit der Anwendung auf die Inferenzstatistik. Wenn Sie beispielsweise in das kleine Büchlein von Iversen (1984) schauen, das mit Recht als didaktisch gute Einführung gilt, werden Sie feststellen, dass auch hier nicht wenig Mathematik und Wahrscheinlichkeitstheorie vorausgesetzt wird. Eine umfassende (anspruchsvolle) Einführung findet sich bei Lee (2004). Die grundlegende Idee der Bayesianischen Statistik findet sich in Dubben und Beck-Bornholdt (2005) in verständlicher und teilweise amüsanter (manchmal auch etwas penetranter) Manier ausgebreitet, aber der Bezug zu sozialwissenschaftlichen Datenauswertungen fehlt hier leider. Auch ein Blick in Dubben und Beck-Bornholdt (2006) kann sich lohnen.

Zur auf S. 192 erwähnten Bootstrap-Methode kommt die beste Einführung, wie so oft, aus der Serie der Sage University Papers; sie stammt von Mooney und Duval (1993).

Für einen Einstieg in die Thematik komplexer Stichproben (und in die Lösung mit Stata) empfehlen wir den kurzen und sehr anschaulichen Artikel von Kreuter und Valliant (2007). Für die genauere Beschäftigung auch im Zusammenhang mit der Planung von Stichproben ist eine ausführliche Publikation unter Beteiligung der gleichen Autoren zu empfehlen (Valliant et al. 2013). In das Thema Varianzschätzung führt Wolter (2005) ein; man kann das Buch mit Gewinn lesen, wenn man einen systematischen Überblick über die verschiedenen Möglichkeiten zur Varianzschätzung bei komplexen Stichproben sucht. Allerdings richtet es sich in erster Linie an StatistikerInnen; man findet hier also viele mathematische Beweise (etwa zur Effizienz von Schätzern) und kaum Hinweise auf die praktische Arbeit mit komplexen Stichproben.

4.6 Software-gestützte Berechnung

4.6.1 SPSS

Beispiel 4.7

```
① GET FILE = "glhsteach.sav".
② TEMPORARY.
   SELECT IF (kohorte = 1920) AND (sex = 1).
③ T-TEST
     /TESTVAL = 0
     /VARIABLES = jobat30_trei.
```

Mit ① wird der GLHS-Datensatz geladen. Durch ② wird die Analyse auf die älteste Kohorte beschränkt. ③ erzeugt den t-Test, in dem der Mittelwert gegen 0 getestet wird. Am Ergebnis interessiert hier nur die Ausgabe des Mittelwerts samt seinem Konfidenzintervall. Alternativ kann man Mittelwert und Standardfehler auch mit dem Befehl `MEANS` schätzen lassen.

Das Konfidenzintervall für einen Anteilswert lässt sich mit SPSS unseres Wissens nicht schätzen, jedenfalls nicht mit einer Standardprozedur. (Was findige SPSS-Nutzerinnen hierzu im Rahmen des `EXAMINE` oder auch des `T-TEST`-Befehls entdecken mögen, ist leider irreführend: Hier werden die Konfidenzintervalle für Anteilswerte nicht korrekt bestimmt.)

Beispiele 4.10 und 4.11

```
① GET FILE = "glhsteach.sav".
② COMPUTE alt1job = TRUNC((job1_start - geburt)/12).
③ TEMPORARY.
   SELECT IF (sex = 1).
④ T-TEST GROUPS = kohorte (1930,1955)
     /VAR jobat30_trei alt1job.
```

In ② wird das Alter bei der ersten Erwerbstätigkeit in ganzen Jahren berechnet (aufgrund der monatsgenauen Angaben wäre auch eine entsprechend genauere Berechnung möglich, doch wirkt sich dies praktisch nicht auf die Ergebnisse aus). Bei ③ müssen die beiden Befehle unbedingt direkt nacheinander ausgeführt werden; dadurch werden vorübergehend nur die Männer für die folgende Analyse ausgewählt. Zuletzt werden mit ④ die t-Tests für die beiden abhängigen Variablen angefordert. SPSS führt immer den Test auf Varianzgleichheit sowie einen t-Test für gleiche und einen für ungleiche Varianzen durch, so dass man einfach am Ende das jeweils korrekte Testergebnis auswählen kann.

Beispiele 4.12 und 4.13

Für diese beiden Beispiele haben wir kleine Datensätze „von Hand“ erzeugt. Wenn Sie die Beispiele mit SPSS nachrechnen wollen, müssen Sie die wenigen Daten in einen eigenen Datensatz eingeben.

```
① T-TEST PAIRS = quote85 quote90.
② NPAR TESTS
     /M-W jobat30_trei BY kohorte (1930,1955).
```

Mit ① wird für die beiden Variablen `quote85` und `quote90` der t-Test für abhängige Stichproben angefordert. Der Wilcoxon-Test für Beispiel 4.13 lässt sich mit ② durchführen.

Beispiele 4.14 und 4.15

```
① GET FILE = "glhsteach.sav".
② TEMPORARY.
   SELECT IF (sex = 1) AND (kohorte = 1971).
③ NPAR TESTS BINOMIAL (.25) = jobtil25(0,1).
```

```
④ TEMPORARY.
   SELECT IF (sex = 1) AND (kohorte = 1920).
⑤ T-TEST
     /TESTVAL = 38.77
     /VARIABLES = jobat30_trei.
```

Wieder müssen vor den Analysen temporäre Fallselektionen (Männer unterschiedlicher Kohorten) vorgenommen werden (② und ④). Der Test für den Anteilswert in ③ ist nicht der z-Test, den wir vorgestellt haben (dieser ist unseres Wissens in SPSS nicht verfügbar), sondern ein exakter Test, der zu vergleichbaren (streng genommen: besseren) Ergebnissen führt. Der t-Test für den Mittelwert des Prestiges in der ältesten Kohorte findet sich in ⑤.

Beispiel 4.21

```
① GET FILE = "soep_llg.sav".
② IF (sample1 = 7) ost = 1.
   IF (sample1 = 1) ost = 0.
   EXECUTE.
③ CSPLAN ANALYSIS
     /PLAN FILE = "soep_llg.csaplan"
     /PLANVARS ANALYSISWEIGHT = pw
     /SRSESTIMATOR TYPE = WR
     /PRINT PLAN
     /DESIGN STRATA = strat CLUSTER = psu
     /ESTIMATOR TYPE = WR.
④ CSGLM up0110 BY ost
     /PLAN FILE = "soep_llg.csaplan"
     /MODEL ost
     /STATISTICS PARAMETER SE CINTERVAL TTEST DEFF.
⑤ REGRESSION
     /STATISTICS COEFF
     /DEPENDENT up0110
     /METHOD = ENTER ost.
```

Mit ② wird eine Variable für Ost- vs. Westdeutschland erzeugt. `EXECUTE` wird benötigt, um die zuvor definierte neue Variable tatsächlich im Datensatz anzulegen. ③ beschreibt das Stichprobendesign und legt die Information in einer eigenen Datei ab (`soep_llg.csaplan`). Mit ④ wird der Mittelwertunterschied unter Beachtung des Stichprobendesigns bestimmt und der Standardfehler für den Mittelwertunterschied geschätzt. Zudem wird der Design-Effekt (DEFF) bei der Standardfehlerschätzung angegeben. Mit ⑤ wird der Mittelwertunterschied ohne Beachtung des Stichprobendesigns bestimmt. Beachten Sie: Die durch ④ und ⑤ ausgegebenen Mittelwertdifferenzen unterscheiden sich nur um ihr Vorzeichen. Das liegt daran, dass SPSS bei der Ausgabe des Mittelwertunterschieds einmal vom Mittelwert der Ostdeutschen und einmal vom Mittelwert der Westdeutschen ausgeht.

4.6.2 Stata

Beispiel 4.7

```
① use "glhsteach.dta", clear
② mean jobat30_trei if sex == 1 & kohorte == 1920
```

Mit ② wird der Mittelwert des Merkmals für die Männer der ältesten Kohorte geschätzt und sein Konfidenzintervall (zu $\alpha = 0,05$) ausgegeben.

Beispiel 4.8

```
① use "glhsteach.dta", clear
② ci jobtil25 if sex == 1 & koho == 1971
③ proportion jobtil25 if sex == 1 & koho == 1971
④ proportion jobtil25 if sex == 1 & koho == 1940
```

Mit ② wird für Männer der 1971er Geburtskohorte das Konfidenzintervall ($\alpha = 0,05$) für den interessierenden Anteilswert bestimmt. ③ ist für nominalskalierte Merkmale, also auch hier, eine Alternative mit gleichem Ergebnis – hier wird allerdings für alle Kategorien eines nominalskalierten Merkmals das Konfidenzintervall des jeweiligen Anteilswerts geschätzt. ④ schätzt analog die entsprechenden Konfidenzintervalle für die ältere Kohorte.

Werte von Wahrscheinlichkeitsverteilungen

Auch wenn es nicht unbedingt erforderlich ist, da die Anwendung der Verteilungen in die inferenzstatistischen Verfahren „eingebaut" ist, wollen wir zeigen, wie man die Werte der wichtigsten Verteilungen erhalten kann.

```
① display invnormal(.975)
② display normal(1.96)
③ display invt(100,.975)
④ display t(100,1.9839715)
⑤ display invchi2(1,.95)
⑥ display chi2(1,3.8414588)
⑦ display invF(2,14,.95)
⑧ display F(2,14,3.7388918)
⑨ display binomial(1000,500,.5) - binomial(1000,499,.5)
```

Wir verwenden den Befehl `display`, mit dem man sich direkt Ergebnisse von Rechenoperationen oder auch Werte von Funktionen ausgeben lassen kann. ① veranlasst Stata, den z-Wert, also den Wert der Standardnormalverteilung zurückzugeben, der einem α von 0,975 entspricht; wir erhalten 1,959964, den exakten Wert für das 97,5-Prozent-Quantil. Mit ② fordern wir umgekehrt das Quantil zum Wert 1,96 an; da der Wert gerundet ist, erhalten wir als Ergebnis 0,9750021. Die folgenden Befehle ③ bis ⑧ gehen analog vor (jeweils zunächst Eingabe eines α-Niveaus, um den entsprechenden Wert der Verteilung zu erhalten, anschließend das umgekehrte Verfahren), und zwar für eine t-Verteilung mit 100 Freiheitsgraden, eine χ^2-Verteilung mit einem Freiheitsgrad und eine F-Verteilung mit zwei und 14 Freiheitsgraden (siehe dazu Beispiel 5.15 auf S. 236). ⑨ ermittelt die Wahrscheinlichkeit, bei einer binomialverteilten Variablen mit $\pi = 0,5$ in 1 000 Versuchen genau 500 „Erfolge" zu haben (siehe S. 125).

Beispiele 4.10 und 4.11

```
① use "glhsteach.dta", clear
② sdtest jobat30_trei if sex == 1 & (kohorte == 1930 ///
     | kohorte == 1955), by(kohorte)
③ ttest jobat30_trei if sex == 1 & (kohorte == 1930 ///
     | kohorte == 1955), by(kohorte) unequal
④ generate alt1job = trunc((job1_start - geburt)/12)
⑤ sdtest alt1job if sex == 1 & (kohorte == 1930 ///
     | kohorte == 1955), by(kohorte)
⑥ ttest alt1job if sex == 1 & (kohorte == 1930 ///
     | kohorte == 1955), by(kohorte)
```

Mit ② wird zunächst der Test auf Varianzgleichheit durchgeführt, auf dessen Grundlage dann in ③ ein t-Test für Gruppen mit ungleichen Varianzen angefordert wird. Mit ④ wird das Alter bei der ersten Erwerbstätigkeit in ganzen Jahren berechnet (aufgrund der monatsgenauen Angaben wäre auch eine entsprechend genauere Berechnung möglich, doch wirkt sich dies nicht auf die Ergebnisse aus). Anschließend folgen in ⑤ und ⑥ die zum Vorgehen in ② und ③ analogen Befehle zur Durchführung des t-Tests für das Alter, nur dass entsprechend dem Ergebnis des Varianzhomogenitätstests der Zusatz `unequal` weggelassen wird.

Beispiele 4.12 und 4.13

Für diese beiden Beispiele haben wir kleine Datensätze „von Hand" erzeugt. Wenn Sie die Beispiele mit Stata nachrechnen wollen, müssen Sie die wenigen Daten in einen eigenen Datensatz eingeben.

```
① ttest quote85 == quote90
② ranksum jobat30_trei, by(kohorte)
```

Mit ① wird für die beiden Variablen `quote85` und `quote90` der t-Test für abhängige Stichproben angefordert. Der Wilcoxon-Test aus Beispiel 4.13 lässt sich mit ② anfordern.

Beispiele 4.14 und 4.15

```
① use "glhsteach.dta", clear
② recode jobtil25 (0 = 1) (1 = 0), gen(jobtil25r)
③ prtest jobtil25r = .25 if (sex == 1 & kohorte == 1971)
④ ttest jobat30_trei = 38.77 if (sex == 1 & kohorte == 1920)
```

Die Stata-Prozedur `prtest` testet grundsätzlich den Anteilswert der Kategorie „1"; da uns aber gerade der Anteilswert für „0" interessiert, muss die Variable in ② zuerst umcodiert werden (natürlich könnten wir auch einfach testen, ob der Anteilswert „1" in der Ausgangsvariablen größer als 0,75 ist). Der z-Test für den Anteilswert folgt in ③, der t-Test für den Mittelwert des Prestiges in der ältesten Kohorte in ④.

Beispiel 4.21

```
① use soep_llg.dta, clear
② svyset psu [pweight=pw], strata(strat)
③ svydes
④ generate ost = 1 if sample1 == 7
⑤ replace ost = 0 if sample1 == 1
⑥ regress up0110 ost
⑦ svy: regress up0110 ost
⑧ estat effects
```

Mit ① wird der SOEP-Datensatz geöffnet. Mit ② wird das Stichprobendesign des SOEP-Datensatzes definiert und intern gespeichert. Es werden hier das Klumpungs- und Schichtungsmerkmal definiert (`psu` und `strat`) und es wird eine Gewichtungsvariable (`pw`) angegeben.[44] Beachten Sie: Wie das Stichprobendesign zu definieren ist, ist nicht ein für alle Mal fixiert: Für manche Auswertungen mag z. B. der Klumpeneffekt, der von gleichen Interviewern ausgeht, relevant sein. In diesem Fall muss die Ziehung von „Interviewerklumpen" innerhalb von regionalen Klumpen in der Definition des Stichprobendesigns entsprechend berücksichtigt werden. ③ erzeugt die Ausgabe des Stichprobendesigns. Mit ④ und ⑤ wird eine Variable zur Unterscheidung von Ost- und Westdeutschland gebildet. Mit ⑥ werden der interessierende Mittelwertunterschied zwischen Ost- und Westdeutschland und sein Standardfehler für das Szenario „ohne Beachtung des Stichprobendesigns" geschätzt; entsprechend ist ⑦ der Befehl zur Schätzung des Mittelwertunterschies und seines Standardfehlers für das Szenario „mit Beachtung des Stichprobendesigns".

---

44 Wir benutzen hier ein Gewicht, das neben dem Stichprobendesign auch Stichprobenausfall und Poststratifizierung berücksichtigt.

Sie sehen: Ist das Stichprobendesign einmal definiert, lässt es sich in Stata durch einfaches Voranstellen des svy-Präfixes für Datenauswertungen beachten. (Der svy-Präfix ist allerdings nicht mit allen Stata-Befehlen kombinierbar.) ⑦ ist ein der Regression nachgeschalteter Befehl (sog. postestimation-Befehl); er informiert über den Design-Effekt, mit dem die Berücksichtigung des Stichprobendesigns in diesem Beispiel einhergeht (siehe Kasten auf S. 187).

5. Bivariate Analyse

Bislang haben wir uns mit der Analyse eines einzelnen Merkmals beschäftigt. In den meisten Fällen ist man jedoch nicht nur an einem einzelnen Merkmal interessiert, sondern an der Beziehung zwischen mehreren Merkmalen. Bivariate statistische Methoden bieten die Möglichkeit, den Zusammenhang zwischen zwei Merkmalen näher zu betrachten und zu verstehen.

Dieses Kapitel beschäftigt sich damit, wie Sie mit Hilfe bivariater Analysen herausfinden können, ob und wie zwei Merkmale miteinander zusammenhängen. Hierzu wird zunächst in Abschnitt 5.1 auf Kreuztabellen als Ausgangsbasis für bivariate Analysen von Merkmalen mit nominalem oder ordinalem Skalenniveau eingegangen. Dabei geht es in Abschnitt 5.1.1 darum, welche Darstellungs- und Analysemöglichkeiten Kreuztabellen liefern und wie diese interpretiert und graphisch aufbereitet werden können. In Abschnitt 5.1.2 und Abschnitt 5.1.3 werden statistische Zusammenhangsmaße vorgestellt, mit deren Hilfe die Stärke und oftmals auch die Richtung des Zusammenhangs der beiden Variablen bestimmt, quantifiziert und vergleichbar gemacht werden können. Anschließend wird in Abschnitt 5.2 und Abschnitt 5.3 gezeigt, welche Möglichkeiten es gibt, um den Zusammenhang zwischen zwei metrischen Merkmalen bzw. zwei ordinalen Merkmalen zu analysieren, und auf welche Besonderheiten dabei jeweils zu achten ist. Zuletzt stellt Abschnitt 5.4 die Varianzanalyse vor, mit deren Hilfe Unterschiede in Gruppenmittelwerten analysiert werden können.

Sobald Sie es mit zwei oder mehr verschiedenen Merkmalen zu tun haben, werden Sie immer wieder auf die Unterscheidung zwischen X-Variable(n) und Y-Variable(n) stoßen. Die Y-Variable ist die *abhängige Variable*, welche durch die X-Variable, die sogenannte *unabhängige Variable*, erklärt werden soll. Daher wird die X-Variable häufig auch als *erklärende* Variable und die Y-Variable als *erklärte* Variable bezeichnet. Welches Merkmal nun die abhängige Variable und welches die unabhängige Variable darstellt, ist immer eine theoriegeleitete Entscheidung des Forschers, die sich im günstigsten Fall auch im Forschungsdesign ausdrückt. Rein statistisch gesehen bestehen zwischen abhängiger und unabhängiger Variable keine Unterschiede. Dies bedeutet, dass Variable X die Variable Y immer genauso gut erklärt wie Variable Y die Variable X. Insofern muss die Festlegung von X-Variable und Y-Variable stets eine inhaltliche Entscheidung des Forschers sein.

Betrachten wir hierzu ein Beispiel zweier Merkmale: einerseits die Familiensituation im Elternhaus im Alter von 15 Jahren und andererseits den eigenen Familienstand 20 Jahre später. Aufgrund inhaltlicher Überlegungen kann davon ausgegangen werden, dass diese beiden Variablen zusammenhängen. Die Frage ist nun jedoch, in welcher Form. Bestimmt die Familiensituation im Elternhaus den eigenen Familienstand oder der eigene Familienstand die Familiensituation im Elternhaus? Kurz gesagt: Welches Merkmal ist die X-Variable und welches Merkmal die Y-Variable? Statistisch gesehen macht es überhaupt keinen Unterschied, welches Merkmal die X-Variable und welches die Y-Variable darstellt. Wenn Sie allerdings inhaltlich über diese Frage nachdenken, sollten Sie zu dem Schluss kommen, dass nur eine Lösung sinnvoll ist. Nämlich: Die Familiensituation im Elternhaus hat Einfluss auf den eigenen Familienstand. Personen wachsen in einem bestimmten Umfeld auf und dies beeinflusst die spätere Entwicklung. Andersherum ist der Zusammenhang nicht sinnvoll. Der eigene Familienstand heute kann einfach keine Wirkung auf das Elternhaus 20 Jahre zuvor haben.

Kasten 5.1: Kausalität

Aufbauend auf die Logik von abhängigen und unabhängigen Merkmalen schließt sich der Begriff der *Kausalität* an: Eine Kausalbeziehung zwischen zwei Variablen bedeutet, dass eine Variable die andere ursächlich erklärt. Damit von einer Kausalbeziehung gesprochen werden kann, müssen mindestens die folgenden drei Punkte erfüllt sein:

1. Zwischen den beiden Merkmalen X und Y besteht ein Zusammenhang.
2. Merkmal X ist dem Merkmal Y kausal (und zeitlich) vorgelagert.
3. Der Zusammenhang zwischen Merkmal X und Y bleibt auch nach Kontrolle von anderen kausal (und zeitlich) vorgelagerten Merkmalen bestehen.

Die Kausalbeziehung geht somit über die einfache Zuordnung in X-Variable und Y-Variable hinaus und setzt detaillierte Kenntnis über den Forschungsgegenstand voraus. So kann es zwar sein, dass die ersten beiden Punkte erfüllt sind, für den Zusammenhang jedoch eigentlich eine dritte Variable Z verantwortlich ist, welche sowohl mit X als auch mit Y zusammenhängt. Nur wenn wirklich alle drei Punkte erfüllt sind, kann von einer Kausalbeziehung gesprochen werden.

Die Identifikation von Kausaleffekten stellt somit sehr hohe Anforderungen an die Daten. Diese Anforderungen werden in Querschnittsdaten nie erfüllt, da hier die zeitliche Komponente einer Kausalbeziehung nur unzureichend berücksichtigt werden kann. Am ehesten können Kausalbeziehungen in experimentellen Forschungsdesigns oder in Längsschnittsdaten identifiziert werden, wobei es auch hier eine Menge zu beachten gibt (siehe z. B. Legewie 2012).

5.1 Analyse von Kreuztabellen

Kreuztabellen eignen sich hervorragend zur Darstellung der gemeinsamen Verteilung zweier kategorialer Merkmale mit nominalem oder ordinalem

Skalenniveau. Üblicherweise sollten diese Merkmale dabei relativ wenige verschiedene Ausprägungen aufweisen, damit die Kreuztabelle in ihrer Darstellung kompakt und übersichtlich bleibt.

Merkmale mit sehr vielen Ausprägungen oder metrische Merkmale müssten daher zunächst in wenige (sinnvolle) Kategorien zusammengefasst werden. Eine solche Zusammenfassung geht jedoch immer mit einem Informationsverlust einher. Für einen ersten Überblick kann dies zwar manchmal von Vorteil sein, für die tatsächliche statistische Analyse bieten sich jedoch adäquatere Methoden an (siehe u. a. Abschnitt 5.2 oder Abschnitt 5.4).

Ausgehend von Kreuztabellen lassen sich Zusammenhänge identifizieren und mittels geeigneter statistischer Verfahren häufig auch quantifizieren und vergleichbar machen. Welche Verfahren geeignet sind, hängt – wie so oft – vom Skalenniveau der interessierenden Merkmale sowie vom spezifischen Forschungsinteresse ab. In Abschnitt 5.1.2 werden Zusammenhangsmaße vorgestellt, mit deren Hilfe die Stärke (und häufig auch die Richtung) von Zusammenhängen bestimmt werden kann. In Abschnitt 5.1.3 wird der χ^2-Test eingeführt, der Aussagen über die Signifikanz von Zusammenhängen ermöglicht und als Basis für viele weitere Testverfahren dient.

Allgemein ist das Interesse am Zusammenhang von zwei Merkmalen fast immer durch eine der folgenden zwei Fragen getrieben: 1) Hängen zwei Merkmale zusammen? 2) Beeinflusst ein Merkmal ein anderes Merkmal?

Mit statistischen Verfahren alleine lässt sich nur Frage 1 beantworten. Zur Beantwortung von Frage 2 muss man sich hingegen im Vorfeld näher mit der Beziehung zwischen den beiden Merkmalen beschäftigen. Frage 2 erfordert eine Festlegung von X-Variable und Y-Variable und zielt häufig in Richtung Kausalität (siehe Kasten 5.1). Für Kreuztabellen hat sich eingebürgert, dass man die Y-Variable in die Zeilen setzt und die X-Variable in die Spalten.

5.1.1 Bedingte Anteilswerte

Jede Kreuztabelle setzt sich aus einer bestimmten Anzahl an Spalten, Zeilen und Zellen zusammen. Formal lassen sich die einzelnen Zellen mit Indices versehen und dadurch eindeutig beschreiben. Tabelle 5.1 zeigt exemplarisch die Notation einer Kreuztabelle für den Fall einer Variablen Y mit zwei Ausprägungen und einer Variablen X mit drei Ausprägungen.

Tabelle 5.1: Notation für Kreuztabellen (absolute Zahlen)

	j=1	j=2	j=3	$\sum$
i=1	n_{11}	n_{12}	n_{13}	$n_{1\bullet}$
i=2	n_{21}	n_{22}	n_{23}	$n_{2\bullet}$
$\sum$	$n_{\bullet 1}$	$n_{\bullet 2}$	$n_{\bullet 3}$	$n_{\bullet\bullet}$

Der erste Index (i) bezieht sich auf die Zeilen, der zweite (j) auf die Spalten. i und j stehen hierbei für Merkmalsausprägungen dichotomer oder polytomer

Merkmale. n_{ij} beschreibt somit die Häufigkeit in der i-ten Zeile und der j-ten Spalte. Mit Zahlen gefüllt, bezeichnet n_{12} beispielsweise die Häufigkeit in der ersten Zeile und der zweiten Spalte. Zudem werden mit dem Zeichen $\bullet$ gesamte Zeilen bzw. Spalten angesprochen. Dies ist notwendig, um Zeilen- und Spaltensummen sowie die Gesamthäufigkeit anzugeben. So steht $n_{1\bullet}$ für die Zeilensumme der ersten Zeile, $n_{\bullet\bullet}$ für die Gesamthäufigkeit. Zeilen- und Spaltensummen werden auch als Randhäufigkeiten bezeichnet.

Beispiel 5.1: Füllen wir die Tabelle 5.1 einmal mit Leben. Wir interessieren uns dafür, ob Personen bis zu ihrem 25. Lebensjahr in die Erwerbstätigkeit eingetreten sind (genauer gesagt misst die Variable, ob sie mindestens sechs Monate lang beschäftigt waren, was wir im Folgenden nicht jedesmal explizit erwähnen werden). Da die Bildungsexpansion in Deutschland in den Zeitraum fällt, in dem die Geburtskohorten ab 1940 ihre Schulbildung beendet haben, vermuten wir, dass es einen Unterschied macht, wann die jeweiligen Personen geboren wurden, konkret, dass die Geburtskohorte als (X) Einfluss auf den Eintritt in die Erwerbstätigkeit bis zum 25. Lebensjahr hat (Y). Wir betrachten drei verschiedene Geburtskohorten: die um 1940 Geborenen, die um 1955 Geborenen und Personen, die 1971 geboren worden sind. Tabelle 5.2 gibt die konditionale Verteilung an. Die unabhängige Variable steht in den Spalten, die abhängige Variable in den Zeilen. Beispielsweise sind 477 in den Jahren um 1955 geboren. Von diesen 477 Personen waren 61 Personen vor ihrem 25. Lebensjahr noch nicht längere Zeit beschäftigt, wohingegen die übrigen 416 Personen bis dahin bereits erwerbstätig waren.

Tabelle 5.2: Erwerbsbeteiligung bis 25 Jahre, nach Geburtskohorte

	Geburtskohorte			
Erwerbsbeteiligung	1939–1941	1954–1956	1971	Gesamt
nein	18	61	117	196
ja	332	416	557	1 305
Gesamt	350	477	674	1 501

Datenbasis: GLHS-Daten, eigene Auswertungen

Möchte man nun vergleichen, ob es zwischen den einzelnen Kohorten größere Unterschiede in ihrer Erwerbsbeteiligung bis 25 Jahre gibt, sind die absoluten Häufigkeiten nicht leicht zu interpretieren. Es ist daher empfehlenswert, zusätzlich auch die bedingten Anteils- oder Prozentwerte zu betrachten. Tabelle 5.3 zeigt die formale Darstellung der bedingten Anteilswerte in einer Kreuztabelle. Darin liest sich beispielsweise $p_{2|X=1}$ als Anteilswert in der zweiten Zeile unter der Bedingung $X = 1$.

Beispiel 5.2: Betrachten wir die bedingten Anteilswerte für unser Geburtskohortenbeispiel, wird der Vorteil dieser Werte sofort deutlich. So kann man aus Tabelle 5.4 ohne weitere Schwierigkeiten ablesen, dass von den Personen aus

Tabelle 5.3: Notation für Kreuztabellen (bedingte Anteilswerte)

	X=1	X=2	X=3	$\sum$
Y=1	$p_{1\|X=1}$	$p_{1\|X=2}$	$p_{1\|X=3}$	$p_{1\bullet}$
Y=2	$p_{2\|X=1}$	$p_{2\|X=2}$	$p_{2\|X=3}$	$p_{2\bullet}$
$\sum$	$p_{\bullet 1}$	$p_{\bullet 2}$	$p_{\bullet 3}$	$p_{\bullet\bullet}$

Kohorte 1939–41 noch 5 Prozent bis zum Alter von 25 Jahren keine längere Erwerbstätigkeit aufweisen, von den Personen aus Kohorte 1954–56 bereits 13 Prozent und von den Personen aus Kohorte 1971 schließlich 17 Prozent. Beachten Sie bitte, dass die verschiedenen Ausprägungen der X-Variablen „Geburtskohorte" die Spalten der Tabelle definieren; die Prozentuierung erfolgt innerhalb der Spalten, so dass man auch von „Spaltenprozent" spricht. Sollte es (etwa aus Platzgründen) einmal erforderlich sein, die X-Variable in den Zeilen abzutragen, würde man natürlich entsprechend zeilenweise prozentuieren.

Tabelle 5.4: Erwerbsbeteiligung bis 25 Jahre, nach Geburtskohorte (in %)

	Geburtskohorte			
Erwerbsbeteiligung	1939–1941	1954–1956	1971	Gesamt
nein	5,1	12,8	17,4	13,1
ja	94,9	87,2	82,6	86,9
Gesamt	100,0	100,0	100,0	100,0

Datenbasis: GLHS-Daten, eigene Auswertungen

Beispiel 5.2 (Fortsetzung): Graphische Veranschaulichungen der Kreuztabellen können die Interpretation häufig erleichtern. In Abbildung 5.1 sind zwei Graphiken dargestellt, die den Zusammenhang von Geburtskohorte und Erwerbsbeteiligung bis zum 25. Lebensjahr nochmals verdeutlichen. In der linken Graphik sind die absoluten Häufigkeiten sowie die jeweiligen Anteile der Erwerbstätigen bzw. Nicht-Erwerbstätigen als Säulendiagramm abgetragen. Dadurch wird deutlich, dass die Geburtskohorten insgesamt unterschiedlich stark besetzt sind. Allerdings fällt es etwas schwerer, auf einen Blick zu sehen, ob und wie stark sich die Anteile der Nicht-Erwerbstätigen zwischen den einzelnen Geburtskohorten unterscheiden. Eine mögliche Lösung hierfür liefert die rechte Graphik. Hier sind die bedingten Anteilswerte als gestapeltes Säulendiagramm abgetragen. Da sich die Anteile nun für alle drei Geburtskohorten auf jeweils 100 Prozent aufsummieren, lassen sich die Unterschiede zwischen den Gruppen gut ablesen. Der Preis dafür ist, dass die unterschiedlichen Fallzahlen der einzelnen Kohorten nicht mehr berücksichtigt werden.

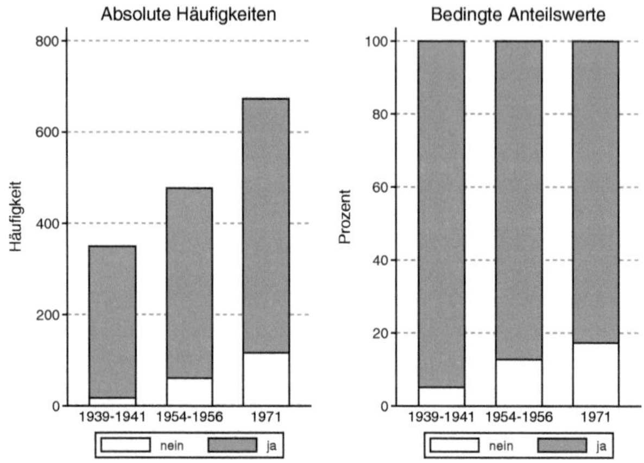

Abbildung 5.1: Erwerbsbeteiligung bis 25 Jahre (nach Geburtskohorte), GLHS-Daten

Abbildung 5.2 zeigt eine Graphik, die dieses Problem löst. Hier sind einerseits die jeweiligen Anteile auf 100 Prozent aufsummiert dargestellt, wodurch die Unterschiede zwischen den einzelnen Kohorten leicht abgelesen werden können; andererseits wird durch die unterschiedliche Breite der einzelnen Kohorten-Balken zusätzlich die unterschiedlich hohe Fallzahl der Kohorten abgebildet. Solche Graphiken werden häufig auch *Mosaic-Plots* genannt. Optional lassen sich die einzelnen Balken – wie hier dargestellt – auch noch mit den absoluten Häufigkeiten beschriften.

5.1.2 Zusammenhangsmaße

Um die Stärke des Zusammenhangs quantifizieren zu können, eignen sich verschiedene Zusammenhangsmaße. Welches Zusammenhangsmaß im Einzelfall am geeignetsten ist, richtet sich nach Skalenniveau und spezifischem Forschungsinteresse. Wichtig bei allen drei nachfolgend vorgestellten Kennzahlen zur Stärke des Zusammenhangs (Prozentsatzdifferenz, relatives Risiko, Odds Ratios) ist, dass es jeweils nicht nur eine einzelne Maßzahl gibt, die den Zusammenhang angibt, sondern – je nachdem, wie groß die Kreuztabelle ist – sehr viele verschiedene Maßzahlen. Es wird dabei immer nur jeweils eine Gruppe (= Zelle) gegenüber einer anderen Gruppe betrachtet. Wichtig ist zudem zu beachten, dass Prozentsatzdifferenz, relatives Risiko und Odds Ratios nur für 2x2-Tabellen berechnet werden können. Das bedeutet, dass bei größeren Kreuztabellen mit mehr Zeilen oder Spalten immer genau zwei Zeilen und Spalten ausgewählt werden müssen, für die die Maßzahlen berechnet werden. Daher sollte immer darauf geachtet werden, genau anzugeben, welche Ausprägungen zueinander in Beziehung gesetzt werden.

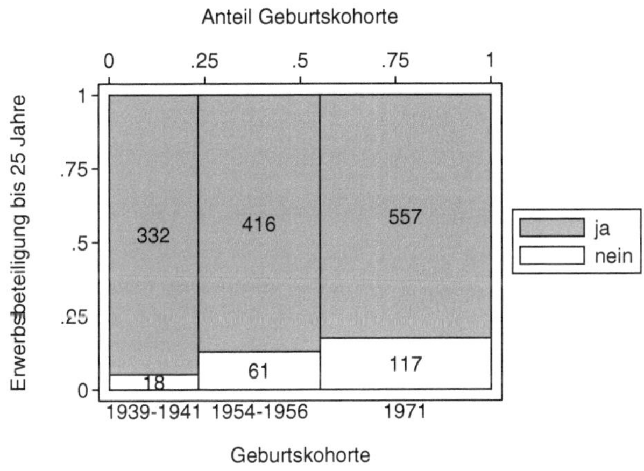

Abbildung 5.2: Erwerbsbeteiligung bis 25 Jahre (nach Geburtskohorte) (Mosaic-Plot), GLHS-Daten

Ein erstes Zusammenhangsmaß, die *Prozentsatzdifferenz*, lässt sich sehr leicht ausgehend von den bedingten Anteilswerten bestimmen. Hierbei werden einfach die verschiedenen bedingten Anteilswerte voneinander abgezogen. Wenn also die Kreuztabelle nach der Konvention von Tabelle 5.3 aufgestellt ist, dann ist die Prozentsatzdifferenz einfach die Differenz von zwei Spaltenprozenten (bzw., falls die X-Variable in den Zeilen abgetragen ist, von Zeilenprozenten). Die Prozentsatzdifferenz hat einen Wertebereich von -100 bis $+100$.

Die Prozentsatzdifferenz

Steht die abhängige Variable (Y-Variable) in den Zeilen der Tabelle, so berechnet sich die Prozentsatzdifferenz ($d_{XY}\%$) aus der Differenz der bedingten Prozentwerte innerhalb einer Zeile wie folgt:

$$d_{XY}\% = 100 \cdot \left(\frac{n_{11}}{n_{\bullet 1}} - \frac{n_{12}}{n_{\bullet 2}} \right) = 100 \cdot (p_{1|X=1} - p_{1|X=2}) \qquad (5.1)$$

Die Indices 1 und 2 stehen für die erste und die zweite Kategorie von X bzw. Y, die verglichen werden sollen.

Steht die Y-Variable in den Spalten der Tabelle und wird folglich über die Zeilen prozentuiert, wird die Prozentsatzdifferenz durch den Vergleich zweier bedingter Prozentwerte innerhalb einer Spalte berechnet.

Beispiel 5.3: Vergleichen wir in Tabelle 5.4 die Personen, die um 1955 geboren sind, mit denen, die um 1940 geboren sind, hinsichtlich der Ausprägung „noch keine Erwerbsteiligung bis zum 25. Lebensjahr". Es ergibt sich eine Prozentsatzdifferenz von 12,8 – 5,1 = 7,7, also ca. acht Prozentpunkten. Der Anteil der bis 25 Jahre noch nicht Erwerbstätigen ist also in der Geburtskohorte 1954–56 um acht Prozentpunkte höher als in der Kohorte 1939–41. Vorsicht: Es handelt sich hier um Prozent*punkte*. Die Aussage: „Der Anteil derjenigen, die bis zum 25. Lebensjahr nicht erwerbstätig waren, ist in der Kohorte 1954–56 *um acht Prozent höher* als in der Kohorte 1939–41" wäre falsch.

Eine weitere Möglichkeit, die Stärke des Zusammenhangs darzustellen, bietet das *relative Risiko*. Das relative Risiko stellt nicht die Differenz, sondern das Verhältnis zweier bedingter Anteilswerte dar und gibt an, wie hoch das „Risiko" einer Gruppe gegenüber einer Vergleichsgruppe ist, ein bestimmtes Ereignis oder Merkmal aufzuweisen. Der Wertebereich reicht von 0 bis $+\infty$, wobei ein Wert von 1 bedeutet, dass das Risiko in beiden betrachteten Gruppen gleich hoch ist.

Das relative Risiko

Das relative Risiko (*RR*) lässt sich aus dem Verhältnis zweier bedingter Anteilswerte bestimmen. Steht die unabhängige Variable in den Spalten, berechnen wir:

$$RR = \left(\frac{n_{11}}{n_{\bullet 1}} / \frac{n_{12}}{n_{\bullet 2}}\right) = \frac{p_{1|X=1}}{p_{1|X=2}} \qquad (5.2)$$

Die Indices 1 und 2 stehen für die erste und die zweite Kategorie von X bzw. Y, die verglichen werden sollen.

Ist die unabhängige Variable dagegen die Zeilenvariable, wird das relative Risiko anhand des Verhältnisses zweier bedingter Anteilswerte innerhalb einer Spalte berechnet.

Beispiel 5.4: In unserem Zahlenbeispiel ergibt sich somit für die 1954–56er-Geburtskohorte gegenüber der 1939–41er-Geburtskohorte ein relatives Risiko, bis zum Alter von 25 Jahren noch nicht erwerbstätig gewesen zu sein, von 12,8/5,1 = 2,5 (das gleiche Ergebnis erhält man natürlich bei Verwendung der Anteilswerte 0,128 und 0,051). Das bedeutet, dass das „Risiko", bis zum 25. Lebensjahr noch nicht erwerbstätig gewesen zu sein, für die jüngere Kohorte (1954–1956) 2,5 mal so hoch ist wie für die ältere Kohorte (1939–1941). Bei Berechnung anhand der ganz exakten Anteilswerte ergibt sich ein RR von 2,487.

Eine dritte Möglichkeit, Informationen über die Stärke des Zusammenhangs auszudrücken, sind *Odds Ratios*. Odds Ratios stellen das Verhältnis von zwei Gewinnchancen dar (Odds = Chance; Ratio = Verhältnis).[1]

Zunächst werden Odds berechnet, welche die Häufigkeit eines „Ereignisses“ im Verhältnis zur Häufigkeit des „Gegenereignisses“ angeben (gemeint ist einfach, ob etwas der Fall ist bzw. zutrifft oder nicht). Odds haben einen Wertebereich von 0 bis $+\infty$. Odds von 1 besagen, dass die Chance für das Ereignis gegenüber dem Gegenereignis genau gleich ist („fifty-fifty“); das ist der Fall, wenn beiden Kategorien gleich viele Fälle entsprechen (also z. B. genau 175 Erwerbstätige und 175 Nicht-Erwerbstätige). Bei Odds < 1 ist die Chance für das Ereignis gegenüber dem Gegenereignis geringer und bei Odds > 1 entsprechend größer. Wichtig ist zu beachten, dass Odds keine Wahrscheinlichkeiten darstellen. Wahrscheinlichkeiten beziehen die Häufigkeit des Ereignisses auf alle Beobachtungen, wohingegen Odds das Ereignis nur ins Verhältnis zum Gegenereignis setzen.

Odds Ratios

Wieder gehen wir davon aus, dass die abhängige Variable (*Y*-Variable) in den Zeilen der Tabelle abgetragen ist. Um Odds Ratios berechnen zu können, müssen zunächst die Odds bestimmt werden:

$$\text{Odds}(1,2|X=1) = \frac{n_{11}}{n_{21}} = \frac{p_{1|X=1}}{p_{2|X=1}} \tag{5.3}$$

$$\text{Odds}(1,2|X=2) = \frac{n_{12}}{n_{22}} = \frac{p_{1|X=2}}{p_{2|X=2}} \tag{5.4}$$

Die Indices 1 und 2 stehen für die erste und die zweite Kategorie von X bzw. Y, die verglichen werden sollen.

Setzt man diese beiden Odds zueinander ins Verhältnis, so erhält man das Odds Ratio (*OR*).

$$\text{OR} = \frac{n_{11}/n_{21}}{n_{12}/n_{22}} = \frac{n_{11} \cdot n_{22}}{n_{12} \cdot n_{21}} \tag{5.5}$$

Aufgrund des letzten Terms werden Odds Ratios häufig auch als *Kreuzproduktverhältnis* bezeichnet.

1 Der Begriff „Ratio“ ist lateinischen Ursprungs und dort ein Femininum. Da er hier in der Bedeutung von „Verhältnis“ gebraucht wird, verwenden wir ihn – in Übereinstimmung mit einigen, wenn auch nicht allen Autoren – als Neutrum.

Anschließend lassen sich zwei Odds ins Verhältnis zueinander setzen und ergeben somit ein Odds Ratio. Wie Odds haben auch Odds Ratios einen Wertebereich von 0 bis $+\infty$, wobei ein Odds Ratio von 1 aussagt, dass kein Gruppenunterschied vorliegt, ein Odds Ratio < 1 besagt, dass die Odds für Gruppe 1 kleiner sind, und ein Odds Ratio > 1, dass die Odds für Gruppe 2 kleiner sind. Je weiter der Wert von 1 abweicht, desto stärker sind die Gruppenunterschiede.

Odds Ratios lassen sich sowohl mit den absoluten Häufigkeiten als auch mit den bedingten Anteilswerten berechnen. Aufgrund etwaiger Rundungsfehler empfiehlt es sich jedoch, nach Möglichkeit die absoluten Häufigkeiten zu verwenden.

Beispiel 5.5: Die „Chance", also die Odds, vor dem 25. Lebensjahr nicht erwerbstätig gewesen zu sein, beträgt für die 1939-41er-Geburtskohorte $18/332 = 0{,}05$, für die 1954–56er-Geburtskohorte $61/416 = 0{,}15$ und für die 1971er-Geburtskohorte $117/557 = 0{,}21$. Inhaltlich bedeutet dies: In Geburtskohorte 1939–41 kommen auf eine Person, die bis 25 Jahre bereits erwerbstätig war, 0,05 Personen, die dies noch nicht waren. In Kohorte 1954–56 sind es schon 0,15 und in Kohorte 1971 schon 0,21 Personen. Um nun Odds Ratios zu erhalten, müssen diese Odds noch ins Verhältnis zueinander gesetzt werden. Die Chance für die Geburtskohorte um 1954–56 vor dem 25. Lebensjahr noch nicht in den Arbeitsmarkt eingetreten zu sein, ist im Verhältnis zur Geburtskohorte 1939–41

$$\frac{61/416}{18/332} = \frac{61 \cdot 332}{416 \cdot 18} = 2{,}70,$$

also 2,7-mal so groß wie für die Geburtskohorte 1939–41, aber im Verhältnis zur Geburtskohorte 1971 nur

$$\frac{61/416}{117/557} = \frac{61 \cdot 557}{416 \cdot 117} = 0{,}70,$$

also nur 0,7-mal so hoch wie für die Geburtskohorte 1971.

Bei der Betrachtung und Interpretation der Ergebnisse von Prozentsatzdifferenz, relativem Risiko und Odds Ratios ist es wichtig, dass Sie sich sorgfältig damit auseinandersetzen, wie diese Ergebnisse einzuordnen sind. So klingt ein relatives Risiko von 2,5 („2,5-mal, also zweieinhalb mal so viel!") deutlich dramatischer als die Prozentsatzdifferenz von 7,7 („7,7 Prozentpunkte mehr") für denselben Zusammenhang. Daher gilt es bei diesen Zusammenhängen immer die zugrunde liegende Basis zu betrachten.

Zu beachten ist zudem, dass sich Prozentsatzdifferenz und Odds Ratio reziprok verhalten, das relative Risiko hingegen nicht. So haben wir unsere Beispiele bislang ausgehend von der ersten Zeile aus Tabelle 5.2 bzw. 5.4 berechnet:

$$d_{XY}\% = 7{,}7;\ RR = 0{,}128/0{,}051 = 2{,}51;\ OR = \tfrac{61/416}{18/332} = 2{,}7.$$

Betrachtet man hingegen die zweite Zeile (und setzt sie bei dem Odds Ratio in Beziehung zur ersten), so ergibt sich:

$$d_{XY}\% = -7{,}7;\ RR = 0{,}872/0{,}949 = 0{,}92;\ OR = \frac{416/61}{332/18} = 0{,}37 = 1/2{,}7.$$

Assoziationsmaße

Ein Nachteil der bislang vorgestellten Maße zur Stärke des Zusammenhangs ist, dass größere Kreuztabellen nur durch eine Vielzahl von Prozentsatzdifferenzen, relativen Risiken oder Odds Ratios beschrieben werden können. Demgegenüber gibt es auch zahlreiche Assoziationsmaße, die versuchen, die Stärke eines Zusammenhangs in einer einzigen Maßzahl auszudrücken. Aufgrund ihrer eher geringen Bedeutung in der Forschungspraxis werden wir die Assoziationsmaße hier nur kurz nennen. Nähere Informationen zu diesen Maßen und deren Berechnung lassen sich z. B. im Internet-Lexikon für Methoden der empirischen Sozialforschung (ILMES) finden.[2]

Als Assoziationsmaße für zwei nominalskalierte Merkmale sind zunächst ϕ (griechisch: phi) , Cramérs V und der Kontingenzkoeffizient C zu nennen. Alle drei Maße sind χ^2-basierte Maße und geben Auskunft über die Stärke des Zusammenhangs. Die Wertebereiche von ϕ und Cramérs V gehen jeweils von 0 (kein Zusammenhang) bis 1 (perfekter Zusammenhang). Je höher der Wert, desto höher die Assoziation zwischen den beiden Merkmalen. ϕ ist allerdings ausschließlich für Vierfeldertafeln erlaubt, weshalb meistens Cramérs V verwendet wird. Cramérs V stellt nämlich eine Verallgemeinerung von ϕ dar und ist für den Fall einer Vierfeldertafel mit ϕ identisch. Der Wertebereich des Kontingenzkoeffizienten C ist nach oben hin offen, weshalb in der Praxis meist der korrigierte Kontingenzkoeffizient C^* verwendet wird, welcher wiederum einen Wertebereich von 0 (kein Zusammenhang) bis 1 (perfekter Zusammenhang) besitzt.

Daneben sind mit dem Yule-Koeffizienten Q sowie λ (griechisch: lambda) noch zwei Maße zu nennen, die nicht χ^2-basiert sind.[3] Q setzt zwei Odds Ratios ins Verhältnis zueinander und ist zwischen -1 und $+1$ normiert. λ ist ein PRE-Maß (siehe Kasten 5.4), welches die Stärke der Assoziation über die Reduktion des Vorhersagefehlers bestimmt.

Allerdings liefern die Assoziationsmaße nur Auskunft über die Stärke des Zusammenhangs. Liegen jedoch ordinale oder metrische Merkmale vor, ist man häufig auch an der Richtung des Zusammenhangs interessiert. Auch hierfür gibt es Zusammenhangsmaße, die diese Information liefern können. Solche Zusammenhangsmaße für ordinale und metrische Merkmale werden wir in den Abschnitten 5.2 und 5.3 vorstellen.

---

2 `http://wlm.userweb.mwn.de/ilmes.htm`

3 Der Yule-Koeffizient wurde von dem britischen Statistiker George Udny Yule erfunden und zu Ehren des belgischen Mathematikers M. A. Quetelet mit Q bezeichnet.

5.1.3 Der χ^2-Test

Konnte ausgehend von der Analyse der Kreuztabellen ein Zusammenhang festgestellt werden, ist man häufig daran interessiert zu prüfen, ob der in der Stichprobe gefundene Zusammenhang auch für die Grundgesamtheit angenommen werden kann (siehe Kapitel 4). Um solche Aussagen treffen zu können, stehen diverse Testverfahren zur Verfügung. Viele dieser Verfahren basieren auf dem χ^2-Test, welcher daher nachfolgend vorgestellt wird.

Die Grundidee des χ^2-Tests ist, die tatsächlich beobachteten Häufigkeiten mit den bei statistischer Unabhängigkeit zu erwartenden Häufigkeiten zu vergleichen. Die Werte, welche bei statistischer Unabhängigkeit zu erwarten wären, lassen sich aus den Randverteilungen berechnen. Besteht zwischen zwei Merkmalen kein Zusammenhang, dann sollten die bei statistischer Unabhängigkeit erwarteten Häufigkeiten nicht oder kaum von den tatsächlich beobachteten Häufigkeiten abweichen.

Erwartete Häufigkeiten bei statistischer Unabhängigkeit

Die erwarteten Häufigkeiten bei statistischer Unabhängigkeit geben an, welche Häufigkeiten zu erwarten wären, wenn zwischen zwei Merkmalen kein Zusammenhang bestehen würde. Berechnen lassen sich diese Werte, indem man die Randhäufigkeiten aus Zeilen und Spalten miteinander multipliziert und in Bezug zur Gesamtfallzahl $n_{\bullet\bullet}$ setzt.

$$e_{ij} = \frac{n_{i\bullet} \cdot n_{\bullet j}}{n_{\bullet\bullet}} \tag{5.6}$$

Beispiel 5.6: In Tabelle 5.5 sind nach Geschlecht getrennt die jeweilige Berufsklasse der Befragten nach Erikson, Goldthorpe und Portocarero (1979) (bekannt als „EGP“) sowie die beobachteten und die unter der Nullhypothese erwarteten Häufigkeiten (letztere gerundet!) abgetragen. In der oberen Dienstklasse befinden sich 34 Männer und 24 Frauen. Dies sind die tatsächlich beobachteten Häufigkeiten. Bei statistischer Unabhängigkeit wären für die Männer jedoch $(58 \cdot 745)/1\,391 = 31$ und für die Frauen $(58 \cdot 646)/1\,391 = 27$ Personen in dieser Klasse zu erwarten. Die tatsächlich beobachteten Zellbesetzungen und die bei statistischer Unabhängigkeit zu erwarteten Zellbesetzungen weichen somit etwas voneinander ab; Männer sind etwas über- und Frauen etwas unterrepräsentiert. Die Abweichung ist sehr gering; in anderen Kategorien ist sie wesentlich höher. Aber was bedeutet sie? Nun, insgesamt sind 58 Personen in der oberen Dienstklasse, das sind etwa 4,2 Prozent aller Personen. Bei den Männern sind aber 4,6 Prozent in dieser Klasse (eben 34 von ihnen), bei den Frauen 3,7 Prozent. Gäbe es keine Unterschiede zwischen den Geschlechtern, müssten jeweils 4,2 Prozent der Männer und der Frauen in dieser Klasse sein. Dies wäre eben der Fall, wenn

31 Männer und 27 Frauen in dieser Klasse wären. Ähnliches gilt für alle anderen Klassen mit Ausnahme der an- und ungelernten ArbeiterInnen.

Tabelle 5.5: Berufsklassen nach Geschlecht – beobachtete und bei Unabhängigkeit erwartete Häufigkeiten

	Beobachtet			Erwartet	
Erster Job: EGP	Männer	Frauen	Gesamt	Männer	Frauen
I. Obere Dienstklasse	34	24	58	31	27
II: Untere Dienstklasse	111	130	241	129	112
IIIa+b: Nicht-manuelle Routineberufe	122	324	446	239	207
IVb+c: Kleine Selbständige	9	12	21	11	10
V+VI: Meister und Facharbeiter	348	52	400	214	186
VIIa+b: An-/ungelernte Arbeiter	121	104	225	121	104
Gesamt	745	646	1 391	745	646

Datenbasis: GLHS-Daten, eigene Auswertungen

Um den χ^2-Test durchzuführen, wird nach vier Schritten verfahren (ähnlich den bereits bekannten vier Schritten des Signifikanztests aus Abschnitt 4.3.2):

Erstens wird eine Nullhypothese aufgestellt. Diese lautet, dass *kein* Zusammenhang zwischen den beiden Merkmalen besteht. Formal bedeutet dies, dass die beobachteten Häufigkeiten genau den bei statistischer Unabhängigkeit zu erwartenden Häufigkeiten entsprechen (H_0). Die Alternativhypothese lautet entsprechend, dass ein Zusammenhang zwischen den Merkmalen besteht und die beobachteten Häufigkeiten und die bei statistischer Unabhängigkeit zu erwartenden Häufigkeiten nicht gleich sind (H_1).

$$\mathrm{H}_0\colon n_{ij} = \frac{n_{i\bullet} \cdot n_{\bullet j}}{n_{\bullet\bullet}} \qquad \text{für alle } i,j$$

$$\mathrm{H}_1\colon n_{ij} \neq \frac{n_{i\bullet} \cdot n_{\bullet j}}{n_{\bullet\bullet}} \qquad \text{für mindestens eine Kombination } i,j$$

Zweitens werden ausgehend von den Randverteilungen die bei statistischer Unabhängigkeit zu erwartenden Häufigkeiten berechnet. Die für jede Zelle bei statistischer Unabhängigkeit zu erwartenden Häufigkeiten sind in den beiden rechten Spalten von Tabelle 5.5 eingetragen.

Drittens muss das Signifikanzniveau festgelegt werden. Wir wählen hier $\alpha = 0{,}05$. Für das festgelegte Signifikanzniveau lässt sich der kritische Schwellenwert der χ^2-Verteilung mit den entsprechenden Freiheitsgraden bestimmen. Für unser Berufsgruppen-Beispiel wären dies nach Formel 5.7 auf der nächsten Seite $(6-1)\cdot(2-1) = 5$ Freiheitsgrade. Bei 5 Freiheitsgraden und $\alpha = 0{,}05$ liegt der kritische Wert der χ^2-Verteilung bei 11,07. Wird er von der Teststatistik übertroffen, kann die Nullhypothese verworfen werden.

Viertens kann schließlich die Teststatistik berechnet werden. Diese lässt sich dann mit dem kritischen Schwellenwert vergleichen und ermöglicht die Entscheidung, ob H_0 verworfen werden kann oder nicht. Die Teststatistik für χ^2 berechnet sich dadurch, dass für jede Zelle die Differenz des tatsächlich beobachteten und des bei statistischer Unabhängigkeit erwarteten Werts quadriert und anschließend das Ergebnis nochmal durch den erwarteten Wert dividiert wird. Der daraus resultierende Wert wird für alle Zeilen und Spalten, also sämtliche Zellen, aufsummiert.

χ^2-Teststatistik

Ziel der χ^2-Teststatistik ist zu prüfen, ob die tatsächlich beobachteten Häufigkeiten von den bei statistischer Unabhängigkeit erwarteten Häufigkeiten abweichen.

$$\chi^2 = \sum_{i=1}^{r} \sum_{j=1}^{m} \frac{\left(n_{ij} - e_{ij}\right)^2}{e_{ij}} \tag{5.7}$$

Diese Teststatistik folgt einer χ^2-Verteilung mit $(r-1) \cdot (m-1)$ Freiheitsgraden.

Dabei entspricht r der Anzahl der Zeilen, m der Anzahl der Spalten der Tabelle sowie n_{ij} den tatsächlich beobachteten Häufigkeiten und e_{ij} den bei statistischer Unabhängigkeit erwarteten Häufigkeiten.

Tabelle 5.6: Berechnung der Zellwerte für die χ^2-Teststatistik

Erster Job: Klassenzugehörigkeit (EGP)	Männer	Frauen
I: Obere Dienstklasse	$\frac{(34-31)^2}{31}$	$\frac{(24-27)^2}{27}$
II: Untere Dienstklasse	$\frac{(111-129)^2}{129}$	$\frac{(130-112)^2}{112}$
IIIa+b: Nicht-manuelle Routineberufe	$\frac{(122-239)^2}{239}$	$\frac{(324-207)^2}{207}$
IVb+c: Kleine Selbständige	$\frac{(9-11)^2}{11}$	$\frac{(12-10)^2}{10}$
V: Meister und Facharbeiter	$\frac{(348-214)^2}{214}$	$\frac{(52-186)^2}{186}$
VIIa: An-/ungelernte Arbeiter	$\frac{(121-121)^2}{121}$	$\frac{(104-104)^2}{104}$

Datenbasis: GLHS-Daten, eigene Auswertungen

Beispiel 5.6 (Fortsetzung): In Tabelle 5.6 ist angegeben, wie sich die Werte für die einzelnen Zellen berechnen. Wenn man nun die Werte für alle Zellen aufsummiert, resultiert der Wert 310,64. (Dieser Wert weicht geringfügig von dem Wert ab, den man mit Statistik-Software erhält, da wir hier mit gerundeten Zahlen gearbeitet haben.) Da 310,64 > 11,07, kann die H_0 bei einem Signifikanzniveau von $\alpha = 0{,}05$ klar verworfen werden. Es besteht also Grund zu der Vermutung, dass auch in der Grundgesamtheit zwischen den beiden Merkmalen ein Zusammenhang vorliegt, Frauen und Männer sich also bezüglich ihrer Berufsgruppen unterscheiden.

Der χ^2-Test kann auch dazu herangezogen werden, um zu testen, ob zwei bestimmte Anteilswerte signifikant voneinander abweichen. Nehmen wir einmal an, wir interessieren uns dafür, ob Frauen und Männer in der Gruppe „II: Untere Dienstklasse" deutlich unterschiedlich stark vertreten sind. Um diese Frage beantworten zu können, lässt sich die 6x2-Tabelle in eine 2x2-Tabelle umwandeln. Nach dieser Umwandlung erhält man Tabelle 5.7. Auf Grundlage dieser Zahlen lässt sich nun mit Hilfe des χ^2-Tests prüfen, ob Männer und Frauen bezüglich der unteren Dienstklasse signifikant unter- bzw. überrepräsentiert sind. Diese Möglichkeit, den χ^2-Test zu nutzen, bietet sich insbesondere dann an, wenn man ex ante gezielte Hypothesen zu einzelnen Ausprägungen hat.

Tabelle 5.7: Erster Job: Klassenzugehörigkeit (EGP) – Untere Dienstklasse nach Geschlecht

Erster Job: Klassenzugehörigkeit	Männer	Frauen	Gesamt
II: Untere Dienstklasse	111	130	241
Sonstige Berufsgruppen	634	516	1 150
Gesamt	745	646	1 391

Datenbasis: GLHS-Daten, eigene Auswertungen

Beispiel 5.7: Für Tabelle 5.7 wird nun die H_0, dass kein Zusammenhang besteht, getestet. Für das gewählte Signifikanzniveau von $\alpha = 0{,}05$ liegt der kritische Schwellenwert bei einer 2x2-Tabelle ($df = 1$) bei 3,84. Die χ^2-Teststatistik ergibt:

$$\chi^2 = \frac{(111-129)^2}{129} + \frac{(130-112)^2}{112} + \frac{(634-616)^2}{616} + \frac{(516-534)^2}{534} = 6{,}54$$

Da 6,54 > 3,84, kann auch hier die H_0 verworfen werden. Frauen und Männer sind also in der unteren Dienstklasse signifikant ungleich vertreten.

Der χ^2-Test ist immer ungerichtet. Dies bedeutet, dass er nur aussagt, *dass* ein Zusammenhang vorliegt, nicht aber, in welche Richtung dieser Zusammenhang geht. Darüber hinaus sei an dieser Stelle nochmals erwähnt, dass

Signifikanz nichts über die Stärke des Zusammenhangs aussagt. Bei ausreichend großer Fallzahl werden häufig schon kleinere Unterschiede signifikant. Deshalb sollten Sie neben dem χ^2-Test immer Kennzahlen zur Stärke des Zusammenhangs betrachten, wie wir sie oben dargestellt haben.

Wichtig zu beachten ist, dass der χ^2-Test nur dann verlässlich funktioniert, wenn die einzelnen Zellen jeweils mit ausreichend Fällen besetzt sind; genauer gesagt geht es um die Zahl der Fälle, die bei Unabhängigkeit der Merkmale erwartet werden. Das Problem bei einer Verletzung dieser Annahme ist, dass bei sehr geringen Zellbesetzungen die Approximation der Verteilung der Prüfgröße durch die χ^2-Verteilung zu ungenau wird. Dadurch kann der χ^2-Test keine zuverlässigen Ergebnisse mehr liefern. Als Konvention für eine „sehr gering besetzte" Zelle hat sich der Wert 5 eingebürgert. Um den χ^2-Test verlässlich durchführen zu können, sollten für höchstens 20 Prozent der Zellen die erwarteten Häufigkeiten kleiner als 5 sein. Wenn daher für viele Zellen weniger als 5 Fälle erwartet werden, muss man – sofern inhaltlich sinnvoll – mehrere Zellen zusammenfassen oder auf den χ^2-Test verzichten.

5.2 Zusammenhang zweier metrischer Merkmale

Im vorigen Abschnitt ging es darum, wie sich der Zusammenhang zwischen zwei höchstens ordinalskalierten Merkmalen mit wenigen Ausprägungen beschreiben lässt. Hier betrachten wir nun Zusammenhänge zwischen Merkmalen auf höherem Skalenniveau. Diese Merkmale haben in der Regel viele Ausprägungen, und so ist eine kreuztabellarische Darstellung wenig hilfreich. Der Zusammenhang wird besser in einer zusammenfassenden Maßzahl beschrieben. Im Falle metrischer Merkmale stehen mit der Kovarianz und dem Korrelationskoeffizienten nach Pearson zwei solcher Maßzahlen zur Verfügung. Diese beiden Maßzahlen werden nun eingeführt, bevor wir dann noch einmal aus neuer Perspektive auf den Zusammenhang zwischen ordinalen Merkmalen zurückkommen.

5.2.1 Graphische Veranschaulichung

Der Zusammenhang zwischen zwei metrischen Merkmalen lässt sich mit Hilfe der Kovarianz beschreiben. „Kovarianz" bedeutet nichts anderes als das gemeinsame Variieren zweier Merkmale; die Grundidee der Kovarianz ist also: Wie stark hängt die Streuung eines Merkmals mit der Streuung eines zweiten Merkmals zusammen? Was „gemeinsames Variieren" heißt, lässt sich (wie so oft) graphisch am besten vermitteln. Die geeignete Darstellungsform ist hier das Streudiagramm (engl. *scatterplot*), in dem die beiden Merkmale in einem Koordinatensystem gegeneinander abgetragen werden.

In den beiden folgenden Teilgraphiken ist deutlich zu sehen, dass sich die Variable *Y* mit größer werdendem *X* systematisch verändert. In Abbildung 5.3a wird *Y* größer, in Abbildung 5.3b hingegen kleiner, je größer *X* wird.

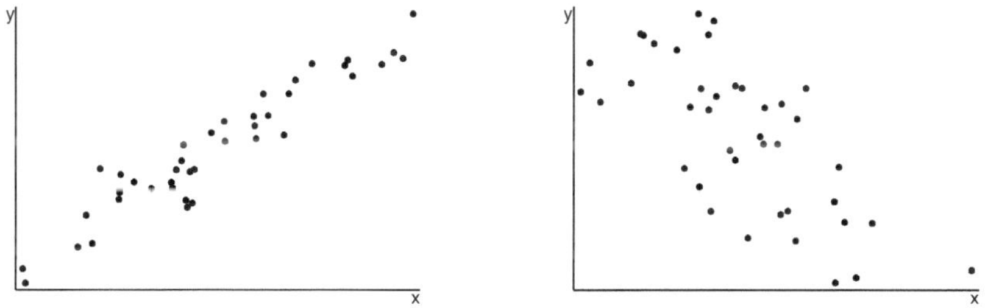

(a) starker positiver Zusammenhang

(b) negativer Zusammenhang

Abbildung 5.3: Gemeinsames Variieren zweier Merkmale

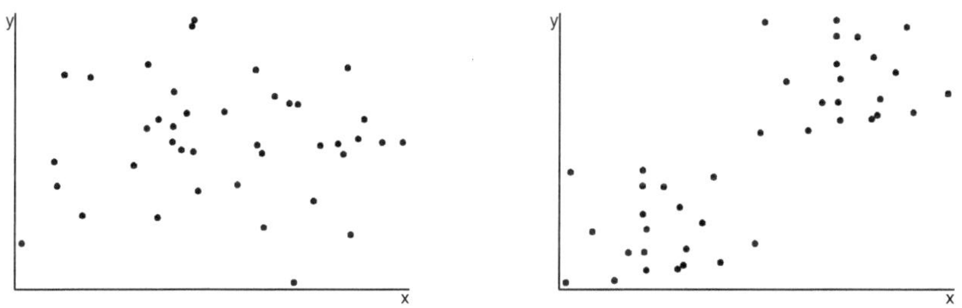

(a) kein Zusammenhang

(b) kein Zusammenhang (intervenierendes Merkmal)

Abbildung 5.4: Fehlen gemeinsamen Variierens zweier Merkmale

In Abbildung 5.4 variieren die beiden dargestellten Merkmale dagegen nicht miteinander: Die Teilgraphik 5.4a lässt kein systematisches Größer- oder Kleinerwerden von *Y* erkennen, wenn *X* wächst – es besteht kein Zusammenhang. Die in Teilgraphik 5.4b dargestellten Merkmale scheinen auf den ersten Blick zusammenzuhängen: Große X-Werte gehen mit großen Y-Werten einher und kleine analog mit kleinen. Allerdings besteht faktisch kein Zusammenhang zwischen den beiden Merkmalen. Offenbar gibt es ein weiteres Merkmal *Z*, das die Stichprobe in zwei Teile teilt: In jeder der beiden Gruppen hängen *X* und *Y* nicht miteinander zusammen, allerdings weist eine der beiden Gruppen in beiden Merkmalen höhere Mittelwerte auf. *Z* ist ein *intervenierendes* Merkmal: Es hängt mit beiden interessierenden Merkmalen zusammen und sorgt so für einen scheinbaren Zusammenhang zwischen X und Y, wenn es bei der Datenauswertung nicht beachtet wird. Ein fiktives, aber plausibles Beispiel sind Schuhgröße und Erwerbseinkommen: Die beiden Merkmale hängen an sich nicht miteinander zusammen. Allerdings gilt in den meisten Industriegesellschaften, dass Frauen kleinere Füße und ein geringeres Einkommen als Männer haben. Das Geschlecht sorgt also intervenierend für einen scheinbaren positiven Zusammenhang zwischen Schuhgröße und Einkommen.

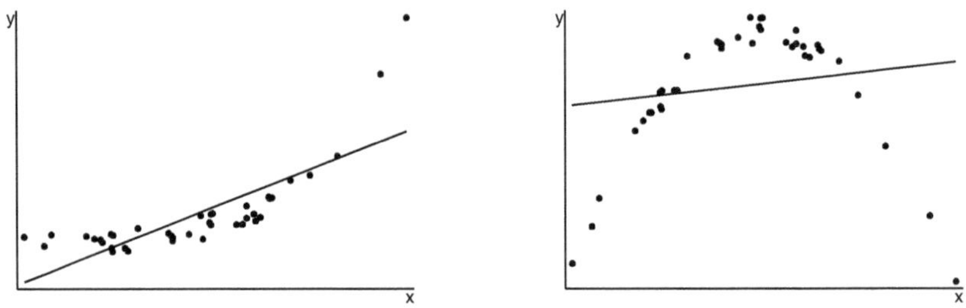

(a) exponentieller Zusammenhang

(b) umgekehrt U-förmiger Zusammenhang

Abbildung 5.5: Beispiele für nicht-lineare Zusammenhänge

Mit Kovarianz und Korrelation lassen sich nur *lineare* Zusammenhänge sinnvoll beschreiben. Linearität heißt mehr als: Je größer das eine Merkmal ist, desto größer bzw. kleiner ist das andere Merkmal. Denn ein solcher Zusammenhang ist nur dann linear, wenn das zweite Merkmal mit Anwachsen des ersten Merkmals in *stets gleichbleibender Weise* wächst oder kleiner wird. Wenn das gegeben ist, dann lässt sich gedanklich eine gerade Linie durch die Punktewolke legen, die den Zusammenhang zwischen den beiden Merkmalen modellhaft beschreibt.

Das trifft auf die Beispiele in Abbildung 5.5 nicht zu. Hier wurde durch die Punktewolke eine solche gerade Linie gelegt. Zwar zeigen die Streudiagramme jeweils ganz klar, dass die beiden Merkmale zusammenhängen. Aber die Art des gemeinsamen Variierens ist nicht linear: In Abbildung 5.5a wird mit größer werdendem X das Merkmal Y nicht linear, sondern *exponentiell* größer. Die Veränderung von Y ist im unteren Wertebereich von X recht klein. Sie ist ungleich größer, wenn man einen hohen X-Wert noch weiter erhöht. Die gerade Linie, die das Modell für einen linearen Zusammenhang darstellt, beschreibt den Zusammenhang nicht gut.

Viel deutlicher wird das Problem in Teilgraphik 5.5b: Hier ist visuell klar ein starker Zusammenhang zwischen den beiden Variablen zu erkennen. Allerdings folgt dieser Zusammenhang einer quadratischen Funktion und keiner linearen. Eine gerade Linie ist also kein zutreffendes Modell für den tatsächlichen Zusammenhang der beiden Merkmale.

Die Lehre hieraus ist: *Always scatter!* Auf Deutsch: Sie sollten bei der bivariaten Analyse zweier metrischer Merkmale *immer* mit Hilfe eines Streudiagramms überprüfen, ob der Zusammenhang zwischen den Merkmalen tatsächlich linear ist. Die Abbildungen 5.4 und 5.5 zeigen, dass es gefährlich ist, den Zusammenhang zwischen zwei Merkmalen allein numerisch beschreiben zu wollen. Numerische Bestimmungen des Zusammenhangs legen immer ein bestimmtes Modell des Zusammenhangs zugrunde – meist ist es das eines linearen Zusammenhangs; sie lassen im Gegensatz zur graphischen Analyse des Zusammenhangs allerdings nicht erkennen, ob das Modell zu den Daten passt.

5.2.2 Kovarianz

Wie aber wird nun die Stärke des gemeinsamen Variierens numerisch bestimmt? Wir treffen hier zunächst auf eine Analogie zur Varianz, die für das Verständnis der Kovarianz sehr nützlich ist. Auch im Fall der Kovarianz wird die Information benutzt, wie stark jeder einzelne Wert vom Mittelwert des Merkmals abweicht. Während aber die Varianz auf quadrierten Abweichungen vom Mittelwert des einen betrachteten Merkmals basiert (siehe Abschnitt 3.4.1), interessiert uns im Fall der Kovarianz das Produkt der Abweichungen eines Stichprobenelements vom X- bzw. vom Y-Mittelwert.

Zunächst ist also für beide Merkmale der Mittelwert zu bestimmen. Daraufhin wird für jedes einzelne Element der Stichprobe bestimmt, wie groß die Differenz zwischen dem X-Wert und dem Mittelwert von X ist und wie groß die Differenz zwischen dem Y-Wert und dem Mittelwert von Y ist. Diese beiden Differenzen werden für jedes einzelne Element der Stichprobe miteinander multipliziert. Die Produkte werden über alle Stichprobenelemente aufsummiert und schließlich zur Bestimmung der Kovarianz s_{xy} durch n geteilt. Der langen Rede kurze Essenz ist diese:

Kovarianz

Die Kovarianz s_{xy} zwischen zwei Merkmalen X und Y wird wie folgt bestimmt:

$$s_{xy} = \frac{1}{n} \sum (x_i - \overline{x}) \cdot (y_i - \overline{y}) \qquad (5.8)$$

Beispiel 5.8: Zur Illustration wollen wir die OECD-Daten zur Frauenerwerbstätigkeit heranziehen und fragen, ob es in den OECD-Ländern einen Zusammenhang zwischen der Erwerbstätigkeitsquote von Müttern und der Betreuungsquote von Kindern unter sechs Jahren in öffentlichen Einrichtungen gibt bzw. wie stark dieser Zusammenhang ist.

Tabelle 5.8 bildet fast alle benötigten Rechenschritte zur Bestimmung der Kovarianz ab. Zunächst sind in den Spalten 2 und 3 die Werte beider

Variablen für die 19 OECD-Länder (bezeichnet mit ihren ISO-3166-Codes) aufgeführt, für die sowohl die Informationen zur Müttererwerbstätigkeit als auch die zur Kinderbetreuungsquote vorliegen.[4] In den Spalten 4 und 5 sind die Abweichungen vom jeweiligen Mittelwert abgetragen, die letzte Spalte enthält das Produkt dieser Abweichungen. Anhand der Werte für Australien wollen wir die Rechnung einmal nachvollziehen.

Tabelle 5.8: Schritte zur Berechnung der Kovarianz

Land	x	y	$x_i - \bar{x}$	$y_i - \bar{y}$	$(x_i - \bar{x}) \cdot (y_i - \bar{y})$
AU	63,1	24,8	−4,9	−8,5	41,7
AT	72,3	10,5	4,3	−22,8	−98,1
BE	72,7	41,7	4,7	8,4	39,5
CA	70,5	24,0	2,5	−9,3	−23,3
DK	76,5	63,0	8,5	29,7	252,4
FI	76,0	26,3	8,0	−7,0	−56,0
FR	72,8	42,9	4,8	9,6	46,1
DE	68,1	13,6	0,1	−19,7	−2,0
GR	58,7	18,2	−9,3	−15,1	140,5
IE	57,5	25,2	−10,5	−8,1	85,1
IT	55,6	28,6	−12,4	−4,7	58,3
JP	52,5	28,3	−15,5	−5,0	77,6
NL	75,7	53,9	7,7	20,6	158,6
NZ	64,6	37,9	−3,4	4,6	−15,6
PT	76,4	43,6	8,4	10,3	86,5
ES	61,9	33,9	−6,1	0,6	−3,6
SE	82,5	45,3	14,5	12,0	173,9
UK	67,9	39,7	−0,1	6,4	−0,6
US	66,7	31,4	−1,3	−1,9	2,5
				Summe:	963,3

Datenbasis: OECD-Daten

Im Schnitt weisen die 19 OECD-Länder eine Müttererwerbstätigkeitsquote von 68,0 Prozent und eine Betreuungsquote von 33,3 Prozent auf. Australien weicht von der durchschnittlichen Erwerbstätigkeitsquote um −4,9 Prozentpunkte ab, es liegt also unter dem Durchschnitt. Auch hinsichtlich des zweiten Merkmals, der Betreuungsquote, weicht Australien nach unten vom Durchschnitt ab. Die Differenz beträgt −8,5 Prozentpunkte (24,8 − 33,3). Multipliziert man diese beiden Abweichungen miteinander, ergibt sich ein Abweichungsprodukt von 41,7. Das Vorzeichen ist positiv, weil Australien in beiden Merkmalen in die gleiche Richtung, nämlich jeweils nach unten, von

4 Das erste Merkmal bezieht sich auf Frauen, die Kinder unter 16 Jahren haben; die Daten liegen für 2007 vor. Das zweite Merkmal sagt aus, wie groß im Jahr 2006 der Anteil der Kinder unter sechs Jahren war, die außerhäuslich in einer Einrichtung betreut wurden. Für Norwegen und die Schweiz fehlt jeweils einer der beiden benötigten Werte; diese Länder gehen in die Berechnung nicht ein.

den beiden Durchschnittswerten abweicht. Für einige Länder, etwa Österreich und Deutschland, ergeben sich bei der Multiplikation der Differenzen negative Werte, weil einer der beiden Werte nach oben vom entsprechenden Mittelwert abweicht, der andere nach unten.

Die so für jedes Land gebildeten Abweichungsprodukte werden aufsummiert – das Vorzeichen der Summanden muss dabei streng beachtet werden – und schließlich durch n, hier also durch 19, geteilt. Auf diese Weise ergibt sich eine Kovarianz[5] von 50,7.

Die Kovarianz lässt sich intuitiv begreifen, wenn man sich ein erweitertes Streudiagramm zum genannten Beispiel vor Augen führt (Abbildung 5.6). Über die Punktewolke ist ein Koordinatensystem gelegt, das seinen Ursprung in den Mittelwerten beider Merkmale hat. Im ersten Quadranten[6] befinden sich also Fälle, die in beiden Merkmalen überdurchschnittliche Werte aufweisen, im dritten Quadranten befinden sich Fälle, die in beiden Merkmalen unterdurchschnittliche Werte aufweisen. Für Australien ist in Abbildung 5.6a das Abweichungsprodukt graphisch veranschaulicht: Die Multiplikation der Abweichung von $\bar{x}$ bzw. $\bar{y}$ ergibt die Fläche des eingezeichneten Rechtecks. Für jedes Stichprobenelement wird ein solcher Flächeninhalt bestimmt. Die Kovarianz ist also die (durch n geteilte) Summe dieser Flächeninhalte. Rechtecke, die im ersten und dritten Quadranten des Koordinatensystems liegen, liefern Werte mit positivem Vorzeichen; die Flächen aus dem zweiten und vierten Quadranten hingegen Werte mit negativem Vorzeichen.

Die geometrische Veranschaulichung der Kovarianz zeigt zweierlei besonders gut. Erstens: Datenpunkte, die weit von den beiden Merkmalsmittelwerten entfernt liegen, haben großen Einfluss auf die Kovarianz, weil sie große Flächeninhalte als Summanden zur Bildung der Kovarianz produzieren. Zweitens: Ein starker Zusammenhang besteht dann, wenn die meisten Datenpunkte in den jeweils diagonal angeordneten Quadranten zu finden sind. Dann nämlich summieren sich viele positive bzw. viele negative Werte zu einem großen Absolutbetrag auf. Umgekehrt ist klar, dass sich, wenn die Datenpunkte ungefähr gleich über alle Quadranten verteilt sind, die „positiven" und „negativen" Rechtecke gegenseitig aufheben. Wenn Sie sich die Graphik 5.4a einmal um die Mittelwert-Linien erweitert vorstellen, dann sehen Sie, was damit gemeint ist.

---

5 Beachten Sie, dass auch im Falle der Kovarianz unterschieden wird zwischen der empirischen Kovarianz und der Kovarianz als Schätzer für die Grundgesamtheit. Diesen Unterschied kennen Sie schon von der Varianz, siehe Formel 3.10 auf S. 75. Die Kovarianz als Schätzer für die Grundgesamtheit wird analog zur empirischen Kovarianz bestimmt, allerdings wäre wie auch bei der Varianz nicht durch n, sondern durch $n-1$ zu dividieren. An dieser Stelle allerdings wollen wir nicht für eine nicht näher benannte Grundgesamtheit schätzen, sondern tatsächlich nur für die 19 Länder die Kovarianz bestimmen.

6 Der erste Quadrant liegt oben rechts im Koordinatensystem. Alle weiteren werden im Uhrzeigersinn gezählt.

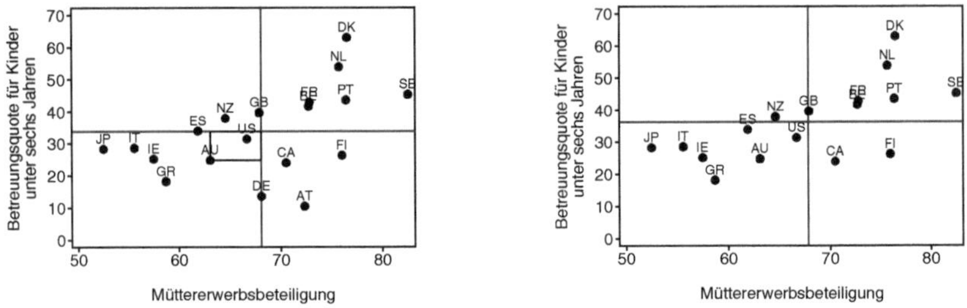

(a) Mittlerer Zusammenhang (b) Stärkerer Zusammenhang

Abbildung 5.6: Streudiagramme von Müttererwerbstätigkeit und Betreuungsquote, OECD-Daten

In unserem Beispiel liegen die meisten Datenpunkte auf der vom ersten und dritten Quadranten des Koordinatensystems gebildeten Diagonale. Der Tendenz nach gilt also: Je größer die Müttererwerbsbeteiligung ist, desto größer ist auch die Kinderbetreuungsquote eines Landes. Deutschland, Finnland, Großbritannien, Kanada, Neuseeland, Spanien und Österreich weichen davon ab. Sie liegen im zweiten und vierten Quadranten des Koordinatensystems und tragen deswegen mit negativen Werten zur Kovarianz bei. Weil diese aber in unserem Beispiel ansonsten überwiegend von positiven Werten gebildet wird, schmälern die genannten Länder ihre absolute Größe und damit die Stärke des Zusammenhangs.

Beispiel 5.9: Die Kovarianz ist sehr sensibel für Beobachtungen, die entgegen dem Trend relativ weit von der sonstigen Punktewolke entfernt liegen. Das wird deutlich, wenn man sich in unserem Beispiel entscheidet, Deutschland und Österreich aus der Analyse auszulassen, etwa weil kultursoziologische Forschungen nahelegen, dass in beiden Ländern ein sehr spezielles Mutterbild vorherrscht (Pfau-Effinger 2012). Wenn Deutschland und Österreich in der Analyse fehlen, erhöht sich der Mittelwert der Kinderbetreuungsquote (er beträgt jetzt 35,8 Prozent), während die Müttererwerbstätigkeit mit 67,7 Prozent fast unverändert bleibt. Beide Merkmale streuen nun weniger. Es gibt jetzt nur noch drei anstatt zuvor sieben Länder, die quer zum sonstigen Trend im zweiten und vierten Quadranten des durch die (neuen) Mittelwerte bestimmten Koordinatensystems liegen (siehe Abbildung 5.6b). Es bringen also nur noch drei Länder negative Abweichungsprodukte in die Kovarianz ein; zudem sind diese drei Abweichungsprodukte nun kleiner als zuvor, weil ja alle Datenpunkte etwas näher an den neu bestimmten Mittelwerten liegen. Im Ergebnis beträgt die Kovarianz nun 56,5.

5.2.3 Pearsonscher Korrelationskoeffizient

Mit der Kovarianz allein können wir nun wenig anfangen, weil ihr Betrag stets von den verwendeten Maßeinheiten beider Merkmale abhängt. Wenn wir also in unserem Beispiel zur Müttererwerbstätigkeit die Anteile nicht in Prozent, sondern in Werten zwischen 0 und 1 ausdrücken (im Schnitt hätten dann die 19 betrachteten Länder eine Müttererwerbstätigkeitsquote von 0,68), dann „verringert" sich die Kovarianz auf 0,507, obwohl sich an der Stärke des Zusammenhangs nichts ändert. So ist, wenn wir eine Kovarianz betrachten, allein das Vorzeichen aussagekräftig: Wie stark oder schwach der Zusammenhang auch immer sein mag, er ist im Fall unseres Beispiels positiv. Das heißt also: Je höher die Müttererwerbstätigkeit ist, desto größer ist auch die Kinderbetreuungsquote eines Landes.

Um neben der Richtung des Zusammenhangs auch seine Stärke einschätzen zu können, müssen wir ein Maß haben, das unabhängig ist von der verwendeten Messeinheit. Ein solches Maß ist der Pearsonsche Korrelationskoeffizient r.

Korrelation nach Pearson

Der Pearsonsche Korrelationskoeffizient r, auch Produkt-Moment-Korrelation genannt, ist eine Normierung der Kovarianz. Die Kovarianz wird durch das Produkt der Standardabweichungen von X und Y geteilt:

$$r = \frac{s_{xy}}{s_X \cdot s_Y} = \frac{\frac{1}{n}\sum(x_i - \overline{x})(y_i - \overline{y})}{\sqrt{\frac{1}{n}\sum(x_i - \overline{x})^2} \cdot \sqrt{\frac{1}{n}\sum(y_i - \overline{y})^2}} \tag{5.9}$$

$$= \frac{\sum(x_i - \overline{x})(y_i - \overline{y})}{\sqrt{\sum(x_i - \overline{x})^2 \cdot \sum(y_i - \overline{y})^2}} \tag{5.10}$$

Beispiel 5.10: Die Standardabweichungen von Müttererwerbstätigkeit (X) und Kinderbetreuungsquote (Y) betragen $s_X \approx 12{,}9$ bzw. $s_Y \approx 7{,}8$. Somit erhalten wir nach Formel 5.9 einen Korrelationskoeffizenten r von rund 0,49. Wir können also sagen: Je größer die Müttererwerbstätigkeit in einem Land ist, desto größer ist auch die Kinderbetreuungsquote. Der Zusammenhang ist positiv, und er ist mäßig stark.

Beispiel 5.11: Lässt man Deutschland und Österreich aus der Analyse aus, dann erhalten wir einen Korrelationskoeffizienten von $r = 0{,}66$. Der Zusammenhang zwischen Müttererwerbstätigkeit und Kinderbetreuungsquote ist aus den oben diskutierten Gründen nun deutlich stärker.

Fassen wir abschließend die wichtigsten Eigenschaften des Korrelationskoeffizienten zusammen:

Eigenschaften des Pearsonschen Korrelationskoeffizienten

Der Pearsonsche Korrelationskoeffizient hat folgende Eigenschaften.

- r beschreibt nur lineare Zusammenhänge.
- r kann Werte zwischen -1 und $+1$ annehmen, wobei -1 einen perfekt negativen, $+1$ einen perfekt positiven linearen Zusammenhang darstellt.
- Wenn r gleich oder nahe 0 ist, gibt es keinen, genauer: keinen linearen Zusammenhang zwischen den beiden Variablen.
- Der Korrelationskoeffizient lässt (ohne weitere Informationen zum Forschungsdesign) keine Aussage über Kausalität zu.
- Für dichotome Merkmale gilt $r = \phi_{XY}$ (siehe Abschnitt 5.1.2).

Betonen wollen wir aus dieser Aufstellung den Hinweis: Kovarianz und Korrelation sagen nichts über Kausalität aus (siehe Kasten 5.1 auf S. 202). Sie zeigen lediglich, in welchem Maß zwei Merkmale „kovariieren“, eben: gemeinsam variieren. Ein hoher Korrelationskoeffizient allein erlaubt uns also nicht zu sagen, dass das Merkmal X das Merkmal Y *beeinflusst* (oder umgekehrt). Eine Aussage über Kausalität auf Basis eines Korrelationskoeffizienten wäre nur dann zulässig, wenn die der statistischen Analyse zugrundegelegten Theorien einen kausalen Zusammenhang zwischen den Merkmalen postulieren und das Forschungsdesign eine eindeutige kausale Ordnung der beiden Variablen vorsieht.

Wie nun lassen sich die Ergebnisse einer Korrelationsanalyse in einer Stichprobe auf die Grundgesamtheit übertragen? Als Punktschätzwert für die Grundgesamtheit wird r verwendet. Ob der durch r bestimmte Zusammenhang zwischen den beiden Merkmalen als statistisch signifikant von null verschieden betrachtet werden kann, ob man also ein Indiz dafür gewinnen kann, dass der Zusammenhang tatsächlich auch in der Grundgesamtheit bestehen könnte, wird mit Hilfe einer t-verteilten Teststatistik überprüft.

Signifikanztest für r

Wenn X und Y bivariat normalverteilt sind, kann der Korrelationskoeffizient r wie folgt statistisch abgesichert werden:

$$t = \frac{r \cdot \sqrt{n-2}}{\sqrt{1-r^2}} \tag{5.11}$$

Diese Statistik folgt einer t-Verteilung mit $n-2$ Freiheitsgraden.

Der Wert der Teststatistik ist wie üblich mit den kritischen Werten der t-Verteilung zu vergleichen, so wie wir dies auf Seite 146 ff. für Mittelwertdifferenzen dargestellt haben. Bei zweiseitigen (ungerichteten) Hypothesen muss die Teststatistik also außerhalb des Intervalls $t_{\alpha/2}$ bis $t_{1-\alpha/2}$ liegen, bei einer einseitig-negativen Hypothese, die $r < 0$ postuliert, muss sie kleiner als t_α und bei einer einseitig-positiven Hypothese ($r > 0$) größer als $t_{1-\alpha}$ sein, um als Indiz gegen die Nullhypothese zu gelten. In der Praxis betrachtet man in der Regel die p-Werte (siehe S. 150).

5.3 Zusammenhänge zwischen ordinalskalierten Merkmalen

Ordinale Merkmale, wörtlich genommen

Der Pearsonsche Korrelationskoeffizient ist eines der ältesten Zusammenhangsmaße. Nach seinem Vorbild wurden Maßzahlen entwickelt, um die Stärke des Zusammenhangs auch zwischen ordinalskalierten Merkmalen zu bestimmen. Auch diese Maßzahlen sollen zwischen −1 (perfekter negativer) und +1 (perfekter positiver Zusammenhang) variieren können; der Wert 0 steht wie üblich für den Fall, dass keinerlei (gerichteter!) Zusammenhang zwischen den Merkmalen besteht.

Für echte rangskalierte Merkmale wie etwa die erzielten Plätze in sportlichen Wettkämpfen oder Ranglisten zur Beliebtheit von Politikerinnen und Politikern ist die Bestimmung des Zusammenhangs einfach: Man geht rechnerisch genauso vor wie beim Korrelationskoeffizienten nach Pearson, benutzt aber eben die Rangplätze als Datenwerte (mit den mittleren Rangplätzen an Stelle von $\bar{x}$ und $\bar{y}$). Die resultierende Größe wird allerdings zur Unterscheidung von Pearsons r nach seinem „Erfinder“ Charles Spearman ρ („rho“) bzw. Rangkorrelationskoeffizient nach Spearman r_s genannt.

Viel häufiger als solche echten Ranglisten sind in den Sozialwissenschaften allerdings Merkmale mit meist vier bis sechs, gelegentlich auch bis zu 10 oder 11 Stufen, auf denen die Untersuchungspersonen ihre Meinungen einstufen (oder auf denen Untersuchungspersonen von Beobachtern eingestuft werden). Ein charakteristisches Beispiel für ein solches Merkmal ist in Tabelle 3.4 auf S. 64 zu sehen. Es ist klar, dass es hier – auch bei „kleineren“ Datensätzen mit „nur“ 1 000 Personen – sehr viele Fälle gibt, die den gleichen Messwert aufweisen; man bezeichnet solche Fälle auch als „Bindungen“.

Ein anschauliches Beispiel finden Sie in den SOEP-Daten zum Lehrbuch: Hier wurde in mehreren Dimensionen erfragt, wie oft sich eine Person in den letzten vier Wochen gesundheitlich eingeschränkt bzw. wohl fühlte. Die Antwortvorgaben sind „immer“, „oft“, „manchmal“, „fast nie“ und „nie“. Zwei dieser Fragen erfassen Aspekte psychischer Gesundheit: Variable `up8603` erfasst, wie oft sich die Befragungsperson „ruhig und ausgeglichen fühlte“, Variable up8604 bildet ab, wie oft der oder die Befragte „jede Menge Energie verspürte“. Zur Illustration schaffen wir fiktive Daten, die dem SOEP-Beispiel nachempfunden sind: Tabelle 5.9 zeigt von zehn Personen die Werte der beiden Merkmale „Ausgeglichen“ (up8603) und „Energiegeladen“ (up8604) und verdeutlicht, wie man in einem solchen Fall Rangplätze vergibt. Es gibt nur eine Person mit dem Wert 1 („immer“) in up8603, diese erhält natürlich Rang 1. Dann folgen vier Personen mit dem Wert 2 („oft“). Auf diese Personen entfallen also Rang 2 bis 5, man kann sie aber nicht hinsichtlich ihres Wertes unterscheiden. Folglich erhalten sie alle den mittleren Rang, also den Platz genau in der Mitte zwischen 2 und 5, eben 3,5. Der Rest sollte jetzt selbsterklärend sein.

Tabelle 5.9: Konstruiertes Beispiel für den Zusammenhang zwischen zwei ordinalskalierten Merkmalen

Fall Nr.	Wert up8603	Wert up8604	Rangplatz up8603	Rangplatz up8604
1	1	2	1	2,5
2	2	2	3,5	2,5
3	2	2	3,5	2,5
4	2	2	3,5	2,5
5	2	4	3,5	9
6	3	3	7	6,5
7	3	3	7	6,5
8	3	5	7	10
9	4	3	9	6,5
10	5	3	10	6,5

Für solche Merkmale wurde eine Reihe von Maßen entwickelt, die man häufig (um Verwechslungen mit Korrelationskoeffizienten zu vermeiden) als *Assoziationsmaße* bezeichnet; solche Maße sollte man bei ordinalskalierten Merkmalen mit wenigen Ausprägungen und (folglich) vielen Bindungen Spearmans ρ vorziehen (bei einer nicht zu großen Zahl von Bindungen kann man hingegen ρ ohne weiteres einsetzen). Diese Maßzahlen basieren auf der Bestimmung sogenannter „konkordanter“ und „diskordanter“ Paare. Wir wollen dieses Konzept und die entsprechenden Assoziationsmaße hier nur ganz kurz ansprechen. Der Grund hierfür ist: In der aktuellen sozialwissenschaftlichen Forschungspraxis spielen diese Assoziationsmaße (im Unterschied zu vielen Statistik-Lehrbüchern) kaum eine Rolle. Sollte Ihnen gelegentlich ein solches Assoziationsmaß begegnen, so möchten wir Sie für ein tieferes Verständnis auf das ILMES verweisen (siehe S. 211).

Die Basis all dieser Assoziationsmaße ist, wie gesagt, die Idee der *konkordanten* bzw. *diskordanten* Paare. Was dahinter steht, kann man gut in Tabelle 5.9 sehen. Betrachten wir einmal Person Nr. 1 und Nr. 5. Person 1 hat in den beiden aufgeführten Variablen die Werte 1 und 2, Person 5 hat die Werte 2 und 4; sie hat also in beiden Variablen einen höheren Wert als Person 1. Daher bilden Person 1 und 5 ein konkordantes, man könnte übersetzen: „stimmiges“ Paar. Vergleichen wir jetzt Person 6 mit Person 5: Sie hat in der ersten Variablen einen höheren Wert als Person 5, doch in der zweiten Variablen ist ihr Wert nicht höher, sondern niedriger! Das ist „unstimmig“, die beiden Personen bilden ein diskordantes Paar. (Person 1 und 6 sind freilich konkordant, denn Nr. 6 hat ja in beiden Merkmalen höhere Werte als Nr. 1.) Vergleichen wir abschließend noch Person 1 und 2: Person 2 hat in der ersten Variablen einen höheren Wert als Person 1, doch in der zweiten Variablen unterscheiden sich die beiden nicht. Hier haben wir es also weder mit einem konkordanten noch einem diskordanten Paar zu tun; man bezeichnet solche Paare als „verbunden“.

Die Grundidee aller Assoziationsmaße, um die es hier geht, ist ähnlich: Man betrachtet, ob konkordante oder diskordante Paare überwiegen. Viele konkordante Paare entsprechen einem positiven Zusammenhang; im Beispiel hieße das: Wenn ich von einer Person weiß, dass sie mehr bzw. weniger ausgeglichen ist, dann weiß ich auch, dass sie mehr bzw. weniger energiegeladen ist. Viele diskordante Paare entsprechen dagegen einem negativen Zusammenhang; bei einem solchen Paar ist eine Person, wenn sie im Vergleich zur anderen weniger ausgeglichen ist, mehr energiegeladen und umgekehrt.

Kasten 5.2: Assoziationsmaße für ordinalskalierte Variablen

Die Größen (Kendalls) τ_a, τ_b, τ_c (gesprochen: tau-a, tau-b, tau-c), (Goodman und Kruskals) γ (gamma) und Somers' d (benannt nach dem Statistiker Robert H. Somers) können alle eingesetzt werden, um den Zusammenhang zwischen zwei ordinalskalierten Merkmalen mit wenigen Ausprägungen zu quantifizieren. Dazu sollte man Folgendes wissen:

- Soweit die Maße heute noch eingesetzt werden, dürfte τ_b am häufigsten verwendet werden. Es ist besonders geeignet, wenn beide Merkmale gleich viele Ausprägungen haben.
- γ wird gerne verwendet von SozialforscherInnen, die mit der Stärke von Zusammenhängen angeben wollen, denn es hat immer die höchsten Werte unter den hier vorgestellten Koeffizienten. Der Erkenntniswert ist hingegen begrenzt. Der Grund dafür, dass γ so hohe Werte annimmt, liegt darin, dass es die verbundenen Paare einfach ignoriert.
- Somers' d unterscheidet als einziges Assoziationsmaß zwischen abhängiger und unabhängiger Variable; es empfiehlt sich also dann, wenn man annimmt, dass eine der beiden Variablen die andere beeinflusst.

Beispiel 5.12: Geben wir einmal der Übersicht halber für die Daten aus Tabelle 5.9 die Werte der erwähnten Maßzahlen an. Spearmans ρ nimmt den Wert von 0,57 an, τ_b erreicht eine Höhe von 0,46 und γ beträgt 0,57. Somers' d hat den Wert 0,44, wenn man up8604, und 0,48, wenn man `up8603` als abhängige Variable betrachtet. Man sieht also, dass es doch einen beträchtlichen Unterschied macht, welche Maßzahl man einsetzt.

Ordinale Merkmale als latent metrische Merkmale

Ein anderer Ansatz betrachtet ordinale Merkmale als (ungenaue) Oberflächenmessung von Merkmalen, die eigentlich metrisch sind. Der typische Fall sind Likert-skalierte Meinungs- oder Einstellungsfragen. Aber auch die Merkmale aus Tabelle 5.9 kann man so auffassen, denn diese haben sicher einen höheren Anspruch, als einfach „nur" ordinal zu sein. Diese und vergleichbare Items beanspruchen eigentlich, den ganzen Raum von, metaphorisch gesprochen, „0" (überhaupt keine Zustimmung, nie ausgeglichen oder energiegeladen) bis „100 Prozent" (volle Zustimmung, völlig ausgeglichen bzw. energiegeladen) auszumessen. (Die Skalen haben insofern sogar einen echten Nullpunkt – weniger als „überhaupt nicht zustimmen" oder „nie ausgeglichen sein" kann man einfach nicht.) Wir können uns gut vorstellen, dass hinter solchen Merkmalen „eigentlich" ein Kontinuum liegt und sie im Prinzip auch metrisch sein könnten (man könnte z. B. von „57-prozentiger Ausgeglichenheit" oder einem Zustand „21-prozentiger Energiegeladenheit" sprechen). Das Problem ist nur, dass Menschen diesen Grad nicht so genau angeben können, weswegen wir uns mit den groben Annäherungen der Likert-Skalierung behelfen und somit den Angaben keine echten numerischen Werte zuordnen können. (Dass die Zahlen, die Sie in einem Datensatz im Computer finden, in solchen Fällen nicht wörtlich genommen werden dürfen, haben wir bereits eingangs verdeutlicht, siehe Abschnitt 2.3.2 auf S. 36.)

Tatsächlich haben Statistiker schon seit langem Maße für Zusammenhänge zwischen Merkmalen entwickelt, die auf der Oberfläche der Messung nur wenige Kategorien mit unklaren Abständen aufweisen, bei denen man aber annimmt, dass dahinter ein im Prinzip metrisches Kontinuum steht; man spricht wegen des „Dahinterstehens" auch von latent (also ‚verborgen') metrischen Merkmalen. Es handelt sich um die tetrachorische und die polychorische Korrelation.

Kasten 5.3: Korrelationsmaße für latent metrische Variablen

Die tetrachorische und die polychorische Korrelation sollen Zusammenhänge zwischen ordinalskalierten Merkmalen mit wenigen Ausprägungen quantifizieren, wenn angenommen werden kann, dass hinter diesen Merkmalen tatsächlich metrische Eigenschaften stehen. Zusätzlich wird angenommen, dass diese Eigenschaften (in ihrer ‚eigentlichen' metrischen Ausprägung) normalverteilt sind.

Ist eines der Merkmale im hier diskutierten Sinn ordinal, das andere metrisch, kann die polyseriale Korrelation berechnet werden.

Faktisch entscheidet in der Regel die Software anhand der Zahl der Kategorien, ob ein Merkmal als ordinal oder als metrisch einzustufen ist.

1. Die *tetrachorische Korrelation* wird dann verwendet, wenn beide Merkmale dichotom gemessen wurden. Es wird also angenommen, dass auf dem dahinter liegenden Kontinuum jeweils an *einer* Stelle ein Schwellenwert liegt, unterhalb dessen die Befragten beispielsweise „nein" oder „stimme nicht zu", oberhalb dessen sie hingegen „ja" oder „stimme zu" angeben.
2. Die *polychorische Korrelation* kommt zum Zuge, wenn mindestens eines der beiden Merkmale mehr als zwei Ausprägungen hat. Hier nimmt man also an, dass es zu der nicht beobachteten metrischen Variablen *mehrere* Schwellenwerte gibt, die beispielsweise dazu führen, dass die Befragten „stimme überhaupt nicht zu" oder aber – bei Überschreiten des ersten Schwellenwertes – „stimme nicht zu" angeben, oder – jenseits des nächstes Schwellenwertes – „weder noch" usw.

Abbildung 5.7 verdeutlicht den Sachverhalt. Die Punkte repräsentieren – entsprechend einem Streudiagramm – den „tatsächlichen" Zusammenhang zwischen zwei metrischen Merkmalen. Doch gemessen wurde nur, ob die Untersuchungseinheiten einen bestimmten Schwellenwert überschreiten. Für die X-Variable gibt es drei solcher Schwellenwerte, in der Abbildung als τ_{x_1}, τ_{x_2} und τ_{x_3} bezeichnet; für die Y-Variable gibt es die Schwellenwerte τ_{y_1} und τ_{y_2}. Entsprechend hat die in der Befragung erfasste X-Variable vier, die Y-Variable drei Ausprägungen.

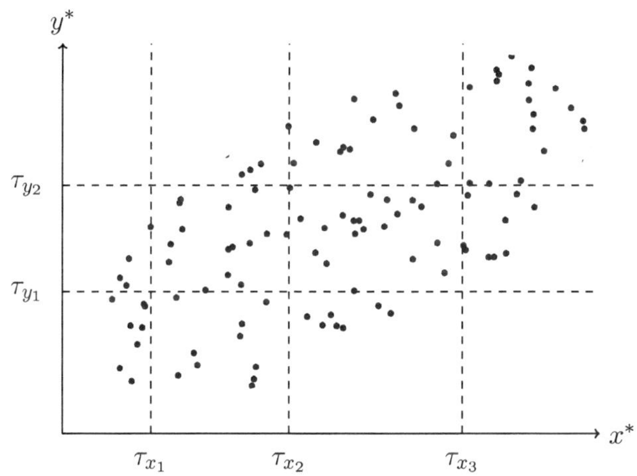

Abbildung 5.7: Zusammenhang zwischen zwei latent metrischen Variablen mit Schwellenwerten

Wie berechnet man nun die tetrachorische bzw. die polychorische Korrelation, bzw. wie kann man sie überhaupt erklären? Leider lässt sich hierfür keine einfache Formel bzw. Erläuterung angeben. Beide beruhen auf iterativen

Schätzverfahren, bei denen die Software schrittweise die beste Lösung findet. Auch wenn die tetrachorische Korrelation (wie so vieles andere) schon vor langer Zeit (um 1900!) von Karl Pearson entwickelt wurde, ist sie für Normalsterbliche nur mit Hilfe des Computers berechenbar. Und nicht einmal für alle normalen Sterblichen, denn die Verantwortlichen für ein so weit verbreitetes Programm wie SPSS haben es bis heute nicht für nötig befunden, diese Korrelationskoeffizienten zu implementieren (und auch bei Stata gehören sie nicht zur Standardauslieferung, sondern müssen zusätzlich installiert werden). Ist das vielleicht ein Indiz dafür, dass die beiden Koeffizienten gar nichts taugen? Nun, schon vor geraumer Zeit haben Jöreskog und Sörbom (1988) in ausführlichen Simulationsstudien gezeigt, dass die polychorische Korrelation allen alternativen Kennzahlen für ordinale Variablen deutlich überlegen ist, weil nur so Werte erreicht werden, die den wahren Werten entsprechen. Eine Crux ist freilich nicht ausräumbar: Angenommen wird immer, dass die hinter den Messwerten liegenden nicht beobachteten metrischen Merkmale normalverteilt sind; hat man Grund zu der Vermutung, dass die Annahme deutlich verletzt ist, sollte man diese Maße nicht oder nur mit großer Zurückhaltung einsetzen.

Beispiel 5.13: Berechnet man die polychorische Korrelation für die Daten in Tabelle 5.9, erhält man einen Wert von 0,61. Die Tatsache, dass dieser Wert der höchste unter allen vorgestellten Maßen ist, ist natürlich kein Beweis der Güte; wichtig ist nicht, dass ein Wert möglichst hoch ist, sondern dass er die Stärke des Zusammenhangs adäquat abbildet. Erinnert sei aber an die gerade erwähnte Studie von Jöreskog und Sörbom, die zeigte, dass Spearmans ρ und Kendalls τ (ebenso wie die Berechnung des Pearsonschen Korrelation aus den oberflächlich gemessenen ordinalen Werten) die wahren Zusammenhänge deutlich unterschätzen.

Statistische Prüfung des Zusammenhangs zwischen ordinalskalierten Merkmalen

Die oben skizzierten Assoziationsmaße werden (anders als die tetrachorische und die polychorische Korrelation) von der Statistik-Software häufig in Zusammenhang mit Prozeduren der Kreuztabellenanalyse berechnet. Die Verknüpfung dieser Maße mit der Kreuztabellenanalyse verführt immer wieder dazu, die statistische Signifikanz des Zusammenhangs mit Hilfe des in Abschnitt 5.1.3 (S. 212 ff.) dargestellten χ^2-Tests zu prüfen. Vermutet man allerdings, dass zwischen zwei ordinalskalierten Merkmalen ein gerichteter Zusammenhang im Sinne eines „Je .... desto“ besteht, so ist die Verwendung des χ^2-Tests fehlerhaft; dieser reagiert ja auf *alle* Unterschiede in den bedingten Verteilungen, auch solche, die jeglicher Richtung entbehren.

Der korrekte statistische Test für gerichtete Zusammenhänge basiert auf dem (asymptotischen) Standardfehler für das gewählte ordinale Assoziationsmaß. Solche Standardfehler werden heute von allen gängigen Software-Paketen ausgegeben (auf Details der oftmals komplizierten Berechnung gehen wir nicht ein). Mit ihrer Hilfe kann geprüft werden, ob ein ordinales Assoziationsmaß signifikant von null verschieden ist. Das Gleiche gilt auch für die tetrachorische und die polychorische Korrelation.

Signifikanztests für den Zusammenhang zwischen ordinalskalierten Merkmalen

Für die in diesem Abschnitt dargestellten Assoziations- bzw. Korrelationsmaße folgt die Teststatistik

$$\frac{r_{XY(ord)}}{S.E._r} \tag{5.12}$$

asymptotisch einer Standardnormalverteilung. $r_{XY(ord)}$ steht hier für ein beliebiges der vorgestellten Zusammenhangsmaße und $S.E._r$ für dessen Standardfehler. Mit der Teststatistik kann geprüft werden, ob der Zusammenhang statistisch signifikant von null abweicht.

5.4 Varianzanalyse

Mit dem t-Test kennen Sie bereits ein Verfahren, mit dem Sie Gruppenunterschiede auf einer kontinuierlichen Variablen identifizieren können. Mit dem t-Test lassen sich jedoch immer nur genau zwei Gruppen auf signifikante Unterschiede testen. Was also tun, wenn man sich für mehr als nur zwei verschiedene Gruppen interessiert? Hier kommt das Verfahren der Varianzanalyse ins Spiel.

Mit Hilfe der Varianzanalyse kann untersucht werden, ob sich die Mittelwerte der abhängigen Variablen zwischen zwei oder mehr verschiedenen Gruppen unterscheiden. Aus varianzanalytischen Überlegungen lässt sich eine Maßzahl konstruieren, die angibt, wie gut die Gruppenzugehörigkeit die Mittelwertunterschiede erklären kann. Außerdem kann mittels eines geeigneten Tests beurteilt werden, ob die Unterschiede in der Stichprobe darauf hindeuten, dass auch in der Grundgesamtheit Unterschiede zwischen den Gruppen bestehen.

Die Varianzanalyse nimmt insbesondere in der Psychologie einen sehr hohen Stellenwert ein. Dies liegt daran, dass dort experimentelle Designs dominieren, für deren Auswertung die Varianzanalyse besonders gut geeignet ist. Entsprechend findet die Varianzanalyse auch in den Sozialwissenschaften vor allem bei Experimenten Anwendung. Doch ein Verständnis der Grundidee der *Varianzzerlegung* ist auch eine exzellente Vorbereitung für das im nächsten Kapitel dargestellte lineare Regressionsmodell.

Die Begrifflichkeiten der Varianzanalyse weichen im übrigen ein wenig von den bislang bekannten Konzepten ab. So wird das unabhängige Merkmal häufig als *Faktor*, die Ausprägungen der unabhängigen Variablen werden als *Faktorstufen* bezeichnet. Je nachdem, wie viele Faktoren für die Analyse herangezogen werden, kann zwischen der einfaktoriellen und der mehrfaktoriellen Varianzanalyse unterschieden werden. *Einfaktoriell* bedeutet, dass man nur den Einfluss eines einzigen Merkmals, *mehrfaktoriell*, dass man gleichzeitig den Einfluss von zwei oder mehr Merkmalen auf eine abhängige Variable testet. Wir werden uns aus Platzgründen im Folgenden auf den einfaktoriellen Fall konzentrieren.

5.4.1 Die einfaktorielle Varianzanalyse

Bei der Varianzanalyse geht es in erster Linie um Abweichungen. Wir erinnern uns an das Konzept der Varianz – diese bestimmt sich grundlegend über die (quadrierten) Abweichungen der einzelnen Messwerte vom Mittelwert. Die Varianzanalyse beginnt mit dem etwas einfacheren Konzept der *Quadratsumme*, der Summe der quadrierten Abweichungen vom Mittelwert (die erst durch die Zahl der Fälle dividiert die Varianz ergibt!). Die Summe aller quadrierten Abweichungen wird als QS_{gesamt} bezeichnet. Nun prüfen wir einerseits, ob einzelne oder alle Gruppenmittelwerte vom Gesamtmittelwert abweichen; dies ist gleichbedeutend mit der Frage ob sich verschiedene Gruppen bezüglich ihres Mittelwerts maßgeblich voneinander unterscheiden. Man spricht daher von QS_{zwischen}, also der Quadratsumme der Unterschiede, die sich zwischen den Gruppen ergeben. Andererseits prüfen wir, wie groß die Abweichungen der einzelnen Fälle innerhalb der Gruppen vom Gruppenmittelwert sind ($QS_{\text{innerhalb}}$). Die Summe aller Abweichungsquadrate QS_{gesamt} lässt sich genau in diese zwei Teile zerlegen, die QS_{zwischen} und die $QS_{\text{innerhalb}}$.

Varianzanalyse

Bei der Varianzanalyse lässt sich die Summe der (quadrierten) Abweichungen vom Mittelwert (QS_{gesamt}) in zwei Teile zerlegen: die Unterschiede zwischen verschiedenen Gruppen (QS_{zwischen}) und die Unterschiede innerhalb der jeweiligen Gruppen ($QS_{\text{innerhalb}}$). QS steht dabei jeweils für Quadratsumme (englisch: *sum of squares*).

$$QS_{\text{gesamt}} = QS_{\text{zwischen}} + QS_{\text{innerhalb}} \tag{5.13}$$

Formal lässt sich die Varianzzerlegung wie folgt darstellen:

$$\sum_{i=1}^{r}\sum_{j=1}^{m}(y_{ij}-\bar{y})^2 = \sum_{i=1}^{r} m_i \cdot (\bar{y}_i-\bar{y})^2 + \sum_{i=1}^{r}\sum_{j=1}^{m}(y_{ij}-\bar{y}_i)^2 \tag{5.14}$$

Dabei ist r die Anzahl der Gruppen, m_i die Zahl der Fälle innerhalb der i-ten Gruppe, $\bar{y}_i$ der Gruppenmittelwert in Gruppe i und $\bar{y}$ der Gesamtmittelwert.

Die QS_{zwischen} misst, wie sehr die Gesamtvarianz auf die Gruppenzugehörigkeit zurückgeht. Wäre diese Annahme perfekt erfüllt, so hätten alle Personen einer Gruppe denselben Wert auf der Y-Variablen, nämlich den Gruppenmittelwert. Das kommt allerdings praktisch nie vor. Die $QS_{\text{innerhalb}}$ misst dementsprechend, wie sehr die einzelnen Gruppenelemente vom Gruppenmittelwert abweichen; diese Abweichungen können aus individuellen Eigenschaften, Messfehlern sowie sonstigen Faktoren stammen. Sind die Unterschiede zwischen den Gruppen relativ groß und die Abweichungen innerhalb der Gruppen gleichzeitig eher gering, so kann man davon ausgehen, dass die Gruppenzugehörigkeit einen Einfluss auf die abhängige Variable hat.

Um die Stärke des Zusammenhangs numerisch bestimmen zu können, steht das Zusammenhangsmaß η^2 (griechisch: eta) zur Verfügung. η^2 ist ein Maß für die Stärke des Einflusses der Gruppenzugehörigkeit. Es lässt sich für ein nominales unabhängiges Merkmal und ein metrisches abhängiges Merkmal berechnen und basiert auf den Quadratsummen. η^2 gehört zur Gruppe der PRE-Maße (siehe Kasten 5.4 auf S. 235) und kann Werte zwischen 0 und 1 annehmen.

Das Zusammenhangsmaß η^2

η^2 ist ein Maß für die Stärke des Einflusses der Gruppenzugehörigkeit auf eine metrische abhängige Variable Y und basiert auf den Quadratsummen.

$$\eta^2 = \frac{QS_{\text{gesamt}} - QS_{\text{innerhalb}}}{QS_{\text{gesamt}}} = \frac{QS_{\text{zwischen}}}{QS_{\text{gesamt}}} \qquad (5.15)$$

Beispiel 5.14: Betrachten wir den ersten Schritt der Varianzanalyse, die Bestimmung der Stärke des Zusammenhangs. Hierzu beschäftigen wir uns noch einmal mit den Wohlfahrtsstaatsregimes nach Esping-Andersen, welche wir bereits in Abschnitt 3.1.1 behandelt hatten. Diesmal interessieren wir uns dafür, ob sich das jeweilige Wohlfahrtsstaatsregime auf die Erwerbsbeteiligung von Frauen in den Ländern auswirkt.

Tabelle 5.10: Frauenerwerbsbeteiligung nach Wohlfahrtsstaatsregime

	Frauenerwerbsbeteiligung (in Prozent)							
liberal	71,5	73,9	75,8	64,1	71,1			
konservativ	73,2	65,5	69,6	67,3	78,5	52,1	61,1	70,6
sozialdemokratisch	74,6	79,4	77,9	78,9				

Datenbasis: OECD-Daten, eigene Auswertungen

In Tabelle 5.10 sind – nach Wohlfahrtsstaatsregime getrennt – die einzelnen Anteile der Frauenerwerbsbeteiligung aufgeführt (wir verwenden hier eine andere Variable als in Abschnitt 3.2). Formal lässt sich jeder beobachtete Wert durch Indices eindeutig den Gruppen zuordnen. Der erste Index bezeichnet die Gruppenzugehörigkeit, der zweite Index weist jeder Beobachtung innerhalb der einzelnen Gruppen einen Zähler zu. Somit ergibt sich für unser Beispiel die Tabelle 5.11.

Tabelle 5.11: Frauenerwerbsbeteiligung nach Wohlfahrtsstaatsregime – formale Notation

	Frauenerwerbsbeteiligung							
liberal	y_{11}	y_{12}	y_{13}	y_{14}	y_{15}			
konservativ	y_{21}	y_{22}	y_{23}	y_{24}	y_{25}	y_{26}	y_{27}	y_{28}
sozialdemokratisch	y_{31}	y_{32}	y_{33}	y_{34}				

Für die Berechnung von η^2 nach Formel 5.15 benötigen wir zunächst den Gesamtmittelwert:

$$\frac{(71{,}5 + 73{,}9 + 75{,}8 + \cdots + 78{,}9)}{17} = 70{,}9$$

Innerhalb der Gruppen ergeben sich die Mittelwerte 71,3 für die liberalen, 67,2 für die konservativen und 77,7 für die sozialdemokratischen Wohlfahrtsstaaten. Damit lässt sich die Quadratsumme zwischen den einzelnen Gruppen (QS_{zwischen}) wie folgt berechnen:

$$\begin{aligned} QS_{\text{zwischen}} &= 5 \cdot (71{,}3 - 70{,}9)^2 + 8 \cdot (67{,}2 - 70{,}9)^2 + 4 \cdot (77{,}7 - 70{,}9)^2 \\ &= 295{,}3 \end{aligned}$$

Für die Quadratsumme innerhalb der Gruppen ($QS_{\text{innerhalb}}$) ergibt sich:

$$\begin{aligned} QS_{\text{innerhalb}} &= (71{,}5 - 71{,}3)^2 + (73{,}9 - 71{,}3)^2 + \cdots \\ &\quad + (73{,}2 - 67{,}2)^2 + (65{,}5 - 67{,}2)^2 + \cdots \\ &\quad + (74{,}6 - 77{,}7)^2 + (79{,}4 - 77{,}7)^2 \\ &= 543{,}2 \end{aligned}$$

Die gesamte Quadratsumme (QS_{gesamt}) ist nun einfach die Summe aus QS_{zwischen} und $QS_{\text{innerhalb}}$ und beträgt somit $295{,}3 + 543{,}2 = 838{,}5$. Alternativ ließe sich QS_{gesamt} auch wie folgt separat berechnen (die kleine Abweichung vom eben erhaltenen Wert ist rundungsbedingt):

$$\begin{aligned} QS_{\text{gesamt}} &= (71{,}5 - 70{,}9)^2 + (73{,}9 - 70{,}9)^2 + \cdots + (78{,}9 - 70{,}9)^2 \\ &= 838{,}4 \end{aligned}$$

Berechnen wir nun für unser Beispiel η^2, so erhalten wir

$$\eta^2 = \frac{295{,}3}{838{,}4} = 0{,}35$$

Wir können anhand der Gruppenzugehörigkeit somit rund ein Drittel der gesamten Varianz erklären. Dies bedeutet, dass wir alleine durch die Berücksichtigung des Wohlfahrtsstaatsregimes schon einen beträchtlichen Teil der Unterschiede zwischen den Ländern erfassen. Somit sind die Wohlfahrtsstaatsregimes offenbar recht gut in der Lage, die Anteile der Frauenerwerbsbeteiligung in den einzelnen Ländern zu erklären.

Kasten 5.4: PRE-Maße

PRE-Maße (PRE = „proportional reduction of error“) sind Maße zur Bestimmung von Zusammenhängen. Sie beruhen auf der Logik der Fehlerreduktion durch ein oder mehrere unabhängige Merkmale (X) in der Vorhersage eines abhängigen Merkmals (Y). Das PRE-Maß gibt die prozentuale Verringerung der Fehlerquote in der Vorhersage von Y an. Liegt ein Zusammenhang vor, so sollte der Vorhersagefehler des abhängigen Merkmals Y durch die Berücksichtigung des unabhängigen Merkmals X reduziert werden.

Die Bestimmung der PRE-Maße erfolgt in drei Grundschritten:

1. Vorhersage des abhängigen Merkmals Y auf Basis seiner eigenen Verteilung
2. Vorhersage des abhängigen Merkmals Y unter Berücksichtigung der Verteilung von X
3. Berechnung der Fehlerreduktion anhand der grundsätzlichen PRE-Formel:

$$\text{PRE} = \frac{\text{Fehler}_1 - \text{Fehler}_2}{\text{Fehler}_1} \tag{5.16}$$

Die Fehlerreduktion stellt dabei der Term $\text{Fehler}_1 - \text{Fehler}_2$ dar; sie wird zum Ausgangsfehler Fehler_1 ins Verhältnis gesetzt. Je nach PRE-Maß werden diese Fehler unterschiedlich berechnet.

Die bedeutsamsten PRE-Maße sind λ (griechisch: lambda) für nominale Merkmale, γ (griechisch: gamma) und (Goodman und Kruskals) τ (griechisch: tau) für ordinale Merkmale und η^2 (griechisch: eta) und R^2 für metrische Merkmale. Der Wertebereich all dieser PRE-Maße geht von 0 bis 1.

Übertragen wir das Konzept auf η^2: Würden wir die Gruppenzugehörigkeit nicht berücksichtigen, wäre der Gesamtmittelwert die beste Vorhersage für unsere abhängige Variable. Der Fehler wäre somit QS_{gesamt}. Berücksichtigen wir hingegen die Gruppenzugehörigkeit, könnte sich dieser Fehler möglicherweise reduzieren. Je mehr die Gruppenzugehörigkeit in der Lage ist, die Unterschiede zwischen den Gruppen zu erklären, desto größer ist der Anteil von QS_{zwischen} an QS_{gesamt}. Dies bedeutet, dass η^2 angibt, wie stark sich die

Schätzung für die Y-Variable durch das unabhängige Merkmal X verbessert. Würde die Gruppenzugehörigkeit überhaupt nicht zur Verbesserung der Vorhersage beitragen, wäre $QS_{\text{zwischen}} = 0$ und somit η^2 ebenfalls 0. Würde die Gruppenzugehörigkeit hingegen den Vorhersagefehler komplett beseitigen, so wäre QS_{zwischen} gleich QS_{gesamt} und somit $\eta^2 = 1$.

5.4.2 *Inferenzstatistik: Der F-Test*

Um eine Aussage darüber zu machen, ob ein in der Stichprobe gefundener Zusammenhang auch in der Grundgesamtheit bestehen könnte, bedarf es wiederum eines geeigneten Tests. Hierfür steht im Rahmen der Varianzanalyse der F-Test zur Verfügung. Für dessen Berechnung werden die mittleren Quadratsummen verwendet, bei denen die jeweiligen Freiheitsgrade $r-1$ bzw. $n-r$ berücksichtigt werden. Diese Freiheitsgrade werden auch für die Testgröße aus der F-Verteilung benötigt, welche eine Aussage zur Signifikanz der gefundenen Unterschiede ermöglicht.

Der F-Test

Für den F-Test werden die mittleren Quadratsummen (= Varianzen) von r Gruppen mit jeweils m_i Fällen zueinander in Beziehung gesetzt.

$$MQS_{\text{zwischen}} = \frac{QS_{\text{zwischen}}}{r-1} = \frac{\sum_{i=1}^{r} m_i(\bar{y}_i - \bar{y})^2}{r-1} \tag{5.17}$$

$$MQS_{\text{innerhalb}} = \frac{QS_{\text{innerhalb}}}{n-r} = \frac{\sum_{i=1}^{r}\sum_{j=1}^{m}(y_{ij} - \bar{y}_i)^2}{n-r} \tag{5.18}$$

Die Prüfgröße für den F-Test wird wie folgt berechnet:

$$F = \frac{MQS_{\text{zwischen}}}{MQS_{\text{innerhalb}}} \tag{5.19}$$

Die Prüfgröße folgt einer F-Verteilung mit $r-1$ und $n-r$ Freiheitsgraden. Die Nullhypothese H_0 geht davon aus, dass alle Gruppenmittelwerte (μ_r) untereinander und damit auch mit dem Gesamtmittelwert μ identisch sind. Die Alternativhypothese H_1 besagt hingegen, dass mindestens ein Gruppenmittelwert von den anderen abweicht.

H_0: $\mu_1 = \mu_2 = \cdots = \mu_r = \mu$ H_1: $\mu_i \neq \mu$ für mindestens ein μ_i

Mit Hilfe der Prüfgröße F können wir nun Aussagen darüber treffen, ob sich die Gruppen signifikant voneinander unterscheiden. Hierzu folgen wir wieder den aus Abschnitt 4.3.2 bekannten Schritten eines Signifikanztests.

Beispiel 5.15: Zur Veranschaulichung wenden wir den F-Test einmal für unser Wohlfahrtsstaaten-Beispiel an. Eigentlich ist die Berechnung allerdings unsinnig, da wir es bei den ausgewählten Ländern nicht mit einer Stichprobe zu tun haben und es somit keine Grundgesamtheit gibt, für die wir unsere Befunde testen können (siehe Abschnitt 4.3.1). Führen wir die Berechnung dennoch durch, so ergeben sich

$$MQS_{\text{zwischen}} = \frac{295{,}3}{3-1} = 147{,}7$$

und

$$MQS_{\text{innerhalb}} = \frac{543{,}2}{17-3} = 38{,}8$$

Bei einem Fehlerrisiko von $\alpha = 0{,}05$ liegt der kritische Wert[7] bei 2 und 14 Freiheitsgraden bei 3,7. Die Prüfgröße F beträgt in unserem Fall:

$$F = \frac{147{,}7}{38{,}8} = 3{,}8$$

Da $3{,}8 > 3{,}7$, kann die Nullhypothese auf dem $\alpha = 0{,}05$-Niveau knapp abgelehnt werden. Die Gruppenmittelwerte unterscheiden sich somit signifikant voneinander. Inhaltlich würde dies bedeuten, dass das jeweilige Wohlfahrtsstaatsregime eine Rolle für die Frauenerwerbsbeteiligung in den Ländern spielt.

Für die Gültigkeit des F-Tests müssen jedoch einige Annahmen erfüllt sein. So müssen die Abweichungen innerhalb der untersuchten Gruppen normalverteilt sein und einen Erwartungswert von 0 aufweisen. Zudem soll das Ausmaß der Varianz der abhängigen Variablen nicht von der jeweiligen Gruppenzugehörigkeit abhängig, sondern in den verschiedenen Gruppen gleich groß sein. Dies wird auch als *Varianzhomogenität* bezeichnet. Wichtig zu beachten ist dabei, dass die Abweichungen nur innerhalb der einzelnen Gruppen einer Normalverteilung folgen müssen. Die abhängige Variable selbst muss hingegen nicht zwingend normalverteilt sein.

Ob die Gruppen sich hinsichtlich der Varianzen unterscheiden, kann mit Hilfe geeigneter Tests überprüft werden. Hierfür stehen der Bartlett-Test und der Levene-Test zur Varianzhomogenität zur Verfügung (siehe auch S. 151). Diese lassen sich in den Statistikprogrammen im Zuge der Varianzanalyse anfordern oder werden direkt automatisch mit ausgewiesen. Getestet wird dabei immer die Nullhypothese, dass die Varianzen in den einzelnen Gruppen gleich sind. Lässt sich diese Hypothese nicht auf einem signifikanten Niveau ablehnen (beispielsweise auf $\alpha = 0{,}05$-Niveau), so kann die Annahme der Varianzhomogenität als ausreichend erfüllt angesehen werden. Vorsicht ist jedoch geboten, wenn die abhängige Variable nicht normalverteilt ist, da die Tests dadurch verzerrt werden können. Der Levene-Test gilt dabei noch als

7 Diesen Wert können Sie aus einer Tabelle der kritischen Werte der F-Verteilung ablesen.

etwas robuster gegenüber nicht-normalverteilten Variablen als der Bartlett-Test. Häufig wird der Levene-Test auch in einer alternativen – und noch robusteren – Berechnung nach Brown und Forsythe verwendet.

5.5 Empfehlungen für weiterführende Literatur

Wir haben in diesem Kapitel Korrelationsmaße für zwei echt und latent metrische sowie rangskalierte Merkmale dargestellt. Was macht man im Fall einer (echt) ordinalen und einer (echt) metrischen, oder im Fall einer dichotomen und einer metrischen Variablen? Tatsächlich wurden für alle diese Fälle Korrelationsmaße entwickelt. Diese werden vor allem in Lehrbüchern im Bereich der Psychologie behandelt, etwa in Bortz und Schuster (2010). Einige Maßzahlen finden sich auch in Jann (2002). Einen guten Überblick über die Beschreibung bivariater Zusammenhänge bietet Weins (2010).

Die hier dargestellte einfaktorielle Varianzanalyse ist geeignet, wenn man genau am Einfluss eines Merkmals auf ein anderes Merkmal interessiert ist und davon ausgeht, dass keine dritte Variable den Zusammenhang beeinflussen könnte. Möchte man den Einfluss von zwei oder mehr nominalskalierten Merkmalen auf eine abhängige Variable betrachten, gibt es die *mehrfaktorielle Varianzanalyse*. Eine detaillierte und tiefgehende deutschsprachige Einführung in die Varianzanalyse findet sich bei Bortz und Schuster (2010). Hier wird insbesondere auch die mehrfaktorielle Varianzanalyse ausführlich behandelt.

5.6 Software-gestützte Berechnung

5.6.1 SPSS

Beispiele 5.1 und 5.2 (Tabellen 5.2 und 5.4, Abb. 5.1 und 5.2)

```
① GET FILE = "glhsteach.sav".
② RECODE kohorte (1940 = 1) (1955 = 2) (1971 = 3) INTO gebkoho.
③ CROSSTABS jobtil25 BY gebkoho.
④ CROSSTABS jobtil25 BY gebkoho
     /CELLS = COUNT COLUMN.
⑤ GRAPH
     /BAR(STACK) = COUNT BY gebkoho BY jobtil25.
```

Mit ① wird der GLHS-Datensatz geladen. In ② wird eine neue Variable zu den Geburtskohorten gebildet (gebkoho), welche nur noch drei verschiedene Ausprägungen hat. Mit ③ lässt sich eine Kreuztabelle mit den absoluten Häufigkeiten und mit ④ durch die Option /CELLS=COUNT COLUMN eine Kreuztabelle mit bedingten Anteilswerten (Spaltenprozente) anfordern. Befehl ⑤ erzeugt den linken Teil von Abbildung 5.1 (absolute Zahlen), der dann mittels des Graphik-Editors zu einer auf 100 Prozent normierten Graphik umgearbeitet werden kann.

Beispiele 5.3, 5.4 und 5.5

```
① RECODE kohorte (1955 = 0) (1940 = 1) INTO kohortt.
② CROSSTABS kohortt BY jobtil25
     /CELL COUNT ROW
     /STAT RISK.
```

Für diese Beispiele wird weiterhin mit den GLHS-Daten gearbeitet. Mit ① wird die Variable kohortt neu gebildet, welche die Untersuchung auf die beiden betrachteten Geburtskohorten 1955 und 1940 einschränkt. Mit ② werden zur Kreuztabelle auch noch relatives Risiko und Odds Ratio ausgegeben. (Die Prozentsatzdifferenz lässt sich leicht selbst im Kopf ausrechnen.) Die leicht abweichenden Werte im Buch sind rundungsbedingt.

Beispiel 5.6 (χ^2-Test)

```
① RECODE job1_egp (32 = 31) (43 = 42) (60 = 50) (72 = 71)
     (ELSE = COPY) INTO j1egp_r.
② TEMPORARY.
   SELECT IF NOT MISSING(gebkoho).
③ CROSSTABS j1egp_r BY sex
     /STATISTICS = CHISQ.
```

Dieses Beispiel knüpft an die vorherigen Beispiele an und verwendet die dort gebildete Variable gebkoho. ① fasst die Berufe in sechs Klassen zusammen. Mit ② wird die Stichprobe auf die drei in gebkoho unterschiedenen Geburtskohorten eingeschränkt. Mit ③ kann der χ^2-Test in Anschluss an eine einfache Kreuztabelle durch die Option /STATISTICS = CHISQ angefordert werden. Die leicht abweichenden Werte im Buch sind rundungsbedingt.

Beispiel 5.8

```
① GET FILE = "oecd_llg.sav".
② CORRELATIONS lfp07_moms WITH enrol_cc
     /STATISTICS = XPROD.
③ GRAPH
     /SCATTERPLOT = lfp07_moms WITH enrol_cc.
```

Mit ② wird die Korrelation zwischen den beiden Merkmalen bestimmt. Gleichzeitig mit r wird auch der p-Wert für den zweiseitigen Test von r ausgegeben. Der Unterbefehl /STATISTICS = XPROD bewirkt die Ausgabe der Summe der Abweichungen von den Merkmalsmittelwerten (siehe letzte Zeile in Tabelle 5.8) und der Kovarianz der beiden Merkmale. Beachten Sie: Die Kovarianz wird von SPSS als Schätzwert für die Grundgesamtheit bestimmt und nicht, wie eigentlich sinnvoll und in Beispiel 5.8 vorgerechnet, als Kovarianz der Stichprobe. (Die 19 betrachteten OECD-Länder stellen keine Zufallsauswahl aus einer Grundgesamtheit dar.) ③ erzeugt ein Streudiagramm der beiden Variablen.

Beispiel 5.12

```
① CROSSTABS up8603 BY up8604
    /FORMAT NOTABLE
    /STAT BTAU GAMMA D.
② NONPAR CORR
    /VARIABLES=up8603 up8604
    /PRINT=SPEARMAN.
```

Wir nehmen an, dass Sie den kleinen fiktiven Datensatz aus Tabelle 5.9 auf S. 226 von Hand in einen leeren Datensatz eingegeben haben. Die Assoziationsmaße für ordinalskalierte Variablen sind in der SPSS-Prozedur für Kreuztabellen enthalten (siehe ①); der Unterbefehl `/FORMAT NOTABLE` unterdrückt die Ausgabe der Tabelle, `/STAT BTAU GAMMA D` fordert die Assoziationsmaße an. Mit ② erhält man Spearmans ρ. Die polychorische Korrelation ist in SPSS nicht verfügbar.

Beispiele 5.14 und 5.15

```
① GET FILE = "oecd_llg.sav".
② UNIANOVA lfp08 BY EA1990
    /PRINT = ETASQ HOMOGENEITY DESCRIPTIVE.
```

Die Varianzanalyse lässt sich mit ② ausführen. Dabei wird auch direkt der F-Test mit ausgegeben. `/PRINT = ETASQ HOMOGENEITY DESCRIPTIVE` bewirkt, dass η^2, der Levene-Test auf Varianzhomogenität sowie eine deskriptive Übersichtstabelle ausgegeben werden. Die leicht abweichenden Werte im Buch sind rundungsbedingt.

5.6.2 Stata

Beispiele 5.1 und 5.2 (Tabellen 5.2 und 5.4, Abb. 5.1 und 5.2)

```
① use "glhsteach.dta", clear
② recode koho (1940 = 1 "1939-1941") (1955 = 2 "1954-1956") ///
    (1971 = 3 "1971") (else = .), generate(gebkoho)
③ tabulate jobtil25 gebkoho
④ tabulate jobtil25 gebkoho, column
⑤ ssc install catplot, replace
⑥ catplot jobtil25 gebkoho, asyvars stack vertical
⑦ catplot jobtil25 gebkoho, asyvars stack percent(gebkoho) vert
⑧ ssc install spineplot, replace
```

```
⑨ spineplot jobtil25 gebkoho
```

Mit ① wird zunächst der GLHS-Datensatz geladen. In ② wird eine neue Variable zu den Geburtskohorten gebildet (gebkoho), welche nur noch drei verschiedene Ausprägungen hat. Mit ③ lässt sich eine Kreuztabelle mit den absoluten Häufigkeiten und mit ④ durch die Option `column` eine Kreuztabelle mit bedingten Anteilswerten (Spaltenprozente) anfordern.

Für Abb. 5.1 und 5.2 müssen zunächst mit ⑤ und ⑧ zwei Ado-Files zur Erstellung entsprechender Graphiken aus dem Internet herunter geladen werden. Mit ⑥ und ⑦ werden Graphiken für die absoluten bzw. relativen Häufigkeiten angefordert. Mit ⑨ können diese beiden Informationen in einer Graphik gemeinsam abgebildet werden.

Beispiele 5.3, 5.4 und 5.5

```
① csi 61 18  416 332 , or
```

Wir arbeiten weiterhin mit den GLHS-Daten. Mit ① werden die absoluten Zahlen aus Tabelle 5.2 für die Kohorten 1955 und 1940 an den `csi`-Befehl übergeben, um Prozentsatzdifferenz, relatives Risiko und Odds-Ratios be rechnen zu lassen. Diese Größen (vor allem Prozentsatzdifferenz) lassen sich alternativ natürlich auch leicht selbst per Hand ausrechnen. Die leicht abweichenden Werte im Buch sind rundungsbedingt.

Beispiel 5.6 (χ^2-Test)

```
① recode job1_egp (32=31) (43=42) (60=50) (72=71), gen(j1egp_r)
② tabulate j1egp_r sex if gebkoho != . , chi2
```

Weiterhin mit den GLHS-Daten arbeitend recodieren wir in ① die Berufsklassenzugehörigkeit, um kleinere, aber miteinander verwandte Berufsklassen zusammenzufassen. In ② wird der χ^2-Test im Anschluss an eine einfache Kreuztabelle durch die Option `chi2` angefordert. `if gebkoho != .` beschränkt die Analyse auf drei Geburtskohorten. (gebkoho wurde im ersten Beispiel dieses Abschnitts erzeugt.)

Beispiel 5.8

```
① use "oecd_llg.dta", clear
② correlate enrol_cc lfp07_moms
③ correlate enrol_cc lfp07_moms, covariance
④ scatter enrol_cc lfp07_moms
```

Durch ② wird der Korrelationskoeffizienten r samt p-Wert für den zweiseitigen Test angegeben. ③ gibt die Kovarianz aus. Beachten Sie auch hier: Die Kovarianz wird von Stata als Schätzwert für die Grundgesamtheit bestimmt, siehe dazu Erläuterung zur Umsetzung des Beipiels mit SPSS. Mit ④ wird schließlich ein Streudiagramm der beiden Merkmalen erzeugt.

Beispiel 5.12

```
① spearman up8603 up8604
② ktau up8603 up8604
③ tabulate up8603 up8604, gamma
④ ssc install somersd, replace
⑤ somersd up8604 up8603
⑥ findit polychoric
⑦ polychoric up8603 up8604
```

Wir nehmen an, dass Sie den kleinen fiktiven Datensatz aus Tabelle 5.9 auf S. 226 von Hand in einen leeren Datensatz eingegeben haben. ① bis ③ sind selbsterklärend, wenn Sie wissen, dass es in diesem Beispiel um Assoziationsmaße für ordinalskalierte Variablen geht. Für Somers' *d* muss ein Ado-File heruntergeladen werden (Zeile ④). Da beim Koeffizienten *d* nach Somers zwischen abhängiger und unabhängiger Variable unterschieden wird, kommt es hier auf die Reihenfolge an, in der die Variablen genannt werden; die abhängige Variable steht an letzter Stelle. In ⑤ wird also angenommen, dass `up8603` die abhängige Variable ist. Auch die polychorische Korrelation gehört nicht zur Standardkonfiguration von Stata; sie kann mit ⑥ im Internet gesucht und dann installiert werden. (Die Installation ist hier nicht angegeben.) ⑦ fordert die Berechnung des polychorischen Korrelationskoeffizienten an.

Beispiele 5.14 und 5.15

```
① use "oecd_llg.dta", clear
② anova lfp08 EA1990
③ estat esize
④ robvar lfp08, by(EA1990)
```

Beachten Sie zum inferenzstatistischen Teil des Beispiels unseren diesbezüglichen Hinweis zu Beispiel 5.15 auf S. 236f.! Die Varianzanalyse lässt sich mit ② ausführen. Dabei wird auch direkt der F-Test mit ausgegeben. Die leicht abweichenden Werte im Buch sind rundungsbedingt. η^2 kann mit ③ angefordert werden. Der Levene-Test auf Varianzhomogenität kann mit ④ angefordert werden. Der Befehl `estat esize` funktioniert erst ab Stata13. Alternativ kann η^2 für frühere Stata-Versionen auch über den Befehl `effectsize` ermittelt werden, der zunächst aus dem Internet heruntergeladen und installiert werden muss (`ssc install effectsize`).

6. Regressionsanalyse

Die Regressionsanalyse gehört in den Sozialwissenschaften zu den am häufigsten verwendeten Analyseverfahren. Sie erlaubt es, den Einfluss eines oder mehrerer Merkmale auf eine abhängige Variable zu modellieren. In diesem Kapitel beschäftigen wir uns ausschließlich mit der linearen Regressionsanalyse, die als Grundstein für alle Regressionsverfahren bezeichnet werden kann.

6.1 Idee der linearen Regressionsanalyse

Bei der Regressionsanalyse wird versucht, den Zusammenhang zwischen einem oder mehreren unabhängigen Merkmalen X und dem abhängigen Merkmal Y durch ein mathematisches Modell so gut wie möglich zu beschreiben. Auch hier ist wieder die Unterscheidung zwischen der unabhängigen Variablen X und der abhängigen Variablen Y wichtig (siehe Kasten 5.1, S. 202). Das abhängige Merkmal Y muss metrisches Skalenniveau aufweisen. Für das unabhängige Merkmal X ist grundsätzlich ebenfalls ein metrisches Skalenniveau erforderlich, allerdings können 0/1-codierte Variablen wie metrische Merkmale interpretiert werden, so dass auf diesem Wege auch nicht-metrische Variablen als unabhängige Variablen (aber nur als solche!) in das Modell aufgenommen werden können.

Beispiel 6.1: Betrachten wir zur Illustration die Quote der Betreuung von Kindern unter sechs Jahren in öffentlichen Einrichtungen in verschiedenen Ländern. Wir vermuten, dass diese Quote durch die Erwerbsbeteiligung von Müttern beeinflusst wird. Die Müttererwerbsbeteiligung ist somit die unabhängige X-Variable und die Betreuungsquote für Kinder unter sechs Jahren die abhängige Y-Variable. Abbildung 6.1a zeigt ein Streudiagramm, das den Zusammenhang zwischen den beiden Merkmalen graphisch veranschaulicht.

Ziel der Regressionsanalyse ist es nun, diesen Zusammenhang bestmöglich zu beschreiben. Ihr liegt die Annahme zugrunde, dass sich der Zusammenhang zwischen zwei Merkmalen modellhaft als Gerade darstellen lässt. In Abbildung 6.1b haben wir für unser Beispiel einmal eine solche Gerade in das Streudiagramm gelegt. Man sieht, dass es einen leichten positiven Zusammenhang gibt, wie man es ja auch schon in der Punktewolke erkennen kann: Je höher die Erwerbsbeteiligung der Mütter, desto höher tendenziell die Kinderbetreuungsquote.

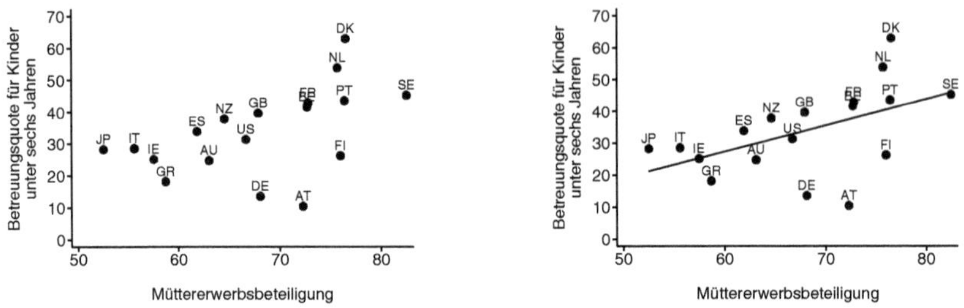

(a) Streudiagramm ohne Regressionsgerade

(b) Streudiagramm mit Regressionsgerade

Abbildung 6.1: Müttererwerbstätigkeit und Betreuungsquote für Kinder unter sechs Jahren, OECD-Daten

Formel 6.1 fasst die lineare Einfachregression zusammen. Das Modell enthält die Bestandteile der Geradengleichung, die Ihnen vermutlich noch aus der Schule bekannt ist. Es enthält eine Konstante a und den Koeffizienten b, der den Einfluss des Merkmals X quantifiziert. Die Konstante a ist nichts anderes als der Schnittpunkt der Geraden mit der Y-Achse und der Koeffizient b gibt die Steigung der Geraden an. Der Koeffizient b beschreibt also, wie stark Y sich verändert, wenn X um eine Einheit erhöht wird. Mit der Regressionsgleichung können wir nun Werte für y_i *vorhersagen*. Diese vorhergesagten Werte $\hat{y}_i$ befinden sich genau auf der Regressionsgeraden. Die tatsächlichen Beobachtungen y_i weichen mehr oder weniger stark von den vom Modell vorhergesagten Werten $\hat{y}_i$ ab. Diese Abweichungen werden mit e_i bezeichnet: e_i ist die Differenz zwischen dem vom Modell vorhergesagten Wert und dem tatsächlich beobachteten Wert.

Lineare Einfachregression

Im Standardmodell der linearen Einfachregression lässt sich jedes y_i durch eine Linearkombination aus a, dem Koeffizienten b für das unabhängige Merkmal X sowie der Abweichung des beobachteten Werts vom durch das Modell vorhergesagten Wert (e_i) beschreiben.

$$y_i = a + bx_i + e_i \tag{6.1}$$

Mit $\hat{y}_i$ werden die durch das Modell vorhergesagten Werte bezeichnet:

$$\hat{y}_i = a + bx_i \tag{6.2}$$

Betrachten wir illustrierend noch einmal die Regressionsgerade in Abbildung 6.1b: Für einige Länder wird der Zusammenhang von Müttererwerbsbeteiligung und Kinderbetreuungsquote durch die Regressionsgerade sehr gut beschrieben (Irland, USA, Schweden), andere liegen etwas von der Regressionsgerade entfernt (z. B. Griechenland, Spanien, Portugal) und wieder andere befinden sich weitab der Regressionsgeraden (z. B. Österreich, Dänemark).

Wir haben eben das Regressionsmodell eingeführt mit Blick darauf, dass es die vorliegenden Daten beschreiben soll. Hat man es mit Stichprobendaten zu tun, so wird man allerdings ein Modell suchen, das als Schätzung für den Zusammenhang in der Grundgesamtheit gelten kann. Wenn die Daten der Stichprobe bestimmte Bedingungen erfüllen, ist das gemäß den folgenden Regeln an die Daten angepasste Modell tatsächlich auch die beste Schätzung für die Grundgesamtheit .

Lineare Einfachregression für Stichproben

Handelt es sich bei den vorliegenden Daten um eine (Zufalls-)Stichprobe, können die Koeffizenten a und b aus Gleichung 6.1 bzw. 6.2 bei Vorliegen bestimmter Bedingungen (siehe S. 258 ff.) als Schätzung der unbekannten Parameter α und β der Grundgesamtheit aufgefasst werden.

Doch zunächst zurück zu den elementaren Grundlagen. Es stellt sich natürlich die Frage: Wie erhalten wir überhaupt diese Gerade? Das Ziel der Regressionsgeraden ist es, den Zusammenhang *möglichst gut* in einem Modell abbilden zu können, oder anders gesagt: Wir möchten bei der Modellierung der Punktewolke durch die Gerade möglichst wenig Fehler machen. „Fehler" bedeutet in diesem Zusammenhang, dass der vorhergesagte Wert vom beobachteten Wert abweicht. Es gilt also zunächst, der Abweichung zwischen beobachtetem Wert und vorhergesagtem Wert, also e_i in Formel 6.1, Beachtung zu schenken.

Es leuchtet ein, dass die Regressionsgerade möglichst nah an den tatsächlich beobachteten Werten liegen sollte. Mit anderen Worten: Alle e_i sollten so klein wie möglich sein – sie sollten insgesamt minimiert werden. Wollten wir nun schlicht $\sum e_i$ minimieren, hätten wir ein Problem: Für *jede* Gerade, die durch den Mittelwert von X und Y geht, gilt wegen der Schwerpunkteigenschaft des Mittelwertes $\sum e_i = 0$. Es gäbe daher unendlich viele Lösungen bei der Optimierung von $\sum e_i$. Deshalb wird stattdessen die *Kleinste-Quadrate-Methode* (KQ-Methode) angewandt, die oft auch als OLS-Methode (englisch: Ordinary Least Squares) bezeichnet wird: Es wird nicht $\sum e_i$ minimiert, sondern $\sum e_i^2$, also die Summe der *quadrierten* Abweichungen.

Kleinste-Quadrate-Methode (Ordinary Least Squares – OLS)

Bei der Kleinste-Quadrate-Methode wird bei der Ermittlung der Regressionskoeffizienten die Summe der quadrierten Abweichungen von der Regressionsgeraden minimiert.

$$\sum_{i=1}^{n} e_i^2 \rightarrow \min = \sum_{i=1}^{n} (y_i - \hat{y}_i)^2 \rightarrow \min = \sum_{i=1}^{n} (y_i - a - bx_i)^2 \rightarrow \min \quad (6.3)$$

Die Werte $e_i = y_i - \hat{y}_i$ werden als Residuen (Singular: Residuum) bezeichnet.

Beispiel 6.1 (Fortsetzung): Für die Modellierung des Einflusses der Müttererwerbstätigkeit auf die Betreuungsquote ergeben sich mit der KQ-Methode folgende Regressionskoeffizienten: $a = -21{,}82$ und $b = 0{,}82$. Unser Modell lautet somit $\hat{y}_i = -21{,}82 + 0{,}82 \cdot x_i$. Der Wert $a = -21{,}82$ gibt somit die Konstante an, also den Wert, den wir für $X = 0$ vorhersagen würden, und der Wert $b = 0{,}82$ gibt an, um wie viel Y steigt, wenn X um eine Einheit zunimmt. Mit Hilfe der aufgestellten Regressionsgleichung können wir nun für jeden beliebigen Wert von X das abhängige Merkmal Y vorhersagen. So läge die vorhergesagte Kinderbetreuungsquote (Y) bei einer Müttererwerbsbeteiligung (X) von 60 % bei $\hat{y} = -21{,}82 + 0{,}82 \cdot 60\,\% = 27{,}38\,\%$ und bei einer Müttererwerbsbeteiligung von 80 % bei $\hat{y} = -21{,}82 + 0{,}82 \cdot 80\,\% = 43{,}78\,\%$.[1]

An die Bestimmung der Koeffizienten a und b schließt sich die Frage an, *wie gut* unser Modell denn nun eigentlich ist. Wir wollen also das Ausmaß der Fehler bei unserer Modellierung in einer Maßzahl quantifizieren. Hierzu beschäftigen wir uns zunächst eingehender mit der Varianz in den Daten. Hätten wir nur die Informationen des abhängigen Merkmals Y zur Verfügung und keine Informationen des Merkmals X, dann wäre der beste Schätzwert für y_i das arithmetische Mittel $\overline{y}$ (siehe S. 60). Die Gesamtstreuung in unserem Modell (gemeint ist natürlich immer die Streuung der abhängigen Variablen) ist daher die Summe der (quadrierten) Differenzen aus $\overline{y}$ und den tatsächlich beobachteten Werten y_i. Diese Gesamtstreuung lässt sich nun wiederum in die erklärte Streuung und die nicht erklärte Streuung unterteilen. Die erklärte Streuung bestimmt sich aus der Differenz zwischen den durch

1 Ein potenzielles Problem ist in diesem Zusammenhang vielleicht schon aufgefallen: Läge die Müttererwerbsbeteiligung bei 0, so wäre der vorhergesagte Wert die Konstante, also −21,82%. Und auch für eine Erwerbsbeteiligung von beispielsweise 5 % würde man ausgehend von unserer Regressionsgleichung immer noch einen negativen Vorhersagewert für die Betreuungsquote von Kindern unter sechs Jahren erhalten (−17,72 %). Das ist natürlich inhaltlich sinnlos. Offenbar ist dieses einfache Regressionsmodell für niedrige Müttererwerbsbeteiligungsquoten also nicht besonders gut geeignet. Das liegt allerdings auch daran, dass der Wertebereich der abhängigen Variablen begrenzt ist.

das Regressionsmodell vorhergesagten Werten $\hat{y}_i$ und dem arithmetischen Mittel $\overline{y}$. Die nicht erklärte Streuung ist die Differenz aus den tatsächlich beobachteten Werten y_i und den durch das Regressionsmodell vorhergesagten Werten $\hat{y}_i$.

Die Unterteilung der Streuung in erklärte und nicht erklärte Streuung haben wir als Varianzzerlegung bereits in Abschnitt 5.4 kennengelernt. Von einem guten Modell erwarten wir nun, dass es einen möglichst großen Anteil der Gesamtstreuung erklären kann. Inhaltlich bedeutet ein großer Anteil an erklärter Streuung, dass Y hauptsächlich gemeinsam mit den unterschiedlichen Ausprägungen von X variiert.

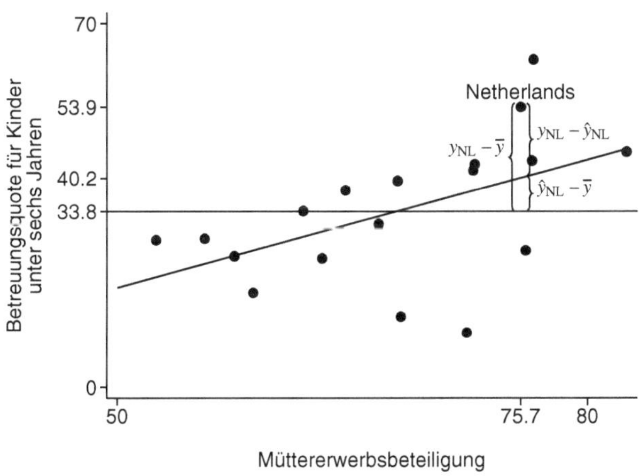

Abbildung 6.2: Varianzzerlegung im Regressionsmodell am Einzelfall Niederlande, OECD-Daten

Beispiel 6.1 (Fortsetzung): In Abbildung 6.2 wird die Varianzzerlegung anhand der Beobachtung der Niederlande veranschaulicht. Die Niederlande weisen eine Müttererwerbsbeteiligung von $x_{NL} = 75{,}7\,\%$ und eine Betreuungsquote von Kindern unter sechs Jahren von $y_{NL} = 53{,}9\,\%$ auf. Die Differenz des tatsächlichen Beobachtungswerts y_{NL} zum Mittelwert $\overline{y}$ ergibt den Beitrag der Niederlande zur Gesamtstreuung. Der Mittelwert der Betreuungsquote liegt bei 33,8 %. Somit ergibt sich für die Niederlande eine Abweichung von $53{,}9\,\% - 33{,}8\,\% = 20{,}1\,\%$. Von dieser Abweichung können wir einen Teil durch unsere Regressionsgerade erklären. Dieser Teil wird als erklärte Abweichung bezeichnet und berechnet sich aus der Differenz des vom Modell vorhergesagten Wertes $\hat{y}_{NL}$ und des Mittelwerts $\overline{y}$. Für die Niederlande sagen wir mit unserer Regressionsgeraden 40,2 % voraus. Somit ergibt sich für die erklärte Abweichung $40{,}2\,\% - 33{,}8\,\% = 6{,}4\,\%$. Den Rest der Abweichung der Niederlande vom Durchschnitt können wir jedoch mit dem Regressionsmodell nicht erklären. Dieser Teil ist die nicht erklärte Abweichung und berechnet sich aus der Differenz des tatsächlich beobachteten Werts y_{NL} und des vorhergesagten Werts $\hat{y}_{\text{NL}}$. Für die Niederlande sind das $53{,}9\,\% - 40{,}2\,\% = 13{,}7\,\%$.

Die für die Niederlande exemplarisch berechneten Abweichungen lassen sich nun für alle Länder im Datensatz bestimmen. Die Abweichungen der einzelnen Länder werden quadriert und anschließend aufsummiert; man erhält die Quadratsumme der Abweichungen vom Mittelwert QS_{gesamt}, welche bereits von der Varianzanalyse bekannt ist (siehe Abschnitt 5.4.1). QS_{gesamt} lässt sich nun unterteilen in die Quadratsumme der erklärten Streuung $QS_{\text{erklärt}}$ und die Quadratsumme der nicht erklärten Streuung $QS_{\text{nicht-erklärt}}$; letztere bezeichnet man auch als Residualstreuung oder Residualvarianz. Die Quadratsumme der nicht erklärten Streuung stellt genau die Summe dar, die bei der KQ-Modellierung minimiert wird (siehe Formel 6.1).

Ausgehend von der Varianzzerlegung lassen sich nun Aussagen über die Modellgüte treffen. Hierfür steht die Maßzahl R^2 zur Verfügung. R^2 gehört zur Familie der PRE-Maße (siehe Kasten 5.4 auf S. 235) und gibt Auskunft über die Verbesserung der Vorhersage von Y durch die Berücksichtigung von X. R^2 berechnet sich aus dem Verhältnis von $QS_{\text{erklärt}}$ zu QS_{gesamt}. Der Wertebereich von R^2 liegt somit zwischen 0 und 1. Den Wert 0 nimmt R^2 an, wenn das unabhängige Merkmal X die Vorhersage von Y nicht verbessern kann, X also keinen Erklärungsbeitrag für Y leistet. Je größer R^2 ist, desto mehr ist das unabhängige Merkmal in der Lage, die Vorhersage von Y zu verbessern, und desto besser beschreibt das Modell die Daten. Den Wert 1 nimmt R^2 an, wenn die gesamte Streuung durch die unabhängige Variable X erklärt werden kann. R^2 wird meist als „Determinationskoeffizient“, „Bestimmtheitsmaß“ oder schlicht „Varianzaufklärung“ bezeichnet.

Determinationskoeffizient R^2

R^2 stellt den Anteil erklärter Streuung an der Gesamtstreuung dar.

$$R^2 = \frac{\sum_{i=1}^{n} (\hat{y}_i - \bar{y})^2}{\sum_{i=1}^{n} (y_i - \bar{y})^2} = \frac{QS_{\text{erklärt}}}{QS_{\text{gesamt}}} \tag{6.4}$$

Beispiel 6.1 (Fortsetzung): Für unser Beispiel 6.1 ist $QS_{\text{gesamt}} = 3150{,}33$, die Quadratsumme der erklärten Streuung $QS_{\text{erklärt}} = 809{,}98$ und die der nicht erklärten Streuung $QS_{\text{nicht-erklärt}} = 2340{,}35$. Somit ergibt sich:

$$R^2 = \frac{QS_{\text{erklärt}}}{QS_{\text{gesamt}}} = \frac{809{,}98}{3150{,}33} = 0{,}2571 \approx 26\,\%$$

Der Wert von R^2 lässt sich nun als Varianzaufklärung interpretieren: Etwa 26 Prozent der Unterschiede zwischen den Ländern in der Betreuungsquote von Kindern unter sechs Jahren können durch die Müttererwerbstätigkeit in den Ländern erklärt werden. In der PRE-Interpretation bedeutet der Wert von 26 Prozent, dass der Fehler bei der Prognose der Betreuungsquote von Kindern unter sechs Jahren durch die Berücksichtigung der Müttererwerbstätigkeit um 26 Prozent reduziert werden kann.

6.2 Aufstellen eines Regressionsmodells in der Praxis

Bislang haben wir uns mit der linearen Einfachregression beschäftigt. Das heißt, wir haben nur ein einziges erklärendes Merkmal berücksichtigt. In den meisten Fällen beeinflusst jedoch nicht nur ein unabhängiges Merkmal die abhängige Variable Y, sondern mehrere unabhängige Merkmale. Für diese Fälle steht die multiple lineare Regression zur Verfügung, in der das Regressionsmodell (aus Formel 6.1)[2] um weitere unabhängige Merkmale erweitert wird.

Multiple lineare Regression

Bei der multiplen linearen Regression gibt es nicht nur ein einziges unabhängiges Merkmal, sondern k unabhängige Merkmale. Für jedes X_k gibt es einen entsprechenden Koeffizienten β_k. Die Abweichung des tatsächlichen Werts vom durch das Modell vorhergesagten Wert wird mit ϵ_i (griechisch: epsilon) bezeichnet.

$$y_i = \alpha + \beta_1 x_{i1} + \beta_2 x_{i2} + \cdots + \beta_k x_{ik} + \epsilon_i \tag{6.5}$$

Auch bei der multiplen linearen Regression können Vorhersagen für Y getroffen werden:

$$\hat{y}_i = \alpha + \beta_1 x_{i1} + \beta_2 x_{i2} + \cdots + \beta_k x_{ik} \tag{6.6}$$

Sie sehen: Die Grundlogik der linearen Einfachregression bleibt auch im multiplen Fall bestehen. Und auch hier werden die Regressionskoeffizienten mittels der KQ-Methode bestimmt. Die geschätzten Koeffizienten sind

2 Bitte beachten Sie zur Formelnotation: In Abschnitt 6.1 haben wir im wesentlichen über die Beschreibung von Stichprobendaten durch das lineare Regressionsmodell gesprochen. Wir wechseln jetzt die Perspektive und betrachten den Fall, dass wir mit den Stichprobendaten Regressionsparameter für die Grundgesamtheit schätzen, weil das der übliche Fall in der Praxis der Regressionsanalyse ist. Dementsprechend ist jetzt nicht mehr von a und b zur Bezeichnung von Konstante und Regressionskoeffizient(en) die Rede, sondern von α und β bzw. $\hat{\alpha}$ und $\hat{\beta}$ zur Bezeichnung von Parametern in der Grundgesamtheit bzw. deren Schätzwerten.

bei der multiplen linearen Regression aber als „Netto-Effekte" zu verstehen. Das bedeutet, dass der jeweilige Effekt um die Effekte der anderen Merkmale im Modell bereinigt ist. Man spricht auch davon, dass der Effekt „unter Kontrolle" der anderen Merkmale ausgegeben wird oder dass die anderen Effekte „auspartialisiert" worden sind. Dieses Kontrollieren oder Konstanthalten der übrigen Merkmale ist ein wesentlicher Vorteil der multiplen linearen Regression. Da in den Sozialwissenschaften nur selten echte experimentelle Bedingungen geschaffen werden können, ist es häufig erst bei der Datenanalyse möglich, für Störfaktoren zu kontrollieren. Ohne entsprechendes Forschungsdesign bleibt diese nur statistische Kontrolle aber immer problematisch (vgl. Lieberson 1985).

Wir interessieren uns im Folgenden für die körperliche Gesundheit. Der SOEP-Datensatz enthält hierzu eine Skala zur objektiven körperlichen Gesundheit,[3] welche als metrisch behandelt werden kann. Wir vermuten nun, dass das Körpergewicht Einfluss auf die körperliche Gesundheit hat. Zusätzlich wissen wir – oder vermuten zumindest –, dass auch das Alter und das Geschlecht sowohl die körperliche Gesundheit beeinflussen als auch Einfluss auf das Körpergewicht haben. Würden wir nun eine lineare Einfachregression der körperlichen Gesundheit auf das Körpergewicht rechnen, dann wäre im Effekt des Körpergewichts auf die körperliche Gesundheit auch ein gewisser Anteil des Effekts von Alter und Geschlecht mit enthalten. Allerdings interessieren wir uns ja für den „Netto-Effekt" des Körpergewichts auf die körperliche Gesundheit. Dies bedeutet, dass wir in unserem Regressionsmodell für das Geschlecht und das Alter *kontrollieren* müssen, wenn wir einen Schätzwert für den Einfluss des Körpergewichts auf die körperliche Gesundheit erhalten möchten, der um die Einflüsse von Geschlecht und Alter bereinigt ist. Inhaltlich bedeutet dies, dass wir den Effekt des Gewichts auf körperliche Gesundheit bei konstant gehaltenem Geschlecht und Alter der Befragten suchen.

Wie wir eingangs des Kapitels erwähnt hatten, setzt die lineare Regression nicht nur für das abhängige Merkmal metrisches Skalenniveau voraus, sondern auch für die unabhängigen Merkmale. Für letztere lässt sich diese Bedingung jedoch umgehen. So können durch den Einsatz von Indikator-Variablen (häufig auch Dummy-Variablen genannt) auch nicht-metrische Merkmale berücksichtigt werden. Binäre qualitative Merkmale – wie beispielsweise das Geschlecht – lassen sich als Indikator-Variable nutzen. Die Indikator-Variable wird so codiert, dass eine Gruppe die 1 erhält (im anschließend präsentierten Beispiel 6.2 alle Männer) und die andere Gruppe (in Beispiel 6.2 alle Frauen) die 0. Die mit 0 codierte Gruppe bildet die sogenannte Referenzkategorie. Der Koeffizient der Indikator-Variable ist immer in Bezug zu dieser Referenzkategorie zu interpretieren.

3 Die Gesundheitsskala im SOEP basiert auf der Gesundheits-Messung SF-12 (siehe Nübling et al. 2006).

Indikator-Variablen

Qualitative Merkmale können durch Indikator-Variablen (D_{Gruppe}) in Regressionsmodellen berücksichtigt werden.

$$y_i = \alpha + \beta_1 D_{\text{Gruppe}} + \epsilon_i \tag{6.7}$$

Dadurch ergeben sich im Grunde für die beiden Gruppen der Indikator-Variablen unterschiedliche Regressionsgleichungen. Für die Gruppe $D = 1$ ergibt sich:

$$y_i = \alpha + \beta_1 + \epsilon_i$$

Und für die Gruppe $D = 0$ ergibt sich:

$$y_i = \alpha + \epsilon_i$$

Analog lässt sich ein kategoriales Merkmal mit mehr als zwei Ausprägungen im Regressionsmodell berücksichtigen: Wir nutzen erneut 0/1-codierte Indikator-Variablen. Die Informationen aus einem beliebigen ordinalen oder kategorialen Merkmal mit k Ausprägungen lassen sich nämlich immer auch durch k Indikator-Variablen repräsentieren. Das bedeutet, dass aus einem Merkmal mit k Kategorien genau k Indikator-Variablen gebildet werden. Anschließend werden $k-1$ Indikator-Variablen als unabhängige Merkmale in das Modell aufgenommen. Die nicht aufgenommene Indikator-Variable bildet dann die Referenzkategorie. Auch hier sind die Koeffizienten der Indikator-Variablen immer gegenüber der gewählten Referenzkategorie zu interpretieren.

Beispiel 6.2: Zur Verdeutlichung erweitern wir unser Regressionsmodell zur Erklärung der körperlichen Gesundheit neben den schon erwähnten Variablen Alter und Geschlecht um das Merkmal „Höchster Schulabschluss". Dieses Merkmal umfasst die Kategorien „Kein Abschluss", „Hauptschulabschluss", „Realschulabschluss" und „(Fach-)Abitur". Zu jeder der vier Kategorien wird nun eine Indikator-Variable erzeugt, die den Wert 1 aufweist, wenn eine Person diesen Abschluss besitzt, und 0, wenn eine Person diesen Abschluss nicht besitzt. In das Regressionsmodell nehmen wir dann drei der vier gebildeten Indikator-Variablen auf. Die Gruppe derer, die auf den drei ins Modell aufgenommenen Indikator-Variablen überall den Wert 0 aufweisen – hier sind das Personen mit (Fach-)Abitur –, bildet die Referenzkategorie.

Tabelle 6.1 zeigt die Ergebnisse der Modellschätzung. Neben dem interessierenden Merkmal „Körpergewicht" werden zusätzlich noch das Alter, das Geschlecht sowie die Schulbildung kontrolliert. Der Koeffizient für „männlich" lässt sich gegenüber der Referenzkategorie „weiblich" interpretieren. Männer weisen demnach *unter Kontrolle* von Alter, Körpergewicht und Bildungsabschluss im Durchschnitt eine um 1,636 Punkte bessere körperliche

Tabelle 6.1: Multiple lineare Regression – Körperliche Gesundheit

	$\hat{\beta}$	S. E.
Haupteffekt:		
Körpergewicht (in kg)	–0,074**	(0,015)
Kontrollvariablen:		
Alter	–0,304**	(0,014)
Männlich *(Ref.: Weiblich)*	1,636**	(0,443)
Höchster Schulabschluss *(Ref.: (Fach-)Abitur)*		
Kein Abschluss	–4,614*	(1,839)
Hauptschule	–2,735**	(0,530)
Realschule	–2,143**	(0,551)
Konstante	70,486**	(1,208)
Fälle	3675	
R^2	0,303	

Datenbasis: SOEP 2004; gewichtet
Standardfehler in Klammern
* $p < 0.05$, ** $p < 0.01$

Gesundheit auf als Frauen. Analog hierzu lassen sich auch die Effekte für den Bildungsabschluss interpretieren. Hier sind Personen mit „(Fach-)Abitur" die Referenzkategorie. Gegenüber dieser Gruppe weisen Personen mit einem geringeren Bildungsabschluss im Durchschnitt – und unter Kontrolle von Alter und Geschlecht – eine schlechtere körperliche Gesundheit auf.[4]

Was sich aus Tabelle 6.1 nicht ablesen lässt, ist, welches X den größten Effekt auf die körperliche Gesundheit hat. Die Merkmale sind in gänzlich unterschiedlichen Einheiten gemessen (Kilogramm und Jahre bzw. 0/1) und daher nicht direkt vergleichbar. Eine gängige Vorgehensweise, um dennoch die Effektstärken vergleichen zu können, ist die Berechnung *standardisierter Regressionskoeffizienten*. Hierbei werden die Koeffizienten der unabhängigen Merkmale mit der Standardabweichung des jeweiligen unabhängigen Merkmals multipliziert und durch die Standardabweichung des abhängigen Merkmals dividiert. Dadurch werden die Regressionskoeffizienten auf die gleiche Einheit gebracht. Sie geben nun an, um wie viele Standardabweichungen sich das standardisierte Merkmal Y verändert, wenn sich das standardisierte Merkmal X um eine Standardabweichung erhöht.

Obwohl standardisierte Regressionskoeffizienten häufig verwendet werden, sind sie sehr umstritten (siehe z. B. Urban und Mayerl 2008). Insbe-

4 Beachten Sie, dass wir hier wieder mit SOEP-Daten arbeiten. Entsprechend haben wir das komplexe Stichprobendesign für die Analyse berücksichtigt, um Koeffizienten zu erhalten, die beim Schluss von der Stichprobe auf die Grundgesamtheit unverzerrte Punktschätzwerte bilden (siehe Abschnitt 4.4.3).

sondere wurde darauf hingewiesen, dass hierbei zwei Konzepte gemischt werden, die besser separat behandelt werden sollten: die Effektstärke und die Streuung der Variablen (siehe Wolf und Best 2010). Daher sollten Sie immer die unstandardisierten Koeffizienten berichten und interpretieren und allenfalls ergänzend die standardisierten Regressionskoeffizienten. Alternative Möglichkeiten des Vergleichs von Effektstärken werden in Chao et al. (2008) diskutiert.

Bislang haben wir uns mit rein linearen Zusammenhängen zwischen den unabhängigen Merkmalen und dem abhängigen Merkmal beschäftigt. Generell ist es aber auch möglich, nicht-lineare Zusammenhänge zu modellieren. Für Tabelle 6.1 haben wir unser Modell so formuliert, dass das Alter einen linearen Effekt auf die körperliche Gesundheit hat. Das bedeutet, dass ein Jahr Unterschied immer die gleiche Veränderung von Y bewirkt – unabhängig davon, ob wir den Schritt von 20 auf 21 Jahre oder von 70 auf 71 Jahre betrachten. Denkbar wäre jedoch auch, dass sich das Alter nicht immer gleichmäßig auf die körperliche Gesundheit auswirkt. Damit wäre der Einfluss des Alters auf körperliche Gesundheit nicht mehr linear. Ein solcher Zusammenhang lässt sich im einfachsten Fall durch die zusätzliche Berücksichtigung des quadrierten Alters modellieren (es handelt sich also um ein Polynom 2. Grades).

Beispiel 6.3: Wir vermuten im Folgenden, dass der Alterseffekt in unserem Modell aus Tabelle 6.1 in Wahrheit gar nicht linear ist, sondern sich ein Jahr Unterschied im hohen Alter stärker auf die körperliche Gesundheit auswirkt als im jungen Alter. Wenn wir die quadrierte Altersvariable in unser Beispiel zusätzlich mit aufnehmen, finden wir einen nicht-linearen Zusammenhang.

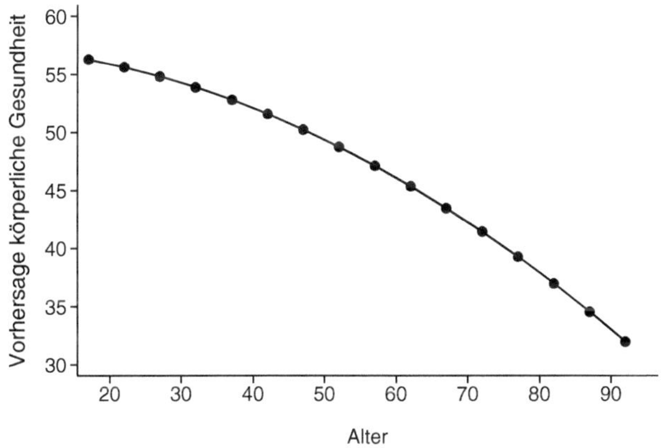

Abbildung 6.3: Nicht-linearer Alterseffekt auf die körperliche Gesundheit, SOEP-Daten

In Abbildung 6.3 wird dieser Zusammenhang graphisch veranschaulicht. Tatsächlich nimmt die körperliche Gesundheit in jüngeren Jahren mit steigendem Alter weniger stark ab als im höheren Alter.

Zu beachten ist, dass sich durch die Transformationen auch die Interpretation der Effekte verändert. So muss bei der zusätzlichen Aufnahme des quadrierten Alters immer simultan sowohl die einfache Altersvariable als auch die quadrierte Altersvariable berücksichtigt werden. Der Alterseffekt für $X = 30$ ergibt sich also aus dem einfachen und dem quadrierten Alterseffekt zusammen. Im Ergebnis verlaufen die vom Modell vorhergesagten Werte für körperliche Gesundheit nicht mehr linear, wenn man sie zusammen mit dem Alter abbildet, sondern sie folgen einer quadratischen Funktion (siehe Tabelle 6.2 und Abb. 6.3).

Tabelle 6.2: Interpretation – Nicht-linearer Alterseffekt

Alter	$\hat{\beta}_{\text{Alter}}$	Alter^2	$\hat{\beta}_{\text{Alter}^2}$	Gesamter Alterseffekt
20	−0,028	400	−0,003	$20 \cdot (-0{,}028) + 400 \cdot (-0{,}003)$
30	−0,028	900	−0,003	$30 \cdot (-0{,}028) + 900 \cdot (-0{,}003)$
40	−0,028	1 600	−0,003	$40 \cdot (-0{,}028) + 1\,600 \cdot (-0{,}003)$
50	−0,028	2 500	−0,003	$50 \cdot (-0{,}028) + 2\,500 \cdot (-0{,}003)$
60	−0,028	3 600	−0,003	$60 \cdot (-0{,}028) + 3\,600 \cdot (-0{,}003)$
70	−0,028	4 900	−0,003	$70 \cdot (-0{,}028) + 4\,900 \cdot (-0{,}003)$
80	−0,028	6 400	−0,003	$80 \cdot (-0{,}028) + 6\,400 \cdot (-0{,}003)$

Datenbasis: SOEP-Daten, eigene Auswertungen

Die soeben demonstrierte Berücksichtigung der quadrierten Form einer unabhängigen Variablen kann verallgemeinert werden: Nicht-lineare Zusammenhänge können auch durch Polynome höheren Grades, eine Exponentialfunktion oder eine logarithmische Funktion beschrieben und modelliert werden.

Ein weiterer Aspekt, den es bei der Modellierung zu bedenken gilt, ist, ob ein Effekt für alle Gruppen als gleich angenommen werden kann oder ob er sich für verschiedene Gruppen unterschiedlich auswirkt. Wirkt sich ein Effekt abhängig von den Ausprägungen eines anderen Merkmals verschieden auf Y aus, so spricht man von einem *Interaktionseffekt*. Um einen Interaktionseffekt zu bilden, werden zwei Merkmale miteinander multipliziert. Bei den Merkmalen muss es sich wieder um metrische Merkmale oder Indikator-Variablen handeln.

Beispiel 6.4: Wir gehen der Vermutung nach, dass sich das Körpergewicht bei Männern und Frauen unterschiedlich auf die körperliche Gesundheit auswirkt. Diese Vermutung können wir prüfen, indem wir einen Interaktionseffekt zwischen Körpergewicht und Geschlecht in unser Modell mit aufnehmen. Das geschieht einfach durch Multiplikation von Gewicht und

Geschlecht. Abbildung 6.4 zeigt den Interaktionseffekt. Man sieht, dass sich die Regressionsgeraden für Männer und für Frauen voneinander unterscheiden: Für Frauen wirkt sich ein höheres Körpergewicht ein wenig negativer auf die körperliche Gesundheit aus als für Männer. Beachten Sie aber auch, dass sich größere Unterschiede erst bei höherem Körpergewicht zeigen und im Datensatz nur wenige Frauen (weniger als 25 Prozent) 80 kg oder mehr wiegen. Aus diesem Grund erweist sich der Interaktionseffekt für unsere Daten letztlich auch als nicht signifikant (siehe folgender Abschnitt 6.3).

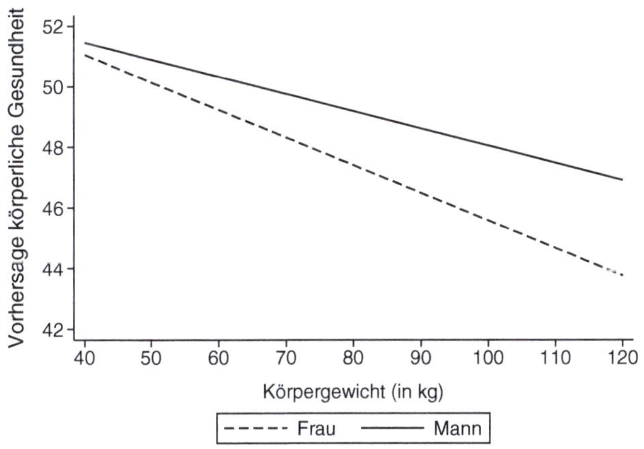

Abbildung 6.4: Interaktionseffekt von Geschlecht und Körpergewicht auf die körperliche Gesundheit, SOEP-Daten

Ähnlich wie bei den nicht-linearen Zusammenhängen ist es auch hier sehr wichtig, dass die Effekte sorgfältig interpretiert werden. Durch die Aufnahme eines Interaktionseffekts verändert sich die Interpretation erheblich. Es sind nun zwei sogenannte *Haupteffekte* (hier: Geschlecht und Körpergewicht) sowie zusätzlich ein *Interaktionseffekt* im Modell. Diese Effekte müssen immer simultan betrachtet werden und man muss sich immer genau vergegenwärtigen, welche Gruppe jeweils die Referenzkategorie bildet.

Auch im multiplen linearen Regressionsmodell sind wir daran interessiert, wie gut das Modell den multivariaten Zusammenhang beschreibt. Zur Bestimmung der Modellgüte haben wir bereits R^2 besprochen, welches Auskunft über den Anteil erklärter Varianz liefert. Häufig ist man aber nicht nur an dieser Information interessiert, sondern möchte auch wissen, ob ein bestimmtes Modell „besser“ erklärt als ein anderes. Bei dieser Frage stößt man im multiplen Regressionsmodell auf ein Problem: R^2 steigt fast immer mit jeder zusätzlich in das Modell aufgenommenen Variable, selbst dann, wenn diese zusätzliche Variable nur sehr geringe eigene Erklärungskraft besitzt. Deshalb können Modelle mit unterschiedlicher Anzahl an Variablen nicht anhand von R^2 miteinander verglichen werden.

Für diese Problematik steht das korrigierte R^2 (englisch: *adjusted* R^2) zur Verfügung. Bei der Berechnung von R^2_{korr} wird die Anzahl an unabhängigen Variablen im Modell (k) berücksichtigt (siehe Formel 6.4). Dadurch steigt R^2_{korr} nur, wenn die neu aufgenommene Variable substanziell zur Modellverbesserung beiträgt. Hat eine zusätzliche Variable hingegen keinen Einfluss, dann wird das R^2_{korr} kleiner. Die Aufnahme von Variablen ohne Erklärungskraft wird also beim R^2_{korr} „bestraft".

Das korrigierte R^2

Beim korrigierten R^2 wird – anders als beim einfachen R^2 – die Anzahl der unabhängigen Merkmale (k) berücksichtigt.

$$R^2_{korr} = 1 - \frac{n-1}{n-k-1}(1-R^2) \qquad (6.8)$$

R^2_{korr} ist für den Vergleich von Modellen mit unterschiedlicher Anzahl von unabhängigen Merkmalen deutlich besser geeignet als das einfache R^2. Vorsicht ist bei der Interpretation geboten: Durch die Berücksichtigung von k misst R^2_{korr} nun nicht mehr die Varianzaufklärung. Diese wird nach wie vor durch das unkorrigierte R^2 beschrieben. R^2_{korr} dient lediglich für den Modellvergleich von Modellen mit unterschiedlicher Anzahl unabhängiger Merkmale.

Beispiel 6.5: Betrachten wir hierzu noch einmal unser Beispiel 6.1 zur Betreuungsquote von Kindern unter sechs Jahren. Durch Berücksichtigung der Müttererwerbsbeteiligung hatten wir eine Varianzaufklärung von $R^2 = 0{,}2571$ berechnet. Nun haben wir die Vermutung, dass sich zusätzlich zur Müttererwerbsbeteiligung auch die öffentlichen Kinderbetreuungsausgaben in den Ländern auf die Betreuungsquote von Kindern unter sechs Jahren auswirken könnten. Daher nehmen wir dieses Merkmal in einem zweiten Regression zusätzlich auf. Durch diese zusätzliche Variable steigt das R^2 nun auf 0,2634. Wie wir wissen, kann R^2 aber durch die Aufnahme von zusätzlichen Variablen nur steigen. Daher betrachten wir auch noch das R^2_{korr}. Dieses liegt in der ursprünglichen Einfachregression (nur mit dem Merkmal „Müttererwerbsbeteiligung") mit $R^2_{korr} = 0{,}2107$ noch relativ nah am normalen R^2. Im erweiterten Modell (inklusive dem zusätzlichen Merkmal „öffentliche Kinderbetreuungsausgaben") liegt das korrigierte R^2 bei $R^2_{korr} = 0{,}1652$. Das korrigierte R^2 ist somit im erweiterten Modell deutlich geringer als in der ursprünglichen Einfachregression. Obwohl das R^2 leicht höher ist, zeigt das korrigierte R^2, dass sich durch die Berücksichtigung der öffentlichen Kinderbetreuungsausgaben das Modell nicht substanziell verbessert.

6.3 Inferenzstatistik und Regressionsdiagnostik

Um zu prüfen, ob die in der Stichprobe gefundene Erklärungskraft des Regressionsmodells nicht nur auf die Zufälligkeiten der Stichprobenziehung zurückgeht, steht der F-Test zur Verfügung. Dieser ist eng mit dem F-Test der Varianzanalyse verwandt (siehe Abschnitt 5.4.2). Er testet die Nullhypothese, dass alle Regressionsparameter β_k in der Grundgesamtheit gleich 0 sind. Die Entscheidung über die Ablehnung der Nullhypothese erfolgt wieder anhand der üblichen und bereits bekannten Signifikanzniveaus.

Der F-Test

Der globale F-Test des linearen Regressionsmodells gibt Auskunft darüber, ob alle ins Modell aufgenommenen Merkmale zusammen statistisch signifikant zur Erklärung von Y beitragen können.

$$F = \frac{\frac{QS_{\text{erklärt}}}{k}}{\frac{QS_{\text{nicht-erklärt}}}{(n-k-1)}} = \frac{n-k-1}{k} \times \frac{R^2}{1-R^2} \tag{6.9}$$

Diese Statistik folgt einer F-Verteilung mit k und $n-k-1$ Freiheitsgraden.

Während beim Determinationskoeffizienten R^2 nur die Quadratsummen eine Rolle spielen, wird R^2 beim F-Test in Relation zur Fallzahl n sowie der Anzahl an Variablen im Modell k betrachtet. Der so ermittelte Wert wird mit dem entsprechenden Quantilwert einer F-Verteilung mit k und $n-k-1$ Freiheitsgraden verglichen (siehe Formel 6.9). Wird der kritische Wert überschritten, dann kann Nullhypothese verworfen werden.

Ebenso lassen sich auch einzelne Koeffizienten auf Signifikanz testen. Zur Erinnerung: Wir können die Regressionsparameter der Grundgesamtheit nie bestimmen, sondern nur schätzen. Im Folgenden werden wir daher von $\hat{\beta}_k$ sprechen, um deutlich zu machen, dass es sich um Schätzwerte für die wahren Parameter β_k handelt. Mittels eines t-Tests können wir jeden einzelnen der auf Basis der Stichprobendaten bestimmten Koeffizienten daraufhin prüfen, ob er sich als statistisch signifikant erweist. Wir testen dazu gegen die Nullhypothese, dass der fragliche Parameter in der Grundgesamtheit gleich null ist. Wenn wir diese Nullhypothese ablehnen können, dann können wir davon ausgehen, dass das Merkmal auch in der Grundgesamtheit einen Einfluss auf Y hat. Die Prüfgröße vergleichen wir mit dem entsprechenden Wert aus der t-Verteilung mit $n-k-1$ Freiheitsgraden. Das Signifikanzniveau α wird auch hier üblicherweise auf 0,01 oder 0,05 festgelegt.

t-Test der Regressionskoeffizienten

Mit dem t-Test können einzelne Koeffizienten auf signifikante Abweichung von c getestet werden. Üblicherweise wird im Regressionsmodell $c = 0$ angenommen.

$$t_{\hat{\beta}_k} = \frac{\hat{\beta}_k - c}{S.E._{(\hat{\beta}_k)}} \tag{6.10}$$

Die Größe folgt einer t-Verteilung mit $n - k - 1$ Freiheitsgraden. Dabei ist

$$S.E._{(\hat{\beta}_k)} = \frac{1}{\sqrt{1 - R_k^2}} \times \frac{\sum_{i=1}^{n} (y_i - \hat{y}_i)^2 / (n - k - 1)}{\sqrt{\sum_{i=1}^{n} (x_{ik} - \overline{x}_k)^2}}, \tag{6.11}$$

mit R_k^2 als dem R^2 der Regression von X_k auf alle anderen X.

Für den Test, ob ein Regressionskoeffizient einen signifikanten, von null abweichenden Einfluss hat, dividieren wir einfach den geschätzten Regressionskoeffizienten $\hat{\beta}_k$ durch seinen Standardfehler $S.E._{(\hat{\beta}_k)}$ (da dann gilt $c = 0$). Anhand dieses t-Werts können wir nun – gegenüber dem Wert aus der Tabelle der kritischen Werte der t-Verteilung – ablesen, ob ein Merkmal einen signifikanten Einfluss auf Y hat. Statistik-Programme geben immer auch die p-Werte aus (siehe S. 150 f.), so dass sich das Ablesen des kritischen Werts erübrigt.

In Tabelle 6.1 ergibt sich für unser Beispiel ein Schätzwert für den Regressionsparameter des Körpergewichts von −0,074 bei einem Standardfehler von 0,015. Wollen wir den t-Wert durch Division dieser beiden Werte berechnen, so erhalten wir $t = -5{,}01$. Wir wollen hier einen zweiseitigen Test durchführen, also nur prüfen, ob der Koeffizient von null verschieden ist (hierauf beziehen sich auch die von der Software ausgegebenen p-Werte), und ein Signifikanzniveau $\alpha = 0{,}01$ angesetzen; daher muss in der Tabelle der Werte der t-Verteilung der kritische Wert für das $1 - \alpha/2 = 99{,}5$-Prozent-Signifikanzniveau abgelesen werden, welcher 2,576 beträgt. Da $5{,}01 > 2{,}576$, können wir die Nullhypothese ablehnen. Das Körpergewicht hat also einen signifikanten Effekt auf die körperliche Gesundheit (auf 1-Prozent-Niveau). In Tabelle 6.1 ist dieser Effekt daher entsprechend mit zwei Signifikanz-Sternchen (**) gekennzeichnet.

Lineare Regressionsmodelle können so, wie wir sie hier eingeführt haben, nur dann angewendet werden, wenn bestimmte Voraussetzungen erfüllt sind. Nur dann können wir davon ausgehen, dass wir effiziente und unverzerrte Schätzwerte haben. Das Vorgehen, diese Voraussetzungen zu prüfen, nennt man „Regressionsdiagnostik“.

Die drei wichtigsten Annahmen, die erfüllt sein sollten, sind *Linearität*, *Homoskedastizität* und die *Unabhängigkeit der Fehler*. Im Folgenden werden wir kurz diese Annahmen ansprechen und knapp auf Auswirkungen und mögliche Lösungen bei Annahmeverletzungen eingehen. Tiefergehende und ausführliche Informationen finden Sie in den entsprechenden Fachbüchern zur Regressionsanalyse (z. B. Urban und Mayerl 2008 oder Fox 2008).

Mit *Linearität* ist gemeint, dass sich die abhängige Variable als Linearkombination aus den unabhängigen Variablen darstellen lässt. Dies impliziert, dass der Erwartungswert der Fehler gleich null ist. Die Linearitätsannahme bezieht sich hierbei auf die Linearisierbarkeit des Zusammenhangs. Das heißt, nicht jeder Zusammenhang muss linear sein, er muss nur linear modellierbar sein. In Beispiel 6.3 haben wir gesehen, wie ein nicht-linearer Zusammenhang aussehen kann und wie wir diesen modellieren können. Ist die Annahme der Linearität verletzt, dann sind die Schätzwerte verzerrt. Mögliche Ursachen für eine Verletzung der Linearitätsannahme sind nicht-lineare Zusammenhänge der Merkmale, einflussreiche Beobachtungen oder übersehene Einflussfaktoren. Wie gesehen, lassen sich etwaige nicht-lineare Zusammenhänge am besten graphisch überprüfen und können durch passende Transformationen oft adäquat modelliert werden. Einflussreiche Beobachtungen bezeichnen einzelne Beobachtungen, die großen Einfluss auf die Schätzwerte des Modells nehmen. Einflussreiche Beobachtungen können auch von unplausiblen Werten oder falsch codierten Missing Values herrühren. Daher sollte unbedingt geprüft werden, ob solche Beobachtungen vorliegen.[5] Wenn dem so ist, sollten diese dann einzeln näher betrachtet und inhaltlich unter die Lupe genommen werden.

Die Voraussetzung, dass der Erwartungswert der Fehler ϵ_i gleich null ist, beschreibt die Annahme, dass keine unabhängige Variable mit dem Fehlerterm korreliert, wodurch die Schätzung verzerrt wäre. Dies setzt voraus, dass alle relevanten Variablen im Modell auch tatsächlich berücksichtigt worden sind. Ob eine relevante Variable für das Modell übersehen worden ist, lässt sich im Grunde nur theoretisch-argumentativ klären.

Die Annahme der *Homoskedastizität* bezieht sich auf die Streuung der Fehler ϵ_i und besagt, dass die Streuung der Fehler nicht von den Ausprägungen der unabhängigen Variablen abhängt. In der Praxis heißt das, dass die Streuung der abhängigen Variablen für jede Ausprägung der unabhängigen Variable gleich sein muss. Verletzt wäre dies, wenn sich die Varianzen für spezifische Ausprägungen der unabhängigen Variable stark voneinander unterscheiden würden. Ein denkbares Beispiel wäre eine Regression von Mietkosten und Haushaltseinkommen. Während die Mietkosten für Personen mit geringem Einkommen nur gering schwanken dürften, wäre die Varianz für Personen mit sehr hohem Haushaltseinkommen vermutlich deutlich größer. Der Grund dafür ist, dass es bei Personen mit sehr hohem Haushaltseinkommen sowohl Personen gibt, die trotzdem nur wenig Miete zahlen, als auch solche, die viel Geld für die Miete ausgeben. In einem

5 Hierfür stehen diverse Möglichkeiten zur Identifizierung zur Verfügung, beispielsweise DFBETAs, Leverage-Residuen-Plots oder Cook's Distance.

solchen Fall spricht man von *Heteroskedastizität*. Liegt diese vor, sind die Schätzwerte zwar unverzerrt, allerdings werden ihre Standardfehler nicht mehr effizient geschätzt. Mit anderen Worten: Wir würden zu große Standardfehler für die Schätzwerte erhalten, welche in verzerrte Teststatistiken münden. Liegt Heteroskedastizität vor, so kann die Schätzung durch die Verwendung robuster Standardfehler verbessert werden. Häufig hilft auch eine Transformation der abhängigen Variable (beispielsweise könnte eine stark rechtsschief verteilte Variable logarithmiert werden).

Die dritte Annahme zielt auf die *Unabhängigkeit der Fehler*. Das bedeutet, dass die Fehler einzelner Fälle nicht untereinander korrelieren dürfen. Ist diese Annahme verletzt, spricht man von Autokorrelation. Diese Problematik tritt insbesondere in der Analyse von Zeitreihendaten auf und kann zu verzerrten Schätzwerten führen. Hat man es mit Autokorrelation zu tun, hilft häufig ein Ausweichen auf alternative Modelle (beispielsweise GLS-Schätzer oder Multi-Level-Modelle).

Darüber hinaus gibt es noch weitere Annahmen, die erfüllt sein sollten. So sollen die Fehler – zumindest für kleine Stichproben – normalverteilt sein.[6] Eine Verletzung dieser Annahme hat zwar keine verzerrten Schätzwerte für die Regressionskoeffizienten zur Folge, allerdings werden die Standardfehler inkorrekt berechnet. Des Weiteren soll keine zu starke Multikollinearität vorliegen. Multikollinearität bedeutet, dass die unabhängigen Variablen untereinander sehr stark korrelieren. Insbesondere darf kein Merkmal durch die übrigen unabhängigen Merkmale vollständig erklärt werden („perfekte Multikollinearität"). Das Vorliegen von (starker) Multikollinearität führt zur Schätzung zu großer Standardfehler. Hohe Multikollinearität kann häufig auch durch die Verwendung von Interaktionseffekten oder Polynomen entstehen.

Sind all diese Voraussetzungen erfüllt, so ist die lineare Regressionsschätzung nach der KQ-Methode BLUE, nämlich der „Best Linear Unbiased Estimator" für die Regressionsparameter der Grundgesamtheit.

6.4 Empfehlungen für weiterführende Literatur

Für einen tieferen Einblick in die Welt der linearen Regressionsanalyse bieten sich die Bücher von Fox (2008) und Urban und Mayerl (2008) an. Beide konzentrieren sich insbesondere auf die lineare Regression nach der OLS-Methode und gehen auch sehr genau auf Modellannahmen und den Umgang bei deren Verletzung ein. Fahrmeir et al. (2009) hingegen behandeln auch alternative Regressionsmodelle, wie beispielsweise kategoriale oder nichtparametrische Regressionsmodelle, ausführlich. Dafür ist dieses Buch auch entsprechend anspruchsvoll. Ein hervorragendes Werk für den Umgang mit kategorialen abhängigen Variablen stammt von Agresti (2013). Einen

6 Für größere Stichproben reicht es, wenn die Fehler i. i. d.-verteilt sind.

guten Überblick über Regressionsmodelle für die Analyse von Paneldaten bieten Giesselmann und Windzio (2012).

6.5 Software-gestützte Berechnung

6.5.1 SPSS

Beispiel 6.1 (Abb. 6.1)

```
① GET FILE - "oecd_llg.sav".
② COMPUTE touse = 1.
  IF SYSMIS(lfp07_moms) OR SYSMIS(enrol_cc)
    OR SYSMIS(pubexp_child05) touse = 0.
③ TEMPORARY.
  SELECT IF (touse = 1).
④ GRAPH
    /SCATTERPLOT = lfp07_moms WITH enrol_cc.
⑤ TEMPORARY.
  SELECT IF (touse = 1).
⑥ REGRESSION
    /STATISTICS COEFF OUTS CI(95) R ANOVA
    /DEPENDENT enrol_cc
    /METHOD = ENTER lfp07_moms.
```

Mit ① wird der OECD-Datensatz geladen. In ② wird eine Indikator-Variable gebildet, in der diejenigen Länder den Wert 1 erhalten, die in keiner der drei Variablen (`enrol_cc`, `lfp07_moms` und `pubexp_child05`) einen fehlenden Wert aufweisen. Durch ③ wird die Analyse auf diese vollständig vorliegenden Fälle eingeschränkt. ④ erzeugt einen Scatterplot (ohne Regressionsgerade). Durch ⑤ wird die Analyse erneut auf die vollständig vorliegenden Fälle eingeschränkt. In ⑥ wird dann die lineare Einfachregression berechnet. Durch die Schlüsselworte nach dem `/STATISTICS`-Unterbefehl wird angegeben, welche Maßzahlen ausgegeben werden sollen.

Beispiel 6.2 (Tabelle 6.1)

```
① GET  FILE = "soep_llg.sav".
② MISSING VALUE upsbil (5, 7).
③ COMPUTE edu1 = (upsbil = 6).
  COMPUTE edu2 = (upsbil = 1).
  COMPUTE edu3 = (upsbil = 2).
  COMPUTE edu4 = (upsbil = 3) OR (upsbil = 4).
④ CSPLAN ANALYSIS
    /PLAN FILE = "soep_llg.csaplan"
    /PLANVARS ANALYSISWEIGHT = pw
    /SRSESTIMATOR TYPE = WR
```

```
     /PRINT PLAN
     /DESIGN STRATA = strat CLUSTER = psu
     /ESTIMATOR TYPE = WR.
```

```
⑤ CSGLM  pcs WITH alter geschl edu1 edu2 edu3 bweight
     /PLAN FILE = "soep_llg.csaplan"
     /MODEL bweight alter geschl edu1 edu2 edu3
     /STATISTICS PARAMETER SE CINTERVAL TTEST.
```

Mit ② werden die fehlenden Werte festgesetzt. Für die vier verschiedenen Bildungsniveaus wird durch ③ jeweils eine Indikator-Variable gebildet. Um das komplexe Stichprobendesign zu berücksichtigen, muss in ④ ein Stichprobenplan erstellt und als `.csaplan`-Datei abgespeichert werden. Mit ⑤ kann dann ein multiples lineares Regressionsmodell berechnet werden, welches das komplexe Stichprobendesign berücksichtigt. Dazu ist der Befehl `CSGLM` – statt wie sonst `REGRESSION` – notwendig und der definierte Stichprobenplan muss über die Option `/PLAN FILE` ausgewählt werden.

6.5.2 Stata

Beispiel 6.1 (Abb. 6.1)

```
① use "oecd_llg.dta", clear
② generate touse = !mi(enrol_cc, lfp07_moms, pubexp_child05)
③ twoway scatter enrol_cc lfp07_moms if touse
④ twoway scatter enrol_cc lfp07_moms if touse ///
     || lfit enrol_cc lfp07_moms
⑤ regress enrol_cc lfp07_moms if touse
```

Mit ① wird der OECD-Datensatz geladen. ② erzeugt eine Indikator-Variable, in der diejenigen Länder den Wert 1 erhalten, die in keiner der drei Variablen (`enrol_cc`, `lfp07_moms` und `pubexp_child05`) einen fehlenden Wert aufweist. ③ erzeugt den Scatterplot aus Abbildung 6.1a und ④ den Plot inklusive Regressionsgerade aus Abbildung 6.1b. Die lineare Einfachregression wird dann in ⑤ berechnet. Der Zusatz `if touse` bewirkt, dass nur Länder in die Analyse eingehen, die in den drei Variablen keine fehlenden Werte aufweisen.

Beispiel 6.2 (Tabelle 6.1)

```
① use "soep_llg.dta", clear
② recode upsbil (6 = 1 "Kein Abschluss") ///
     (1 = 2 "Hauptschule") (2 = 3 "Realschule") ///
     (3 4 = 4 "(Fach-) Abitur") (5 = .b "Anderer Abschluss") ///
     (7 = .c "Noch kein Abschluss"), generate(edu)
③ tabulate edu, generate(edu_)
```

```
④ svyset psu [pweight=pw], strata(strat)
⑤ generate touse = !mi(pcs,bweight,alter,geschl,edu_1,edu_2, ///
     edu_3,edu_4)
⑥ svy: regress pcs bweight alter geschl edu_1 edu_2 ///
     edu_3 if touse
```

In ② wird eine neue Bildungsvariable mit vier Ausprägungen erzeugt. Für jede dieser Ausprägungen wird in ③ eine eigene Indikator-Variable gebildet. ④ setzt die Einstellungen für das komplexe Stichprobendesign. ⑤ erzeugt wieder eine Indikator-Variable für alle Beobachtungen ohne fehlende Werte. Mit ⑥ wird das multiple lineare Regressionsmodell geschätzt. Um das komplexe Stichprobendesign zu berücksichtigen, muss hier das Präfix `svy:` vorangestellt werden.

Beispiel 6.3

```
① svy: regress pcs bweight c.alter##c.alter geschl ///
     edu_1 edu_2 edu_3 if touse
② margins, at(alter=(17(5)95))
③ marginsplot
```

Weiterhin wird mit den SOEP-Daten und den weiter oben neu gebildeten Variablen darin gearbeitet. Mit ① wird ein Regressionsmodell unter Beachtung des Stichprobendesigns geschätzt, das neben dem einfachen Alterseffekt auch einen quadrierten Alterseffekt enthält. Dies kann mit der Faktorvariablen-Schreibweise `c.age##c.age` erzeugt werden. In ② wird für unterschiedliche Werte des Lebensalters die körperliche Gesundheit vorhergesagt (von 17 bis 95 Jahre im 5-Jahres-Abstand). Diese Vorhersagen werden durch ③ in einer Graphik dargestellt.[7]

Beispiel 6.4

```
① svy: regress pcs c.bweight##i.geschl c.alter ///
     edu_1 edu_2 edu_3 if touse
② margins geschl, at(bweight=(40(10)120))
③ marginsplot
```

(Der SOEP-Datensatz ist weiterhin geöffnet.) Mit ① wird ein Regressionsmodell geschätzt, das neben Alter, Geschlecht und Körpergewicht auch noch einen Interaktionseffekt zwischen Geschlecht und Körpergewicht enthält. Letzterer wird durch `c.bweight##i.geschl` erzeugt (Faktorvariablen-Schreibweise). In ② wird – für Männer und Frauen getrennt – für verschiedene Körpergewichte die körperliche Gesundheit vorhergesagt (von 40 bis 120 Kilogramm in 10-Kilo-Abständen). Diese Vorhersagen werden durch ③ in einer Graphik dargestellt.

7 Faktorvariablen und `margins` sind in Stata ab Version 11 möglich, `marginsplot` ab Version 12.

Beispiel 6.5

```
① use "oecd_llg.dta", clear
② generate touse = !mi(enrol_cc, lfp07_moms, pubexp_child05)
③ regress enrol_cc lfp07_moms if touse
④ regress enrol_cc lfp07_moms pubexp_child05 if touse
```

Durch ② wird wieder eine Indikator-Variable für alle Beobachtungen ohne fehlende Werte erzeugt. In ③ wird noch einmal die lineare Einfachregression aus Beispiel 6.1 gerechnet und in ④ kommt die Variable `pubexp_child05` hinzu um zu prüfen, ob diese das Modell maßgeblich verbessert. Dazu werden die korrigierten R^2-Werte der beiden Modelle miteinander verglichen.

Literaturverzeichnis

Abelson, Robert P. (1997): *A Retrospective on the Significance Test Ban of 1999 (If There Were No Significance Tests, They Would be Invented).* In Lisa L. Harlow / Stanley A. Mulaik / James H. Steiger (Hg.), *What If There Were No Significance Tests?*, S. 117–141. Mahwah, New Jersey; London: Lawrence Erlbaum Associates [136]

Agresti, Alan (2013): *Categorical Data Analysis.* Hoboken: John Wiley & Sons, Inc. [260]

Agresti, Alan / Barbara Finlay (2009): *Statistical Methods for the Social Sciences.* Upper Saddle River, NJ: Pearson Prentice Hall, 4. Auflage [58, 139]

Akremi, Leila / Nina Baur / Sabine Fromm (2011): *Datenanalyse mit SPSS für Fortgeschrittene 1. Datenaufbereitung und uni- und bivariate Statistik.* Wiesbaden: VS Verlag [18]

Allison, Paul D. (2002): *Missing Data.* Sage University Paper Series on Quantitative Applications in the Social Sciences, 07-136. Thousand Oaks, London: Sage [39]

Baur, Nina (2005): *Verlaufsmusteranalyse. Methodologische Konsequenzen der Zeitlichkeit sozialen Handelns.* Wiesbaden: VS Verlag [33]

Blair, Julian / Michael G. Lacy (2000): *Statistics of Ordinal Variation.* Sociological Methods & Research, 28(3), S. 251–280 [85]

Blossfeld, Hans-Peter (1987): *Karriereprozesse im Wandel der Arbeitsmarktstruktur. Ein dynamischer Ansatz zur Erklärung intragenerationaler Mobilität.* Mitteilungen aus der Arbeitsmarkt- und Berufsforschung, 20(1), S. 74–88 [19]

Blossfeld, Hans-Peter / Johannes Huinink (2001): *Lebensverlaufsforschung als sozialwissenschaftliche Forschungsperspektive. Themen, Konzepte, Methoden und Probleme.* BIOS. Zeitschrift für Biographieforschung, Oral History und Lebensverlaufsanalysen, 14(2), S. 5–31 [32]

Bortz, Jürgen / Gustav A. Lienert / Klaus Boehnke (2009): *Verteilungsfreie Methoden in der Biostatistik.* Berlin, Heidelberg, New York: Springer, 3. Auflage [193]

Bortz, Jürgen / Christof Schuster (2010): *Statistik für Human- und Sozialwissenschaftler.* Berlin: Springer, 7. Auflage [238]

Brüderl, Josef (2004): *Meta-Analyse in der Soziologie: Bilanz der deutschen Scheidungsforschung oder „statistischer Fruchtsalat"?* Zeitschrift für Soziologie, 33(1), S. 84–86 [179]

Chao, Yi-Chun E. / Yue Zhao / Lawrence L. Kupper / Leena A. Nylander-French (2008): *Quantifying the Relative Importance of Predictors in Multiple Linear Regression Analyses for Public Health Studies.* Journal of Occupational and Environmental Hygiene, 5(8), S. 519–529 [253]

Cohen, Jacob (1962): *The Statistical Power of Abnormal-Social Psychological Research: A Review.* Journal of Abnormal and Social Psychology, 69, S. 145–153 [172]

— (1988): *Statistical Power Analysis for the Behavioral Sciences.* Hillsdale: Erlbaum, 2. Auflage [168]

— (1994): *The Earth Is Round ($p < .05$).* American Psychologist, 94(12), S. 997–1003 [136, 140]

Cumming, Geoff (2012): *Unterstanding the New Statistics. Effect Sizes, Confidence Intervals, and Meta-Analysis*. London: Routledge [178]

Dubben, Hans-Hermann / Hans-Peter Beck-Bornholdt (2005): *Mit an Wahrscheinlichkeit grenzender Sicherheit. Logisches Denken und Zufalls*. Reinbek bei Hamburg: rowohlt [194]

— (2006): *Die Bedeutung der statistischen Signifikanz*. In Andreas Diekmann (Hg.), *Methoden der Sozialforschung*, Sonderheft 44/2004 der Kölner Zeitschrift für Soziologie und Sozialpsychologie, S. 61–74. Wiesbaden: VS Verlag [177, 194]

Erikson, Robert / John H. Goldthorpe / Lucienne Portocarero (1979): *Intergenerational Class Mobility in Three Western European Societies: England, France and Sweden*. The British Journal of Sociology, 30(4), S. 415–441 [212]

Esping-Andersen, Gøsta (1990): *The Three Worlds of Welfare Capitalism*. Cambridge: Polity Press [42]

Fahrmeir, Ludwig / Thomas Kneib / Stefan Lang (2009): *Regression: Modelle, Methoden und Anwendungen*. Berlin: Springer [260]

Fahrmeir, Ludwig / Rita Künstler / Iris Pigeot / Gerhard Tutz (1997): *Statistik. Der Weg zur Datenanalyse*. Berlin: Springer [61, 140]

Fox, John (2008): *Applied Regression Analysis and Generalized Linear Models*. Newbury Park: Sage [259, 260]

Giesselmann, Marco / Michael Windzio (2012): *Regressionsmodelle zur Analyse von Paneldaten*. Berlin, Heidelberg, New York: Springer [261]

Glass, Gene V. (1976): *Primary, Secondary and Meta-Analysis of Research*. Educational Researcher, 5, S. 3–8 [178]

Hardy, Melissa (2009): *Summarizing Distributions*. In Melissa Hardy / Alan Bryman (Hg.), *The Handbook of Data Analysis*, S. 35–64. Los Angeles: Sage [85]

Harlow, Lisa L. / Stanley A. Mulaik / James H. Steiger (1997): *What If There Were No Significance Tests?* Mahwah, NJ: Erlbaum [136, 193]

Hartwig, Frederick (1979): *Exploratory Data Analysis*. Sage University Paper Series on Quantitative Applications in the Social Sciences, 07-16. Beverly Hills: Sage [85]

Henkel, Ramon E. (1976): *Tests of Significance*. Sage University Paper Series on Quantitative Applications in the Social Sciences, 07-004. Newbury Park, CA: Sage [139, 193]

Iversen, Gudmund R. (1984): *Bayesian Statistical Inference*. Sage University Paper Series on Quantitative Applications in the Social Sciences, 07-43. Newbury Park: Sage [194]

Jacoby, William G. (1997): *Statistical Graphics for Univariate and Bivariate Data*. Sage University Paper Series on Quantitative Applications in the Social Sciences, 07-117. Thousand Oaks, London: Sage [85]

Jann, Ben (2002): *Einführung in die Statistik*. München and Wien: Oldenbourg [238]

Janosch (1978): *Oh, wie schön ist Panama*. Weinheim und Basel: Beltz [172]

Joanes, D. N. / C. A. Gill (1998): *Comparing Measures of Sample Skewness and Kurtosis*. Journal of the Royal Statistical Society: Series D (The Statistician), 47(1), S. 183–189 [83]

Johnson, Norman L. / Adrienne W. Kemp / Samuel Kotz (2005): *Univariate Discrete Distributions*. Hoboken, NJ: Wiley, 3. Auflage [104]

Jöreskog, Karl G. / Dag Sörbom (1988): *PRELIS, a Program for Multivariate Data Screening and Data Summarization. A Preprocessor for LISREL*. Mooresville, Indiana: Scientific Software, Inc., 2. Auflage [230]

Küchenhoff, Helmut / Thomas Knieper / Wolfgang Eichhorn / Harald Mathes / Kurt Watzka (2006): *Statistik für Kommunikationswissenschaftler.* Konstanz: UVK, 2. Auflage [96]

Kühnel, Steffen / Dagmar Krebs (2001): *Statistik für die Sozialwissenschaften. Grundlagen, Methoden, Anwendungen.* Reinbek bei Hamburg: Rowohlt [139]

Kish, Leslie (1965): *Survey Sampling.* New York: Wiley [190]

— (1995): *Methods for Design Effects.* Journal of Official Statistics, 11, S. 55–77 [187]

Kohler, Ulrich / Frauke Kreuter (2012): *Datenanalyse mit Stata. Allgemeine Konzepte der Datenanalyse und ihre praktische Anwendung.* München: Oldenbourg, 4. Auflage [18, 45, 46, 89]

Kreuter, Frauke / Richard Valliant (2007): *A Survey on Survey Statistics: What Is Done and Can Be Done in Stata.* The Stata Journal, 7(1), S. 1–21 [187, 194]

Lee, Peter M. (2004): *Bayesian Statistics. An Introduction.* London: Hodder Arnold, 3. Auflage [194]

Legewie, Joscha (2012): *Die Schätzung von kausalen Effekten: Überlegungen zu Methoden der Kausalanalyse anhand von Kontexteffekten in der Schule.* Kölner Zeitschrift für Soziologie und Sozialpsychologie, 64(1), S. 123–153 [202]

Leibfried, Stephan (1992): *Towards a European Welfare State? On Integrating Poverty Regimes Into the European Community.* In Zsuzsa Ferge (Hg.), *Social Policy in a Changing Europe*, Band 10 von *Public Policy and Social Welfare*, S. 245–280. Frankfurt am Main: Campus-Verlag [42]

Lewandowsky, Stephan / Ian Spence (1989): *The Perception of Statistical Graphs.* Sociological Methods & Research, 18(2 & 3), S. 200–242 [72]

Lieberson, Stanley (1985): *Making It Count.* Berkeley: University of California Press [250]

Maddala, G. S. (1983): *Limited-Dependent and Qualitative Variables in Econometrics.* Cambridge: Cambridge University Press [27]

Mayer, Karl Ulrich (1990): *Lebensverläufe und sozialer Wandel.* Sonderheft 31 der Kölner Zeitschrift für Soziologie und Sozialpsychologie. Opladen: Westdeutscher Verlag [32]

McKnight, Patrick E. / Katherine M. McKnight / Souraya Sidani / Aurelio Jose Figueredo (2007): *Missing Data: A Gentle Introduction.* New York: The Guilford Press [39]

Monka, Michael / Nadine M. Schöneck / Werner Voss (2008): *Statistik am PC. Lösungen mit Excel.* München: Hanser [15]

Mooney, Christopher Z. / Robert D. Duval (1993): *Bootstrapping. A Nonparametric Approach to Statistical Inference.* Sage University Paper Series on Quantitative Applications in the Social Sciences, 07-95. Thousand Oaks, London: Sage [194]

Morrison, Denton E. / Ramon E. Henkel (1970): *The Significance Test Controversy.* Chicago: Aldine [136]

Nübling, Matthias / Hanfried H. Andersen / Axel Mühlbacher (2006): *Entwicklung eines Verfahrens zur Berechnung der körperlichen und psychischen Summenskalen auf Basis der SOEP – Version des SF 12 (Algorithmus).* DIW, Berlin [250]

Neyman, Jerzy / Egon S. Pearson (1933): *On the Problem of the Most Efficient Tests of Statistical Hypotheses.* Philosophical Transactions of the Royal Society of London Series A, 231, S. 289–337 [167]

Pfau-Effinger, Birgit (2012): *Women's Employment in the Institutional and Cultural Context.* International Journal of Sociology and Social Policy, 32(9 & 10), S. 530–543 [222]

Polasek, Wolfgang (1994): *EDA Explorative Datenanalyse. Einführung in die deskriptive Statistik.* Berlin, Heidelberg, New York: Springer, 2. Auflage [85]

Rosnow, Ralph L. / Robert Rosenthal (2009): *Effect Sizes*. Zeitschrift für Psychologie / Journal of Psychology, 217(1), S. 6–14 [179]

Salsburg, David S. (1985): *The Religion of Statistics as Practiced in Medical Journals*. The American Statistician, 39(3), S. 220–223 [193]

Schmidt, Frank L. (1996): *Statistical Significance Testing and Cumulative Knowledge in Psychology: Implications for Training of Researchers*. Psychological Methods, 1(2), S. 115–129 [136]

Schnell, Rainer / Paul B. Hill / Elke Esser (2011): *Methoden der empirischen Sozialforschung*. München: Oldenbourg, 9., aktualisierte Auflage [25]

Sedlmeier, Peter (1996): *Jenseits des Signikanztest-Rituals: Ergänzungen und Alternativen*. Methods of Psychological Research Online, 1(4), S. 41–63 [193]

Sedlmeier, Peter / Gerd Gigerenzer (1989): *Do Studies of Statistical Power Have an Effect on the Power of Studies?* Psychological Bulletin, 105, S. 309–316 [172]

— (2001): *Teaching Bayesian Reasoning in Less Than Two Hours*. Journal of Experimental Psychology: General, 130(3), S. 380–400 [194]

Toutenburg, Helge / Christian Heumann (2006): *Deskriptive Statistik. Eine Einführung in Methoden und Anwendungen mit SPSS*. Berlin, Heidelberg, New York: Springer, 5. Auflage [58]

Treiman, Donald J. (1977): *Occupational Prestige in Comparative Perspective*. New York: Academic Press [25]

Tufte, Edward (2001): *The Visual Display of Quantitative Information*. Cheshire: Graphics Press, 2. Auflage [46, 47, 72, 85]

Tukey, John W. (1977): *Exploratory Data Analysis*. Reading, MA: Addison & Wesley [70, 85]

Urban, Dieter / Jochen Mayerl (2008): *Regressionsanalyse: Theorie, Technik und Anwendung*. Wiesbaden: VS Verlag [252, 259, 260]

Valliant, Richard / Jill A. Dever / Frauke Kreuter (2013): *Practical Tools for Designing and Weighting Survey Samples*. Statistics for Social and Behavioural Sciences. New York, Heidelberg, Dordrecht: Springer [194]

Wagner, Michael / Bernd Weiß (2006): *Meta-Analyse als Methode der Sozialforschung*. In Andreas Diekmann (Hg.), *Methoden der Sozialforschung*, Sonderheft 44/2004 der Kölner Zeitschrift für Soziologie und Sozialpsychologie, S. 479–504. Wiesbaden: VS Verlag [178]

Weins, Cornelia (2010): *Uni- und bivariate deskriptive Statistik*. In Christof Wolf / Henning Best (Hg.), *Handbuch der sozialwissenschaftlichen Datenanalyse*, S. 65–89. Wiesbaden: VS Verlag [85, 238]

Wolf, Christof / Henning Best (2010): *Lineare Regressionsanalyse*. In Christof Wolf / Henning Best (Hg.), *Handbuch der sozialwissenschaftlichen Datenanalyse*, S. 607–638. Wiesbaden: VS Verlag [253]

Wolter, Kirk M. (2005): *Introduction to Variance Estimation*. New York: Springer, 2. Auflage [190, 193, 194]

Index